"十二五"普通高等教育本科国家级规划教材

光学教程（第六版）

姚启钧　原著

华东师大光学教材编写组　改编

高等教育出版社·北京

内容提要

本教程是"十二五"普通高等教育本科国家级规划教材,是在《光学教程》(第五版,姚启钧原著)的基础上,根据编写组成员多年的教学实践经验及广大读者的反馈意见和建议,结合科技和教学的发展修订而成的。本次修订保持原书的主要特点和基本框架,努力探索教学内容的现代化,对传统内容进行精选、整合和构建,简化了几何光学、光学仪器部分,着重更新了现代光学部分并加入"视窗与链接",通过扫描二维码,可以获得慕课(MOOC)授课视频、演示动画、创新实验、物理学史、彩色图片、电子教案和课外视频等多种数字化学习资源。

本教程内容包括经典光学的主要原理(光的干涉、光的衍射、几何光学基础、光的偏振、光的吸收、光的散射和色散)及其应用,并适当介绍了现代光学的基本原理(光的量子性及现代光学基础)和应用。书中有些公式的数学推导作为附录列于各章之末,每章均配有适当的例题和习题。本教程适用于 64 ~72 学时的课程讲授。

本教程可作为综合性大学、高等理工科院校、高等师范院校物理学类专业的教材,也可供中学物理教师参考。

图书在版编目(CIP)数据

光学教程/姚启钧原著;华东师大光学教材编写组改编.--6 版.--北京:高等教育出版社,2019.3(2024.12重印)
ISBN 978-7-04-051001-0

Ⅰ.①光… Ⅱ.①姚… ②华… Ⅲ.①光学-高等学校-教材 Ⅳ.①O43

中国版本图书馆 CIP 数据核字(2018)第 266867 号

GuangXue JiaoCheng

策划编辑 高聚平	责任编辑 高聚平	封面设计 王 洋	版式设计 徐艳妮
插图绘制 于 博	责任校对 李大鹏	责任印制 赵 佳	

出版发行	高等教育出版社	网 址	http://www.hep.edu.cn
社 址	北京市西城区德外大街 4 号		http://www.hep.com.cn
邮政编码	100120	网上订购	http://www.hepmall.com.cn
印 刷	大厂回族自治县益利印刷有限公司		http://www.hepmall.com
开 本	787mm×1092mm 1/16		http://www.hepmall.cn
印 张	24.5	版 次	1981 年 1 月第 1 版
字 数	590 千字		2019 年 3 月第 6 版
购书热线	010 - 58581118	印 次	2024 年 12 月第 15 次印刷
咨询电话	400 - 810 - 0598	定 价	48.00 元

光学教程

（第六版）

姚启钧　原著

1　计算机访问 http://abook.hep.com.cn/1246807，或手机扫描二维码、下载并安装 Abook 应用。

2　注册并登录，进入"我的课程"。

3　输入封底数字课程账号（20 位密码，刮开涂层可见），或通过 Abook 应用扫描封底数字课程账号二维码，完成课程绑定。

4　单击"进入课程"按钮，开始本数字课程的学习。

课程绑定后一年为数字课程使用有效期。受硬件限制，部分内容无法在手机端显示，请按提示通过计算机访问学习。

如有使用问题，请发邮件至 abook@hep.com.cn。

扫描二维码
下载 Abook 应用

H5 动画
牛顿环

授课视频
单缝衍射

彩色图片
半导体激光器

http://abook.hep.com.cn/1246807

第六版序言

本教程第五版自2014年8月出版以来,经过了多年的教学实践,现根据广大读者的反馈意见和建议,结合科技和教学的发展,对第五版进行了修订.编写者根据《高等学校物理学本科指导性专业规范》以及《普通高等学校本科物理学类教学质量国家标准》的要求,参考国内外优秀教材,充分听取专家意见,反复修改,完成了本教程第六版的修订工作.

本教程保持原有的在阐述基本知识、基本概念、基本规律诸方面的特色外,努力探索教学内容的现代化,对传统内容进行精选、整合和构建,简化了几何光学、光学仪器、光的偏振部分,着重更新了现代光学部分并加入"视窗与链接",使内容得以拓展.

在内容方面,本教程引进了许多现代光学的新成就,诸如光声断面成像、原子X射线激光器、拍摄原子运动的照片、计算全息加速生物组织工程的制造过程等,还在例题和习题中渗透现代光学知识,设置了开放性习题.在光学教学与信息技术整合方面,正在编制《光学教程(第六版)电子教案》和编写《光学教程(第六版)学习指导书》,丰富其教辅资源.

本教程在着重讲清理论的同时,努力与科学、技术、社会和环境(STSE)紧密联系,诸如与X射线有关的诺贝尔奖、DVD实际上是一种反射光栅、超薄纳米光学器件、3D打印透镜、光的散射与环境污染监测等.其目的是创设一种情景,使学生理解光学知识在实际中的应用,提高学习兴趣,以更能适应师范院校使用本教材的需要.

本教程为纸质教材与数字化资源相结合的新形态教材,力图为读者提供立体化的教学资源平台.通过书中的二维码可获取相关的慕课(MOOC)授课视频、演示动画、创新实验、物理学史、彩色图片、电子教案和课外视频等多种数字化学习资源.为了适应教学改革的需求和适应不同学时的需要,本教程对内容进行增删,在教材内容和习题的配置上实行A-B制.A制包括大、小字全部内容,而B制仅采用大字部分内容.小字部分在标题中以"*"表示.

本教程定位于综合性大学、高等理工科院校、高等师范院校物理学类专业的教材,也可供中学物理教师参考.

本教程由宣桂鑫负责全书的策划和统稿,并编写序言、绪论、第1、第2、第4、第6章,蒋可玉负责第3、第5章,黄燕萍、沈珊雄负责第7、第8章.

本教程有幸被选入"十二五"普通高等教育本科国家级规划教材和高等教育百门精品课程教材选题计划项目,并作为由管曙光教授主持的中国大学MOOC(慕课)"波动光学"课程的主讲教材,这是同行对编者的鼓励和厚爱.谨向历年热忱地向我们提供宝贵的使用意见和建议的广大教师和读者表示感谢.本教程在修订和审阅过程中,我校管曙光教授提供了中国大学MOOC"波动光学"课程的授课视频,高等教育出版社的高聚平、王硕编辑为我们提供了宝贵的意见和帮助,在此一并向他们表示诚挚的谢意.

书中定有不少缺点、遗漏或错误,恳请广大教师和读者不吝指正.

编者
2018年10月

第五版序言

本教程自 2008 年 6 月出版第四版以来，经过了多年的教学实践，现根据广大读者的反馈意见和建议，结合科技和教学的发展，对第四版进行了修订.

本版保持了原有的在阐述基本知识、基本概念、基本规律诸方面的特色外，努力探索教学内容的现代化，对传统内容进行了精选、整合和构建，简化了几何光学、光学仪器、光的偏振部分，着重更新了现代光学部分并加入了"视窗与链接"，以使内容得以拓展.

在内容方面，本次修订引进了许多现代光学的新成就，诸如光声断面成像、原子 X 射线激光器、拍摄原子运动的照片、计算全息加速生物组织工程的制造过程等，还在例题和习题中渗透了现代光学知识，设置了开放性习题. 在光学教学与信息技术整合方面，正在编制《光学教程（第五版）电子教案》，配置了相应素材，另外还配有《光学教程（第五版）学习指导书》，力图提供立体化的教学资源平台.

本书在着重讲清理论的同时，努力与科学、技术、社会和环境（STSE）紧密联系，诸如与 X 射线有关的诺贝尔奖、DVD 是一种反射光栅、超薄纳米光学器件、3D 电影、光的散射与环境污染监测等. 其目的是创设一种情景，使学生理解光学知识在实际中的应用，提高学习兴趣，以更能适应师范院校使用本书的需要.

为了适应教学改革的需求和适应不同学时的需要，本书对内容进行了增删，在教材内容和习题的配置上实行 A-B 制. A 制包括大、小字全部内容，而 B 制仅采用大字部分内容，小字部分在标题中以"*"表示.

本书定位于高等师范院校物理专业的教材，也可作为综合性大学、高等工科院校有关专业的教学参考书，并可供中学物理教师参考.

本书由宣桂鑫负责全书的策划和统稿，并编写序言、绪论、第 1、第 2、第 4、第 6 章，蒋可玉负责第 3、第 5 章，沈珊雄、黄燕萍负责第 7、第 8 章.

本书有幸被选入"十二五"普通高等教育本科国家级规划教材和高等教育百门精品课程教材选题计划项目，这是同行对编者的鼓励和厚爱. 谨向历年热忱地向我们提供使用意见和建议的广大教师和读者致以衷心的感谢. 本书在修订和审阅过程中，高等教育出版社的高聚平，王硕同志为我们提供了宝贵的意见和帮助，在此一并向他们表示诚挚的谢意. 书中定有不少缺点、遗漏或错误，恳请广大教师和读者不吝指正.

编者

2014 年 6 月

第四版序言

本教程自 2002 年出版第三版以来，经过多年的教学实践，现根据广大读者的反馈意见和建议，结合科技和教学的发展，对第三版进行了修订.

本版保持原有的在阐述基本知识、基本概念、基本规律等方面的特色外，努力探索教学内容的现代化，对传统内容进行了精选、整合和构建，简化了几何光学、光学仪器部分，更新了现代光学部分并加入了"视窗与链接"，以使内容得以拓展.

在内容方面，本次修订引进了许多现代光学的新成就，诸如多层膜、倏逝波、扫描隧穿显微镜、光镊、光梳、生物光子学等. 还在例题和习题中渗透了现代光学知识，设置了开放性习题. 在光学教学与信息技术整合方面，编制了《光学教程（第四版）电子教案》，还配置了相应素材. 另外还配有《光学教程（第四版）学习指导书》，力图提供多元化的教学资源.

本书着重在讲清理论的同时，努力与科学、技术和社会紧密联系. 如角锥棱镜在高速公路中的应用、三原色原理、现代投影装置、数码相机、哈勃太空望远镜、偏振在摄影和立体电影中的应用、光的散射与环境污染监测等. 其目的是使学生理解光学知识在实际中的应用，提高学习兴趣，更能适应师范院校使用本教材的需要.

为了提高教材的普适性需求和适应不同学时的需要，对内容进行了增删，在教材内容和习题的配置上实行 A、B 制. A 制包括大、小字全部内容，而 B 制仅采用大字部分内容，小字部分在标题中以"＊"表示.

本书定位于高等师范院校物理专业的教材，也可作为综合性大学、高等工科院校有关专业的教学参考书，并可供中学物理教师参考.

本书由宣桂鑫负责全书的策划和统稿，并编写序言、绪论和第 1、第 2、第 4、第 6 章，蒋可玉负责第 3、第 5 章，沈珊雄、黄燕萍负责第 7、第 8 章.

本书已被选入普通高等教育"十一五"国家级规划教材和高等教育百门精品课程教材选题计划项目，这是对编者的鼓励. 谨向历年来热忱地向我们提供使用意见和建议的广大教师和读者致以衷心的感谢. 本书在修订和审阅过程中，中国科学院薛永祺院士、北京大学钟锡华教授和高等教育出版社的刘伟编辑为我们提供了宝贵的意见和帮助，在此一并向他们表示诚挚的谢意. 书中定有不少缺点、遗漏或错误，恳请广大教师和读者不吝指正.

编者

2008 年 5 月

第三版序言

本书自 1989 年出版第二版以来,经过多年的教学实践并根据广大读者的反馈意见和建议,对第二版的内容作了部分调整:将第二版的"光的传播速度"一章内容经删节后插入第 1 章和第 7 章;增添了一些反映高新技术、联系实际的内容,例如半导体激光器和自由电子激光器、光盘存储技术、扫描隧穿显微镜、三原色原理以及散射与环境污染监测等;对习题进行了调整和更新;为了提高教材的普适性,适应不同学时数的需要,将教材的内容分成 A、B 制. A 制包括大、小字全部内容,而 B 制仅采用大字部分内容,小字部分在目录和标题中以"*"表示.

编者谨向 20 年来使用过本书的广大师生,向热忱提出使用意见和建议的读者们致以衷心的感谢. 在本书的修订和审阅过程中,华东师范大学教材基金会、复旦大学郑永令教授和高等教育出版社的陈小平主任、陶铮编辑为我们提供了宝贵的意见和帮助,在此一并向他们表示诚挚的感谢. 书中一定还有不少缺点和不妥之处,恳请读者指正.

编者
2002 年 9 月

第二版序言

 本书自 1981 年初版以来,经过多年的教学实践并根据广大读者的意见和建议,我们对诸如光的非单色性和光源的线度对干涉条纹的影响、扩展光源的等倾干涉、菲涅耳半波带合振幅的推导、面镜和薄透镜的成像、一般光具组放大本领的定义、放大镜放大本领的推导、光能量的传播、圆偏振光和椭圆偏振光、偏振光的干涉、旋光理论、黑体辐射、光电效应的量子解释和光的散射的处理作了改进,并增添了有关光的空间相干性和时间相干性、人眼的调节和简化眼、厚透镜的基点和基面公式、反射和透射光偏振态的电磁解释、自聚焦、米的新定义等内容,对例题和习题进行了调整和更新,改正了初版中的一些错误和疏漏.

 谨向几年来热忱地向我们提供使用意见和建议的广大教师和读者们致以衷心的谢意.本书在修订和审阅过程中,四川大学郭永康副教授、北京师大黄婉云、唐伟国副教授和高等教育出版社的同志们对我们提供了许多宝贵意见和帮助,在此表示诚挚的感谢.书中一定还有不少缺点和不妥之处,恳请读者多多指正.

编者
1988 年 12 月

第一版序言摘要

本书是按波动光学、几何光学、光的量子性和现代光学基础的次序排列的,波动光学放在最前面,是为了强调光的电磁本性,并考虑到和电磁学的衔接.这样处理,可将几何光学作为波动光学的近似和特例进行讨论,有助于从光的电磁本性来理解几何光学的内容.关于波动光学教学中所涉及的几何光学内容,可充分运用学生已具备的中学几何光学知识.使用本书时,也可以将几何光学放在最前面讲授,这时可将光程的概念提前到几何光学中介绍,而把光学仪器的分辨本领部分放到衍射这一章中.

为了适应各校不同的需要,突出基本内容,某些章节采用小字排印并在标题上用星号(*)标明.所有这些章节可机动使用,也可作为读者进一步学习的参考.本书各章的若干附录,介绍了某些公式的数学推导,不作为必要掌握的内容,只供教学上参考.为了启发学生思维和巩固所学的知识,在各章安排了一些例题和习题.

在 1980 年 1 月本教材的审稿会上,江苏师范学院(主审)、东北师范大学、陕西师范大学、安徽师范大学、四川大学、贵州大学、华中师范学院、华南师范学院、江西师范学院、上海师范学院和人民教育出版社等单位的同仁提出不少宝贵的修改意见,在此表示衷心的感谢.

本书的原稿是华东师范大学物理系姚启钧教授于 1965 年受教育部的委托,在他多年使用的讲义基础上编写而成的,他不幸在 1966 年去世,现在只能由我们——他的学生来继续完成他未竟的工作,这也是对他最好的纪念.这次改编工作的分工如下:宣桂鑫负责绪论、第一、第二、第四、第六、第七章和附录等;赵玲玲负责第三、第五和第八章;徐志超、沈珊雄负责第九章,蒋可玉根据光学学习指导书,整理和核算了全书的例题和习题.宣桂鑫、蒋可玉统稿.

由于时间匆促,限于我们的水平,书中一定有不少缺点、遗漏或错误,恳请广大教师和读者不吝指正.

编者
1981 年 1 月

教 学 要 求

现将各章的教学要求说明如下:

第1章　光的干涉

1. 着重阐明光的相干条件和光程的概念. 分析双光束干涉时,应着重分析光强分布的特征.

2. 着重阐明等倾干涉和等厚干涉的基本概念及其应用. 对条纹定域问题不作分析. 额外光程差只讲形成的条件. 并扼要介绍薄膜光学的内容.

3. 介绍迈克耳孙干涉仪和法布里-珀罗干涉仪的原理及其应用,分析法布里-珀罗干涉仪时,应突出多光束干涉的特点.

4. 简要讨论光场时间相干性和空间相干性的概念.

5. 运用菲涅耳公式解释半波损失. 该部分内容是难点,讲与否可作机动处理,但菲涅耳公式需要介绍. 该内容在分析光的偏振时要用到.

第2章　光的衍射

1. 本章围绕惠更斯-菲涅耳原理,讲授菲涅耳积分表达式的意义.

2. 着重阐明夫琅禾费单缝衍射和衍射光栅. 运用解析法推导夫琅禾费单缝衍射光强公式. 扼要介绍反射光栅.

3. 着重阐明光栅方程的导出及其意义.

4. 运用振幅矢量合成图介绍菲涅耳衍射时,可以从圆孔、圆屏和直边衍射中任选一种讲,但应着重介绍环状波带片.

5. 讲授夫琅禾费圆孔衍射的强度公式时只讲结论,着重说明艾里斑的重要性.

第3章　几何光学的基本原理

1. 阐明光线、实像、虚像和虚物等概念.

2. 由费马原理证明球面反射对光束单心性的破坏.

3. 着重阐明薄透镜的物像公式和任意光线的作图成像法,这些内容应配合习题课加强基本训练.

4. 几何光学的符号法则采用新笛卡儿符号法则.

5. 着重讲述基点、基面的物理意义.

6. 扼要介绍光学纤维的构造及其应用.

第4章　光学仪器的基本原理

1. 本章围绕衡量光学仪器特性的三个本领进行教学,其中着重阐明放大本领和分辨本领(包括像和色分辨本领),扼要介绍聚光本领.

2. 在典型的光学仪器中,着重介绍望远镜和显微镜.并介绍数值孔径和相对孔径的意义.

3. 光度学概要部分主要介绍光通量、发光强度、亮度和照度的概念.

4. 像差概述部分主要介绍球差及其矫正方法.

第5章 光的偏振

1. 阐明惠更斯作图法,说明光在晶体中传播的规律.

2. 介绍布儒斯特定律和马吕斯定律.

3. 阐明自然光、线偏振光、圆偏振光和椭圆偏振光的概念及其检测方法.

4. 介绍1/4波片、半波片和全波片的功用.

5. 干涉、衍射和偏振都是波动光学的主要内容,在讨论光的本性时,必须把它们联系在一起.由于通常的光学仪器大部分都与成像和摄谱有关,所以在前四章之后紧接着介绍它们在光学仪器中的应用,巩固所学概念,然后再学习偏振.这样安排还考虑到偏振现象比较不易观察,涉及各向异性晶体等,初学者比较难于接受.在实际教学中,完全可以根据具体情况加以适当调整.

第6章 光的吸收、散射和色散

定性介绍光的吸收、散射和色散的经典解释.

第7章 光的量子性

1. 讲述"米"的定义,以及现代对米的定义的理解和发展.讲述群速度的概念.

2. 从经典辐射定律对某些现象解释的困难引入光的量子性,介绍光电效应和爱因斯坦的光子说.

3. 介绍现代物理对光子的认识,光子的质量、动量和光压,以及现代的应用——光镊.

第8章 现代光学基础

1. 讲述原子发光机理和爱因斯坦关于受激辐射的预言.

2. 讲述激光原理和激光的单色性、相干性.

3. 扼要介绍信息光学.

4. 介绍激光生物物理学应用中的现代技术,原子力显微镜、X射线激光纳米成像和生物光子探测.

目　录

绪 论

0.1 光学的研究内容和方法

光学的研究内容十分广泛,包括光的发射、传播和接收等规律,光和其他物质的相互作用(如光的吸收、散射和色散,光的机械作用和光的热、电、化学和生理效应等),光的本性问题以及光在生产和社会生活中的应用.光学既是物理学中最古老的一门基础学科,又是当前科学领域中最活跃的前沿阵地之一,具有强大的生命力和不可估量的发展前途.在本书的讨论中我们把它分成几何光学、波动光学、量子光学和现代光学四大部分.学好光学,既能为进一步学习原子物理、分子物理、相对论、量子力学等课程准备必要的条件,又有助于进一步探讨微观和宏观世界的联系与规律,并把这些规律用于指导科学实践.

光学的发展过程是人类认识客观世界的进程中一个重要的组成部分,是不断揭露矛盾和解决矛盾、从不完全和不确切的认识逐步走向较完善和较确切认识的过程.它的不少规律和理论是直接从生产实践中总结出来的,也有相当多的发现来自长期的系统的科学实验.因此,生产实践和科学实验是推动光学发展的强大动力,为光学发展提供了丰富的源泉.

光学的发展为生产技术提供了许多精密、快速、生动的实验手段和重要的理论依据;而生产技术的发展,又反过来不断向光学提出许多要求解决的新课题,并为进一步深入研究光学准备了物质条件.因此,同其他自然学科一样,光学与生产实践的关系生动地体现了理论和实践的辩证关系.

从方法论上看,作为物理学的一个重要学科分支,光学研究的发展也完全符合如下的认识规律:在观察和实验的基础上,对物理现象进行分析、抽象和综合,进而提出假说,形成理论,并不断反复经受实践的检验.例如围绕"光的本性是什么"这一根本问题,古往今来,人们就是沿着实验—假说—理论—实验的道路曲折前进的.这样,一方面,正确的理论对实践起指导作用;另一方面,理论通过实践又获得进一步的发展.这些我们可以从下述光学发展简史中清楚地看到.

0.2 光学发展简史

光学的发展大致可划分为五个时期:萌芽时期、几何光学时期、波动光学时期、量子光学时期和现代光学时期.

0.2.1　萌芽时期

光学的起源可追溯到古代. 我国春秋战国时期,墨翟(生卒年不详)及其弟子所著的《墨经》中,就记载着光的直线传播(影的形成和针孔成像等)和光在镜面(凹面和凸面)上的反射等现象,并提出了一系列经验规律,把物和像的位置及其大小与所用镜面的曲率联系起来. 无论就时间还是就科学性来讲,《墨经》称得上是有关光学知识的最早记录. 比《墨经》大约迟一百多年,在古希腊数学家欧几里得(Euclid,活跃于托勒密一世时期)所著的《光学》一书中,研究了平面镜成像问题,指出反射角等于入射角的反射定律,但他却同时提出了将光当做类似触须的投射学说.

从墨翟开始的两千多年的漫长岁月构成了光学发展的萌芽时期,在此期间光学发展比较缓慢. 除了对光的直线传播、反射和折射等现象的观察和实验外,在生产和生活需要的推动下,在光的反射和透镜的应用方面,逐渐有了些成果. 克莱门德(Cleomedes)和托勒密(C.Ptolemy,约90—168)研究了光的折射现象,最先测定了光通过两种介质分界面时的入射角和折射角. 罗马哲学家塞涅卡(Seneca,约前3—65)指出充满水的玻璃泡具有放大功能. 从阿拉伯的巴斯拉来到埃及的学者阿尔哈曾(Alhazen,约965—1038)反对欧几里得和托勒密关于眼睛发出光线才能看到物体的学说,认为光线来自所观察的物体,并且光是以球面形式从光源发出的;反射线和入射线共面且入射面垂直于界面. 他研究了球面镜和抛物面镜,并详细描绘了人眼的构造;他首先发明了凸透镜,并对凸透镜进行了实验研究,所得的结果接近于近代关于凸透镜的理论. 公元 11 世纪,我国宋代的沈括(1031—1095)在《梦溪笔谈》中记载了极为丰富的几何光学知识. 他不仅总结了前人研究的成果,而且在凹面镜、凸面镜的成像规律、测定凹面镜焦点的原理以及虹的成因等方面都有创造性的阐述. 培根(R.Bacon,1214—1294)提出用透镜矫正视力和采用透镜组构成望远镜的可能性,并描述了透镜焦点的位置. 阿玛蒂(Armati)发明了眼镜. 波特(G.B.D.Porta,1535—1615)研究了成像暗箱,并在 1589 年的论文《自然的魔法》中讨论了复合面镜以及凸透镜和凸透镜的组合. 综上所述,到 15 世纪末和 16 世纪初,凹面镜、凸面镜、透镜、眼镜以及暗箱和幻灯等光学元件已相继出现.

0.2.2　几何光学时期

这一时期可以称为光学发展史上的转折点. 在这个时期,建立了光的反射定律和折射定律,奠定了几何光学的基础. 同时为了提高人眼的观察能力,人们发明了光学仪器,第一架望远镜的诞生促进了天文学和航海事业的发展,显微镜的发明给生物学的研究提供了强有力的工具.

荷兰的李普塞(H.Lippershey,1587—1619)在 1608 年发明了第一架望远镜. 17 世纪初延森(Z.Janssen,1588—1632)和冯特纳(P.Fontana,1580—1656)最早制作了复合显微镜. 1610 年伽利略(Galilei,1564—1642)用自己制造的望远镜观察星体,发现了绕木星运行的卫星. 这给哥白尼关于地球绕太阳运转的日心说提供了强有力的证据.

开普勒(J.Kepler,1571—1630)汇集了前人的光学知识,于 1611 年发表了他的著作《折光学》.无论在形式上还是在内容上,该书都可与现代几何光学教材媲美.他提出了用点光源照明时,照度与受照面到光源距离的平方成反比的照度定律.他还设计了几种新型的望远镜,特别是由两块凸透镜构成的开普勒天文望远镜.他还发现当光以小角度入射到界面时,入射角和折射角近似地成正比关系.至于折射定律的精确公式则是斯涅耳(W.Snell,1591—1626)和笛卡儿(R.Descartes,1596—1650)提出的. 1621 年斯涅耳在他的一篇未发表的文章中指出,入射角的余弦和折射角的余弦之比是常量.而约在 1630 年,笛卡儿在《折光学》(1637 年出版)中给出了我们现在熟悉的用正弦函数表述的折射定律.接着费马(P.de Fermat,1601—1665)在 1657 年首先指出光在介质中传播时所走的光程取极值的原理,并根据这个原理推出光的反射定律和折射定律.综上所述,到 17 世纪中叶,基本上已经奠定了几何光学的基础.

早先关于光的本性的概念,是以光的直线传播为基础的.但从 17 世纪开始,就发现了与光的直线传播不完全符合的事实.意大利人格里马第(F.M.Grimaldi,1618—1663)首先观察到光的衍射现象.他发现在点光源的情况下,一根直竿的影子要比假设光沿直线传播所应有的宽度稍大一点,也就是说光并不严格按直线传播,而会绕过障碍物前进.接着,1672—1675 年间胡克(R.Hooke,1635—1703)也观察到衍射现象,并且和玻意耳(R.Boyle,1627—1691)独立地研究了薄膜所产生的彩色干涉条纹.所有这些都是光的波动理论的萌芽.

17 世纪下半叶,牛顿(I.Newton,1643—1727)和惠更斯(C.Huygens,1629—1695)等人把光的研究引向进一步发展的道路.在光学发展的早期,对颜色的解释显得特别困难.1672 年牛顿进行了白光的实验,发现白光通过棱镜时,会在光屏上形成按一定次序排列的彩色光带——光谱.于是他认为白光由各种色光复合而成,各种色光在玻璃中受到不同程度的折射而被分解成许多组成成分.反之,把各种组成成分复合起来会重新得到原来的白光.进一步的实验还指出,把第一棱镜所分出的某种色光从光谱中分离出来,便不能被第二棱镜再分解.这些简单的色光特征,可用棱镜的形状和折射率来定量地描述.因此牛顿的白光实验使对颜色的解释摆脱了主观视觉的印象而上升到客观量度的科学高度.此外,牛顿还仔细观察了白光在空气薄层上干涉时所产生的彩色条纹——牛顿环,从而首次认识到了颜色和空气层厚度之间的关系.但最早发现牛顿环的却是胡克.在发现这些现象的同时,牛顿于 1704 年出版的《光学》一书中,根据光的直线传播性质,提出了光是微粒流的理论.他认为这些微粒从光源飞出来,在真空或均匀物质内由于惯性而做匀速直线运动,并以此观点解释光的反射和折射定律.然而在解释牛顿环时,却遇到了困难.同时,这种微粒流的假设也难以说明光在绕过障碍物之后所发生的衍射现象.

惠更斯反对光的微粒说,1678 年他在《论光》一书中从声和光的某些现象的相似性出发,认为光是在"以太"中传播的波.所谓"以太"则是一种假想的弹性介质,充满整个宇宙空间,光的传播取决于"以太"的弹性和密度.运用他的波动理论中的次波原理,惠更斯不仅成功地解释了反射和折射定律,还解释了方解石的双折射现象. 但惠更斯没有对波动过程的特性给予足够的说明,他没有指出光现象的周期性,没有提到波长的概念. 他提出了次波包络面成为新的波面的理论但没有考虑到它们是由波动按一定的相位叠加造成的. 归根到底,他仍旧摆脱不了几何光学的观念,因此不能由此说明光的干涉和衍射等有关光的波动本性的现象. 与此相反,坚持微粒说的牛顿,却从他研究的牛顿环的现象中确信光具有周期性.

综上所述,这一时期中,在以牛顿为代表的微粒说占统治地位的同时,由于相继发现了干涉、衍射和偏振等光的波动现象,以惠更斯为代表的波动说也初步提出来了. 因而,这个时期也可以说是从几何光学向波动光学过渡的时期,是人们对光的认识逐步深化的时期.

光学的研究在 18 世纪实际上没有什么进展. 多数科学家支持光的微粒说,不过笛卡儿学派中瑞士的欧拉(L. Euler, 1707—1783)和法国的伯努利(D. Bernoulli, 1700—1782)却捍卫并发展了波动理论.

0.2.3　波动光学时期

到了 19 世纪,初步发展起来的波动光学的体系已经形成. 杨氏(T. Young, 1773—1829)和菲涅耳(A. J. Fresnel, 1788—1827)的著作在这时起着决定性的作用. 1801 年杨氏最先用干涉原理令人满意地解释了白光照射下薄膜颜色的由来并做了著名的"杨氏双缝干涉实验",还第一次成功地测定了光的波长. 1815 年菲涅耳用杨氏干涉原理补充了惠更斯原理,形成了人们所熟知的惠更斯-菲涅耳原理. 运用这个原理不仅能圆满地解释光在均匀的各向同性介质中沿直线传播,而且还能解释光通过障碍物时所发生的衍射现象. 因此,它成为波动光学的一个重要原理.

1808 年马吕斯(E. L. Malus, 1775—1812)偶然发现光在两种介质界面上反射时的偏振现象. 随后菲涅耳和阿拉戈(D. F. J. Arago, 1786—1853)对光的偏振现象和偏振光的干涉进行了研究. 为了解释这些现象,杨氏在 1817 年提出了光波和弦中传播的波相仿的假设,认为它是一种横波. 菲涅耳进一步完善了这一观点并导出了菲涅耳公式. 至此,光的弹性波动理论既能说明光的直线传播,也能解释光的干涉和衍射现象,并且横波的假设又可解释光的偏振现象. 看来一切似乎十分圆满了,但这时仍把光的波动看做是"以太"中的机械弹性波动. 至于"以太"究竟是怎样的物质,尽管人们赋予它许多附加的性质,仍难自圆其说. 这样,光的弹性波理论存在的问题也就暴露出来了. 此外,这个理论既没有指出光学现象和其他物理现象间的任何联系,也没能把表征介质特性的各种光学常量和介质的其他参量联系起来.

1845 年法拉第(M. Faraday, 1791—1867)发现了光的振动面在强磁场中的旋转,从而揭示了光学现象和电磁现象的内在联系. 1856 年韦伯(W. E. Weber, 1804—1891)和柯尔劳斯(R. Kohlrausch, 1809—1858)通过在莱比锡做的电学实验发现了电荷的电磁单位和静电单位的比值等于光在真空中的传播速度,即 $3 \times$

10^8 m/s. 从这些发现中, 人们得到了启示, 即在研究光学现象时, 必须把光学现象和其他物理现象联系起来考虑.

麦克斯韦(J.C.Maxwell,1831—1879)在 1865 年的理论研究中指出, 电场和磁场的改变不会局限在空间的某一部分, 而是以数值等于电荷的电磁单位与静电单位的比值的速度传播的, 即电磁波以光速传播, 这说明光是一种电磁现象. 这个理论在 1888 年被赫兹(H.R.Hertz,1857—1894)的实验所证实. 他直接通过频率和波长来测定电磁波的传播速度, 发现它恰好等于光速. 至此, 确立了光的电磁理论基础, 尽管关于以太的问题, 要在相对论出现以后才得到完全解决. 另一方面, 当时已经发现了折射率随光波波长而改变的色散现象. 根据当时物质结构的观念, 已经可以从电子的运动过程更深入地研究物质和光相互作用的各种过程. 洛伦兹(H.A.Lorentz,1853—1928)根据他在 1896 年创立的电子论, 认为在外力的作用下, 电子做阻尼振动而产生光的辐射. 当光通过介质且介质中电子的固有频率和外场的频率相同时, 则束缚电子便成为较显著的光的吸收体. 这样, 利用洛伦兹的电子论不仅可以解释物质发射和吸收光的现象, 还能解释光在物质中的传播过程以及光的色散现象.

光的电磁理论在整个物理学的发展中起着很重要的作用, 它指出光和电磁现象的一致性, 并且再一次证明了各种自然现象之间存在着相互联系这一辩证唯物论的基本原理, 使人们在认识光的本性方面向前迈出了一大步.

在此期间, 人们还用多种实验方法对光速进行了多次测定. 1849 年菲佐(A.H.L.Fizeau,1819—1896)运用旋转齿轮法以及 1862 年傅科(J.L.Foucault,1819—1868)使用旋转镜法测定了光在各种不同介质中的传播速度.

0.2.4 量子光学时期

19 世纪末到 20 世纪初, 光学的研究深入到光的发生、光和物质相互作用的微观机制中. 光的电磁理论的主要困难是不能解释光和物质相互作用的某些现象, 例如炽热黑体辐射中能量按波长分布的问题, 特别是 1887 年赫兹发现的光电效应. 1900 年普朗克(M.K.Planck,1858—1947)提出了辐射的量子论, 认为各种频率的电磁波只能以一定的能量子方式从振子发射, 能量子所具有的能量是不连续的, 其大小只能是电磁波(或光)的频率与普朗克常量乘积的整数倍, 从而成功地解释了黑体辐射问题, 开始了量子光学时期. 1905 年爱因斯坦(A.Einstein,1879—1955)发展了普朗克的能量子假设, 把量子论贯穿到整个辐射和吸收过程中, 提出了杰出的光量子(光子)理论, 圆满地解释了光电效应, 并被后来的许多实验(例如康普顿效应)证实. 但这里所说的光子不同于牛顿的微粒说中的粒子, 光子是和光的频率(波动特性)联系着的, 光同时具有微粒和波动两种属性.

至此, 人们一方面通过光的干涉、衍射和偏振等光学现象证实了光的波动性; 另一方面通过黑体辐射、光电效应和康普顿效应等又证实了光的量子性——粒子性. 为了将有关光的本性的两个完全不同的概念统一起来, 人们进行了大量的探索工作. 1924 年德布罗意(L.V.de Broglie,1892—1987)创立了物质波学说,他大胆地设想每一物质的粒子都和一定的波相联系.这一假设在 1927 年被戴维孙(C.J.Davisson,1881—1958)和革末(L.H.Germer,1896—1971)的电子束衍射实验所证实.事实上,不仅光具有波动性和微粒性,也就是所谓波粒二象性,而且一切微观概念上的实物粒子同样都具有这种二重性.也就是说,这是微观物质所共有的属性.1925 年玻恩(M.Born,1882—1970)提出的波粒二象性的概率解释建立了波动性和微粒性之间的联系.光和一切微观粒子都具有波粒二象性,这个认识促进了原子核和粒子研究的发展,也推动人们去进一步探索光和物质的本质,包括实物和场的本质问题.为了彻底认清光的本性,我们还要不断探索,不断前进.

0.2.5　现代光学时期

从 20 世纪 60 年代起,特别在激光问世以后,由于光学与许多科学技术紧密结合、相互渗透,一度沉寂的光学又焕发了青春,以空前的规模和速度飞速发展.它已成为现代物理学和现代科学技术中一块重要的前沿阵地,同时又派生出许多崭新的分支学科.

从 1935 年荷兰物理学家泽尼克(Z.Zernike)提出的相衬显微术,到伽博(D.Gabor)于 1948 年提出了波前记录与再现的全息术,1955 年光学传递函数理论的创立,特别是 1960 年梅曼(T.H.Maiman,1927—2007)的激光问世,标志着光学迅速迈入现代光学时期.

1958 年肖洛(A.L.Schawlow,1921—1999)和汤斯(C.H.Townes,1915—2015)等提出把微波量子放大器的原理推广到光频段中去.1960 年梅曼首先成功地制成了红宝石激光器.自此以后,激光科学技术的发展突飞猛进,在激光物理、激光技术和激光应用等方面都取得了巨大的进展.激光现已广泛用于打孔、切割、导向、测距、医疗和育种等方面,在化学催化、同位素分离、光通信、光存储、光信息处理、生命科学以及引发核聚变等方面也有广阔的发展前景.

同步辐射光源的出现,是继电光源、X 射线光源、激光光源之后光学领域中的又一革命性事件.同步辐射的电磁波谱从红外线到 X 射线.同步辐射不仅强度高,而且指向性特佳.同步辐射在科学研究和高技术诸如表面物理学、生物学和化学以及半导体制备和集成电路制造等领域都有广泛应用.

同时全息摄影术已在全息显微术、信息存储、像差平衡、信息编码、全息干涉量度、声波全息和红外全息等方面获得了越来越广泛的应用.

光导纤维已发展成为一种新型的光学元件,为光学窥视(传光、传像)和光通信的实现创造了条件.它已成为某些新型光学系统和某些特殊激光器的组成部分.由于光纤通信具有使用范围广、容量大、抗干扰能力强、便于保密和节约钢材等优点,将逐渐成为远距离、大容量通信的"主角".

可以预期光计算机将成为新一代的计算机.由于采取了光信息存储,并充分吸收了光并行处理的特点,光计算机的运算速度将会成千倍地增加,信息存储能力可望获得极大的提高,更完善的人工智能便成为现实.

传统光学观察技术和其他新技术的结合,并向红外波段的扩展将使红外技术成功地应用于夜视、导弹制导、环境污染监测、地球资源考察及遥感遥测技术等.

随着新技术的出现,新的理论也不断发展,已逐步形成了许多新的分支学科或边缘学科.

将数学中的傅里叶变换和通信中的线性系统理论引入光学,形成了傅里叶光学.它不仅使人们用新的理论来分析光学形象,而且由此引入的空间滤波和频谱的概念已成为光学信息处理、像质评价、成像理论以及相干光学计算机的基础.

高度时间和空间相干性的高强度激光的出现,为研究强光作用下非线性光学的发展创造了条件.非线性光学效应属于当今的光子学(photonics)范畴.激光光谱学的实验方法已成为深入研究物质微观结构、分子运动规律等方面的重要手段.

电子和光子是人们经常会涉及的两种微观粒子.它们均是具有动量和能量的粒子,在与物质相互作用时交换其动量和能量,所以它们之间存在着相似性.光子可以像电子一样与物质相互作用,成为探测物质内部微观信息的一种灵敏的探针.由于描述光波的参量,诸如振幅、相位、频率及偏振态等均会在光与物质相互作用的过程中发生变化,这种变化正是传递了物质中的诸多信息.X 射线荧光谱仪、拉曼谱仪等都是以光为探针来研究物质性质的仪器,与电子探针相比,光子探针具有独特的优点,例如,利用超短光脉冲可以探测物理、化学、天文与宇宙学、材料科学与信息科学或生命科学中的超快演变过程,成为研究微观世界和生命科学的重要工具.光子扫描隧穿显微镜(PSTM)的分辨本领可以达 12 nm 就是证明.

作为信息载体,与电子相比,光子不带电荷,不易发生交互作用,光子学作为一门新兴学科,它研究光子的产生、放大、传输、控制和探测,以及将这些技术应用于能量产生、通信、信息处理等学科.光子学研究的目的是发展光子技术.当今人类迈入数字化信息社会,光通信及其相关技术的发展将加快全球信息高速公路的完善,光子技术将改变人与社会的关系,从根本上改变人类的生活方式.

现代光学技术与信息光学技术、纳米技术和生命科学技术密切关联.例如以激光束捕捉与冷却原子,激光冷却技术已实现 $0.18\ \mu K$ 的低温,证实了凝聚态物质的存在和宏观量子规律的存在;光场压缩态在量子通信和量子计算等领域有着广泛的应用前景.几十或几百飞秒的飞秒激光器已商品化,因而可以研究各种超快速演变的瞬态过程,例如在化学反应过程中,可以检测到寿命极短的中间产物的生成与消亡的全过程.在许多情况下,超快、超强可以从根本上改变激光与物质相互作用的机制,通过光物理与化学、材料科学、医学和生命科学的互相协作及学科间的交叉与渗透,超强、超短脉冲激光必将推动人类科学和技术的进步.

第1章 光 的 干 涉

本章主要内容是根据光的干涉现象和实验事实来揭示光的波动性,初步明确光波不是机械波而是电磁波,引起光效应的主要是电场强度而不是磁感应强度.介绍干涉现象和几种重要的应用,并进一步讨论怎样才能使干涉图样清晰明显.具体讨论的干涉课题有双光束干涉和多光束干涉.

1.1 波动的独立性、叠加性和相干性

在 19 世纪 70 年代,麦克斯韦发展了电磁理论,从而导致电磁波的发现.电磁波在不同介质的分界面上发生反射和折射现象,在传播中出现干涉、衍射和偏振等现象.而根据当时已有的知识,光波也具有相似的干涉、衍射和偏振等现象,电磁波和光波之间有什么联系呢?按照麦克斯韦理论,电磁波在真空中的传播速度 $c = 1/\sqrt{\varepsilon_0 \mu_0}$,$c$ 只和真空电容率 ε_0 和真空磁导率 μ_0 有关,是一个普适常量.在实验误差范围以内,这个常量 c 与已测得的光速相等.于是麦克斯韦得出这样的结论:光是某一波段的电磁波,c 就是光在真空中的传播速度.

1.1.1 电磁波的传播速度和折射率

在介质中电磁波的速度 v 为真空中的 $1/\sqrt{\varepsilon_r \mu_r}$ 倍,即

$$v = \frac{c}{\sqrt{\varepsilon_r \mu_r}} \tag{1-1}$$

式中 ε_r 为介质的相对电容率,μ_r 为相对磁导率.另外光在透明介质里的传播速度 v 小于真空中的速度 c.c 与 v 的比值是该透明介质的折射率,即

$$n = \frac{c}{v} \tag{1-2}$$

既然光是电磁波,将(1-1)式和(1-2)式相比较可得

$$n = \sqrt{\varepsilon_r \mu_r} \tag{1-3}$$

这个公式把光学和电磁学这两个不同领域中的物理量联系起来了.在光频段有 $\mu_r = 1$,因此 $n \approx \sqrt{\varepsilon_r}$.

1.1.2 光的强度

如图 1-1 所示,电磁波的电场强度 $\boldsymbol{E}$、磁场强度 $\boldsymbol{H}$ 都和传播方向垂直,因而

电磁波是横波. 由维纳实验的理论分析(见 1.5 节)可以证明, 对人的眼睛或感光仪器起作用的是电场强度 E, 所以我们所说的光波中的振动矢量通常指的是电场强度 E.

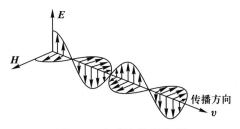

图 1-1 电磁波的 E 和 H

在电磁波中能被人眼所感受的光的波长在 390~760 nm 的狭窄范围以内, 对应的频率范围是 7.5×10^{14} ~ 4.1×10^{14} Hz. 这个波段内的电磁波叫做可见光. 在可见光的范围内不同的频率引起不同的颜色感觉. 大致说来, 各单色光的频率或真空中的波长和颜色的对应关系如表 1-1 所示.

表 1-1

颜色	中心频率/Hz	中心波长/nm	波长范围/nm
红	4.5×10^{14}	660	760~622
橙	4.9×10^{14}	610	622~597
黄	5.3×10^{14}	570	597~577
绿	5.5×10^{14}	550	577~492
青	6.5×10^{14}	460	492~450
蓝	6.8×10^{14}	440	450~435
紫	7.3×10^{14}	410	435~390

波动的传播总是伴随着能量的传递, 这个过程一般用平均能流密度来描述. 人眼的视网膜或诸如光电管、感光板、CCD(电荷耦合器件)摄像装置等传感器所感受或检测到的光的强弱都是由能流密度的大小来决定的. 所谓能流密度, 是指在单位时间内通过与波的传播方向垂直的单位面积的能量或表示为通过单位面积的功率. 任何波动所传递的平均能流密度与振幅的平方成正比. 对于电磁波, 平均能流密度正比于电场强度振幅 A 的平方. 所以, 光的强度或光照度(即平均能流密度)为

$$\bar{I} \propto A^2$$

在波动光学中, 主要是讨论光波所到之处的相对光照度. 因而通常只需计算光波在各处的振幅的平方值, 而不需要计算各处的光照度的绝对值. 在波动光学的术语中, 常把振幅的平方所表征的光照度称为光强度, 即

$$\bar{I} = A^2 \qquad (1-4)$$

这里 $\bar{I}$ 应理解为相对强度, 其值与所处介质的折射率有关, 它是对同一介质的定义. 对不同介质情况, 需要考虑折射率, 即

$$\bar{I} = nA^2 \qquad (1-4a)$$

为了便于理解起见, 先从简单的机械波着手进行讨论.

1.1.3　机械波的独立性和叠加性

在力学现象中我们已注意到,从几个振源发出的波相遇于同一区域时,只要振动不十分强烈,就可以各自保持自己的特性(频率、振幅和振动方向等),按照各自原来的传播方向继续前进,彼此不受影响. 这就是波动独立性的表现. 在相遇区域内,介质质点的合位移是各波分别单独传播时在该点所引起的位移的矢量和. 因此,可以简单地、没有任何畸变地把各波的分位移按照矢量加法叠加起来. 这就是波动的叠加性. 这种叠加性是以独立性为条件的,是最简单的叠加.

通常情况下,波动方程是线性微分方程,简谐波的表达式就是它的一个解. 如果有两个独立的函数都能满足同一个给定的微分方程,那么这两个函数的和也必然是这个微分方程的解. 这就是两个独立的波的叠加的数学意义. 对光波来说,在高光强的激光作用下,可以观察到与线性的偏差,这将是非线性光学讨论的问题.

如果两波频率相等,在观察时间内波动不中断,而且在相遇处振动方向几乎沿着同一直线,那么它们叠加后产生的合振动在有些地方加强,在有些地方减弱. 这一强度按空间周期性变化的现象称为干涉. 在叠加区域内各点处的振动强度有一定的非均匀分布,那么这种分布的整体图像称为干涉图样,例如水面上两水波的干涉和空气中声波的干涉.

1.1.4　干涉现象是波动的特性

关于光的本性问题,由于光现象的复杂性和多样性,要用统一的理论来阐明它,历史上曾遇到很大的困难. 就是在现代,对光的本性的认识也还在演变着,关于光的新理论也还在发展着.

由观察结果能够确定:物体发射光时损失能量,吸收光时获得能量,光在物质中传播时能量从物质的一部分迁移到另一部分. 这种迁移可能依靠波动,也可能依靠移动着的微粒. 波动的特征是能量以振动的形式在物质中依次转移,物质本身并不随波移动. 相反地,依靠微粒来迁移能量时,能量随着微粒一起移动.

干涉现象无可辩驳地肯定了光的波动本性. 实际上这个结论还可推广到其他现象:凡强弱按一定分布的干涉图样出现的现象,都可作为该现象具有波动本性的最可靠、最有力的实验证据.

1.1.5　相干与不相干叠加

我们也经常会遇到另一种情况. 例如两盏灯同时照射同一平面,总照度到处都加强了,其值等于两盏灯照度之和,没有一处照度减弱,观察不到干涉图样. 实际上只有在光源经过特殊装置(见 1.3 节)的情况下,才有干涉现象出现. 能引起干涉现象的光源称为相干的. 通常的独立光源①(如两盏电灯)是不相干的.

---

① 随着激光和快速光电接收器的出现,已可以拍摄两个独立的红宝石激光器发出的激光的干涉条纹,详见 1.3 节.

相干和不相干的区别究竟在哪里呢?

波动是振动在空间的传播,因此两列光波的叠加问题可以归结为讨论空间任一点电磁振动的叠加. 让我们先来回顾一下简谐振动的合成问题. 两个沿同一直线的简谐振动,其频率相同,但相位不同,如下式所示:

$$E_1 = A_1 \cos(\omega t + \varphi_1)$$
$$E_2 = A_2 \cos(\omega t + \varphi_2)$$

式中 E_1 和 E_2 表示介质中任一点的两个振动状态. ω 为振动的圆频率, A_1 和 A_2 为振幅, φ_1 和 φ_2 为振动的初相位. 两振动是彼此独立的,叠加的结果可用下式表示:

$$E = E_1 + E_2 = A \cos(\omega t + \varphi)$$

合振动的振幅 A 和初相位 φ 由下式决定(参阅附录 1.1):

$$A^2 = A_1^2 + A_2^2 + 2A_1 A_2 \cos(\varphi_2 - \varphi_1) \tag{1-5}$$

$$\tan \varphi = \frac{A_1 \sin \varphi_1 + A_2 \sin \varphi_2}{A_1 \cos \varphi_1 + A_2 \cos \varphi_2} \tag{1-6}$$

因为振动的强度正比于振幅的平方,从(1-5)式可见,在相位差 $\varphi_2 - \varphi_1$ 为任意角度的情况下,两个振动叠加时,合振动的强度不等于分振动强度之和. 但实际观察到的总是在较长时间内的平均强度. 在某一时间间隔 τ 内,其值远大于光振动的周期 T,例如可见光波段, T 约为 10^{-15} s,合振动的平均相对强度根据(1-4)式可计算如下:

$$\bar{I} = \overline{A^2} = \frac{1}{\tau} \int_0^\tau A^2 \, \mathrm{d}t$$

$$= \frac{1}{\tau} \int_0^\tau \left[A_1^2 + A_2^2 + 2A_1 A_2 \cos(\varphi_2 - \varphi_1) \right] \mathrm{d}t$$

$$= A_1^2 + A_2^2 + 2A_1 A_2 \frac{1}{\tau} \int_0^\tau \cos(\varphi_2 - \varphi_1) \, \mathrm{d}t$$

假定在观察时间内,两电磁振动各自继续进行,则它们的初相位差 $\varphi_2 - \varphi_1$,也就是任意时刻的相位差,始终保持不变,与时间无关.

在这个条件下,上式末项的积分值为

$$\frac{1}{\tau} \int_0^\tau \cos(\varphi_2 - \varphi_1) \, \mathrm{d}t = \cos(\varphi_2 - \varphi_1)$$

于是合振动平均强度为

$$\bar{I} = \overline{A^2} = A_1^2 + A_2^2 + 2A_1 A_2 \cos(\varphi_2 - \varphi_1) \tag{1-7}$$

(1-7)式中 $2A_1 A_2 \cos(\varphi_2 - \varphi_1)$ 称为干涉项. 如果这时两振动相位差为 π 的偶数倍,即

$$\varphi_2 - \varphi_1 = 2j\pi \quad (j = 0, 1, 2, 3, \cdots)$$

则 $\bar{I} = (A_1 + A_2)^2$,合振动平均强度达到最大值(称为干涉相长);如果相位差为 π

的奇数倍,即

$$\varphi_2 - \varphi_1 = (2j+1)\pi \quad (j = 0, 1, 2, 3, \cdots)$$

则 $\bar{I} = (A_1 - A_2)^2$,强度达到最小值(称为干涉相消);如果两振动的振幅相等且 $\varphi_2 - \varphi_1$ 等于任何其他值,合振动的平均强度介于这两者之间,为

$$\bar{I} = 2A_1^2[1 + \cos(\varphi_2 - \varphi_1)] = 4A_1^2 \cos^2 \frac{\varphi_2 - \varphi_1}{2} \qquad (1-8)$$

假定在观察时间内,振动时断时续,以致它们的初相位各自独立地做不规则的改变,概率均等地在观察时间内多次历经从 0 到 2π 之间的一切可能值,即 $\varphi_2 - \varphi_1 = f(t)$,则

$$\frac{1}{\tau} \int_0^\tau \cos(\varphi_2 - \varphi_1) \mathrm{d}t = 0$$

而

$$\bar{I} = \overline{A^2} = A_1^2 + A_2^2$$

于是合振动平均强度等于分振动强度之和. 从表面上看,在这种情况下,它们按强度直接相加,而不是如(1-7)式所示那样按振幅直接相加. 但实际上我们从上述推导过程可以清楚看出,这里也是按振幅相加的. 振动的瞬时值都直接叠加,如(1-5)式所示. 差别仅表现在最后的平均值上.

由此可见,在几乎同一直线上的、同频率的两个电磁振动叠加时,必须区别两种情况:

(1) 两振动的相位差始终保持不变,合振动平均强度可以大于也可以小于分振动强度之和. 在这种情况下就可能在较长时间内观察到干涉现象. 通常称频率相同、振动方向几乎相同并在观察期间内相位差保持不变的两个振动是相干的. 其实只要两个振动方向互相不垂直即可,取它们同向的分量叠加,因而(1-5)式和(1-6)式成立,为简单计,与此垂直方向分量的叠加暂时略去.

(2) 两振动的相位差在观察时间内无规则地改变,例如间断的振动,合振动的平均强度简单地等于分振动强度之和,不出现干涉现象. 通常称这种振动为不相干的.

多个振动叠加时,情况也是这样. 设有 n 个同频率的振动,振幅都等于 A_1,振动方向都沿着同一直线. 如果它们是相干叠加的,那么合振动强度介于 $\bar{I} = (nA_1)^2 = n^2 A_1^2$ 和 $\bar{I} = 0$ 之间,如果是不相干叠加的,那么合振动强度简单地为

$$\bar{I} = nA_1^2$$

在讨论了电磁振动叠加的基础上,就可以进而讨论光波的叠加问题. 光波在传播过程中具有独立性. 从各物体发出的光在空间相交,并不影响各光束的独立传播,也不妨碍观察者同时清楚地看到所有这些物体. 因此,上述分析对光振动在空间任一点的叠加也是适用的. 这种分析既能说明两种光振动相干的情况,也能解释两个独立光源,它们通常发出许多不连续的波列,在空间任一点所引起的光振动叠加时不发生干涉现象的事实,但它们都是波的叠加. 上述分析

说明了相干与不相干只是不同情况时波的叠加的具体表现.

1.2　由单色波叠加所形成的干涉图样

1.2.1　相位差和光程差

以上实际上仅讨论了振动的叠加,现在就一个特殊的例子来详细讨论两列波的叠加. 为简单起见,仅讨论单色的简谐波,它可用正弦或余弦函数来表示. 如图 1-2 所示,设有两个这样的波,从空间两定点 S_1 和 S_2 发出,振源的振动可用下式来表示:

$$\left. \begin{array}{l} E_{01} = A_{01}\cos(\omega t + \varphi_{01}) \\ E_{02} = A_{02}\cos(\omega t + \varphi_{02}) \end{array} \right\} \tag{1-9}$$

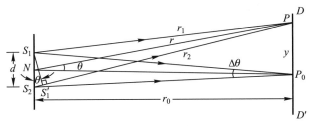

图 1-2　光程差的计算

式中 φ_{01} 和 φ_{02} 分别为 S_1 和 S_2 两点振动的初相位,此后当两列波同时到达空间另一定点 P 时,P 点的振动可用下式来表示(见附录 1.2):

$$\left. \begin{array}{l} E_1 = A_1\cos\left[\omega\left(t - \dfrac{r_1}{v_1}\right) + \varphi_{01}\right] \\ E_2 = A_2\cos\left[\omega\left(t - \dfrac{r_2}{v_2}\right) + \varphi_{02}\right] \end{array} \right\} \tag{1-10}$$

式中 $r_1 = S_1 P$,$r_2 = S_2 P$,v_1 和 v_2 是两波在 r_1 和 r_2 两段路程上的传播速度. 两波在 P 点相遇后,在任意时刻的相位差为

$$\begin{aligned} \Delta\varphi &= \omega\left(\frac{r_2}{v_2} - \frac{r_1}{v_1}\right) + (\varphi_{01} - \varphi_{02}) \\ &= \frac{2\pi}{\lambda}(n_2 r_2 - n_1 r_1) + (\varphi_{01} - \varphi_{02}) \end{aligned} \tag{1-11}$$

式中 λ 为两波在真空中的波长,$n_1 = c/v_1$ 和 $n_2 = c/v_2$ 为两波沿着 r_1 和 r_2 传播时所经路程上介质的折射率,c 为真空中波的传播速度,这里我们用了关系式 $\omega = 2\pi\nu = 2\pi c/\lambda$. 从上式可见相位差 $\Delta\varphi$ 取决于两个因素:其一是由两定点 S_1、S_2 的初始振动情况决定的 $\varphi_{01} - \varphi_{02}$;其二是由波从 S_1、S_2 两点到达观察点 P 所通过的路程(即在均匀介质中为分别连接 S_1 和 S_2 至 P 点的直线段)和所经过介质的性质决定的 $n_2 r_2 - n_1 r_1$,并以 δ 记之. 折射率和路程的乘积称为光程,用 Δ 表示:

$$\Delta = nr \tag{1-12}$$

所以 $\delta = n_2 r_2 - n_1 r_1$ 就是光程差. 波在真空中传播时, $n=1$, 光程差即等于几何直线段长度之差. 在均匀介质中, $nr = \dfrac{c}{v} r = ct$. 所以光程也可认为等于相同时间内光在真空中通过的路程. 借助于光程这个概念可将光在介质中所走的路程折算为光在真空中的路程, 这样便于比较光在不同介质中所走路程的长短.

首先讨论 $\varphi_{01} - \varphi_{02}$ 在观察时间内维持不变, 即相干的情况, 那么 S_1 和 S_2 就可认为是相干振源. 现在就最简单的情况 ($\varphi_{01} = \varphi_{02}$, $n=1$) 来加以讨论. 此时相位差就唯一地取决于几何路程差. (1-11) 式简化为

$$\Delta\varphi = \frac{2\pi}{\lambda}\delta = \frac{2\pi}{\lambda}(r_2 - r_1) = k(r_2 - r_1) \tag{1-13}$$

其中 $k = \dfrac{2\pi}{\lambda}$, 称为波数.

1.2.2 干涉图样的形成

波在某点的强度也就是波在该点所引起的振动的强度, 因此也正比于振幅的平方. 上节中有关 $\bar{I}$ 和 $\bar{A^2}$ 的公式也适用于波动. 如果两波在 P 点引起的振动方向沿着同一直线 (例如垂直于图面), 那么按 (1-13) 式, 对应于 $\Delta\varphi = 2\pi j$, 也就是

$$r_2 - r_1 = 2j\frac{\lambda}{2} \quad (j=0, \pm1, \pm2, \cdots) \tag{1-14}$$

的那些点, 光程差等于 $\lambda/2$ 的偶数倍, 两波叠加后的强度为最大值 $(A_1 + A_2)^2$, 称为干涉相长; 而对应于 $\Delta\varphi = (2j+1)\pi$, 也就是

$$r_2 - r_1 = (2j+1)\frac{\lambda}{2} \quad (j=0, \pm1, \pm2, \cdots) \tag{1-15}$$

的那些点, 光程差等于 $\lambda/2$ 的奇数倍, 强度为最小值 $(A_1 - A_2)^2$, 称为干涉相消. 通常称 j 为干涉级. 注意 j 是从零取起的, 因此提到第 m 个条纹, 其级数应该是 $j = m-1$. 如果两波从 S_1、S_2 向一切方向传播, 则强度相同 (无论是最大值, 最小值或介乎其间的任何指定值) 的空间各点的几何位置, 满足如下条件:

$$r_2 - r_1 = 常量$$

这些点的轨迹是以 $S_1 S_2$ 为轴线的双叶旋转双曲面, 以 S_1 和 S_2 两点为它的焦点, 如图 1-3 (a) 所示. 图 1-3 (b) 中的曲线表示这样的一组双曲面和图面的

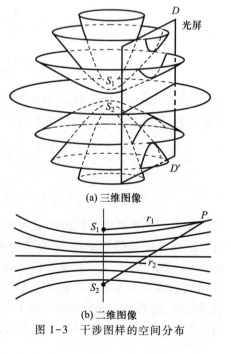

(a) 三维图像

(b) 二维图像

图 1-3 干涉图样的空间分布

交线(为清楚起见,两图中 S_1 和 S_2 的距离作了明显夸大). 整个干涉图样的轮廓大致就是这样.

设有平面光屏 DD' 垂直于对称轴 NP_0(见图1-2),在光屏面上强度相等的点的轨迹是一组双曲线,它们是光屏面与上述双叶旋转双曲面的交线. 这样在屏面上就出现一组强弱相间的干涉条纹. 这些双曲线条纹的顶点都在图1-2中 DD' 直线上,它们的位置不难计算出来:令 $S_1S_2=d$;N 为 S_1S_2 的中点,$NP_0=r_0$;作 $S_1S_1'\perp S_2P$. 从图1-2直接可以看出:在近轴和远场近似条件下,即 $r\gg d$ 和 $r\gg\lambda$ 的情况下,

$$r_2-r_1\approx S_2S_1'=d\sin\theta$$

按(1-14)式,可得满足下列条件的各点,光强为最大值:

$$r_2-r_1\approx d\sin\theta=j\lambda$$

考虑到 $r_0\gg d$,$\sin\theta\approx\tan\theta=\dfrac{y}{r_0}$,$y$ 表示观察点 P 到 P_0 的距离,因而强度为最大值的那些点应满足条件:

$$d\sin\theta\approx d\,\frac{y}{r_0}=j\lambda$$

或

$$y=j\frac{r_0}{d}\lambda \qquad (j=0,\pm1,\pm2,\cdots) \qquad (1\text{-}16)$$

同理,按(1-15)式,可得强度为最小值的那些点应满足条件:

$$d\,\frac{y}{r_0}=(2j+1)\frac{\lambda}{2}$$

或

$$y=(2j+1)\frac{r_0}{d}\,\frac{\lambda}{2} \qquad (j=0,\pm1,\pm2,\cdots) \qquad (1\text{-}17)$$

从这两式可知相邻两条强度最大值的条纹或相邻两条强度最小值的条纹的顶点之间的距离为

$$\Delta y=y_{j+1}-y_j=\frac{r_0}{d}\lambda \qquad (1\text{-}18)$$

如果参看图1-2,并注意到双孔 S_1、S_2 对屏中心点 P_0 所张的角距离为

$$\Delta\theta\approx\frac{d}{r_0}$$

则条纹间距公式可改写为

$$\Delta y\approx\frac{\lambda}{\Delta\theta}$$

或

$$\Delta y\cdot\Delta\theta=\lambda \qquad (1\text{-}19)$$

由此可见,Δy 与 $\Delta\theta$ 成反比. 我们知道,波长反映光波的空间周期性,而条纹间距反映干涉场中光强分布的周期性. 由于光的波长很短,使我们难以直接观察

光波随空间位置变化的周期规律. 但是通过干涉的方法, 就相当于将不能直接观察的现象加以转化放大, 而变为可观察到的干涉图样.

根据上面三式和(1-8)式, 可对两列单色波的干涉图样的特点作如下归纳

(1) 各级亮条纹的光强相等, 相邻亮条纹或相邻暗条纹都是等间距的, 且与干涉级 j 无关.

(2) 当一定波长 λ 的单色光入射时, 间距 Δy 的大小与 r_0 成正比, 而与 d 成反比.

(3) 当 r_0、d 一定时, 间距的大小与光的波长 λ 成正比. 历史上第一次测量波长, 就是通过测量干涉条纹间距的方法来实现的.

(4) 当用白光作为光源时, 除 $j=0$ 的中央亮条纹外, 其余各级亮条纹都带有各种颜色. 当 j 较大时, 不同级数的各色条纹因相互重叠而得到均匀的强度. 正因为用白光观察时可以辨认的条纹数目很少, 故一般实验都用单色光作光源.

(5) 干涉图样实质上体现了参与相干叠加的光波间相位差的空间分布. 换句话说, 干涉图样的强度记录了相位差的信息. 明确这一概念对进一步了解波动光学的现代应用是十分重要的.

如果 $\varphi_{02} \neq \varphi_{01}$, 干涉图样仍然不变, 只不过相对于 $S_1 S_2$ 有一移动. 条纹移动的距离和方向, 要看 $\varphi_{02}-\varphi_{01}$ 的大小和符号而定.

即使振源是不相干的, $\varphi_{02}-\varphi_{01}$ 时时刻刻在改变, 仍有按照上述分析所得的叠加结果, 只不过任一指定点的振动在某一时刻强度达到最大值, 而整个干涉图样在空间移动不定. 如果这种变化延续的时间非常短, 我们就不能察觉这种迅速的变化, 而只能观察其平均强度, 这样干涉图样就显示不出来了. 这种振源就被认为是不相干的. 只有在 $\varphi_{02}-\varphi_{01}$ 维持不变的条件下, 干涉图样才能在空间稳定. 相干与不相干在本质上都是波叠加的结果.

1.3 分波面双光束干涉

1.3.1 光源和机械波源的区别

光的干涉现象的存在肯定了光的波动性. 然而, 两盏电灯同时照射时观察不到干涉图样, 这一事实仅是因为通常的独立光源是不相干的缘故. 通常的独立光源为什么是不相干的呢? 这涉及对光源的发光机制的探讨.

光是由物质的原子(或分子)的辐射引起的. 在两个独立的光源, 甚至在同一发光体的不同部分中, 一般说来原子的辐射可认为是互不相关的[①]. 在一批发出辐射的原子里, 由于能量的损失或周围原子的作用, 辐射过程常常中断, 延续时间很短(约 10^{-8} s). 此后, 另一批原子发光, 但已有新的初相位了. 因此不同

[①] 这里把激光光源除外, 激光器中的原子因受激发射而发光, 因此辐射的步调是一致的、相关的, 从而初相位一致, 有高度的相干性, 详见第 8 章.

原子所发出的辐射之间的相位差,将在每一次新的辐射开始时发生改变.也就是说每经过一个极短的时间间隔,相位差就会改变.所以这样的光源是不相干的.仅仅这些情况已足以把光的干涉和机械波的干涉二者区别开来.在力学、声学现象和微波技术中,独立振源的振动在观察时间内通常是持续进行的,是不中断的,因而它们之间的相位关系能够保持不变.独立的机械振源一般是相干的,所以机械波干涉通常比较容易实现.但在光学干涉现象中,由于原子辐射的复杂性,在不同瞬时叠加所得的干涉图样相互替换得极快且不规则,以致肉眼和通常的探测仪器都观察不到.

由此可见,能否观察到光束的干涉现象受两方面条件的限制,即光源的相干性和接收器的时间响应能力(即可以分辨的最小时间)[①].早期光的干涉实验使用的大都是带滤色片的普通钨丝灯光源,单色性还是比较差的;眼睛的时间响应能力为 0.1 s,感光胶片的时间响应能力一般不超过毫秒,因而一般热光源不能作为相干光源.

激光的问世,使光源的相干性大大提高,快速光电接收器件的出现又使接收器的时间响应能力由 0.1 s 缩短到 μs(微秒)、ns(纳秒)甚至 ps(皮秒)[②]量级,因此就可以看到比过去短暂得多的干涉现象,甚至能实现两个独立光源的干涉实验.

1963 年玛格亚(G.Magyar)和曼德(L.Mandel)用时间响应能力为 $10^{-8} \sim 10^{-9}$ s 的开关式像增强器拍摄了两个独立的红宝石激光器发出的激光的干涉条纹.虽然一组组条纹之间彼此错位,但是可目视分辨的干涉条纹仍有 23 条.

1.3.2 获得稳定干涉图样的条件 典型的干涉实验

由上可知,为了观察到稳定的光的干涉现象,必须创造一种条件:使任何时刻到达观察点的应该是从同一批原子发射出来而经过不同光程的两列光波.各原子的发光尽管迅速地改变,但任何相位改变总是同时发生在这两列波上,因而它们到达同一观察点时总是保持着不变的相位差,只有经过这样特殊装置的两束光才是相干的.

这里把干涉分成两种:分波面干涉和分振幅干涉.在前一种情况下,波面的各个不同部分作为发射次波的光源,然后这些次波交叠在一起发生干涉.在后一种情况下,次波本身被分成两部分,各自走过不同的光程后重新叠加并发生干涉.还有一种分振动面的方法,将在 5.9 节"偏振光的干涉"中予以讨论.

下面介绍几种分波面干涉的特殊装置和有关的干涉实验:

(1)杨氏实验 杨氏最先在 1801 年得到两列相干的光波,并且最早以明确的形式确立了光波叠加原理,用光的波动性解释了干涉现象.这一实验的历史意义是重大的.他用强烈的单色光照射到如图 1-4 所示的开有小孔 S 的不透明的遮光板(称为光阑)上,后面放置另一块光阑,开有两个小孔 S_1 和 S_2.杨氏

---

① 即接收器响应入射光的速度,以探测器的输出信号由零上升到幅值的 63% 所需的时间来量度.

② 1 ns = 10^{-9} s,1 ps = 10^{-12} s,1 fs = 10^{-15} s,1 as = 10^{-18} s.

利用了惠更斯对光的传播所提出的次波假设解释了这个实验. 他认为波面上的任一点都可看做是新的振源, 由此发出次波, 光的向前传播, 就是所有这些次波叠加的结果. 这就是惠更斯原理. 在杨氏实验装置中, S_1 和 S_2 可以认为是两个次波的波源, 因为它们都是从同一个光源 S 而来的, 所以永远有恒定的相位关系(如果 S_1 和 S_2 位于由 S 发出的光波的同一个波面上, 那么它们永远有相同的相位, 即 $\varphi_1 = \varphi_2$). 在杨氏的实验装置中, S、S_1 和 S_2 都足够小, S_1 和 S_2 就成为两个相干光源. 光屏上任一观察点上两振动的相位差, 见(1-11)式.

S、S_1 和 S_2 如果是相互平行的狭缝, 用单色光照射时, 则干涉条纹是明暗相间的直线形条纹(见图1-5). 根据(1-8)式, 双缝干涉的光强分布曲线如图1-6所示.

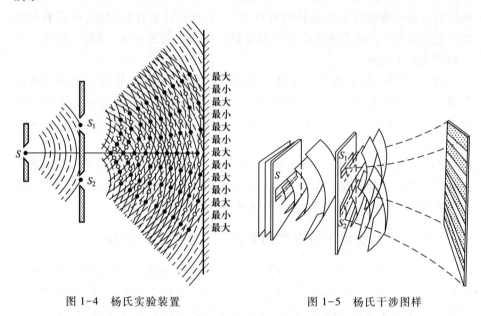

图 1-4　杨氏实验装置　　　　　图 1-5　杨氏干涉图样

$$I = 4A_1^2 \cos^2\left(\frac{\varphi_2 - \varphi_1}{2}\right)$$

图 1-6　杨氏干涉的光强分布

如果用图 1-7 所示的激光器作为光源, 由于激光有良好的相干性和较高的亮度, 就可直接把激光投射在双缝 S_1、S_2 上, 而不必再用光阑 S. 也可在激光器的输出端的高反膜上刻划两条狭缝, 用作杨氏干涉的双缝. 此时在屏上也可以观察到一套稳定明显的干涉条纹. 这说明激光束的不同部位是相干的. 狭缝后放置 CCD 摄像装置, 将图像通过电脑进行视频捕捉, 并投影到大屏幕上, 即可在大屏幕上显示清晰的干涉图样。

需要说明的是, 如图 1-4 所示的杨氏干涉实验中, 以狭缝 S 从普通单色光

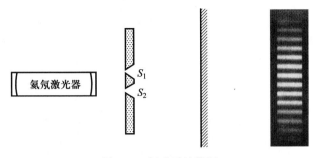

图 1-7 杨氏干涉装置

源发出的光场中获取一线光源,这在激光问世前是完全必要的。如果在杨氏干涉实验中采用激光,则可以省去狭缝 S,而让激光束直接照射双缝 S_1 和 S_2,便可获得清晰的干涉条纹.

*（2）菲涅耳双面镜实验　杨氏实验装置中的小孔或狭缝都很小,它们的边缘往往对实验产生影响（衍射）而使问题复杂化. 后来菲涅耳提出另一种获得相干光束的方法,可以在更简单的情况下观察到干涉图样. 他用了两块平面镜（图 1-8 中用 M_1 和 M_2 表示）,两镜面的交角接近 $180°$,θ 角很小. S 为光阑上的细缝（垂直于图面）. 用强烈的单色光照射,使 S 成为线状的单色光源. 由中学物理可知,平面反射镜所成的虚像在镜后,像和物到镜面的垂直距离相等. 图中 S_1 和 S_2 分别表示光源 S 由 M_1 和 M_2 两镜所成的像,它们都是线状的且垂直于图面. 入射光线 SN_1 由 M_1 反射后的光线 N_1P 好像是从 S_1 发出的;入射线 SN_2 由 M_2 反射后

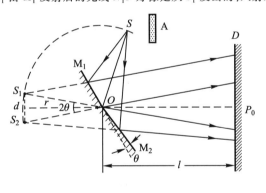

(a) 实验装置

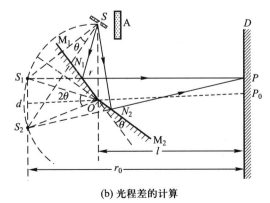

(b) 光程差的计算

图 1-8 菲涅耳双面镜装置及光程差计算

的 N_2P 好像是从 S_2 发出的. 实际上它们都是从同一光源 S 发出的. 而且它们在 P 点的夹角十分小, 即在 P 点的传播方向大致相同, 因而不仅它们在 P 点引起的振动频率相同, 而且方向也基本一致, 所以在 P 点相遇时发生相干性的叠加. 由于它们所经光程不同而可能相互加强或减弱. 其波面的传播示意图大致如图 1-9 所示.

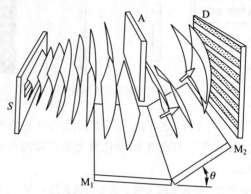

图 1-9　菲涅耳双面镜的波面

从反射定律知道: $SN_1 = S_1N_1$, $SN_2 = S_2N_2$, 并且 S_1N_1 和 N_1P 共线、S_2N_2 和 N_2P 共线. 光程 $SN_1 + N_1P = S_1P = r_1$, $SN_2 + N_2P = S_2P = r_2$. 这样, 虚像 S_1 和 S_2 虽没有光波通过, 在计算光程差时, 仍可以把它们当做两个相干光源. 知道了 SO 和 θ 角的大小, 就可算出 S_1 和 S_2 之间的距离 d: 因为 $S_1O = S_2O = SO$, S、S_1 和 S_2 三点都在同一圆周上, 圆周半径为 r, 而 S_1S_2 对 S 点所张的圆周角等于 θ, 所以对圆心 O 点所张的圆心角必然等于 2θ. 即 $d = 2r\sin\theta$, 则条纹的间距为

$$\Delta y = \frac{r+l}{2r\sin\theta}\lambda \qquad (1-20)$$

式中 l 为 O 点到屏的距离.

图中 S 旁边的 A 为遮光的光阑, 防止从光源所发的光没有经过反射而直接照射到光屏 D 上. 屏上可以观察到明暗相间的直线干涉条纹, 它们平行于线光源 S.

如果以激光器作为光源, 由于激光近于平行, 即相当于 S 位于无穷远处, 上式简化为

$$\Delta y = \frac{\lambda}{2\sin\theta}$$

若用两相干光束间的夹角 $\alpha = 2\theta$ 表示, 上式可写成

$$\Delta y = \frac{\lambda}{2\sin(\alpha/2)}$$

对于氦氖激光, $\lambda = 632.8$ nm. 当 $\theta = 1°50'$ 时, $\Delta y = 9.89$ μm. 即每毫米内有 101 条亮纹或暗纹. 利用这种装置可制备全息光栅. 改变两平面镜的交角 θ 就改变了 α, 于是可拍摄每毫米内条纹数不同的全息光栅. 拍摄时将超微粒感光板置于干涉条纹的屏幕处, 使感光板感光, 经显影和定影后, 底板就可作为光栅. 若在上面蒸发镀铝, 即得反射全息光栅.

*(3) 劳埃德镜实验　劳埃德 (H.Lloyd, 1800—1881) 提出了一种更简单的观察干涉现象的装置. 如图 1-10 所示, 光阑上的狭缝 S (垂直于图面) 被强烈的单色光照射, 作为线状光源. 由此射出的光以很大的入射角 i_1 (接近 90°) 照射到一块下面涂黑的平玻璃板 M 上 (也垂直于图面), 光仅从它的上表面反射. 反射光好像从 S 的虚像 S' 发出而和直接从 S 发出的光同时射到光屏 D 上, 在 D 上也可观察到一组明暗相间的平行于线光源 S 的直线形条纹. 在这个实验中, 实际光源 S 本身和它的虚像形成了相干光源, 其波面如图 1-11 所示.

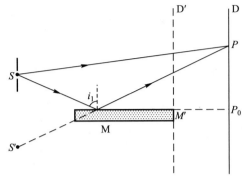

图 1-10 劳埃德镜的光程计算

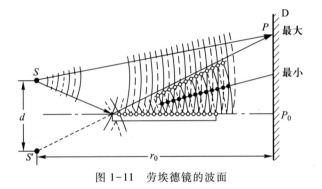

图 1-11 劳埃德镜的波面

劳埃德镜实验的结果揭示了光在介质（玻璃）表面上反射时的一个重要特性. 若在图1-10中把光屏 D 移到 D′的位置,使与玻璃片的边缘相接触. 此时 P_0 和 M' 相重合,P_0 处出现暗的条纹. 但是,从表观上看:从 S 和 S' 到 M' 的光程相等,M' 的光强应该为最大值,而实际观察到的却是最小值. 其他的条纹也都有这种情况,即按(1-16)式计算应该是强度最大的那些地方,实际观察到的都是暗条纹;而按(1-17)式计算应该是强度最小的那些地方,实际观察到的却都是亮条纹. 这一变化是在反射过程中发生的,因为光在充满着均匀物质或真空中前进时,不可能在中途无故发生这种变化. 反射仅在介质表面上发生,因此波的振动必然在这里突然改变了相位 π,这也可认为是反射光的光程在介质表面反射时损失了半个波长. 这种现象称为半波损失,劳埃德镜实验揭示了这一重要的事实:即光在介质（玻璃）表面上反射,且入射角接近90°(掠射)时,产生了半波损失. 根据(1-16)式 P 点的光程差应为

$$\delta = S'P - SP - \frac{\lambda}{2} = \frac{d}{r_0} y - \frac{\lambda}{2}$$

劳埃德镜实验所得的干涉图样,除了 M' 处为暗纹外,还和前述的干涉图样有所不同,它只在 M' 的一侧有干涉条纹,而杨氏干涉条纹则是对称地分布在 P_0 的两侧.

*（4）维纳驻波实验 入射波和反射波相遇在一起时,也会发生相干性叠加而形成驻波. 驻波具有波节和波腹. 驻波中振幅最小的那些地方是波节,这里强度为最小值;振幅最大的那些地方是波腹,这里强度为最大值. 相邻的两波节或两波腹之间的距离等于半个波长. 光的驻波首先在 1890 年由维纳(O.Wiener)通过实验发现. 单色光垂直照射到上面镀有反射率高的银膜的平板 M（见图 1-12）,上面斜放着另一透明玻璃片 G,其间的夹角 θ 很小（不超过几分）. G 上涂一薄层感光乳胶. 图中一些平行于 M 的平面表示驻波的波腹. 在波腹的平面与乳胶面相交的地方,乳胶感光并在显影后变黑;波节的地方不变黑. 从图中可以看到乳胶

片上相邻的两条黑条纹之间的距离 $AB = AC / \sin\theta$，AC 为驻波相邻波腹之间的距离即 $\lambda / 2$. 光的波长的数量级为 10^{-5} cm，如果取 θ 角约为 $1'$，则 AB 可达 1 mm.

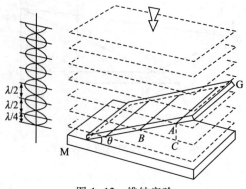

图 1-12　维纳实验

值得注意的是乳胶片和反射平面 M 接触的地方没有感光. 表示这里不是波腹而是波节. 也就是说，入射光和反射光在介质表面上叠加时，振动方向总是相反的. 或者说，光从光疏到光密介质表面上垂直反射时，也产生了半波损失.

为什么光在反射时可能产生半波损失呢？这是和光的电磁本性有关的，在 1.5 节中将通过菲涅耳公式来讨论这一问题.

[例 1.1]　在杨氏实验装置中，两小孔的间距为 0.5 mm，光屏离小孔的距离为 50 cm. 当以折射率为 1.60 的透明薄片贴住小孔 S_2 时，发现屏上的条纹移动了 1 cm，试确定该薄片的厚度.

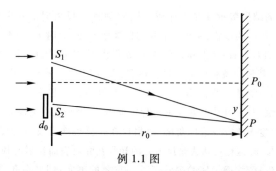

例 1.1 图

[解]　在小孔 S_2 未贴薄片时，从两小孔 S_1 和 S_2 至屏上 P_0 点的光程差为零. 当小孔 S_2 被薄片贴住时，如例 1.1 图所示，零光程差点从 P_0 移到 P 点，按题意 P 点相距 P_0 为 1 cm，P 点光程差的变化量为

$$\delta = \frac{d}{r_0} y = \frac{0.5}{500} \times 10 \text{ mm} = 0.01 \text{ mm}$$

P 点光程差的变化等于 S_2 到 P 的光程的增加，即

$$\delta = n d_0 - d_0$$

上式中 d_0 表示薄片的厚度，设空气的折射率为 1，则

$$(n-1) d_0 = \frac{d}{r_0} y$$

$$d_0 = \frac{d}{(n-1) r_0} y = \frac{0.5 \text{ mm}}{0.6 \times 500 \text{ mm}} \times 10 \text{ mm} = 1.67 \times 10^{-2} \text{ mm}$$

1.4 干涉条纹的可见度 *光波的时间相干性和空间相干性

1.4.1 干涉条纹的可见度

为了描述干涉图样中条纹的强弱对比,需要引入可见度(衬比度)的概念,其定义为

$$V = \frac{I_{max} - I_{min}}{I_{max} + I_{min}} \tag{1-21}$$

当 $I_{min} = 0$(暗条纹全黑)时,$V = 1$,条纹的反差最大,清晰可见. 当 $I_{max} \approx I_{min}$ 时, $V \approx 0$,条纹模糊不清,甚至不可辨认.

影响干涉条纹可见度大小的因素很多,对于理想的相干点光源发出的光来讲,主要因素是振幅比. 在(1-7)式中,当 $\Delta\varphi = 2j\pi$ 时,$\cos \Delta\varphi = 1$,$I = I_{max} = (A_1 + A_2)^2$;当 $\Delta\varphi = (2j+1)\pi$ 时,$\cos \Delta\varphi = -1$,$I = I_{min} = (A_1 - A_2)^2$. 于是可见度为

$$V = \frac{2A_1 A_2}{A_1^2 + A_2^2} = \frac{2(A_1/A_2)}{1 + (A_1/A_2)^2}$$

若令 $I_0 = I_1 + I_2 = A_1^2 + A_2^2$,则(1-7)式又可写成

$$\begin{aligned} I &= A_1^2 + A_2^2 + 2A_1 A_2 \cos \Delta\varphi \\ &= I_0(1 + V\cos \Delta\varphi) \end{aligned} \tag{1-22}$$

这就是双光束干涉中强度分布的另一表达式.

1.4.2 光源的非(准)单色性对干涉条纹的影响

在干涉实验中,通常使用的单色光源其实并不是单一频率的理想光源,它包含着一定的波长范围 $\Delta\lambda$. 这将会影响干涉条纹的可见度. 由于波长范围 $\Delta\lambda$ 内的每一波长的光均形成各自的一组干涉条纹,而且各组条纹除零级以外,其他各级条纹互相间均有一定的位移,所以各组条纹非相干叠加的结果会使条纹的可见度下降.

现以杨氏干涉实验为例说明光源的非(准)单色性对干涉条纹的影响. 设光源的波长为 λ,其波长范围为 $\Delta\lambda$,由于在波长 λ 与 $\lambda + \Delta\lambda$ 内各种波长的干涉条纹非相干叠加,结果仅零级条纹是完全重合在一起的,其他各级条纹不再重合,极大值位置的范围由(1-16)式确定,即

$$\Delta y = j \frac{r_0}{d} \Delta\lambda \tag{1-23}$$

我们称其为明条纹宽度. 在 Δy 以内,充满着同一干涉级、波长在 λ 到 $\lambda + \Delta\lambda$ 之间的各种波长的明条纹. 由上式可知,随着干涉级的提高,同一级干涉条纹的宽度增大,干涉条纹的可见度便相应地降低. 当波长为 $\lambda + \Delta\lambda$ 的第 j 级与波长为 λ 的第 $j+1$ 级条纹重合时,条纹的可见度降为零,无法观察到条纹. 如图 1-13(a)

所示的是总的干涉条纹的光强分布,图 1-13(b)表示在 λ 到 $\lambda+\Delta\lambda$ 之间各种波长的光的干涉条纹的光强分布随光程差 δ 的变化.

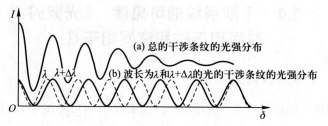

图 1-13　光源的非单色性对干涉条纹的影响

当 $\lambda+\Delta\lambda$ 的第 j 级与 λ 的第 $j+1$ 级重合时,即

$$\delta=(j+1)\lambda=j(\lambda+\Delta\lambda)$$

由此得干涉条纹的可见度降为零时的干涉级为

$$j=\frac{\lambda}{\Delta\lambda} \tag{1-24}$$

与该干涉级对应的光程差为实现相干的最大光程差,即

$$\delta_{\max}=j(\lambda+\Delta\lambda)\approx\frac{\lambda^2}{\Delta\lambda} \tag{1-25}$$

式中考虑到了 $\lambda\gg\Delta\lambda$. 该式表明,光源的单色性决定产生干涉条纹的最大光程差,通常将 $\delta_{\max}$ 称为相干长度.

*1.4.3　时间相干性

光的单色性和波列的长度有一定的联系. 我们知道,任何光源发射的光波只有在有限的空间范围内并且在一定的时间内才可以看做是稳定的. 即光源向外发射的是有限长的波列,而波列的长度是由原子发光的持续时间和传播速度确定的. 现在再来考察一下如图 1-14 所示的杨氏干涉实验,如果光源 S 发射一列光波 a,这一列光波被杨氏干涉装置分为两个波列 a′、a″,这两个波列沿不同路径 r_1、r_2 传播后,又重新相遇. 由于这两列波是从同一列光波分割出来的,它们具有完全相同的频率和一定的相位关系,因此可以发生干涉,并可观察到干涉条纹. 若两路径的光程差太大,致使 S_1 和 S_2 到考察点 P 的光程差大于波列的长度,使得当波列 a″ 刚到达 P 点时,波列 a′ 已经过去了,两列波不能相遇,当然无法发生干涉. 而另一发光时刻发出的波列 b 经 S_1 分割后的波列 b′ 和 a″ 相遇并叠加. 但由于波列 a 和 b 无固定的相位关系,因此在考察点 P 无法发生干涉. 故干涉的必要条件是两光波在相遇点的光程差应小于波列的长度. 由上述的讨论可知,波列的长度至少应等于最大光程差,按(1-25)式,得波

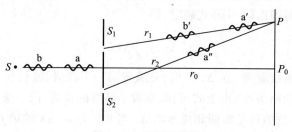

图 1-14　时间相干性

列长度 L 为

$$L = \delta_{max} = \frac{\lambda^2}{\Delta\lambda} \qquad (1-26)$$

上式表明,波列长度与光源的谱线宽度成反比,即光源的单色性好,光源的谱线宽度 $\Delta\lambda$ 就小,波列长度就长.例如,以白光作光源时,若用眼睛观察干涉条纹,白光光源的谱线宽度约为 150 nm,它的波列长度约与波长同一数量级;钠光灯发射光波的波列长度约为 0.058 cm;低气压镉灯发射光波的波列长度约为 40 cm;低气压氪(^{86}Kr)灯发射光波的波列长度约为 70 cm;氦氖激光器发射的激光的波列长度可达几百千米.

由波列的长度 L 可确定它通过考察点所需的时间 Δt_0,即

$$\Delta t_0 = \frac{L}{c} \qquad (1-27)$$

式中 c 为光速.对于确定的某一点,若前后两个时刻传来的光波隶属于同一波列,则它们是相干光波,称该光波场具有时间相干性,否则为非相干光波.显然,衡量光波场时间相干性的好坏是 Δt_0 的长短. Δt_0 称为相干时间,它是光通过相干长度所需的时间.上述的讨论表明,光波场的时间相干性是和光源的单色性紧密相关的.在干涉实验中,由于激光的单色性高,其时间相干性就好,我们就可观察到干涉级较高的条纹.因为波列是沿光的传播方向通过空间固定点的,所以时间相干性是光场的纵向相干性.

1.4.4 光源的线度对干涉条纹的影响

上面已讨论了光的单色性对干涉条纹的影响,谱线宽度增大会导致干涉条纹的可见度下降.本小节进一步讨论光源的线度对干涉条纹的影响.

在图 1-4 和图 1-5 所示的杨氏干涉实验中,我们采用的是点光源或线光源.但实际上光源总是具有一定的宽度的.我们可以把它看成由很多线光源构成.各个线光源在屏幕上形成各自的干涉图样,这些干涉图样间有一定的位移,位移量的大小与线光源到屏的距离有关.这些干涉图样的非相干叠加使总的干涉图样模糊不清,甚至会使干涉条纹的可见度降为零.

首先讨论两个线光源的情况.如图 1-15 所示,线光源 S 所产生的干涉图样以虚线表示,线光源 S' 所产生的干涉图样以实线表示.当 S' 到 S 的距离变大时,S' 的干涉图样将相对于 S 的干涉图样向下平移,总的干涉图样的可见度降低.若 S' 的干涉图样的最大值恰好与 S 的干涉图样的最小值重合,干涉条纹的可见度降为零,图 1-15 所示的正是这种情况.这时 S 和 S' 之间的距离为 d',其值可计算如下:

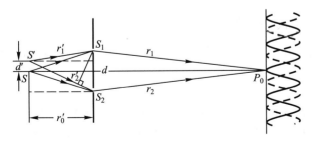

图 1-15 光源的线度对干涉条纹的影响

S' 到 S_1 和 S_2 的光程差为

$$\delta = r'_2 - r'_1$$

由图 1-15 的几何关系可知

$$r'^2_1 = r'^2_0 + \left(\frac{d}{2} - d'\right)^2$$

$$r'^2_2 = r'^2_0 + \left(\frac{d}{2} + d'\right)^2$$

$$r'^2_2 - r'^2_1 = (r'_2 + r'_1)(r'_2 - r'_1)$$

$$= 2dd'$$

由于近轴条件下

$$r'_2 + r'_1 \approx 2r'_0$$

即

$$2r'_0 \delta \approx 2dd'$$

故

$$\delta \approx \frac{dd'}{r'_0}$$

如果这一光程差等于半个波长，

$$\delta = \frac{dd'}{r'_0} = \frac{\lambda}{2}$$

即

$$d' = \frac{r'_0}{2d}\lambda \tag{1-28}$$

则干涉条纹的可见度为零.

　　若杨氏实验中用的是扩展光源，它的宽度为 d'_0，且 $d'_0 = 2d'$，则扩展光源可分成许多相距为 d' 的线光源对，由于每对线光源在屏幕上的干涉图样的可见度为零，故整个扩展光源在屏幕上的干涉图样的可见度也为零，在屏幕上无法观察到干涉图样，这个扩展光源的宽度 d'_0 称为临界宽度. 其值由 (1-28) 式可知为

$$d'_0 = 2d' = \frac{r'_0}{d}\lambda \tag{1-29}$$

显然，当扩展光源的线度变大时，干涉条纹的可见度变小，直至光源的线度等于临界宽度时，干涉条纹的可见度为零.

*1.4.5　空间相干性

　　对于临界宽度为 d_0 的光源，由 (1-29) 式可求得所对应的双缝之间最大距离

$$d_{max} = \frac{r'_0}{d'_0}\lambda$$

若双缝之间的距离等于或大于 d_{max}，则观察不到干涉条纹，即光场中狭缝 S_1 和 S_2 处的光矢量在同一时刻无确定的相位关系. 由于 S_1、S_2 发出的光波来自同一光源，故与宽度为 d'_0 的光源对应的光场空间相干性较差. 若使双缝 S_1 与 S_2 之间的距离小于 d_{max}，则屏幕上能观察到干涉条纹，说明 S_1 和 S_2 的光场这时是相干的，或者说这时光场具有空间相干性. 综上所述，

光场的空间相干性是描述光场中在光的传播路径上空间横向两点在同一时刻光振动的关联程度,所以又称横向相干性.显然,光的空间相干性与光源的线度有关.在杨氏实验中,为了改善干涉条纹的可见度,通常在光源前放置狭缝 S 以减小光源的线度,提高光场的空间相干性.由于激光的空间相干性好,所以将激光直接投射在双缝上也可获得良好的可见度.

值得指出的是,光的空间相干性和时间相干性总是共存的.例如在杨氏实验中,考察屏幕上离 P_0 点较远位置处的干涉条纹时,不仅涉及空间相干性问题,也出现时间相干性问题,因为光波分别从 S_1 和 S_2 传播到场点所需的时间不同.可见,在实际干涉场中空间相干性和时间相干性问题总是相伴共存的.

*1.5　菲涅耳公式

1.5.1　菲涅耳公式

电磁波通过不同介质的分界面时会发生反射和折射.在电动力学中将讲到入射、反射和折射三束波在分界面上振幅的大小和方向之间的关系.这一关系可由菲涅耳公式表达出来.上节提到的在反射过程中发生的半波损失问题,就可以用这个公式来解释.这一公式对以后讲到的许多光学现象,例如光的偏振等都能圆满地加以说明.

菲涅耳公式的内容说明如下:

在任何时刻,我们都可以把入射波、反射波和折射波的电矢量分成两个分量,一个<u>平行于入射面</u>,另一个<u>垂直于入射面</u>.有关各量的平行分量与垂直分量分别用下标 p 和 s 来表示(p,s 来自德文).以 i_1、i_1' 和 i_2 分别表示入射角、反射角和折射角,它们确定了各波的传播方向(在大多数情况下,只要注意各波的电矢量即可,因为知道了各个波的传播方向,各波的磁矢量就可按右手螺旋关系确定).以 A_1、A_1' 和 A_2 来依次表示入射波、反射波和折射波的电矢量的振幅,它们的分量相应就是 A_{p1}、A_{p1}'、A_{p2} 和 A_{s1}、A_{s1}'、A_{s2}.由于三个波的传播方向各不相同,必须分别规定各分量的某一个方向作为正方向.这种规定当然是任意的,但是只要在一个问题的全部讨论过程中始终采取同一种正方向的选择,由此得到的各个关系式就具有普遍的意义.图 1-16 中 Oxy 平面为两介质的分界面,z 轴为法线,Oxz 平面为入射面.规定电矢量的 s 分量以沿着 y 轴正方向的为正,这对于入射、反射和折射三个波都相同.图中 Ⅰ、Ⅱ、

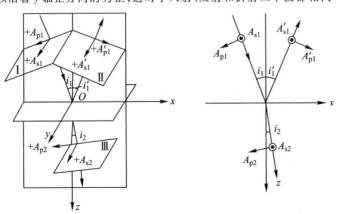

(a) 三维图像　　　　　　　　(b) 二维图像

图 1-16　菲涅耳公式的示意图

Ⅲ三个面依次表示入射、反射和折射三个波的波面. 电矢量的 p 分量沿着这三个波面与入射面的交线, 它们的正方向分别规定如图 1-16(a)、(b) 所示. 且 s 分量、p 分量和传播方向三者满足右手螺旋关系.

在传播过程中, 电矢量的方向是在不断变化的, 我们关注的仅是反射、折射发生的瞬间的变化, 所以菲涅耳公式所表示的有关各量的方向都是指紧靠两介质分界面 O 点处而言的 (在图中为清楚起见, 将通过 O 点的三个波面Ⅰ、Ⅱ、Ⅲ画在离 O 点较远的地方). 菲涅耳公式包括下列四式 (其推导见附录 1.3) :

$$\frac{A'_{s1}}{A_{s1}} = -\frac{\sin(i_1 - i_2)}{\sin(i_1 + i_2)} \tag{1-30}$$

$$\frac{A'_{p1}}{A_{p1}} = \frac{\tan(i_1 - i_2)}{\tan(i_1 + i_2)} \tag{1-31}$$

$$\frac{A_{s2}}{A_{s1}} = \frac{2\sin i_2 \cos i_1}{\sin(i_1 + i_2)} \tag{1-32}$$

$$\frac{A_{p2}}{A_{p1}} = \frac{2\sin i_2 \cos i_1}{\sin(i_1 + i_2)\cos(i_1 - i_2)} \tag{1-33}$$

前两式表示反射波的两个分量和入射波两个对应分量之比; 后两式表示折射波和入射波两个对应分量之比, 振动方向的变化则由正负号来决定. 应当注意各分量量值之比是相对于入射波来计算的, 但振动方向则分别按照各波的上述规定, 不是直接相对于入射波作比较 (s 分量还可比较, p 分量则无法简单地用正负号来直接表示出各波之间的振动方向关系).

对通常的入射光波来说, 可以认为 A_{s1} 和 A_{p1} 两分量的振动方向都是正的且量值彼此相等. 这是因为通常的热光源所发出的光, 在垂直于传播方向的平面 (波面) 内, 电矢量 (以及磁矢量) 可以沿任意方向振动, 这些振动中的每一个矢量都在毫无规则且非常迅速地改变着. 我们观察到的仅是它们的平均值 (关于这一点, 将在第 5 章中进一步阐明). 因而我们可以运用标量近似处理来代替矢量波. 在随意选定了任意两个互相垂直的方向 (例如 s 和 p 两个方向) 之后, 就可以把任一振动的振幅 A 沿所选的方向分成 $A_{s1} = A\sin\alpha$ 和 $A_{p1} = A\cos\alpha$ 两个分量. 在平均效应中没有任何特殊理由认为哪一个一定是正, 哪一个一定是负, 因而通常就认为它们都是正的. 这两个分振动的平均能量为

和

$$\left. \begin{aligned} \bar{I}_{s1} &= \frac{1}{2\pi}\int_0^{2\pi} A^2\sin^2\alpha \, d\alpha = \frac{1}{2}A^2 \\ \bar{I}_{p1} &= \frac{1}{2\pi}\int_0^{2\pi} A^2\cos^2\alpha \, d\alpha = \frac{1}{2}A^2 \end{aligned} \right\} \tag{1-34}$$

由此可知 $\sqrt{\overline{A_{s1}^2}} = \sqrt{\overline{A_{p1}^2}}$.

既然入射光各振动分量都看做是正的, 那么菲涅耳公式中的符号, 可以认为只是对反射和折射光而言的. 反射光和折射光都是在入射点突然改变传播方向的, 因此, 一般地说, 电矢量也将在这点突然改变方向. 它不能简单地用入射光相位怎样改变来说明 (因为正负值仅是相对于各自规定的正方向而言的), 而要通过菲涅耳公式及有关的符号规定来分析. 这样, 既可以解释一束光从光疏到光密介质垂直入射或掠射时反射光相对于入射光的"半波损失"问题, 又可以解释两束在不同情况下的反射光之间的"额外光程差"问题. 至于符号到底是否改变, 取决于入射角和折射角的大小, 即分别取决于 (1-30) 式到 (1-33) 式. 换句话说, 取决于入射角和介质的折射率.

1.5.2 半波损失的解释

现在用菲涅耳公式来解释半波损失问题. 在劳埃德镜实验中, 光从空气入射到玻璃, 即

$n_2 > n_1 \approx 1$. 由折射定律 $n_1 \sin i_1 = n_2 \sin i_2$，知道 $i_1 > i_2$. 由于 $i_1 \approx 90°$，$i_1 + i_2 > 90°$，令入射光中的 A_{s1}、A_{p1} 均取正值，所以从 (1-30) 式得 $A'_{s1} < 0$；从 (1-31) 式得 $A'_{p1} < 0$. 图 1-17 表示了这些方向的关系. 从图中可以看到，在 $i_1 \approx 90°$ 的掠射情况下，入射光和反射光的传播方向几乎相同，它们的波面 I 和 II 几乎相互平行. 此时，对 A'_{p1} 和 A_{p1} 规定的正方向也几乎相同，由于在无限靠近界面处反射光中电矢量的两个分量都取负值，而且满足 $\left| \dfrac{A'_{p1}}{A_{p1}} \right| = \left| \dfrac{A'_{s1}}{A_{s1}} \right| = 1$，它们的合矢量几乎与这里入射光中的合矢量方向相反. 在波的传播过程中，通常是每隔半个波长，振动矢量的方向相反. 现在则是在同一地点(界面上的入射点)，而不是相隔半波长处，仅仅由于发生了反射，振动方向就变成相反的了，所以称为半波损失(这是对电矢量说的，根据 **E**、**H** 和传播方向三者之间所构成的右手螺旋关系可知，磁矢量在这种情况下，也同样产生半波损失).

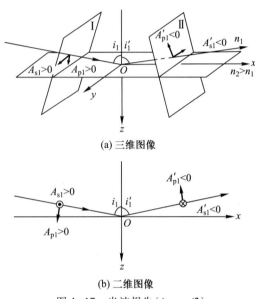

(a) 三维图像

(b) 二维图像

图 1-17　半波损失 ($i_1 \approx \pi/2$)

在维纳驻波实验中，i_1 几乎等于零. 仍设 $n_1 < n_2$，即 $i_1 > i_2$，从 (1-30) 式得 $A'_{s1} < 0$；从 (1-31) 式得 $A'_{p1} > 0$. 但按照各自规定的正方向，反射光中的 A'_{s1} 和 A'_{p1} 都分别与入射光中的 A_{s1} 和 A_{p1} 反向(见图 1-18)，而且满足 $\left| \dfrac{A'_{p1}}{A_{p1}} \right| = \left| \dfrac{A'_{s1}}{A_{s1}} \right| = 1$，这就是说合矢量反向. 这也是在同一地点(入射点)而不是相隔半个波长处，仅仅是由于发生了反射，使振动方向反向. 所以在这情况中 ($i_1 \approx 0$) 也发生了半波损失. 这也是对电矢量说的. 由于这里反射光和入射光的传播方向是相反的，所以磁矢量的方向不变，不产生半波损失. 因此，介质表面对驻波中的电矢量来说是波节，但对磁矢量来说仍应该是波腹. 维纳实验所用感光乳胶在介质表面上不感光，表示对感光作用说，电矢量是主要的. 此处磁矢量虽是波腹，但乳胶并不感光，说明磁矢量对感光不起作用. 这一结果是容易解释的，因为电磁波的磁矢量作用在电子上的洛伦兹力 qvB 比电矢量的作用力 qE 小得多，其比值为 v^2/c^2 (v 和 c 分别为电子的速度和光速)，一般可以略去不计.

总结劳埃德实验和维纳驻波实验，可得到这样的结论:入射光在光疏介质 (n_1 小) 中前进，遇到光密介质 (n_2 大) 的界面时，在掠射 ($i_1 \approx 90°$) 或正入射 ($i_1 \approx 0$) 两种情况下，反射光的振动方向对于入射光的振动方向都几乎相反，都将在反射过程中产生半波损失，这是仅对

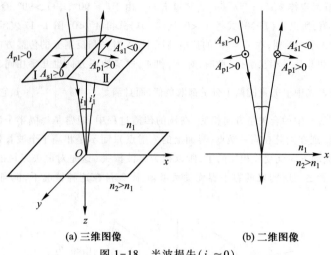

(a) 三维图像   (b) 二维图像

图 1-18   半波损失（$i_1 \approx 0$）

电矢量而言的. 在光的效应中，一般仅考虑电矢量的作用. 入射光在光密介质中前进，遇到光疏介质的界面而反射时（$n_1 > n_2$），不产生半波损失.

从（1-32）和（1-33）两式知道，不论在掠射或正射时，相对于入射光的振动方向，折射光永远不发生半波损失.

1.6   分振幅薄膜干涉（一）——等倾干涉

1.3 节已讨论了以杨氏实验为代表的分波面（或波前）干涉，本节开始研究分振幅干涉现象.

1.6.1   单色点光源引起的干涉现象

近代光学仪器中，透镜等元件的表面上镀有透明的薄膜，利用反射光束的干涉相消使反射光的强度大大减小，从而增加了透射光的强度，并可避免杂乱的反射造成像的不清晰. 此外，还可利用薄膜使某些波长的光发生干涉相消，从而制成滤光片. 这种薄膜由介质或金属分子蒸发而成，对不同波长可镀成不同厚度，使用这种滤光片比用单色光源方便得多. 目前干涉滤光片的应用已越来越广泛.

现在来讨论置于透镜焦平面的点光源发出的光照射到介质薄膜时的一般干涉现象.

设表面相互平行的平面透明介质薄膜（折射率为 n_2）置于另一透明介质（折射率为 n_1）中. 如图 1-19（a）所示，把单色点光源 S 放在会聚透镜 L_1 的焦点处，使平行光束 ab 照射到薄膜表面上. 光束被分为两部分：一部分是反射光束 a_1b_1；另一部分折射入薄膜内，遇到第二个表面时，又分为反射光和折射光两部分. 折射部分成为透射光束 c_1d_1 而射出膜外；反射部分则又反射回第一表面. 在这里，光束又分为两部分：一部分折射出膜面的光束 a_2b_2；另一部分仍反射至膜内. 由反射和折射定律可知,无论平行光束在膜内经过多少次反射,仍保持为平行光束. 而在平行表面的条件下,从第一表面折射出来的光束,例如 a_2b_2,总是和 a_1b_1 有相同的传播方向;从第二表面折射出来的透射光束,例如 c_2d_2,也总是和 c_1d_1 有相同的传播方向. 现在先讨论光束 a_1b_1 和 a_2b_2(为简单起见,都称它们为反射光束,而 c_1d_1 和 c_2d_2 则称为透射光束). a_1b_1 和 a_2b_2 都从同一点光源发出,所以是相干的. 它们会聚于透镜 L_2 的焦点 S' 处. 这一点究竟是亮的还是暗的,要由两相干光束的光程差来决定.

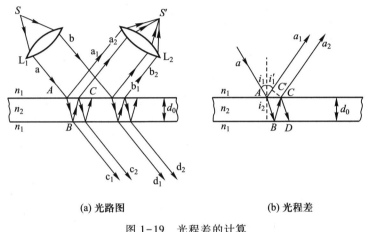

(a) 光路图   (b) 光程差

图 1-19   光程差的计算

因为光是在均匀介质中传播的,所以计算光程差时,只需考虑表示每束平行光传播方向的一条直线. 在图 1-19(b) 中,a、a_1 和 a_2 三条直线分别代表图 1-19(a) 中的三束平行光 ab、a_1b_1 和 a_2b_2. i_1 为 a 的入射角,i_2 为折射角. a_2 和薄膜的第一表面交于 C 点. 从 C 点作线段 CC' 垂直于 a_1. 因为从 CC' 上任何点到 S' 点的光程都相等(见 3.6 节),所以 a_1b_1 和 a_2b_2 两光束在 S' 点会聚时的光程差就等于薄膜内的光程 n_2AB+n_2BC 和膜外介质里的光程 n_1AC' 之差. 于是由于光线所经路径不同产生的光程差为

$$\delta = n_2(AB+BC) - n_1AC'$$

从图 1-19(b) 不难看出:$AB = BC = d_0/\cos i_2$,d_0 为膜的厚度. 又

$$n_1AC' = n_1AC\sin i_1$$
$$= (2d_0\tan i_2)n_2\sin i_2$$
$$= 2n_2d_0\sin^2 i_2/\cos i_2$$
$$= 2n_2d_0(1-\cos^2 i_2)/\cos i_2$$

而

$$n_2\cos i_2 = \sqrt{n_2^2-n_2^2\sin^2 i_2} = \sqrt{n_2^2-n_1^2\sin^2 i_1}$$

因而最后得

$$\delta = 2d_0\sqrt{n_2^2-n_1^2\sin^2 i_1}$$

考虑到只要薄膜处在同一介质中,光在薄膜上、下表面反射时物理性质必

然相反,因此两束反射光在 S' 点相遇时必然有额外的光程差 $\pm\dfrac{\lambda}{2}$(见附录 1.4),我们在此取负号,上式可补充为

$$\delta = 2d_0\sqrt{n_2^2 - n_1^2\sin^2 i_1} - \frac{\lambda}{2}$$

这就是两束反射光在 S' 点相遇时的光程差. S' 点是亮(干涉相长)还是暗(干涉相消),取决于以下条件:

$$2d_0\sqrt{n_2^2 - n_1^2\sin^2 i_1} = \begin{cases} (2j+1)\dfrac{\lambda}{2} & \text{相长} \\[2mm] (\text{或 } 2d_0 n_2\cos i_2) \\[2mm] 2j\dfrac{\lambda}{2} & \text{相消} \end{cases} \quad (j = 0,1,2,\cdots) \qquad (1-35)$$

以上仅考虑了两束光 $a_1 b_1$ 和 $a_2 b_2$ 之间的干涉作用,实际上还有在薄膜内经过三次、五次……反射而最后从第一表面折射出的许多光束,用 $a_3 b_3$、$a_4 b_4$、……表示($a_2 b_2$ 以后的光束图中未画出). 不过这些光束的强度都远比 $a_1 b_1$ 和 $a_2 b_2$ 弱,叠加时不起有效的作用,所以可略去不计. 这一点可以从下面的分析看出. 反射光的强度取决于反射率:

$$\rho = (A'/A)^2$$

A 和 A' 分别为入射光和反射光的振幅. 按菲涅耳公式(1-30)或(1-31)式,反射光振动的垂直和平行于入射面的振幅分量不同,因而这两个分量的反射率也不同,它们的值分别为

$$\rho_s = \left(\frac{A'_{s1}}{A_{s1}}\right)^2 = \frac{\sin^2(i_1 - i_2)}{\sin^2(i_1 + i_2)}$$

$$\rho_p = \left(\frac{A'_{p1}}{A_{p1}}\right)^2 = \frac{\tan^2(i_1 - i_2)}{\tan^2(i_1 + i_2)}$$

当入射角很小时,折射定律可写作 $i_1/i_2 \approx n_2/n_1$,此时

$$\rho = \rho_s \approx \rho_p = \left(\frac{n_2 - n_1}{n_2 + n_1}\right)^2 \qquad (1-36)$$

在空气和玻璃的界面上反射时,这个反射率是很小的. 设 $n_2 = 1.5$,$n_1 = 1$,则 $\rho = 4\%$(如果表面镀有足够厚度的银或铝,那么 ρ 的值可以大大增加. 应用现代的镀膜技术,ρ 可增至 95% 以上). 以薄膜上下表面的反射率都为 $\rho = 0.04$ 为例,各反射光束的相对强度(以入射光束 ab 的强度为 1)依次减弱如下:光束 $a_1 b_1$ 只经过一次反射,其相对强度为 $\rho = 0.04$;光束 $a_2 b_2$ 经过两次折射和一次反射,其相对强度为 $\rho(1-\rho)^2 = 0.037$;光束 $a_3 b_3$ 经过两次折射和三次反射,其相对强度仅为 $\rho^3(1-\rho)^2 = 0.00006$,以此类推. 对于任意大小的入射角,数量级也相仿. 可见只有 $a_1 b_1$ 和 $a_2 b_2$ 两光束的强度相差无几,而 $a_2 b_2$ 以后各光束的强度减弱得很快,和前两束相比,可略去不计. 因而在这种情况下,主要是两束光的干涉.

授课视频
等倾干涉

1.6.2 单色发光平面所引起的等倾干涉条纹

通常光源不是一点而是有一定大小的发光面 P,即扩展光源,将它置于透

镜 L_1 的焦平面上,如图 1-20(a)所示. 由面上任一发光点(如 S_1、S_2、$\cdots$)发出的光经平行平面透明介质薄膜反射后,会聚于透镜 L_2 的焦平面 F 上的一点(如 S_1'、S_2'、$\cdots$). 薄膜各处的厚度虽然相同,从不同的发光点发出的光束对薄膜表面却有不同的倾角,因此每一发光点发出的每束光经过薄膜上、下表面反射后的光程差有所不同,亦即 S_1' 和 S_2' 各点光的强弱不同,其最大值及最小值由(1-35)式决定. 把焦平面 F 上强度相同的点连接起来,则将按强度的不同形成明暗相间的条纹.

用图 1-20(b)所示装置来观察较为方便. M 是半透明的平玻璃片,它使来自扩展光源的光反射后,射向薄膜 G,并让从薄膜反射回来的一部分光透过,再射到望远镜的物镜 L 上,物镜 L 把光束会聚于它的焦平面 F. 在焦平面上,可看到一组圆环状条纹,每一圆环与光源各点发出的在薄膜表面的入射点不同、但入射角相同的光相对应.

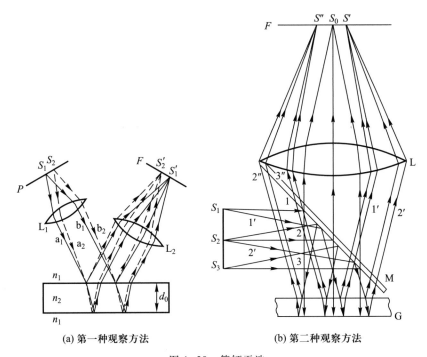

(a) 第一种观察方法　　　　(b) 第二种观察方法

图 1-20　等倾干涉

由此可见,在扩展光源的情况下,由于入射角相同的光经薄膜两表面反射形成的反射光在相遇点有相同的光程差,也就是说,只要是入射角相同的光就形成同一条纹,故这些倾斜度不同的光束经薄膜反射所形成的干涉图样是一些明暗相间的同心圆环. 这种干涉称为等倾干涉. 条纹明暗的条件由(1-35)式决定. d_0 一定时,干涉级数愈高(j 愈大),相当于 i_1 愈小. 此外,等倾干涉条纹只呈现在会聚平行光的透镜的焦平面上,不用透镜时产生的干涉条纹应在无限远处,所以我们说等倾干涉条纹定域于无限远处.

值得指出的是,如图 1-20(b)所示,光源的大小对等倾干涉条纹的可见度并无影响. 其实,光源上每一点,如 S_1、S_2 和 S_3,都给出自己的一组等倾干涉圆环,并且彼此准确重合,没有位移.例如光源上 S_1、S_2 和 S_3 各点发出的光线 1、2 和 3 经玻璃片 M 反射后垂直投射到薄膜 G 上,反射后通过玻璃片 M 和物镜 L 会聚于物镜焦平面上的 S_0 点,因而 S_0 是焦平面上形成等倾圆环条纹的中心,平行光线 $1'$、$2'$ 和 $2''$、$3''$ 通过光学系统后分别聚于焦平面上的 S' 和 S''. 由此可见,等倾条纹的位置与形成条纹的光束入射角有关,而与光源的位置无关. 所以若将点光源换为扩展光源,等倾干涉条纹的可见度不受影响,而且条纹的强度会因此大大加强,使干涉图样更加明亮,所以在观察等倾干涉条纹时,采用扩展光源是有利无害的. 目前,在实验室中常用激光光源,但在观察等倾干涉条纹时,由于激光光束太窄,不能在光屏上呈现完整的干涉条纹,为此在光源前插入一块毛玻璃,把激光光源转化为扩展光源.

下面讨论薄膜的厚度对条纹的影响. 薄膜愈薄,愈易观察到条纹. 这是因为从(1-35)式可知,对于干涉级为 j 和 $j+1$ 的两个相邻的亮条纹满足如下条件:

$$\sqrt{n_2^2 - n_1^2 \sin^2 i_1} = n_2 \cos i_2 = \left(j + \frac{1}{2}\right)\frac{\lambda}{2d_0}$$

$$\sqrt{n_2^2 - n_1^2 \sin^2 i_1'} = n_2 \cos i_2' = \left[(j+1) + \frac{1}{2}\right]\frac{\lambda}{2d_0}$$

式中 i_1、i_1'、i_2、i_2' 为对应于这两个干涉级的入射角和折射角. 把这两式相减得

$$n_2(\cos i_2' - \cos i_2) = \frac{\lambda}{2d_0}$$

$\cos i$ 可展开成为级数 $1 - \dfrac{i^2}{2!} + \dfrac{i^4}{4!} - \cdots$. 入射角很小时,可略去 i^4 以上各项,近似地以 $1 - \dfrac{i_2^2}{2}$ 代替 $\cos i_2$,得

$$i_2^2 - i_2'^2 = \frac{\lambda}{n_2 d_0}$$

由此可见,薄膜的厚度 d_0 越大,则 $i_2^2 - i_2'^2$ 的值越小,亦即相邻的亮条纹之间的距离越小,条纹越密,越不易辨认.

当 d_0 连续增大时,就可以看到任何条纹都在向外移动($\cos i_2$ 减小,i_2 增加);当 d_0 连续减小时,条纹向内移动($\cos i_2$ 增加,i_2 减小). 这同样可用 (1-35)式来解释,根据该式,乘积 $d_0 \cos i_2$ 必须保持不变. 薄膜的厚度减小时,任一指定 j 级条纹将缩小其半径,最后在中心处消失. 每当 $2n_2 d_0$ 改变一个 λ,或 d_0 改变一个 $\dfrac{\lambda}{2n_2}$ 时,在视场中就能看到一个条纹移过,因为在中心处 $\cos i_2 = 1$,(1-35)式变为 $2n_2 d_0 = j\lambda$,所以 d_0 每增减 $\dfrac{\lambda}{2n_2}$,j 就跟着增减一次. 所有以上的理论计算都和实验现象相符.

在透射光中,如果也置一会聚透镜,使互相平行的许多光束 $c_1 d_1$、$c_2 d_2$、$\cdots$ [见图 1-19(a)] 会聚于它的焦平面上,对于单色发光平面,也可观察到等倾干涉条纹. 但因透射光束 $c_1 d_1$ 的强度比所有其他光束强得多,故干涉条纹可见度

授课视频
等倾干涉特
征

很差.

1.7 分振幅薄膜干涉（二）——等厚干涉

1.7.1 单色点光源所引起的等厚干涉条纹

以上讨论的是表面平行的介质薄膜,现在研究尖劈形介质薄膜的情况.将单色的点光源 S 置于透镜 L_1 的焦点处,使平行光束 ab 沿一定的方向照射[见图 1-21(a)]薄膜,那么两束反射的平行光 a_1b_1 和 a_2b_2 就将以不同的方向传播.现在来计算这两束反射光通过表面上任一点 C 时的光程差. 在入射光束 ab 中除了考虑光线 a 之外,还考虑通过 C 点的光线 c[见图 1-21(b)]. 在反射光束 a_1b_1 和 a_2b_2 中分别选择光线 c_1 和 a_2 也都通过 C 点. 作 AD 垂直于光线 c,则 A、D 两点都在入射光束 ac 的同一波面上,故有相同的相位.置透镜 L_2 于反射光中,C' 为 C 点的像,根据光程的定义,$\Delta = nr = ct$,可以看出,同一点发出通过均匀介质并在透镜后同时会聚于一点的任何光线,光程都是相同的(详见 3.6 节),所以从 C 到 C' 的任何光线之间都没有附加的光程差. 但从 A 取道薄膜到 C 和从 D 直接到达 C 点的光相比,是有光程差的,其值为

$$\delta = n_2(AB+BC) - n_1CD - \frac{\lambda}{2}$$

H5 动画
劈尖干涉
（横屏观看）

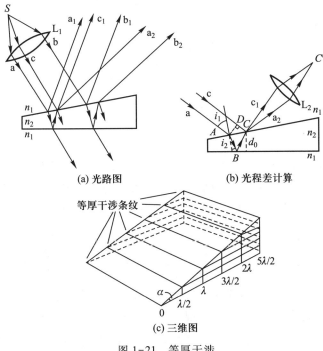

(a) 光路图   (b) 光程差计算

(c) 三维图

图 1-21 等厚干涉

第 1 章 光的干涉   35

若薄膜很薄,且两个表面的夹角很小,则光程差仍可认为近似地等于(1-35)式所示的值,式中 d_0 表示 C 点处的薄膜厚度.所以 C' 点处发生干涉相长或相消取决于如下条件:

$$\begin{cases} d_0 = \left(j+\dfrac{1}{2}\right)\dfrac{\lambda}{2\sqrt{n_2^2-n_1^2\sin^2 i_1}} & \text{相长} \\[3mm] d_0 = j\dfrac{\lambda}{2\sqrt{n_2^2-n_1^2\sin^2 i_1}} & \text{相消} \end{cases} \quad (1-37)$$

$$(j=0,1,2,3,\cdots)$$

实际中采用最多的是正入射方式,即入射光和反射光处处都与薄膜表面垂直,这时 $i_1=0$,

$$\delta = 2n_2 d_0 - \frac{\lambda}{2}$$

对于薄膜表面不同的入射点而言,i_1 都是相同的(都来自同一点光源 S 经透镜发出的平行光束),但 d_0 不同.故薄膜表面各点经过透镜 L_2 所成的像明暗不同,这是一些如图 1-21(c)所示的平行于尖劈棱的直条纹,称为<u>等厚干涉条纹</u>.d_0 愈大的点干涉级数 j 愈高.零级条纹在尖劈的棱($d_0=0$)处.当薄膜很薄时,只要光在薄膜面上的入射角不大,若用一束平行光照射尖劈,则在全空间均出现清晰的条纹.

取两片洁净的显微镜载玻片叠放在一起,捏紧两片的一端,另一端夹入一薄片,就构成一个劈形空气薄膜.由于这时距两载玻片交棱等距离处的空气层厚度是相等的,所以显示出来的干涉条纹是平行于棱的直条纹.

若用一发光面,则必须考虑到由不同的发光点发出的光有不同的入射角.每一发光点都产生自己的一组等厚干涉条纹(这和等倾干涉条纹产生的条件不同),但各组条纹是不相干的,总的图样取决于光强直接(不相干)的叠加.结果是比较复杂的,此时形成的条纹略有弯曲.

1.7.2 薄层色

以上所讨论的都是用一定波长 λ 的单色光照射薄膜时的情况.如果改用有一定波长范围的复色光,则对于某一指定的入射角 i_1,其叠加结果将是某些波长的光强最大,某些波长的光强最小,还有其他某些波长的光强则介乎其间,即

$$\sqrt{n_2^2-n_1^2\sin^2 i_1} = \left(j+\frac{1}{2}\right)\frac{\lambda_1}{2d_0} = \left(j+\frac{3}{2}\right)\frac{\lambda_2}{2d_0} = \left(j+\frac{5}{2}\right)\frac{\lambda_3}{2d_0} = \cdots$$

这时会发生不同波长不同强度的条纹的重叠.对于很薄的薄膜,干涉级不大,用白光照射时也能看到条纹.在此情况下,干涉条纹是彩色的.<u>这种彩色是由不同干涉级(对于相同的 i_1)的某些波长的光发生干涉相消,某些波长的光发生干涉相长,互相重叠在一处而形成的</u>.故这种彩色仍然是混合色,不是单色.这种彩色通常称为<u>薄层色</u>.

授课视频
等厚干涉条
纹

视窗与链接 **昆虫翅膀上的彩色**

在日光照射下,肥皂泡的薄层色便是最明显的例子.薄膜的油脂和金属表面上极薄的氧化层,也都显示出灿烂的薄层色.许多昆虫诸如蜻蜓、蝉和甲虫等的翅膀上,可以看到彩色的干涉图样.

但薄膜的厚度过薄时,又会发生不同的现象.d_0 若远比 λ 还小,则反射后两相干光束之间的光程差这时已主要是由于在薄膜两表面反射时的额外光程差,而与在薄膜中的几何路程长短即入射角的大小实际上已没有什么关系.在这种情况下光程差永远等于 $\lambda/2$,永远发生相消干涉.这也可用肥皂薄膜来观察.取一洁净的线框,浸入肥皂溶液中,取出时,使框面竖直.肥皂膜由于重力作用而逐渐变薄,起初看见彩色条纹之间的距离逐渐增加,最后彩色消失.在反射光中已看不见薄膜,在透射光中,由于没有额外光程差,所以看起来薄膜透明无色.

[**例 1.2**]　如例 1.2 图所示的是集成光学中的劈形薄膜光耦合器.它由沉积在玻璃衬底上的 Ta_2O_5 薄膜构成,薄膜劈形端从 A 到 B 厚度逐渐减小到零.能量由薄膜耦合到衬底中.为了检测薄膜的厚度,以波长为 632.8 nm 的氦氖激光垂直投射,观察到薄膜劈形端共展

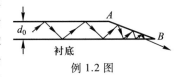
例 1.2 图

现 15 条暗纹,而且 A 处对应一条暗纹.Ta_2O_5 对 632.8 nm 激光的折射率为 2.20,试问 Ta_2O_5 薄膜的厚度为多少?

[**解**]　由于 Ta_2O_5 的折射率比玻璃衬底的大,故薄膜上下表面反射的两束光之间有额外光程差 $\lambda/2$,因而劈状薄膜产生的暗条纹的条件为

$$\delta = 2nd_0 + \frac{\lambda}{2} = (2j+1)\frac{\lambda}{2} \quad (j = 0, 1, 2, \cdots)$$

在薄膜的 B 处,$d_0 = 0$,$j = 0$,$\delta = \frac{\lambda}{2}$,所以 B 处对应的是暗条纹.第 15 条暗纹在薄膜 A 处,它对应于 $j = 14$,故

$$\delta = 2nd_0 + \frac{\lambda}{2} = \frac{29}{2}\lambda$$

所以 A 处薄膜的厚度为

$$d_0 = \frac{14\lambda}{2n} = \frac{14 \times 632.8 \times 10^{-6} \text{ mm}}{2 \times 2.20} = 0.002 \text{ mm}$$

[**例 1.3**]　现有两块折射率分别为 1.45 和 1.62 的玻璃板,使其一端相接触,形成夹角 $\alpha = 6'$ 的尖劈,如例 1.3 图所示.将波长为 550 nm 的单色光垂直投射在劈上,并在上方观察劈的干涉条纹.

(1) 试求条纹间距;

(2) 若将整个劈浸入折射率为 1.52 的杉木油中,则条纹的间距变成多少?

(3) 定性说明当劈浸入油中后,干涉条纹将如何变化?

[**解**]　(1) 相长干涉的条件为

$$2nd_0 + \frac{\lambda}{2} = j\lambda$$

相邻两条亮条纹对应的薄膜厚度差为

$$\Delta d'_0 = d_{02} - d_{01} = \frac{\lambda}{2n}$$

对于空气劈，$n = 1$，则

$$\Delta d_0 = d_{02} - d_{01} = \frac{\lambda}{2}$$

由于劈的棱角十分小，故条纹间距 Δx 与相应的厚度变化之间的关系为

$$d_{02} - d_{01} = \Delta d_0 \approx \alpha \Delta x$$

由此可得

$$\Delta x = \frac{\lambda}{2\alpha} = \frac{550 \times 10^{-6}}{2 \times 0.1 \times \dfrac{\pi}{180}} \text{ mm} = 0.158 \text{ mm}$$

（2）浸入杉木油中后，条纹间距变为

$$\Delta x' = \frac{\lambda}{2n\alpha} = \frac{\Delta x}{n} = \frac{0.158 \text{ mm}}{1.52} = 0.104 \text{ mm}$$

（3）浸入杉木油中后，两块玻璃板相接触端，由于无额外光程差，因而从暗条纹变成亮条纹. 据（2）的计算可知，相应的条纹间距变窄，观察者将看到条纹向棱边移动.

1.8 迈克耳孙干涉仪

1.8.1 基本原理

PPT ch1.8 迈克耳孙干涉仪

视频 PPT 迈克耳孙干涉仪

迈克耳孙（A. A. Michelson，1852—1931）根据分振幅干涉的原理制成的一种精密干涉仪叫做迈克耳孙干涉仪. 图 1-22 是迈克耳孙干涉仪的实体图和光路以及等倾干涉图样. 从单色光源 S 发出的平行光束 ab 以 45° 的入射角射到背面为半透明表面（镀有银的薄层，图中用比较粗的线来表示）的平面玻璃板 G_1（称为分光板）上，半透明表面把入射光束分成强度几乎相等的反射光束 a_1b_1 和透射光束 a_2b_2. 反射光束 a_1b_1 又垂直入射平面镜 M_1，被反射回来后穿过 G_1 而会聚于测微目镜 L_2 的焦点 F 处，透射途中被 G_1 的半透明表面所反射的部分散射到空中，故不讨论. 光束 a_2b_2 垂直入射到另一平面镜 M_2，M_2 和 M_1 相互垂直. M_1 借助于螺旋 V 和导轨 T 可精确地沿着镜面法线方向往复移动. a_2b_2 由 M_2 反射后，又被分光板 G_1 的半透明表面反射，也会聚于目镜 L_2 的焦点 F 处，反射途中穿过 G_1 半透明表面的部分也散至空中，不予讨论. 不过光束 a_1b_1 在到达 L_2 以前，穿过分光板 G_1 三次，但光束 a_2b_2 在到达 L_2 以前仅穿过一次. 为了补偿在两光束间由此而产生的光程差，可在 a_2b_2 的路程中再放入第二块玻璃板 G_2（称为补偿板）. 这要求 G_2 必须和 G_1 有相同的厚度和相同的折射率，而且两者彼此必须严格地平行（在制造时，先将一整块玻璃板磨成两面严格平行的光学平面，然后将它割成完全相同的两块）.

图中平行于 M_1 的 M_2' 是 M_2 经 G_1 所成的虚像. 故从 G_1 的半透明表面到 M_2' 的距离和到 M_2 的距离相等. 光束 a_2b_2 也可当做由 M_2' 反射的. 这样，M_2' 和 M_1 这两个平行平面之间的"空气薄膜"和图 1-19 所示的薄膜相似. a_1b_1 与 a_2b_2 两束

(a) 实体图

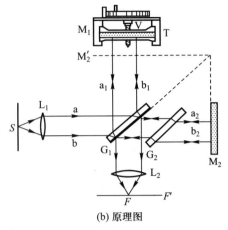

(b) 原理图

彩色图片 1-1
迈克耳孙干
涉仪 a

彩色图片 1-1
迈克耳孙干
涉仪 b

(c) 等倾干涉图样

图 1-22　迈克耳孙干涉仪

光经过"薄膜"的光程差等于 $2d_0$, d_0 为 M_2' 与 M_1 之间的距离. 用单色发光面 P 时, 在 L_2 的焦平面 F' 上出现同心圆形的薄膜干涉条纹. 图 1-22(c) 是迈克耳孙干涉仪获得的等倾干涉图样. 由于这时按 (1-35) 式 $n_1=n_2=1$, 不发生折射, 故 $i_1=i_2$, 且没有额外光程差, 所以干涉条件应写成

$$2d_0\cos i_2 = \begin{cases} 2j\dfrac{\lambda}{2} & \text{相长} \\[2ex] (2j+1)\dfrac{\lambda}{2} & \text{相消} \end{cases} \qquad (j=0,1,2,3,\cdots)$$

如果 M_2 不垂直于 M_1, 则由于 M_1 和 M_2' 不平行, 因而出现近似直线形的等厚干涉条纹, 它们平行于空气薄膜劈尖的棱.

移动 M_1 而使"空气薄膜"的厚度改变时, 整个同心圆形的干涉条纹也将发生移动. 我们可以注视在视场中的某一点 (i_1 有一定的值), 观察条纹的移动. 并记录越过该点的条纹数, 便可由此算出 M_1 移动的距离 (以波长为单位). 若用白光光源, 则只有在 $d_0=0$ 时中央条纹仍是白色的, 两边的条纹都有彩色. 可以利用这一点来调节 M_1 的位置. 如果在某一位置发现有白色条纹出现, 就可确定此时从 G_1 的半透明表面到 M_1 和到 M_2 的光程必然严格相等, 仅在此时补偿板是必不可缺的. 在比较同一臂中的光程时, 不用补偿板也可.

1.8.2 迈克耳孙干涉仪的应用

由于迈克耳孙干涉仪将两相干光束完全分开,它们之间的光程差可以根据要求做各种改变,测量结果可以精确到与波长同数量级,所以应用很广.

迈克耳孙用他的干涉仪最先以光的波长为单位测定了国际标准米尺的长度.因为光的波长是物质基本特性之一,是永久不变的,这样就能把长度的标准建立于一个永久不变的基础上.用镉的蒸气在放电管中所发出的红色谱线的波长来量度米尺的长度,在温度为 15 ℃,压强为 101 324.72 Pa 的干燥空气中,测得 1 m = 1 553 163.5 倍红色镉光波长,或表示为红色镉光波长 $\lambda_0 = 643.847\ 22$ nm.

此外迈克耳孙还用他的干涉仪研究光谱线的精细结构.这些都大大推动了原子物理与计量科学的发展.迈克耳孙干涉仪的原理还被发展和改进为其他许多形式的干涉仪器.稍加改装的迈克耳孙干涉仪并配以 CCD 摄像装置和计算机,可以作为工厂里检验棱镜和透镜质量以及测量折射率和角度的精密仪器.

1.9 法布里–珀罗干涉仪 多光束干涉

1.9.1 法布里–珀罗干涉仪

以上我们讨论过两类干涉现象:杨氏双缝干涉、劳埃德镜、菲涅耳双镜等都是把同一光源发出的同一波阵面设法分开从而引起干涉;薄膜干涉则是利用同一入射光波的振幅通过两个表面的先后反射加以分解.这两种方法分别叫分波面法和分振幅法.

迈克耳孙干涉仪就是应用分振幅原理的干涉仪,分解振幅后成为一个双光束系统.如果两束光的强度相同即振幅都等于 A_1,则按(1-8)式,光强为

$$2A_1^2(1+\cos\Delta\varphi) = 4A_1^2\cos^2\frac{\Delta\varphi}{2}$$

它介乎最大值 $4A_1^2$ 和最小值 0 之间.如果相位差 $\Delta\varphi$ 连续改变,则光强变化缓慢,如图 1-23(a)所示,用实验方法不易测定最大值或最小值的精确位置.若两光束的振幅不相等,最小值不为零,则条纹的可见度降低.

对实际应用来说,干涉图样最好是<u>十分狭窄、边缘清晰并且十分明亮的条纹</u>,此外,还要求亮条纹能被比较宽阔且相当黑暗的区域隔开.要是我们采用相位差相同的多光束干涉系统就可满足这些要求.在最理想的情况下,仅在对应于某一指定的 $\Delta\varphi$ 处才出现十分锐利的最大值,而其他各处都是最小值,如图 1-23(b)所示.以下就对这种多光束干涉的重要实验装置——法布里–珀罗干涉仪进行讨论.

法布里–珀罗(Fabry-Perot)干涉仪主要由平行放置的两块平板组成,图 1-24 为这种干涉仪的示意图及其等倾干涉图样.在两个板相向的表面 G 和 G′上镀有薄银膜或其他反射率较高的薄膜,要求镀膜的表面与标准样板之间的

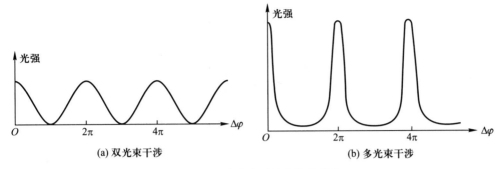

(a) 双光束干涉   (b) 多光束干涉

图 1-23　多光束干涉条纹的特点

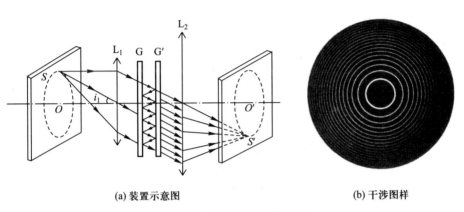

(a) 装置示意图   (b) 干涉图样

图 1-24　法布里-珀罗标准具

偏差不超过 1/20~1/50 个波长. 若两平行的镀银表面的间隔固定不变(通常采用石英或铟钢作间隔),则称为法布里-珀罗标准具;若两平行的镀银表面之间的间隔可以改变,则称为法布里-珀罗干涉仪. 面光源 S 放在透镜 L_1 的焦平面上,使许多方向不同的平行光束入射到干涉仪上,在 G、G′间作来回多次的反射. 最后透射出来的平行光束在第二透镜 L_2 的焦平面上形成同心圆形的等倾干涉条纹.

1.9.2　多光束干涉

图 1-25 表示一入射角为 i_1(折射角为 i_2)的光束的多次反射和透射. 设镀银面的反射率为 $\rho = \left(\dfrac{A'}{A_0}\right)^2$,其中 A_0 为入射光第一次射到前表面 G 时的振幅,A' 为反射光的振幅,则透射光的振幅为 $\sqrt{1-\rho}\,A_0$,第一次在后表面 G′ 反射的振幅为 $\sqrt{\rho(1-\rho)}\,A_0$,透射的振幅为 $(1-\rho)A_0$. 从后表面 G′ 相继透射出来的各光束的振幅依次为 $(1-\rho)A_0$,$\rho(1-\rho)A_0$,$\rho^2(1-\rho)A_0$,$\rho^3(1-\rho)A_0$,…. 这些透射光束都是相互平行的. 值得指出的是图 1-25 为一种简化处理,即忽略平板 G 和 G′ 本身的厚度,不考虑平板内的折射和反射,结果与严格处理的一致。

如果一起通过透镜 L_2,则在焦平面上形成薄膜干涉条纹. 相邻每两束光在到达透镜 L_2 的焦平面上的同一点时,彼此的光程差都相等,由(1-35)式可知其

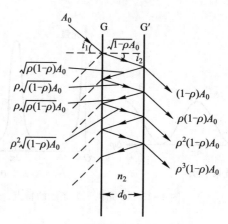

图 1-25　光束的多次反射和透射

值为

$$\delta = 2n_2 d_0 \cos i_2$$

由此引起的相位差为

$$\varphi = \frac{2\pi}{\lambda}\delta = \frac{4\pi}{\lambda}n_2 d_0 \cos i_2$$

若第一束透射光的初相位为零,则各光束的相位依次为

$$0, \varphi, 2\varphi, 3\varphi, \cdots$$

振幅以等比级数(公比为 ρ)依次递减(因 $\rho < 1$),相位则以等差级数(公差为 φ)依次递增.

多束透射光叠加的合振幅 A 的平方,由下式表示(见附录 1.5):

$$A^2 = \frac{A_0^2}{1 + \frac{4\rho}{(1-\rho)^2}\sin^2\frac{\varphi}{2}} \tag{1-38}$$

式中

$$\frac{1}{1 + \frac{4\rho}{(1-\rho)^2}\sin^2\frac{\varphi}{2}}$$

称为艾里函数. 其中

$$F = \frac{4\rho}{(1-\rho)^2} \tag{1-39}$$

称为精细度,它反映干涉条纹的细锐程度.

由上式可知,对于给定的 ρ 值,A^2 随 φ 而变. 当 $\varphi = 0, 2\pi, 4\pi, \cdots$ 时,振幅为最大值 A_0;当 $\varphi = \pi, 3\pi, 5\pi, \cdots$ 时,振幅为最小值

$$\left(\frac{1-\rho}{1+\rho}\right)A_0$$

透射光束光强的最小值与最大值的比为

$$\left(\frac{1-\rho}{1+\rho}\right)^2$$

因此,反射率 ρ 越大,可见度越显著. 由(1-38)式还可看到 A 与 ρ 的关系. $\rho \to 0$ 时,不论 φ 值的大小如何,A 几乎不变,即分不清最大值与最小值. $\rho \to 1$ 时,只有 $\varphi = 0, 2\pi, 4\pi, \cdots$ 时才出现最大值;φ 如与上值稍有不同,则 $\sin^2 \dfrac{\varphi}{2} \neq 0$,$A$ 即接近于零. 以 $\dfrac{A^2}{A_0^2}$ 为纵坐标,相位差 φ 为横坐标,则艾里函数可绘成如图 1-26 所示的曲线. 实线反映的是反射率接近于 1 的情况,此时透射光干涉图样由几乎全黑的背景下一组很细的亮条纹构成,随着反射率的增大,透射光暗条纹的强度降低,亮条纹的宽度变窄,因此条纹的锐度和可见度增大. 两条虚线曲线反映的是反射率很小的情况,极大到极小的变化十分缓慢,透射光条纹的可见度很差.

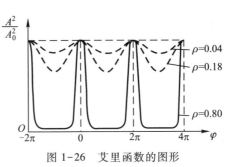

图 1-26　艾里函数的图形

上文已给出相位差 $\varphi = \dfrac{4\pi}{\lambda} n_2 d_0 \cos i_2$. 如把单色面光源放在透镜 L_1 的焦平面上(见图 1-24),光源上不同点处所发出的光通过 L_1 后形成一系列方向不同的平行光束,以不同的入射角 i_1 射到 G 面上. 由于 λ 和 d_0 都是给定的,φ 就唯一地取决于 i_2(因而也就是取决于 i_1). 入射角相同的入射光经过法布里-珀罗干涉仪的透镜 L_2 后,都会聚于 L_2 的焦平面的同一个圆周上,以不同入射角入射的光,就形成同心圆形的等倾干涉条纹. 镀银面 G 和 G' 的反射率 ρ 越大,干涉条纹越清晰明锐,这是法布里-珀罗干涉仪相比迈克耳孙干涉仪所具有的最大优点. 此外,法布里-珀罗干涉仪的两相邻透射光的光程差表达式和迈克耳孙干涉仪的完全相同,这决定了这两种圆条纹的间距、径向分布等很相似. 只不过前者是振幅急剧递减的多光束干涉,后者是等振幅的双光束干涉. 这一差别导致前者的亮条纹极其细锐.

如果用复色面光源,则 φ 还随 λ 而变,即不同波长的最大值出现在不同的方向,复色光就展开成彩色光谱. ρ 越大,条纹越细锐.

法布里-珀罗干涉仪和标准具所产生的干涉条纹十分清晰明锐的特点,再配以 CCD 摄像装置和计算机,使它成为研究光谱线超精细结构的强有力的工具. 激光谐振腔就是应用了法布里-珀罗干涉仪和标准具的原理.

还应指出,当 G、G' 面的反射率很大时(实际上可达 90%,甚至 98% 以上),由 G' 透射出来的各光束的振幅基本相等,这接近于等振幅的多光束干涉. 计算这些光束的叠加结果,合振幅 A 可用下式表示(见附录 1.6):

$$A^2 = A_0^2 \frac{\sin^2 \frac{1}{2} N\varphi}{\sin^2 \frac{1}{2} \varphi} \qquad (1-40)$$

式中 A_0 为每束光的振幅,N 为光束的总数,φ 则为各相邻光束之间的相位差.

由上式可知,当

$$\varphi = 2j\pi \quad (j = 0, \pm 1, \pm 2, \pm 3, \cdots)$$

时,得到主最大值

$$A_{\max}^2 = \lim_{\varphi \to 2j\pi} A_0^2 \frac{\sin^2 \frac{1}{2} N\varphi}{\sin^2 \frac{1}{2}\varphi} = N^2 A_0^2$$

而当

$$\varphi = 2j' \frac{\pi}{N}$$

$$j' = \pm 1, \pm 2, \cdots, \pm(N-1), \pm(N+1), \cdots, \pm(2N-1), \pm(2N+1), \cdots$$

时,得到最小值

$$A^2 = 0$$

注意 $j' \neq 0, \pm N, \pm 2N, \cdots$,这时已变为主最大值的条件. 由此可见,在两个相邻主最大值之间分布着 $(N-1)$ 个最小值,又因为相邻最小值之间,必有一最大值,故在两个相邻的主最大值之间分布着 $(N-2)$ 个较弱的最大光强,称为次最大,图 1-27 为 $N=6$ 时等振幅多光束干涉的光强分布曲线. 可以证明,当 N 很大时,最强的次最大不超过主最大值的 1/23(见附录 1.6).

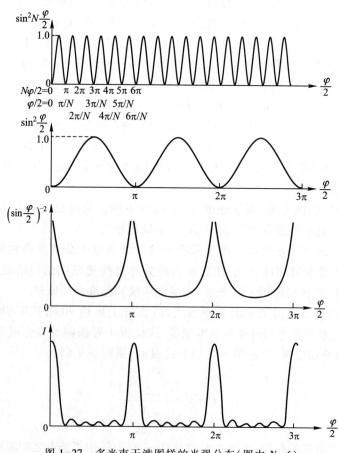

图 1-27 多光束干涉图样的光强分布(图中 $N=6$)

1.10　光的干涉应用举例　牛顿环

1.10.1　检查光学元件的表面

在磨制光学元件时,必须检验元件表面的质量.通常先把被检验的表面与一个标准的表面相接触,然后在单色光照射下,通过观察两个表面间的空气薄膜所形成的干涉条纹形状来判断被检表面是否符合标准.

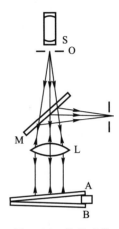

图 1-28　检验光学元件表面的装置

简单的检验装置如图 1-28 所示.图中被检验的表面 A 是一个平面.在被检验表面与标准样板 B 间的一端垫一薄片,使两表面 A、B 间形成空气薄膜.从单色光源(如红宝石或半导体激光器)S 发出的激光经扩束后通过光阑 O 后,其中一部分透过半透明平玻璃板 M,并经过透镜 L 形成平行光.然后,在劈状空气膜的两个表面上被反射回来再经透镜会聚,其中一部分光被玻璃反射到读数显微镜.从这里可以观察到明暗相间的干涉条纹.如果是一组互相平行的直线条纹,就表明被检验的表面是平整的.如果干涉条纹发生弯曲、畸变[见图 1-29(a)、(b)和(c)],就表明被检表面有缺陷.根据条纹的弯曲、畸变的形状和不规则程度,就可确定被检表面的缺陷以及被检表面与标准平面相差的程度(通过光的波长来计算).这样就为进一步加工提供了依据.这种检验光学元件质量的光学仪器称为平面干涉仪.

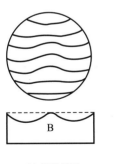

(a) 缺陷情况

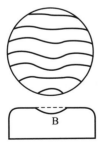

(b) 缺陷情况

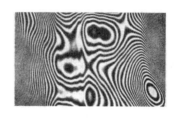

(c) 干涉图样

图 1-29　被检表面有缺陷时的干涉图样

如果被检表面是一个凸球面,可把被检凸球面与一个标准凹球面紧密接触,与检查平面平整度的方法一样,通过干涉仪在单色光下进行观察.如果被检球面与标准球面相比还有不规则的偏差,则在两球面间的空气间隙形成不规则的空气薄膜,从而可以观察到由于空气薄膜的厚度不同而形成的环形干涉条纹,若条纹不是同心圆,表明被检球面是不规则的.每一暗条纹的出现表明被检表面与标准面之间空气薄膜的厚度增加了半个波长,也就是说,被检表面与标准面的偏差增加半个波长.条纹愈多表明偏差愈大.例如用氦氖激光作光源的干涉仪进行观察,若在中心处看到 10 个暗条纹,则表明存在着 $10 \times \lambda / 2 = 5 \times 632.8 \ nm = 3.16 \ \mu m$ 的偏差.一般许可的偏差为 $0.05 \sim 0.1 \ \mu m$.近年来,由于激光干涉仪配置了计算机干涉条纹解析装置,可进行高精度条纹分析,从而使镜片研磨面的面精度的测定大大提高.

1.10.2　镀膜光学元件

在比较复杂的光学系统中光通量的反射损失是严重的,对于一个由六个透镜组成的光学系统,光通量的反射损失约占一半左右.现代的一些复杂的光学系统,如摄像机、数码相机的变焦距物镜,包括十几个透镜,光通量的损失就更为严重.此外,光在透镜表面上的反射还会造成杂散光,严重影响光学系统的成像质量.

在光学仪器中,为了减少在光学元件(透镜、棱镜等)表面上的反射损失,可利用薄膜的干涉相消来减少反射光.照相机的镜头以及测距仪、潜望镜上用的光学元件的表面为了减少反射损失都镀上了介质薄膜.

介质薄膜要透明,厚度也要满足一定条件,如果它的折射率 n_0 满足 $n_0 = \sqrt{n_1 n_2}$ (式中 n_1、n_2 分别为薄膜上、下介质的折射率),以便在外界面和内界面(即薄膜与玻璃的接触面)上反射出来的光波振幅接近相等,其合振幅接近于零,从而使反射光接近全部相消.

在正入射的情况下,光在介质 1(折射率为 n_1)与介质 2(折射率为 n_2)的界面上反射时,应满足(1-36)式,如果玻璃的折射率 $n_2 = 1.5$、$n_1 = 1$,则在玻璃表面上的反射率为

$$\rho = \left(\frac{1.5 - 1}{1.5 + 1} \right)^2 = 4\%$$

在镀了氟化镁薄膜之后,可使反射损失由不镀膜时的 4% 降低到 0.078%.利用薄膜干涉以减少反射损失,对于测距仪、潜望镜一类仪器特别有效,因为这类仪器有较多的反射面.

课外视频
隐形技术

彩色图片 1-2
蔡司照相机
镜头(增透膜)

视窗与链接　**增透膜与高反射膜**

上述薄膜减少了光学元件表面反射所造成的光能量损失,因此增强了透射光的能量,所以也称为增透膜.我们看到照相机镜头上的紫红色或淡蓝色反光,就是上面涂了增透膜的缘故.但另一种镀膜的目的(如反射镜镀膜)是为了增强对某一光谱区内的反射能量,同时使透射光减弱,这种膜称为高反射膜.登山运动员和滑雪者戴的眼镜片上常镀有这种膜.

除了镀制增透膜和反射膜外,还可以镀制各种性能的多层高反射膜、彩色分光膜、冷光

膜以及干涉滤光片等. 例如, 氦氖激光器谐振腔的全反射镜镀 15~19 层的硫化锌-氟化镁膜系, 便可使 632.8 nm 波长的反射率高达 99.6%; 广泛应用于彩色电视中的彩色分光膜, 是一种在可见光区内有选择反射性能的薄膜; 冷光膜是一种高效能地反射可见光又高效能地透射红外光的多层膜系, 这种膜系通常镀在电影放映机的反光镜上, 以减少电影胶片或面部的受热和增强银幕或面部的照度.

1.10.3 测量长度的微小改变

当长度有微小改变时, 在适当的装置中干涉条纹将发生移动. 利用这一原理可以精确地测量固体样品的热膨胀系数. 图 1-30 表示一干涉热膨胀仪, 主要部分为一个熔融水晶制成的环 H, 它的热膨胀系数极小, 而且预先已经精确测定过. 环上放有一块光学平面薄玻璃片 P, 在环内置有待测的样品 R, 其上表面 M 已预先精确地磨平, 使它和薄玻璃片 P 下表面 N 之间形成一个尖劈形的空气薄层. 当单色的平行光束从上面垂直照射时, 就能观察到等厚干涉条纹. 将这个热膨胀仪加热, 由于样品和水晶环的热膨胀系数不同, 空气层的厚度因之改变了 Δd, 假设此时在某一标记处有 y 条干涉条纹跟着移动, 那么 $\Delta d = y(\lambda/2)$. 读出条纹移动的数目就能够测出样品高度的改变, 从而计算出被测物体的热膨胀系数.

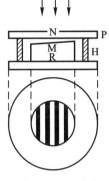

图 1-30 干涉热膨胀仪示意图

由其他原因, 如机械张力、压力等, 引起的物体长度的微小改变也都可用干涉方法并配置 CCD 摄像装置和计算机精确地自动测出来.

1.10.4 牛顿环

如图 1-31 所示, 在平面玻璃板 B 上放置一曲率半径为 R 的玻璃的平凸透镜 AOA'. 两者之间有一空气薄层. 在以接触点 O 为圆心、任意 r 为半径的圆周上, 各点的空气层厚度 d 相等. 现在来找出 r、R 和 d 之间的关系.

从图 1-31 由几何知识可得

$$d = r^2/(2R-d)$$

实际上 R 是很大的(几米), 而 d 仅是几分之一毫米, 所以可把分母中的 d 略去, 因此

$$d \approx \frac{r^2}{2R}$$

当单色的平行光束垂直照射时, 就会在空气层中形成等厚干涉条纹. 这些条纹是一组以 O 为圆心的同心圆环, 称为牛顿环. 明暗条纹的半径可计算如下: 进入透镜的光束部分先被透镜的凸面反射回去; 另一部分透入空气层后, 遇到平面玻璃板后反射. 这两束反射光的光程差为

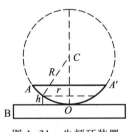

图 1-31 牛顿环装置

H5 动画
牛顿环

$$\delta = 2d - \frac{\lambda}{2} = \frac{r^2}{R} - \frac{\lambda}{2}$$

式中 $\lambda/2$ 为额外光程差. 故在反射光中所见亮环的半径 r 可由下式计算:

$$\frac{r^2}{R} - \frac{\lambda}{2} = j\lambda$$

或

$$r = \sqrt{(2j+1)\frac{\lambda}{2}R} \qquad (j=0,1,2,3,\cdots) \tag{1-41}$$

在透镜凸面与平玻璃板的接触点 O,空气层的厚度几乎等于零,这里的光程差仅等于额外光程差 $\lambda/2$,所以在反射光中看到的 O 点是暗的. 用读数显微镜测出牛顿环的半径,就可计算透镜的曲率半径,这方法比常用的球径仪测量要优越.

在透射光中亦可观察到牛顿环,这时,因无额外光程差,亮环的半径 r' 可由下式计算:

$$\frac{r'^2}{R} = j\lambda \quad \text{或} \quad r' = \sqrt{j\lambda R} \qquad (j=0,1,2,3,\cdots)$$

透射光中看到的 O 点是亮的. 由于透射光较强,故条纹的可见度较差. 反射光中亮环的半径恰等于透射光中暗环的半径;反之亦然.

用图 1-32 所示的实验装置(两块如图所示的 45° 棱镜 T_1、T_2 作为牛顿环发生装置),激光器作为光源,在屏 D_1 和 D_2 上分别可观察到反射光和透射光的牛顿环.

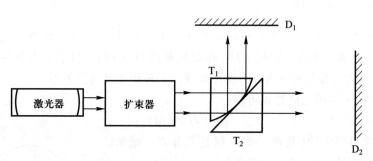

图 1-32　反射光和透射光的牛顿环

利用牛顿环,也可精确地检验光学元件表面的质量. 当透镜和平面玻璃板间的压力改变时,其间空气层的厚度发生微小改变,条纹也将随之移动,由此可以确定压力或长度的微小改变.

[例 1.4]　盛于玻璃器皿中的一盘水绕中心轴以角速度 ω 旋转,水的折射率为 4/3,用波长 $\lambda = 632.8$ nm 的单色光垂直照射,即可在反射光中形成等厚干涉条纹. 若观察到中央为亮条纹,第 20 级亮条纹的半径为 10.5 mm,则水的旋转角速度为多少?

[解]　如例 1.4 图所示,取水面最低点 O 为坐标原点,y 轴竖直向上,r 轴水平向右. 当水以匀角速度 ω 旋转时,水面成一曲面. 在曲面上任取一点 P,把它看做质量为 dm 的质点,

该质点将受到重力 $g\mathrm{d}m$、内部水所施的法向力 $\mathrm{d}F_n$ 以及沿着 r 正方向的惯性离心力 $r\omega^2\mathrm{d}m$ 的作用. 在这三个力的作用下,质点处于相对平衡,由图可知其平衡方程为

$$\mathrm{d}F_n\sin\ \theta=r\omega^2\mathrm{d}m$$

$$\mathrm{d}F_n\cos\ \theta=g\mathrm{d}m$$

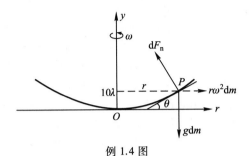

例 1.4 图

式中 r 为 P 点到器皿中心轴的距离,θ 为点 P 的切线和 r 轴的夹角. 将上两式相除,得

$$\tan\ \theta=\frac{r\omega^2}{g}$$

而

$$\frac{\mathrm{d}y}{\mathrm{d}r}=\tan\ \theta=\frac{r\omega^2}{g}$$

解此微分方程,得

$$y=\frac{\omega^2}{2g}r^2+C$$

该式表明水面是以 y 轴为对称轴的旋转抛物面. $r=0$ 处为液面的最低点,其 $y=0$,因而 $C=0$,故

$$y=\frac{\omega^2}{2g}r^2$$

进入旋转抛物面水柱的光束一部分由抛物面反射回去;另一部分透入水层,遇玻璃平面反射. 这两束反射光的光程差为

$$\delta=2ny$$

当 $\delta=j\lambda$ 时,干涉相长,即

$$\delta=2ny=j\lambda$$

将抛物面方程代入上式,得

$$\omega=\frac{1}{r}\sqrt{\frac{j\lambda}{n}g}$$

把题中各已知量代入上式,得

$$\omega=\frac{1}{1.05\ \mathrm{cm}}\times\sqrt{\frac{20\times632.8\times10^{-7}\ \mathrm{cm}}{4/3}\times980\ \mathrm{cm/s}^2}$$

$$=0.919\ \mathrm{rad/s}$$

附录 1.1 振动叠加的三种计算方法

两个具有相同频率不同相位,沿同一直线振动的简谐振动,叠加起来的结果仍是一个简

谐振动. 其合振动的振幅和初相位如(1-5)式和(1-6)式所示. 由于这是由它们的瞬时值直接相加得来的, 故可称为瞬时值加法.

事实上我们所注意的通常都是合振动的强度, 也就是合振动的振幅的平方. 因为在研究干涉或衍射时, 主要内容是图样中强度的分布, 至于合振动的相位并不重要, 所以我们在这里对(1-6)式暂不加讨论(但在第5、第6章中, 相位有重要意义). 从(1-5)式可见合振幅 A 和分振幅 A_1、A_2 的大小关系, 正是三角形三边的长度关系, 三边的长度正比于振幅的大小, 而两边间的夹角等于相位差, 如图 1-33 所示, 这里要特别注意各个分振幅的相位关系, 因为在讨论任何干涉问题时, 这始终是一个重要问题, 决定相长还是相消的条件完全取决于这个相位关系. 在考虑干涉图样的强弱分布时, 只要计算合振幅的大小. 它与分振动的相位有关, 而与合振动的相位无关. 至于分振动的振幅大小, 在一般情况下都可认为是近似地相等的, 如果大小相差过大, 则条纹的可见度差. 设想把 A_1 和 A_2 都用矢量表示, 它们不同的方向表示不同的相位, 它们之间的夹角则等于相位差 $\varphi_2-\varphi_1$. 按(1-5)式, 如果合振幅 A 也用矢量表示, 那么它恰巧等于 A_1 和 A_2 两矢量的矢量和. 用这个方法来计算合振幅十分简捷, 可称为振幅矢量加法. 有的书称为相幅矢量加法. 振幅矢量是用一个矢量来表示振动的振幅和相位. 仅对于频率相同、且沿着同一直线振动时的叠加方才适用, 不可任意推广到其他情况. 振幅矢量的方向不同, 仅表示振动的相位不同, 决不可认为是振动的方向不同. 这个方法对于许多个振动(振动方向都在同一直线上, 且频率都相等)的叠加, 更为方便. 图 1-34 表示的就是矢量的多边形加法.

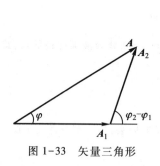

图 1-33　矢量三角形　　　　图 1-34　矢量多边形

除上述的振动瞬时值加法和振幅矢量加法外, 还可用第三种方法, 即复数法. 任何简谐振动 $E=A\cos(\omega t+\varphi)$ 都可认为是复振动

$$E=A\left[\cos(\omega t+\varphi)+\mathrm{i}\sin(\omega t+\varphi)\right]$$
$$=A\mathrm{e}^{\mathrm{i}(\omega t+\varphi)}=A\mathrm{e}^{\mathrm{i}\omega t}\mathrm{e}^{\mathrm{i}\varphi}$$

的实数部分(如果简谐振动是用正弦函数表达的, 则可认为是虚数部分). 几个振动(同频率同一直线)叠加时, 合振动为

$$E=E_1+E_2+E_3+\cdots$$
$$=\left(A_1\mathrm{e}^{\mathrm{i}\varphi_1}+A_2\mathrm{e}^{\mathrm{i}\varphi_2}+A_3\mathrm{e}^{\mathrm{i}\varphi_3}+\cdots\right)\mathrm{e}^{\mathrm{i}\omega t}$$

这里把公共因子 $\mathrm{e}^{\mathrm{i}\omega t}$ 提出来了, 计算要比瞬时值加法(三角运算的加法)简单. 括号中复数的和仍是一个复数. 我们仍取其实数部分, 即得合振幅.

这三种计算振动叠加的方法, 有些用代数和, 有些用矢量和, 形式上虽各不相同, 但彼此是有联系的. 任何一个复数 $x+\mathrm{i}y$ 都可用一矢量 A 来表示, 它的实部 x 沿着实轴, 虚部 y 沿着虚轴, 如图 1-35 所表示, 从图可见

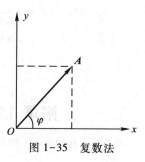

图 1-35　复数法

$$x = A\cos\varphi, \quad y = A\sin\varphi$$

用欧拉公式来表示,这个复数就可写作

$$A(\cos\varphi + i\sin\varphi) = Ae^{i\varphi}$$

或

$$Ae^{i\varphi} \cdot e^{i\omega t} = Ae^{i(\omega t + \varphi)} = A\cos(\omega t + \varphi) + iA\sin(\omega t + \varphi)$$

附录1.2 简谐波的表达式 复振幅

简谐波可用(1-10)式表示:

$$E = A\cos\left[\omega\left(t - \frac{r}{v}\right) + \varphi_0\right]$$

式中 $\omega = 2\pi\nu$,ν 为频率,ω 称为圆频率,r 是光传播的距离. 在同一地点(r 一定),经过时间 $T = 1/\nu$ 之后,振动为

$$E' = A\cos\left[\omega\left(t + T - \frac{r}{v}\right) + \varphi_0\right]$$

$$= A\cos\left[\omega\left(t - \frac{r}{v}\right) + \varphi_0 + 2\pi\nu\frac{1}{\nu}\right] = E$$

振动又回复了原来的值. 这样的一段时间 T 称为周期. 在同一时刻(t 一定),在波的传播方向上相隔 $\lambda = v/\nu$ 的一点的振动为

$$E'' = A\cos\left[\omega\left(t - \frac{r + \lambda}{v}\right) + \varphi_0\right]$$

$$= A\cos\left[\omega\left(t - \frac{r}{v}\right) + \varphi_0 - 2\pi\nu\frac{1}{\nu}\right] = E$$

振动也回复了原值. 这样的一段距离 λ 称为波长.

引入 T 和 λ,波动表达式(1-10)可改写作

$$E = A\cos\left[2\pi\left(\frac{t}{T} - \frac{r}{\lambda}\right) + \varphi_0\right]$$

上式中 $2\pi/T = \omega$,再引入 $2\pi/\lambda = k$,称为波数. 于是波的表达式又可写作

$$E = A\cos\left[(\omega t - kr) + \varphi_0\right]$$

当研究一个波或研究 $t = 0$、$r = 0$ 时振动都相同的许多个波时,φ_0 总是一个常量,它对于波的传播或叠加不起作用,故不列入波的表达式中也毫无影响. 只要包含 t 和 r 的两项取不同的符号,不管哪一项是正、哪一项是负,都表示波沿着 r 增大的方向传播,这是因为必须同时将 t 加一增量 T,r 加一增量 λ 以后,E 才能保持原值. 如果两项取同号,则表示波在沿着 r 减小的方向传播. 此时 t 加一增量 T,r 必须减少 λ,才能使 E 不变. 所以波的表达式,最常用的有下列三种形式:

$$E = A\cos\omega\left(t - \frac{r}{v}\right) \quad \text{或} \quad E = A\cos\omega\left(\frac{r}{v} - t\right) \tag{1-42}$$

$$E = A\cos 2\pi\left(\frac{t}{T} - \frac{r}{\lambda}\right) \quad \text{或} \quad E = A\cos 2\pi\left(\frac{r}{\lambda} - \frac{t}{T}\right) \tag{1-43}$$

$$E = A\cos(\omega t - kr) \quad \text{或} \quad E = A\cos(kr - \omega t) \tag{1-44}$$

当然,每一种形式都可改用正弦函数或复数形式来表示.即

$$E = Ae^{ikr}e^{-i\omega t} = \tilde{E}e^{-i\omega t}$$

其中 $\tilde{E}=Ae^{ikr}$ 称为复振幅. 在许多情况下,如果我们不考虑光波随时间的变化,即只考虑空间各点频率相同而且振幅稳定的单色光时,可用复振幅来表示光波,从而使计算简化.

附录 1.3 菲涅耳公式的推导

当光波通过两种透明介质的分界面时,会发生反射和折射现象. 入射光分为反射光和折射光两部分,这两束光的传播方向之间的关系虽可由反射和折射定律决定,但反射光、折射光和入射光的振幅和方向之间的关系,则要靠光的电磁理论来分析. 这一关系可由菲涅耳公式表达. 下面介绍一下如何由光的电磁理论来推导这一关系式.

如 1.5 节所述,可以把入射光、反射光和折射光的电磁振动矢量分成两个分量,一个平行于入射面,另一个垂直于入射面,有关各量的平行与垂直分量依次用下标 p 和 s 来表示,以 i_1、i_1' 和 i_2 分别表示入射角、反射角和折射角,它们确定了光的传播方向. 下面就来分别研究这两种分量在分界面上的振动状态.

图 1-36 画出了平行于入射面的电矢量和垂直于入射面的磁矢量,它们在折射率分别为 n_1 和 $n_2(n_1<n_2)$ 的两透明介质的分界面上发生反射和折射时改变方向. 图中 Oxy 平面为分界面,O 点为入射光线与分界面的交点,z 轴为分界面的法线,Oxz 平面为入射面、反射面和折射面. 无论是入射光线、反射光线还是折射光线,其相应的电矢量和磁矢量均垂直于自己的传播方向. 现用 A_{p1}、A_{p1}' 和 A_{p2} 分别表示入射光线、反射光线和折射光线在入射面内的电矢量振动的振幅;H_{s1}、H_{s1}' 和 H_{s2} 表示相应的光线在垂直于入射面内的磁矢量振动的振幅.

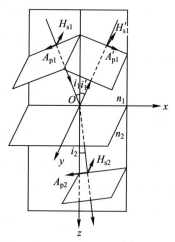

图 1-36 界面上的反射和折射

根据光的电磁理论,这三个波在分界面处一定满足边界条件,即在分界面的相对两侧各点上,电矢量 A 和磁矢量 H 沿分界面的分量应取连续值,即有相同的大小. 当然这三个波在其传播方向上的电场强度和磁场强度随空间的位置和时间而变. 如果只考虑在入射点 O 处这三个波有最大值的瞬间的情况,并不影响所得结果的普遍意义. 这一瞬间,在分界面相对的两侧沿分界面的电矢量分量和磁矢量分量如图 1-37 所示. 应注意,虽然图 1-37(a) 中自同一原点绘出的三个矢量分量好像都在折射率为 n_2 的介质内,实际上我们用 A_{p1} 和 A_{p1}' 来表示的是折射率为 n_1 的介质中的分量,而在图 1-37(b) 中,为清楚起见,特意把磁矢量的三个分量分开画出.

由图 1-37(a) 可知,在 n_1 介质中沿分界面的电矢量分量(结合图 1-36 中 A_{p1}、A_{p1}' 在 x 方向的投影)之和为

$$A_{p1}\cos i_1 - A_{p1}'\cos i_1'$$

在 n_2 介质中,沿分界面的电矢量分量为

$$A_{p2}\cos i_2$$

于是,根据电矢量的边界条件及反射定律,得

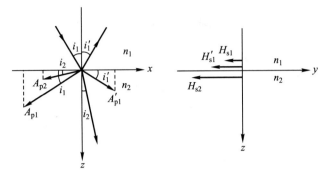

(a) 电矢量 (b) 磁矢量

图 1-37 界面上的电矢量和磁矢量

$$A_{p1}\cos i_1 - A'_{p1}\cos i'_1 = A_{p2}\cos i_2 \tag{1-45}$$

对于磁矢量[见图 1-37(b)],根据边界条件,可得

$$H_{s1} + H'_{s1} = H_{s2} \tag{1-46}$$

若以 ε_1 和 μ_1、ε_2 和 μ_2 分别表示第一个介质和第二个介质的电容率和磁导率,则由电磁波的理论可知

$$A_{p1} = \sqrt{\frac{\mu_1}{\varepsilon_1}} H_{s1}$$

$$A'_{p1} = \sqrt{\frac{\mu_1}{\varepsilon_1}} H'_{s1} \tag{1-47}$$

$$A_{p2} = \sqrt{\frac{\mu_2}{\varepsilon_2}} H_{s2}$$

而对于光波,所有介质的磁导率可认为是相等的,且为 μ_0,即

$$\mu_1 = \mu_2 = \mu_0$$

由(1-46)式和(1-47)式,考虑到 $\varepsilon = \varepsilon_r \varepsilon_0$ 并根据 $n = \sqrt{\varepsilon_r \mu_r}$,对光波而言,除了铁磁质外,大多数物质只有很弱的磁性,故 $\mu_r = 1$,即 $n = \sqrt{\varepsilon_r}$,则(1-46)式可写为

$$n_1 A_{p1} + n_1 A'_{p1} = n_2 A_{p2} \tag{1-48}$$

这是用电矢量表示的磁矢量的边界条件.

由(1-45)式和(1-48)式,并由折射定律 $n_1 \sin i_1 = n_2 \sin i_2$ 简化之,则得

$$\frac{A'_{p1}}{A_{p1}} = \frac{\tan(i_1 - i_2)}{\tan(i_1 + i_2)} \tag{1-31}$$

$$\frac{A_{p2}}{A_{p1}} = \frac{2\sin i_2 \cos i_1}{\sin(i_1 + i_2)\cos(i_1 - i_2)} \tag{1-33}$$

当考虑与入射面垂直的电矢量时,由图1-38和上述相似的方法,可得如下关系:

$$\frac{A'_{s1}}{A_{s1}} = -\frac{\sin(i_1 - i_2)}{\sin(i_1 + i_2)} \tag{1-30}$$

$$\frac{A_{s2}}{A_{s1}} = \frac{2\sin i_2 \cos i_1}{\sin(i_1 + i_2)} \tag{1-32}$$

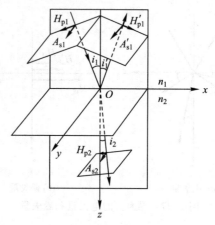

图 1-38　与入射面垂直的电矢量

其中 A_{s1}、A'_{s1} 和 A_{s2} 分别代表入射光、反射光和折射光垂直于入射面的电矢量的振幅.
(1-30)—(1-33)式即为菲涅耳公式.

附录 1.4　额外光程差

在 1.6 节中讲到折射率为 n_2 的介质薄膜放在折射率为 n_1 的介质中. 如果 $n_2>n_1$，则光在薄膜第一表面的反射是由光疏介质到光密介质的反射；在薄膜的第二表面上的反射是由光密介质到光疏介质的反射. 根据菲涅耳公式(1-30)—(1-33)式可以证明，这两个表面上的反射光束中的 p 和 s 振动分量的变化相反. 由于两束反射光的传播方向相同，波面彼此平行，因而它们的合矢量方向相反. 因为折射光束振动分量的符号没有改变即没有相位突变，所以后面不再讨论. 下面就几种不同的反射情况分别加以说明.

如图 1-39(a)所示，当 $n_2>n_1$，且 $i_1<i_{10}$[①]$\left(即\ i_1+i_2<\dfrac{\pi}{2}\right)$ 时，a 是入射光，a_1 是第一表面的反射光，a_2 是经第二表面反射后透射出来的光. 由折射定律 $n_1\sin i_1 = n_2\sin i_2$ 知，$i_1>i_2$. 令入射光的 A_{s1}、A_{p1} 均为正值(在图中用黑圆点表示正值). 则对于光线 a_1：由(1-30)式可得 $A'_{s1}<0$(在图中用黑圆叉表示负值)，由(1-31)式可得 $A'_{p1}>0$. 而对于光线 a_2：已经知道，光经折射后其振动方向不改变. a_2 在第二表面上的反射是由光密介质射向光疏介质. 由(1-30)式可得 a_2 的垂直分量>0，由(1-31)式可得其平行分量<0. 因此，从第一表面透射出来的 a_2 的平行分量和垂直分量都和 a_1 的相反，故 a_1、a_2 的合矢量方向相反.

同样，在图 1-39(b)中，当 $n_2>n_1$ 且 $i_1>i_{10}$$\left(即\ i_1+i_2>\dfrac{\pi}{2}\right)$ 时，光线 a_1 经第一表面反射后，由(1-30)式得 $A'_{s1}<0$，由(1-31)式得 $A'_{p1}<0$. 而对光线 a_2，由(1-30)式得其垂直分量>0，由(1-31)式得其平行分量>0. 那么，从第一表面透射出来的 a_2 的平行分量和垂直分量还是都和 a_1 的相反，故 a_1、a_2 的合矢量方向相反.

---

① 当入射角 i_1 等于某一特定的角 i_{10} 时，恰使反射光线与折射光线垂直，即 $i_{10}+i_2=\pi/2$，这个特定的角 i_{10} 称为布儒斯特角，详见 5.2 节.

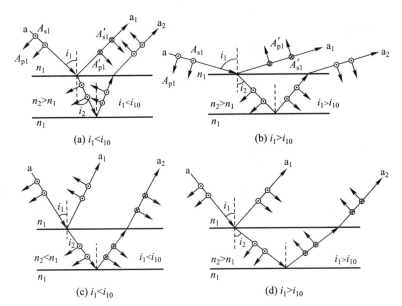

图 1-39　额外光程差的分析

不难证明,若 $n_1 > n_2$,且入射角 i_1 小于临界角 $i_c = arcsin(n_2/n_1)$ 时(否则将发生全反射现象,光将不进入第二介质),如图 1-39(c)和(d)所示,在 $i_1 + i_2 < \pi/2$ 和 $i_1 + i_2 > \pi/2$ 两种情形下,两束相干光 a_1 和 a_2 之间的振动合矢量相反.

综上所述,由于光在两个表面的反射的物理性质(从光密介质到光疏介质或者相反)不同,光束 a_1 的电矢量合振动方向和光束 a_2 的电矢量合振动方向相反. 这相当于除了由于一定厚度的薄膜引起的光程差之外,还应加上 $\lambda/2$ 的额外光程差(额外光程差是指两束反射光之间的关系). 这种现象在入射角不超过临界角的条件下总是存在的,即全反射情况除外. 所以只要薄膜(n_2)处在同一介质(n_1)中,无论 $n_2 > n_1$ 还是 $n_1 > n_2$,只要是两束经历了不同物理性质的反射的反射光之间就会有额外光程差 $\lambda/2$.

若介质薄膜的第二表面外侧的折射率为 n_3,且 $n_3 > n_2 > n_1$(第一表面、第二表面的反射均为光疏到光密,即两表面的反射的物理性质相同)或 $n_3 < n_2 < n_1$(第一、第二表面的反射均为光密到光疏),这时两束光束的反射性质完全相同,即都没有额外光程差.

现将上述几种情况的特征归纳成表 1-2.

表 1-2

表面 ╲ 折射率	$n_2 > n_1$		$n_2 < n_1^*$	
	$i_1 + i_2 < \dfrac{\pi}{2}$ $(i_1 < i_{10})$	$i_1 + i_2 > \dfrac{\pi}{2}$ $(i_1 > i_{10})$	$i_1 + i_2 < \dfrac{\pi}{2}$ $(i_1 < i_{10})$	$i_1 + i_2 > \dfrac{\pi}{2}$ $(i_1 > i_{10})$
第一表面反射	光疏到光密 $\dfrac{A'_{s1}}{A_{s1}}$ −	−	光密到光疏 +	+
	$\dfrac{A'_{p1}}{A_{p1}}$ +	−	−	+

表面 \ 折射率		$n_2>n_1$			$n_2<n_1^*$		
第二表面反射	光密到光疏	$\dfrac{A'_{s1}}{A_{s1}}$	+	+	光疏到光密	−	−
		$\dfrac{A'_{p1}}{A_{p1}}$	−	+		+	−

* $i_1<i_c$，i_c 为临界角，$i_1>i_c$ 时，将发生全反射现象.

值得指出的是，如果进一步考虑两束反射光波的振幅，除了 $i_1=0$ 及 $i_1=i_0$ 两种特殊情况下，一般情况下，两束反射光波的振动矢量夹角并不恰好等于 $\pm\pi$，即方向不是完全相反，从某种意义上讲也可认为薄膜干涉公式

$$\delta=2d_0\sqrt{n_2^2-n_1^2\sin^2 i_1}-\frac{\lambda}{2}$$

属于近似公式. 但在入射角小于 i_0 时，其近似程度相当好.

附录 1.5 有关法布里-珀罗干涉仪的（1-38）式的推导

从图 1-25 中 G、G' 面透射出来的多光束在某点的振动，可依次用下列复数表示：

$$(1-\rho)A_0 e^{i\omega t}，\rho(1-\rho)A_0 e^{i(\omega t-\varphi)}，\rho^2(1-\rho)A_0 e^{i(\omega t-2\varphi)}，\cdots$$

合振动即为上列复数之和，且仍为复数：

$$(1-\rho)A_0 e^{i\omega t}\left[1+\rho e^{-i\varphi}+\rho^2 e^{-2i\varphi}+\rho^3 e^{-3i\varphi}+\cdots\right]$$

$$=(1-\rho)A_0 e^{i\omega t}\left[\frac{1}{1-\rho e^{-i\varphi}}\right]$$

上式中运用了无穷等比级数的求和公式（公比等于 $\rho e^{-i\varphi}$）. 求合振动的强度（实数）时应该用到方括号中的复数与它的共轭复数的乘积：

$$\frac{1}{1-\rho e^{-i\varphi}}\cdot\frac{1}{1-\rho e^{i\varphi}}=\frac{1}{1+\rho^2-2\rho\cos\varphi}$$

$$=\frac{1}{1+\rho^2-2\rho+2\rho(1-\cos\varphi)}$$

$$=\frac{1}{(1-\rho)^2+4\rho\sin^2\dfrac{\varphi}{2}}$$

$$=\frac{1}{(1-\rho)^2\left[1+\dfrac{4\rho}{(1-\rho)^2}\sin^2\dfrac{\varphi}{2}\right]}$$

在上述推导中运用了欧拉公式 $\cos\varphi=\dfrac{e^{i\varphi}+e^{-i\varphi}}{2}$，最后得合振幅的平方为

$$A^2=(1-\rho)^2 A_0^2\frac{1}{(1-\rho)^2\left[1+\dfrac{4\rho}{(1-\rho)^2}\sin^2\dfrac{\varphi}{2}\right]}$$

$$= \frac{A_0^2}{1 + \frac{4\rho}{(1-\rho)^2}\sin^2\frac{\varphi}{2}} \qquad\qquad (1-49)$$

附录1.6 有同一相位差的多光束叠加

设有 N 束频率相同的光,都沿着同一直线振动,且各相邻光束之间有同值的相位差. 用复数表达如下:

$$A_1 e^{i\omega t},\ A_2 e^{i(\omega t+\varphi)},\ A_3 e^{i(\omega t+2\varphi)},$$
$$A_4 e^{i(\omega t+3\varphi)},\ \cdots,\ A_N e^{i[\omega t+(N-1)\varphi]}$$

为简化计算,设它们有相同的振幅 $A_1 = A_2 = A_3 = \cdots = A_N = A_0$. 叠加的结果用 $A e^{i(\omega t+\varphi_0)}$ 来表示,其振幅为 A,初相位为 φ_0,则

$$A e^{i\varphi_0} = A_0 \left[1 + e^{i\varphi} + e^{i2\varphi} + \cdots + e^{i(N-1)\varphi} \right]$$
$$= A_0 \sum_{k=1}^{N} e^{i(k-1)\varphi}$$

这是以 $\gamma = e^{i\varphi}$ 为公比的几何级数,它的总和等于 $(1-\gamma^N)/(1-\gamma)$,故上式可写为

$$A e^{i\varphi_0} = A_0 \frac{e^{iN\varphi}-1}{e^{i\varphi}-1}$$

因为强度正比于振幅(实数)的平方,而上式是用复数表达的,故强度正比于它和它的共轭复数的乘积,即

$$A^2 = A^2 e^{i\varphi_0} e^{-i\varphi_0} = A_0^2 \frac{e^{iN\varphi}-1}{e^{i\varphi}-1} \cdot \frac{e^{-iN\varphi}-1}{e^{-i\varphi}-1}$$
$$= A_0^2 \frac{2-(e^{iN\varphi}+e^{-iN\varphi})}{2-(e^{i\varphi}+e^{-i\varphi})}$$

利用欧拉公式:$e^{iN\varphi}+e^{-iN\varphi}=2\cos N\varphi$,上式可写为

$$I = A^2 = A_0^2 \frac{1-\cos N\varphi}{1-\cos \varphi} = A_0^2 \frac{\sin^2\frac{N\varphi}{2}}{\sin^2\frac{\varphi}{2}}$$

这就是正文中的(1-40)式. 在第2章讨论光栅衍射时,常常要用该式来求次最大的位置,这时,可令上式的右边对 φ 的一阶导数等于零,即

$$\frac{dI}{d\varphi} = \frac{d}{d\varphi}\left[A_0^2 \frac{\sin^2\frac{N\varphi}{2}}{\sin^2\frac{\varphi}{2}} \right]$$

$$= A_0^2 \frac{\frac{N}{2}\sin N\varphi \sin\frac{\varphi}{2} - \cos\frac{\varphi}{2}\sin^2\frac{N\varphi}{2}}{\sin^3\frac{\varphi}{2}}$$

$$= 0$$

则得

$$\sin\frac{N\varphi}{2}\left[N\cos\frac{N\varphi}{2}\sin\frac{\varphi}{2} - \cos\frac{\varphi}{2}\sin\frac{N\varphi}{2} \right] = 0$$

即

$$\sin\frac{N\varphi}{2}=0$$

$$N\cos\frac{N\varphi}{2}\sin\frac{\varphi}{2}-\cos\frac{\varphi}{2}\sin\frac{N\varphi}{2}=0$$

分别解以上两式，便可得光强的所有极值点．下面分别讨论其最大、最小值．

（1）多光束干涉光强的主最大

由 $\sin\dfrac{N\varphi}{2}=0$ ，得

$$\frac{N\varphi}{2}=\pm j_0\pi$$

即

$$\varphi=\pm\frac{2j_0}{N}\pi \quad (j_0=0,1,2,\cdots)$$

其中 $j_0=jN$ 处为极大，若 $j_0=0,N,2N,\cdots$（N 的整数倍）上式变为

$$\varphi=\pm2j\pi \quad (j=0,1,2,\cdots)$$

在这些点上，相邻光束的相位差正好为 π 的偶数倍，即相邻光束在相遇点振动是同相位的．将其振幅按矢量叠加，叠加后得振幅的最大值，所以这些点是光强的最大值，并称主最大．

因为在 $\varphi=\pm2j\pi$ 点处，光强的一阶导数不存在，可由下列极限求得：

$$I_{max}=A_0^2\lim_{\varphi\to\pm2j\pi}\frac{\sin^2\dfrac{N\varphi}{2}}{\sin^2\dfrac{\varphi}{2}}=N^2A_0^2$$

（2）多光束干涉光强的最小值

将 $\varphi=\pm2j'\pi/N$ 中对应光强最大值的 φ 值除去，即

$$\varphi=\pm\frac{2j'\pi}{N}$$

式中 $j'=1,2,3,\cdots$，且 $j'\neq0,N,2N,\cdots$．代入光强表达式，可得光强为零，这是由于在这些点上，$d^2I/d\varphi^2>0$ 的缘故．

（3）多光束干涉光强的次最大

由 $N\cos\dfrac{N\varphi}{2}\sin\dfrac{\varphi}{2}-\cos\dfrac{\varphi}{2}\sin\dfrac{N\varphi}{2}=0$ 得 $\tan(N\varphi/2)=N\tan(\varphi/2)$，这是一个超越方程．

作 $y=N\tan(\varphi/2)$ 和 $y=\tan(N\varphi/2)$ 两组正切曲线，它们的交点就是这方程的解．在图 1-40 中可以看到两组正切曲线族的交点有如下的近似值（其中 $N=7$）：

$$7\frac{\varphi}{2}\approx\pm\frac{3}{2}\pi,\pm\frac{5}{2}\pi,\pm\frac{9}{2}\pi,\pm\frac{11}{2}\pi,\pm7\pi,\pm\frac{17}{2}\pi,$$

$$\pm\frac{19}{2}\pi,\pm\frac{23}{2}\pi,\pm\frac{25}{2}\pi,\pm14\pi,\cdots$$

但其中 $0,\pm7\pi,\pm14\pi,\pm21\pi,\cdots$ 与 $\varphi=\pm2j\pi$ 的解重复，故其一般解为

$$N\frac{\varphi}{2}\approx\pm\frac{2j''+1}{2}\pi \quad [j''=0,1,2,\cdots,(N-1),N,(N+1),\cdots]$$

其中除去 $N\dfrac{\varphi}{2}=\dfrac{\pi}{2},\dfrac{2N+1}{2}\pi,\cdots$，因为在这些点上，两族正切曲线不相交，不是 $N\tan(\varphi/2)=\tan(N\varphi/2)$ 的解，其余为它的解，即

$$\varphi\approx\pm(2j''+1)\frac{\pi}{N} \quad [j''=1,2,\cdots,(N-1),(N+1),\cdots]$$

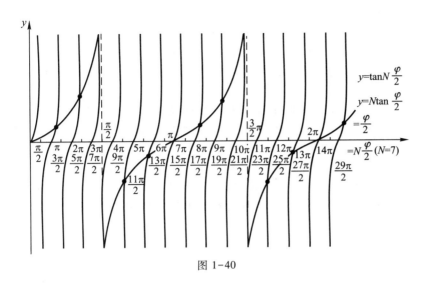

图 1-40

将 $\varphi \approx \pm(2j''+1)\pi/N$ 代入 $\mathrm{d}^2 I/\mathrm{d}\varphi^2$, 可知 $\mathrm{d}^2 I/\mathrm{d}\varphi^2 < 0$, 故给出的是次最大值.

将上一超越方程平方后还可得以下的关系式:

$$\sin^2\frac{N\varphi}{2} = \frac{N^2\tan^2\dfrac{\varphi}{2}}{1+N^2\tan^2\dfrac{\varphi}{2}} = \frac{N^2\sin^2\dfrac{\varphi}{2}}{1+(N^2-1)\sin^2\dfrac{\varphi}{2}}$$

于是正文中的(1-40)式可写为

$$A^2 = A_0^2\,\frac{\sin^2\dfrac{1}{2}N\varphi}{\sin^2\dfrac{1}{2}\varphi} = A_0^2\,\frac{N^2}{1+(N^2-1)\sin^2(\varphi/2)}$$

根据这样的近似解,对应于 $j''=1$ 的次最大的位置由相位差 $\varphi = 3\pi/N$ 决定;它最靠近主最大. 当 N 很大时,次最大的强度趋近于一极限. 近似地为

$$(A_{\text{次最大}}^2)_{j''=1} \approx A_0^2\,\frac{N^2}{1+(N^2-1)\left(\dfrac{3}{2}\cdot\dfrac{\pi}{N}\right)^2}$$

$$\approx \frac{1}{23}A_0^2 N^2 = \frac{1}{23}A_{\text{最大}}^2$$

式中 $A_{\text{最大}}$ 是中央主最大的振幅. $j''=2,3$ 时,次最大的强度依次迅速减弱.

习　题

1.1　波长为 500 nm 的绿光投射在间距 d 为 0.022 cm 的双缝上,在距离 r_0 为 180 cm 处的光屏上形成干涉条纹,求两个亮条纹之间的距离. 若改用波长为 700 nm 的红光投射到此双缝上,两个亮纹之间的距离又为多少? 算出这两种光第 2 级亮纹位置的距离.

1.2　在杨氏实验装置中,光源波长为 640 nm,两狭缝间距 d 为 0.4 mm,光屏离狭缝的距离 r_0 为 50 cm. 试求:(1) 光屏上第 1 级亮条纹和中央亮条纹之间的距离;(2) 若 P 点离中央亮条纹为 0.1 mm,问两束光在 P 点的相位差是多少? (3) 求 P 点的光强度和中央点的强度之比.

1.3 把折射率为 1.5 的玻璃片插入杨氏实验的一束光路中,光屏上原来第 5 级亮条纹所在的位置变为中央亮条纹,试求插入的玻璃片的厚度.已知光波长为 600 nm.

1.4 波长为 500 nm 的单色平行光射在间距 d 为 0.2 mm 的双狭缝上.通过其中一个缝的能量为另一个的 2 倍,在离狭缝 50 cm 的光屏上形成干涉图样.求干涉条纹间距和条纹的可见度.

1.5 波长为 700 nm 的光源与菲涅耳双面镜的相交棱之间距离为 20 cm,棱到光屏间的距离 L 为 180 cm,若所得干涉条纹中相邻亮条纹的间隔为 1 mm,求双镜平面之间的夹角 θ.

1.6 如题 1.6 图所示的劳埃德镜实验中,光源 S 到观察屏的距离为 1.5 m,到劳埃德镜面的垂直距离为 2 mm.劳埃德镜长 40 cm,置于光源和屏之间的中央.(1)若光波波长 $\lambda = 500$ nm,问条纹间距是多少?(2)确定屏上可以看见条纹的区域大小,此区域内共有几条条纹?(提示:产生干涉的区域 P_1P_2 可由图中的几何关系求得.)

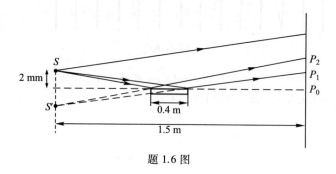

题 1.6 图

1.7 试求能产生红光($\lambda = 700$ nm)的二级反射亮干涉条纹的肥皂膜厚度.已知肥皂膜折射率为 1.33,且平行光与法向成 30° 角入射.

1.8 透镜表面通常镀一层如 MgF_2($n = 1.38$)一类的透明物质薄膜,目的是利用干涉来降低玻璃表面的反射.为了使透镜在可见光谱的中心波长(550 nm)处产生极小的反射,则镀层最小厚度为多少?

1.9 在两块玻璃片之间一边放一条厚纸,另一边相互压紧.玻璃片 l 长 10 cm,纸厚为 0.05 mm,从 60° 的反射角进行观察,问在玻璃片单位长度内看到的干涉条纹数目是多少?设单色光源波长为 500 nm.

1.10 在上题装置中,沿垂直于玻璃片表面的方向看去,看到相邻两条暗纹间距为 1.4 mm.已知玻璃片长 17.9 cm,纸厚 0.036 mm,求光波的波长.

1.11 波长为 400~760 nm 的可见光正射在一块厚度为 1.2×10^{-6} m,折射率为 1.5 的薄玻璃片上,试问从玻璃片反射的光中哪些波长的光最强.

1.12 迈克耳孙干涉仪的反射镜 M_2 移动 0.25 mm 时,看到条纹移过的数目为 909 个,设光为垂直入射,求所用光源的波长.

1.13 迈克耳孙干涉仪平面镜的面积为 4×4 cm²,观察到该镜上有 20 个条纹.当入射光的波长为 589 nm 时,两镜面之间的夹角为多大?

1.14 调节一台迈克耳孙干涉仪,使其用波长为 500 nm 的扩展光源照明时会出现同心圆环条纹.要想使圆环中心处相继出现 1 000 条圆环条纹,则必须将移动一臂多远的距离?若中心是亮的,试计算第一暗环的角半径. $\left(\text{提示:圆环是等倾干涉图样.计算第一暗环角半径时可利用 } \theta \approx \sin\theta \text{ 及 } \cos\theta \approx 1 - \dfrac{\theta^2}{2} \text{ 的关系.}\right)$

1.15 用单色光观察牛顿环,测得 j 级亮环的直径为 3 mm,在它的第 $j+5$ 级亮环的直径为 4.6 mm,所用平凸透镜的凸面曲率半径为 1.03 m,求此单色光的波长.

1.16 在反射光中观察某单色光所形成的牛顿环.其第 2 级亮环与第 3 级亮环间距为 1 mm,求第 19 和 20 级亮环之间的距离.

*1.17 如题 1.17 图所示,牛顿环可由两个曲率半径很大的平凸透镜之间的空气层产生.平凸透镜 A 和 B 的曲率半径分别为 R_A 和 R_B,在波长为 600 nm 的单色光垂直照射下观察到反射牛顿环第 10 级暗环半径 $r_{AB} = 4$ mm.若另有曲率半径为 R_C 的平凸透镜 C(图中未画出),并且 B、C 组合和 A、C 组合产生的第 10 级暗环半径分别为 $r_{BC} = 4.5$ mm 和 $r_{AC} = 5$ mm,试计算 R_A、R_B 和 R_C.

*1.18 菲涅耳双棱镜实验装置尺寸如下:缝到棱镜的距离为 5 cm,棱镜到屏的距离为 95 cm,棱镜角为 $\alpha = 179°32'$构成棱镜玻璃材料的折射率 $n' = 1.5$,采用的是单色光.当厚度均匀的肥皂膜横过双棱镜的一半部分放置,该系统中心部分附近的条纹相对原先有 0.8 mm 的位移.若肥皂膜的折射率为 $n = 1.35$,试计算肥皂膜厚度的最小值为多少?

*1.19 如题 1.19 图所示,将焦距为 50 cm 的会聚透镜中央部分 C 切去,余下的 A、B 两部分仍旧黏起来,C 的宽度为 1 cm.在对称轴线上距透镜 25 cm 处置一点光源,发出波长为 692 nm 的激光,在对称轴线上透镜的另一侧 50 cm 处置一光屏,屏面垂直于轴线.试求:

(1) 干涉条纹的间距是多少?

(2) 光屏上呈现的干涉图样是怎样的?

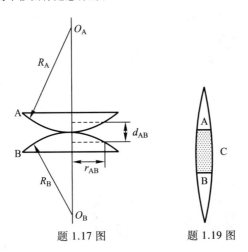

题 1.17 图   题 1.19 图

*1.20 如题 1.20 图所示,将焦距为 5 cm 的薄凸透镜 L 沿直线方向剖开分成两部分 A 和 B,并将 A 部分沿主轴右移至 2.5 cm 处,这种类型的装置称为梅斯林对切透镜.若将波长为 632.8 nm 的点光源 P 置于主轴上离透镜 B 的距离为 10 cm 处,试分析:

(1) 根据中学几何光学的知识分析成像情况如何?

(2) 若在 B 右边 10.5 cm 处置一光屏,则在光屏上观察到的干涉图样如何?

*1.21 如题 1.21 图所示,A 为平凸透镜,B 为平玻璃板,C 为金属柱,D 为框架,A、B 间有孔隙,图中绘出的是接触的情况,而 A 固结在框架的边缘上.温度变化时,C 发生伸缩,而假设 A、B、D 都不发生伸缩.以波长 632.8 nm 的激光垂直照射.试问:

(1) 在反射光中观察时,看到牛顿环条纹移向中央,这表示金属柱 C 的长度在增加还是减小?

(2) 若观察到有 10 个亮条纹移到中央而消失,试问 C 的长度变化了多少毫米?

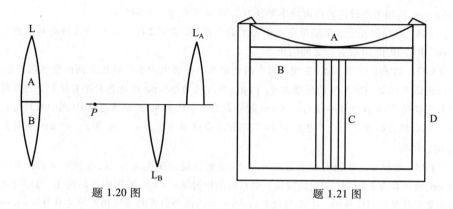

題 1.20 圖　　　　　　　題 1.21 圖

*1.22　研究性課題:請查閱互聯網,進一步了解光的干涉應用的新進展,並寫成評述性論文.

第1章拓展資源

MOOC 授課視頻		
授課視頻 Equal Inclination Fringes 等傾干涉	授課視頻 Equal Inclination Fringes-Characteristics 等傾干涉特征	授課視頻 Equal Thickness Fringes 等厚干涉條紋

PPT		
視頻 PPT ch1.8 邁克耳孫干涉儀	PPT ch1.8 邁克耳孫干涉儀	

彩圖		
彩色圖片 1-1 邁克耳孫 干涉儀 a	彩色圖片 1-1 邁克耳孫 干涉儀 b	彩色圖片 1-2 蔡司照相機鏡頭 (增透膜)

课外视频	
	课外视频 隐形技术

H5 动画 （横屏观看）			
	杨氏双缝干涉	劈尖干涉	牛顿环

第2章 光 的 衍 射

本章通过光的衍射现象和实验事实来进一步揭示光的波动性,着重说明衍射是光在空间或物质中传播的基本方式,同时说明衍射也是讨论现代光学问题的基础;介绍衍射现象的几种重要应用,并进一步指出使衍射图样更清晰明锐的一些基本条件.具体讨论的衍射课题有单缝衍射、圆孔衍射、平面光栅和 X 射线衍射.

2.1 惠更斯–菲涅耳原理

2.1.1 光的衍射现象

波在传播过程中会发生衍射现象,即不沿直线传播而向各方向绕射的现象.窗户内外的人,虽然彼此看不见,但都能听到对方的说话声.水波也能绕过水面上的障碍物传播,这说明机械波能绕过障碍物边缘传播.无线电波能绕过山,使山区也能接收到电台的广播,这说明电磁波也能绕过障碍物的边缘传播.然而,通常看来光是沿着直线传播的,遇到不透明的障碍物时,会投射出清晰的影子.粗看起来,衍射和直线传播似乎是彼此矛盾的现象.前述的干涉现象已经证实了光具有波动性,而直线传播现象又表示出光与一般的波动有区别.那么怎样来解释这个矛盾呢?

光的干涉现象是几束光相互叠加的结果.实际上即使是单独的一束光投射在屏上,经过精密的观察,也能看到明暗条纹.例如把杨氏干涉实验装置中光阑上的两个小孔之一遮住,使点光源发出的光通过单孔照射到屏上.仔细观察,可看到屏上的明亮区域比认为光沿直线传播所应有的要大得多,而且明暗分布不均匀.实际上,光经过任何物体的边缘时,在不同程度上都会出现类似的情况.把一条金属细线(作为对光的障碍物)放在屏的前面,在"影"的中央应该是最暗的地方,实际观察到的却是亮的. 这种光绕过障碍物偏离直线传播而进入几何阴影,并在屏幕上出现光强分布不均匀的现象,称为光的衍射.

光的衍射现象的发现,与光的直线传播现象表面上是矛盾的,如果不能从波动观点对这两者作统一的解释,就难以确立光的波动本性观念.

事实上,机械波也有直线传播的情况.超声波就具有明显的方向性,普通声波遇到巨大的障碍物时,也会投射出清楚的影子.例如在高大墙壁的后面就听不到前面的声响.衍射现象的出现与否,主要取决于障碍物线度和波长大小的对比．只有在障碍物线度和波长可以比拟时，衍射现象才明显地表现出来[①]．声波的波长可达几十米，无线电波的波长可达几百米，它们遇到的障碍物通常总远小于波长，因而在传播途中可以绕过这些障碍物．一旦遇到巨大的障碍物时，直线传播才比较明显．超声波的波长数量级可以小到只有几毫米，微波波长的数量级也与此类似，通常遇到的障碍物都远比这大，因而它们一般都可以看做沿直线传播．

光波波长约为 390~760 nm，一般的障碍物或孔隙都远大于此，因而通常都显示出光的直线传播现象．一旦遇到与波长差不多数量级的障碍物或孔隙时，衍射现象就变得显著起来了．

2.1.2　惠更斯原理

在研究波的传播时，总可以找到同相位各点的位置，这些点的轨迹是一个等相面，称为波面．惠更斯曾提出次波的假设来阐述波的传播现象，从而建立了惠更斯原理．惠更斯原理可表述如下：任何时刻波面上的每一点都可作为次波的波源，各自发出球面次波；在以后的任何时刻，所有这些次波波面的包络面形成整个波在该时刻的新波面．

根据这个原理，可以从某一时刻已知的波面位置求出另一时刻波面的位置．图 2-1 可以用来说明这个原理．图中 SS' 是某一时刻 $(t_0=0)$ 的波面，箭头表示光的传播方向．若光速为 v，为了求得另一时刻 t_1 的波面的位置，可以把原波面上的每一点作为次波源，各点均发出次波，经时间 t_1 后，次波传播的距离为 $r=vt_1$．于是各次

图 2-1　惠更斯原理

波的包络面 S_1S_1' 就是时刻 t_1 的波面．惠更斯原理可以解释光的直线传播、反射、折射和双折射等现象．但是，原始的惠更斯原理是十分粗糙的，用它不能解释波的干涉和衍射现象；而且由惠更斯原理还会导致有倒退波的存在，而实际上并不存在倒退波．

由于惠更斯原理的次波假设不涉及波的时空周期特性——波长、振幅和相位，因而不能说明在障碍物边缘波的传播方向偏离直线的现象．事实上，光的衍射现象要细微得多，还有明暗相间的条纹出现，表明各点的振幅大小不等．因此必须定量计算光所到达的空间范围内任何一点的振幅，才能更精确地解释衍射现象．

2.1.3　惠更斯-菲涅耳原理

1815 年菲涅耳根据惠更斯的"次波"假设，补充了描述次波的基本特征——相位和振幅的定量表示式，并增加了"次波相干叠加"的原理，使之发展

成为惠更斯-菲涅耳原理. 这个原理的内容表述如下:

如图 2-2 所示的波面 S 上每个面积元 $\mathrm{d}S$ 都可以看成新的波源, 它们均发出次波. 波面前方空间某一点 P 的振动可以由 S 面上所有面积元所发出的次波在该点叠加后的合振幅来表示.

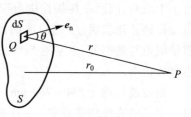

图 2-2　P 点的合振幅计算

对面积元 $\mathrm{d}S$ 所发出的各次波的振幅和相位提出下列四个假设:

(1) 在波动理论中, 波面是一个等相位面. 因而可以认为 $\mathrm{d}S$ 面上各点所发出的所有次波都有相同的初相位(可令 $\varphi_0 = 0$).

(2) 次波在 P 点处所引起的振动的振幅与 r 成反比. 这相当于表明次波是球面波.

(3) 从面积元 $\mathrm{d}S$ 所发出的次波在 P 处的振幅正比于 $\mathrm{d}S$ 的面积, 且与倾角 θ 有关, θ 为 $\mathrm{d}S$ 的法线 $\boldsymbol{e}_{\mathrm{n}}$ 与 $\mathrm{d}S$ 到 P 点的连线 r 之间的夹角, 即从 $\mathrm{d}S$ 发出的次波到达 P 点时的振幅随 θ 的增大而减小.

(4) 次波在 P 点处的相位, 由光程 $\Delta = nr$ 决定($\varphi = 2\pi\Delta/\lambda$).

根据以上的假设, 可知面积元 $\mathrm{d}S$ 发出的次波在 P 点的合振动可表示为

$$\mathrm{d}E \propto \frac{\mathrm{d}SK(\theta)}{r}\cos(kr-\omega t)$$

或

$$\mathrm{d}E = C\frac{K(\theta)}{r}\cos(kr-\omega t)\,\mathrm{d}S \tag{2-1}$$

其中 $K(\theta)$ 为随着 θ 角增大而缓慢减小的函数, 称为倾斜因子, C 为比例系数.

如果波面上各点的振幅有一定的分布, 则面积元 $\mathrm{d}S$ 发出次波到达 P 点的振幅与该面积元上的振幅成正比, 若分布函数为 $A(Q)$, 则波面在 P 点所产生的振动为

$$\mathrm{d}E = C\frac{K(\theta)A(Q)}{r}\cos(kr-\omega t)\,\mathrm{d}S$$

如果将波面 S 上所有面积元在 P 点的作用加起来, 即可求得波面 S 在 P 点所产生的合振动为

$$E = \int_S \mathrm{d}E = C\int \frac{K(\theta)A(Q)}{r}\cos(kr-\omega t)\,\mathrm{d}S \tag{2-2}$$

或写成复数形式

$$E = C\int \frac{K(\theta)A(Q)}{r}\mathrm{e}^{\mathrm{i}(kr-\omega t)}\,\mathrm{d}S$$

(2-2)式称为菲涅耳衍射积分. 一般说来, 计算此积分是相当复杂的.

借助于惠更斯-菲涅耳原理可以解释和描述光束通过各种形状的障碍物时所产生的衍射现象. 以下将讨论几种特殊形状的孔和障碍物所产生的衍射图样的光强分布. 在讨论时, 通常可以根据光源和考察点到障碍物的距离, 把衍射现

象分为两类.第一类是障碍物到光源和考察点的距离都是有限的,或其中之一为有限的,称为菲涅耳衍射,又称近场衍射;第二类是障碍物到光源和考察点的距离可以认为是无限远的,这种特殊的衍射现象,称为夫琅禾费衍射,又称远场衍射.

要直接应用(2-2)式进行菲涅耳衍射的计算是很困难的,因此,可以用振幅矢量叠加法做近似的处理.关于夫琅禾费衍射,由于使用的是平行光束,故可以用积分法来计算衍射图样的光强分布.

2.2 菲涅耳半波带　菲涅耳衍射

2.2.1 菲涅耳半波带

现在以点光源为例来说明惠更斯-菲涅耳原理的应用.在图2-3中,O为点光源,S为任一时刻的波面(球面),R为其半径.为了确定光波到达对称轴上任一P点时波面S所起的作用,连接O、P与球面相交于B_0点,B_0称为P点对于波面的极点.令$PB_0=r_0$,设想将波面分为许多环形带,使从每两个相邻带的相应边缘到P点的距离相差半波长,即

$$B_1P-B_0P = B_2P-B_1P = B_3P-B_2P = \cdots$$

$$= B_kP-B_{k-1}P = \frac{\lambda}{2}$$

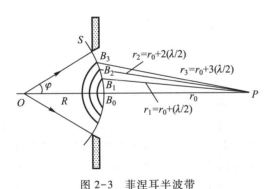

图 2-3　菲涅耳半波带

在这种情况下,由任何相邻两带的对应部分所发出的次波到达P点时的光程差为$\lambda/2$,亦即它们同时到达P点,而相位差为π.这样分成的环形带称为菲涅耳半波带(简称半波带).

2.2.2 合振幅的计算

以a_1、a_2、$\cdots$、a_k分别表示各半波带发出的次波在P点所产生的振幅,由于相邻两个半波带所发出的次波到达P点时相位相差π,所以k个半波带所发出的次波在P点叠加的合振幅A_k为

$$A_k = a_1 - a_2 + a_3 - a_4 + a_5 + \cdots + (-1)^{k+1} a_k \tag{2-3}$$

下面来比较 a_1、a_2、a_3、$\cdots$ 的大小. 按惠更斯-菲涅耳原理,得第 k 个半波带所发次波到达 P 点时的振幅为

$$a_k \propto K(\theta_k) \frac{\Delta S_k}{r_k} \tag{2-4}$$

式中 ΔS_k 为第 k 个半波带的面积,r_k 是它到 P 点的距离,$K(\theta_k)$ 为倾斜因子. 为了计算分式 $\Delta S_k / r_k$,让我们考察如图 2-4 所示的球冠,其面积为

$$S = 2\pi R \cdot R(1 - \cos\varphi) = 2\pi R^2 (1 - \cos\varphi)$$

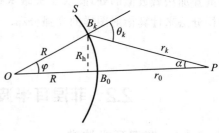

图 2-4 半波带面积

而

$$\cos\varphi = \frac{R^2 + (R + r_0)^2 - r_k^2}{2R(R + r_0)}$$

将上列两式分别微分,得

$$dS = 2\pi R^2 \sin\varphi \, d\varphi$$

和

$$\sin\varphi \, d\varphi = \frac{r_k dr_k}{R(R + r_0)}$$

将上式代入前式,得

$$\frac{dS}{r_k} = \frac{2\pi R dr_k}{R + r_0}$$

因为 $r_k \gg \lambda$,可将上式中的微分 dr_k 看做相邻半波带间 r 的差值 $\lambda/2$,将 dS 看做半波带的面积,于是

$$\frac{\Delta S_k}{r_k} = \frac{\pi R \lambda}{R + r_0}$$

由此可知,$\Delta S_k / r_k$ 与 k 无关,即它对每个半波带都是相同的. 这样,影响 A_k 大小的因素中只剩下倾斜因子 $K(\theta_k)$ 了. 从一个半波带到与之相邻的半波带,θ_k 的变化甚微,因而 $K(\theta_k)$ 和 a_k 随 k 的增加而缓慢地减小. 所以,各个半波带在 P 点处产生振动的振幅 a_k 随 k 的增大而减小,其相位逐个相差 π,可用如图 2-5 所示的上下交替的矢量来表示. 为了清楚起见,将各个矢量彼此错开. 图中矢量 a_1 的起点在某一水平基线上,其余各矢量的起点都与前一矢量的终点等高,从基线指向最末一矢量 a_k 终点的 A_k,即为合振动的振幅矢量,由图 2-5 可知:

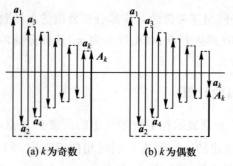

(a) k 为奇数　　　(b) k 为偶数

图 2-5 半波带法中的振幅矢量图

$$A_k = \frac{1}{2}\left[a_1 + (-1)^{k+1}a_k\right] = \frac{1}{2}(a_1 \pm a_k) \qquad (2\text{-}5)$$

式中取正号还是负号由 k 是奇数还是偶数决定:k 是奇数时取正号[图 2-5 (a)],k 是偶数时取负号[图 2-5(b)].

由此可见,应用惠更斯-菲涅耳原理来计算从点光源发出的光传播到任一观察点 P 时的振幅,只要把球面波面相对于 P 点分成半波带,将第一个带和最末一个(第 k 个)带所发出的次波的振幅相加或相减即可.

2.2.3　圆孔的菲涅耳衍射

将一束光(例如激光)投射在一个小圆孔上(圆孔可用照相机镜头中的光阑),并在距孔 1~2 m 处放置一块毛玻璃屏,可观察到如图 2-6(a)所示的衍射图样. 现用上节所得的结论,研究从点光源所发出的光通过圆孔时的衍射现象. 图 2-6(b)中 O 为点光源. 光通过光阑上的圆孔,R_h 为圆孔的半径,S 为光通过圆孔时的波面. 现在先计算光到达垂直于圆孔面的对称轴上一点 P 时的振幅. P 点与波面上极点 B_0 之间的距离为 r_0. 首先考虑通过圆孔的波面所含有的完整的菲涅耳半波带的数目. 这个整数 k 与圆孔的半径($R_h = R_{hk}$)、光的波长 λ 以及圆孔的位置(即 R 和 r_0)有关. 由图 2-4 可知

$$\begin{aligned} R_{hk}^2 &= r_k^2 - (r_0 + h)^2 = r_k^2 - r_0^2 - 2r_0 h - h^2 \\ &\approx r_k^2 - r_0^2 - 2r_0 h \end{aligned} \qquad (2\text{-}6)$$

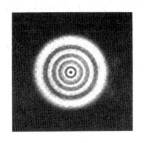
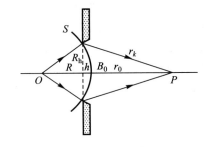

(a) 衍射图样　　　　　　　　(b) 波带半径及面积的计算

图 2-6　圆孔的菲涅耳衍射

如 h 比 r_0 小得多,则上式中 h^2 可略去. 其中

$$r_k^2 - r_0^2 = \left[r_0 + (k\lambda/2)\right]^2 - r_0^2 \approx k\lambda r_0$$

式中略去了 $k^2\lambda^2/4$. 又由图 2-6(b)可知

$$R_{hk}^2 = R^2 - (R-h)^2 = r_k^2 - (r_0 + h)^2$$

整理后得

$$h = \frac{r_k^2 - r_0^2}{2(R + r_0)}$$

将 $r_k^2 - r_0^2 \approx k\lambda r_0$ 和 h 的表达式代入(2-6)式,得

$$R_h^2 = R_{hk}^2 = k\frac{r_0 R}{R + r_0}\lambda$$

$$k = \frac{R_\mathrm{h}^2(R+r_0)}{\lambda r_0 R} = \frac{R_\mathrm{h}^2}{\lambda}\left(\frac{1}{r_0}+\frac{1}{R}\right) \qquad (2\text{-}7)$$

如果用平行光照射圆孔，$R\to\infty$，则

$$R_{\mathrm{h}k} = \sqrt{k\lambda r_0}$$

按(2-5)式，P 点的合振幅的大小取决于露出的带数 k；而按(2-7)式，当波长及圆孔的位置和大小都给定时，k 取决于观察点 P 的位置．与 k 为奇数相对应的那些点，合振幅 A_k 较大；与 k 为偶数相对应的那些点，A_k 较小．以上仅考虑到通过圆孔的波面所含有的菲涅耳半波带数是整数的情况．如果带数不是整数，那么合振幅介乎上述最大值和最小值之间．这个结果很容易用实验来证实．当置于 P 处的屏沿着圆孔的对称轴线移动时，将看到屏上的光强不断地变化：在某些点较强，在某些点较弱．如改变圆孔的位置和圆孔的半径，给定观察点的光强也将发生变化．

如果不用光阑，即相当于圆孔的半径为无限大，也就是整个波面完全不被遮蔽，则由最末一个带发出的次波在到达 P 点时的振幅 a_k 为无限小，此时 P 点的合振幅为

$$A_\infty = \frac{a_1}{2}$$

此式表明，没有遮蔽的整个波面对 P 点的作用等于第一个波带在该点的作用的一半．因为半波带的面积非常小(例如对于波长为 500 nm 的绿光，若 R、r_0 均为 1 m，那么第一个波带的面积约为 0.75 mm^2，即半径约为 0.5 mm)，所以，没有遮蔽的整个波面的光能的传播，几乎可以看做是沿直线 OP 进行的．这也是通常把光看做直线传播的原因．P 点离开光源愈远，a_1 愈小，光强愈弱．在这种情况下，屏沿着对称轴线移动时，不发生上述某些点较强而某些点较弱的现象．

如果圆孔具有一定大小的半径，观察点 P 的位置仅使波面上的第一个带露出，则

$$A_1 = a_1$$

与不用光阑时比较，振幅为完全不遮蔽时的 2 倍，光强则为不遮蔽时的 4 倍．

所以光在通过圆孔以后到达任一点时的光强，不能够单独由光源到该点的距离来决定，还取决于圆孔的位置及大小．仅当圆孔足够大、使 $a_k/2$ 小到可以略去不计时，才和认为光沿直线传播所推得的结果一致．

所有这些讨论的前提是假定 O 是理想的点光源．但是实际光源都有一定的大小．光源的每一点各自产生它自己的衍射图样，它们是不相干的．光源的线度应小到使光源上某些点所产生的亮条纹不致落到另外一些点所产生的暗条纹上去．否则由于不相干叠加，衍射图样会完全模糊了．在通常情况下不容易观察到衍射图样，正是由于这个缘故．

2.2.4 圆屏的菲涅耳衍射

下面我们讨论点光源发出的光通过圆屏边缘时的衍射现象．如图 2-7 所示，O 为点光源，光路上有一不透明的圆屏．现在先讨论 P 点的振幅．设圆屏遮

蔽了开始的 k 个带. 从第 $k+1$ 个带开始,其余所有的带所发出的次波都能到达 P 点. 把所有这些带的次波叠加起来,可得 P 点的合振幅为

$$A = \frac{a_{k+1}}{2}$$

即不管圆屏的大小和位置如何,圆屏几何影子的中心永远有光到达. 不过圆屏的面积愈小,被遮蔽的带的数目 k 就愈少,因而 a_{k+1} 愈大,到达 P 点的光愈强. 改变圆屏和光源之间或圆屏和光屏之间的距离时,k 也将随之改变,因而也将影响 P 点的光强.

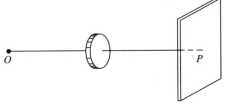

图 2-7 圆屏的菲涅耳衍射

如果圆屏足够小,只遮住中心带的一小部分,则光看起来可完全绕过它,除了圆屏影子中心有亮点外没有其他影子. 这个初看起来似乎是荒谬的结论,是泊松于 1818 年在巴黎科学院研究菲涅耳的论文时,把它当做证明菲涅耳的观点有误的证据提出来的. 但阿拉戈做了相应的实验,证实了菲涅耳的理论的正确性.

用激光可以很容易地演示圆屏衍射. 将一个直径约为 2 mm 的滚珠黏在一块平板玻璃上或用细丝悬挂起来,使氦氖激光经过针孔滤去其边缘不均匀部分后,投射在滚珠上,滚珠距针孔约 30~40 cm. 在距离滚珠数米处的屏上,就可以看到泊松亮点和它周围的衍射环,或用数码显微镜中的低倍物镜和 CCD 摄像装置,衍射图样可清晰地在大屏幕上显示.

2.2.5 波带片

根据以上的讨论,可以看到圆屏能使点光源成实像. 可以认为它的作用和一块会聚透镜相当. 另一方面,从菲涅耳半波带的特征来看,对于通过波带中心并与波带面垂直的轴上的一点来说,圆孔露出半波带的数目 k 可为奇数或偶数 [见(2-7)式]. 如果设想制造这样一种屏,使它对于所考察的点只让奇数半波带或只让偶数半波带透光,那么由于各半波带上相应各点到达考察点的光程差为波长的整数倍,各次波到达该点时所引起的光振动的相位相差 2π 的整数倍,因而相互加强. 这样在考察点处振动的合振幅为

$$A_k = \sum_k a_{2k+1}$$

或

$$A_k = \sum_k a_{2k}$$

在任一情况下,合成振动的振幅均为相应的各半波带在考察点所产生的振动振幅之和. 这样做成的光学元件叫做波带片. 从(2-7)式可知,各菲涅耳半波带的半径正比于序数 k 的平方根,所以波带片可按下法制作:先在绘图纸上画出半径正比于序数 k 的平方根的一组同心圆,把相间的圆环涂黑,然后用照相机拍摄在底片上,该底片即为波带片,如图 2-8 所示. 如果要制成有几百个半波带的波带片,则可用拍摄牛顿环的简单方法来实现. 但是,这样得到的是正弦波

带片,不是本节讨论的黑白波带片. 若在一块光洁度和平整度都很好的两面互相平行的光学玻璃上镀上金属铬的薄膜,再采用光刻腐蚀工艺,除去相间的半波带部分的铬膜,则可获得质量较好的波带片. 除了用上述方法做成的同心环带的波带片外,还可以做成如图 2-9(a)所示的长条形波带片. 这种波带片的特点是能使光在垂直于轴的平面上会聚成一条明亮的直线,直线的方向与波带片的直线平行. 图 2-9(b)是方形波带片,这种波带片所成的像是一个明锐的十字线.

 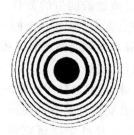

(a) 圆形波带片1   (b) 圆形波带片2

图 2-8   波带片的制作

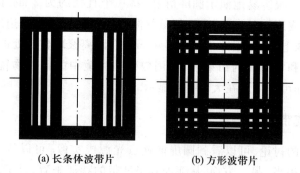

(a) 长条体波带片   (b) 方形波带片

图 2-9   长条形与方形波带片

如果某一波带片对考察点露出前 5 个奇数半波带,那么这些带在该点所产生的振动的振幅为

$$A_k = a_1 + a_3 + a_5 + a_7 + a_9 \approx 5a_1$$

这是不用光阑(即相当于圆孔的半径为无限大)时振幅的 10 倍,光强则为 100 倍. 如果以偶数个波带代替,上述结果显然也成立. 由于波带片能使点光源成实像,故它有类似于透镜成像的作用,其物距 R 和像距 r_0 所遵从的关系和透镜的物像公式相仿. 关于这一点,我们只要将(2-7)式改写成如下形式就可看出:

$$\frac{1}{R} + \frac{1}{r_0} = \frac{1}{\left(\dfrac{R_{hk}^2}{k\lambda}\right)} \tag{2-8}$$

和一般的会聚透镜一样,波带片也有它的焦距(见图 2-10). 中学物理已经讲过,透镜的焦距就是发光点在无限远时的像距. 在(2-8)式中,令 $R \to \infty$,即可得焦距

$$f' = r_0 = \frac{R_{hk}^2}{k\lambda}$$

将上式代入(2-8)式,则有

$$\frac{1}{R} + \frac{1}{r_0} = \frac{1}{f'} \qquad (2-9)$$

(2-9)式和薄透镜的物像公式相似.

由于激光的高度相干性,使波带片的应用成为现实,目前主要用在激光准直方面.此外,即使用单色光入射时,由于波带片还有 $f'/3$、$f'/5$ 等多个焦距存在,波带片成像的情况与透镜成像的情况也有所不同.对于给定的物点,对应于不同的焦距,波带片可以给出多个像点.

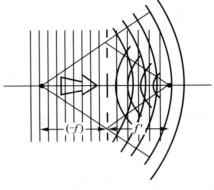

图 2-10 波带片的焦距

波带片与普通透镜相比的优点是:长焦距的波带片不难制作,而长焦距的普通物镜的设计、加工都是相当麻烦的,而且采用照相复制方法制造波带片比光学玻璃冷加工省事.普通透镜无法将一个点光源成像为十字亮线,而方形波带片却可以实现这一点,在长距离准直工作中是十分有用的.最后,起衍射聚焦作用的波带片和普通透镜相比,还具有面积大、轻便、可折叠等优点,特别适宜用远程光通信、测距以及宇航技术之中.波带片的焦距随波长的增加而缩短,正好与玻璃透镜的焦距色差相反,两者配合使用,就有利于消除光学系统的色差.透镜和波带片的比较如表 2-1 所示.

表 2-1　透镜和波带片的比较

	透镜	波带片
原理	近轴光等光程到达像点(折射)	近轴光不等光程但等相位到达像点(不等光程的相长干涉)(衍射)
像点光强	强	较弱
像差	小,容易矫正	大,较难矫正
焦点	只有一对,焦距与波长相关	有一系列焦点;焦距与波长成反比
材料	透明,折射率较高	不需要透明材料,也无需高折射率材料
重量	重	轻

菲涅耳波带片不仅给惠更斯-菲涅耳原理提供了使人信服的论据,而且在声波、微波、红外线、紫外线和 X 射线的成像技术方面开辟了新的方向,并在近代全息照相术等方面也获得了重要的应用.

2.2.6　直线传播和衍射的联系

上一章讨论光的干涉现象时,仅注意到两束或多束相干光波整束的叠加,没有考虑到每一光束中波面上所有各点发出的次波的叠加. 当时实际上是假设每束光都是沿直线传播的. 但是,在杨氏实验等用小孔或狭缝来分割光束的情况下,不考虑次波的叠加是不够严格的. 以后将会看到,无论光束截面积大小如何,这种次波作用总是存在的. 惠更斯-菲涅耳原理主要就是指出了同一波面上所有各点所发出的次波在某一给定观察点的叠加. 例如:<u>当波面完全不遮蔽时,所有次波在任何观察点叠加的结果就形成光的<u>直线传播</u></u>. 如果波面的某些部分受到遮蔽,或者说波面不完整,以致这些部分所发出的次波不能到达观察点,叠加时缺少了这些部分次波的参加,便发生了衍射现象. 至于衍射现象是否显著,则和障碍物的线度及观察的距离有关. 总之无论光是否沿直线传播,无论有无显著的衍射图样出现,光的传播总是按照惠更斯-菲涅耳原理进行. 所以,衍射现象是光的波动特性最基本的表现. 光沿直线传播不过是衍射现象的极限表现而已. 这样,通过波动学说,特别是对惠更斯-菲涅耳原理的解释,进一步揭示了光的直线传播和衍射现象的内在联系.

*2.2.7　菲涅耳直边衍射

平行光垂直照射到具有直线边缘的不透明障碍物时,在光屏上应该得到直线边缘清晰的影子,但仔细观察可看到有复杂的衍射图样.

根据 2.2.1 的分析,由相邻两个半波带所发出的次波到达 P 点时的振动必须有相位差 π. 实际上这个限制是不必要的. 将波面任意分成许多很小的面元,利用振幅矢量加法(见附录1.1),可简洁地将各次波叠加. 在图 2-11 中光波垂直照射在直边障碍物 AC 及屏幕 D 上,图中 P 为 D 上的任一观察点. 作 PB_0 垂直于波面, B_0 为极点. 把波面分成平行于直边的许多条形波带而分布于 B_0 左右.

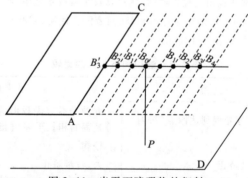

图 2-11　半平面障碍物的衍射

在图 2-12 中沿 x 轴向右作 a_1 表示从右方第一个带 B_0B_1 发出的次波到达 P 点时的振幅矢量. 作 a_2 与 x 成很小的夹角,它的长度较 a_1 短,表示右方第二个带 B_1B_2 发出的次波到达 P 点时,振动相位稍落后,振幅矢量稍小. 其余以此类推. 由于露出的波面向右伸展至无限远处,所以位于 B_0 右方的带的数目无穷多. 来自所有这些带的次波的振幅

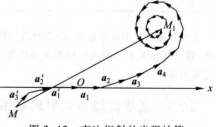

图 2-12　直边衍射的光强计算

矢量形成螺旋形的折线 OM_1. 而从位于 B_0 左方的带 B_0B_1' 发出的次波到达 P 点时的振幅矢量 $\boldsymbol{a}_1'$ 与 $\boldsymbol{a}_1$ 有相同的方向和长度. 同样, 来自左边第二和第三个带的次波到达 P 点时的振幅矢量分别用 $\boldsymbol{a}_2'$ 和 $\boldsymbol{a}_3'$ 表示, 则

$$\boldsymbol{a}_2' = \boldsymbol{a}_2, \quad \boldsymbol{a}_3' = \boldsymbol{a}_3$$

因为 B_0 左边的波面只露出一部分, 所以左边露出的带的数目不多, 假设有 n 个, 则 P 点的合振动的振幅矢量 $\boldsymbol{A}$ 由以下矢量和表示:

$$\boldsymbol{A} = \sum_{k=1}^{n} \boldsymbol{a}_k' + \sum_{k=1}^{\infty} \boldsymbol{a}_k$$

在图 2-11 所示的情况下, 左边仅露出三个带. 因此, P 点的合振幅矢量用如图 2-12 中从 M 到 M_1 的矢量来表示. 左边露出的带的数目随 P 点的位置而改变.

整个波面完全露出时, 左右两边都将有无限多个带. 如果每个带的面积都是无限小的, 则矢量图的折线变成光滑的双螺线 (称为考纽螺线), 如图 2-13 所示. M_1 和 M_2 两点相当于螺线的末端. 合矢量 $\boldsymbol{A}_{M_1M_2}$ 长度的平方可以表示完全无遮蔽的光到达 P 点时的强度. 若有半平面被遮蔽 (例如左边的带完全被遮住, 右边的带完全露出, 即观察点 P 位于几何影子的边缘), 则 P 点的合振幅即由矢量 $\boldsymbol{A}_{OM}$ 决定. 当 P 点的位置离开几何影子边缘向有光部分移动时, B_0 左边露出的带的数目不断增加, 这种情况相当于图中合振幅的起点沿着下半个螺线移动. 当移到 M' 时, 矢量 $\boldsymbol{A}_{M'M_1}$ 的长度达最大值, 与此对应的 P 点所在的位置光强达到最大. 当 P 点继续离开影子边缘向有光部分移动时, 合振幅起点继续沿着下半个螺线前进. 合矢量 $\boldsymbol{A}_{M'M_1}$ 的长度有时增加, 有时减小, 因此在几何影子之外并不是均匀明亮的, 而有明暗相间的条纹出现.

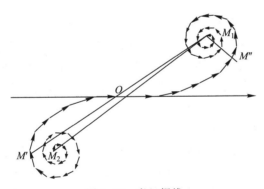

图 2-13 考纽螺线

*2.2.8 直线传播是衍射现象的近似

如 P 点位于几何影子区域内, B_0 左边所有的带和右边的一部分带都被遮住, P 点的位置愈深入影子区域以内, 则被遮住的带也愈多. 这情况相当于图 2-13 中的 M'' 点沿上半个螺线移动. 矢量 $\boldsymbol{A}_{M''M_1}$ 的长度决定此时 P 点的振幅. 如 P 点继续深入影子区域, 则 $\boldsymbol{A}_{M''M_1}$ 的长度不断地减小, 相当于几何影区里光强不断地变暗. 要准确计算光强的分布, 数学运算比较繁琐. 我们可以作如下的定性说明. 图 2-14(a) 表示几何影子边缘附近光强的分布曲线, O 点相当于几何影子的边缘. 在影内 (O 点左边) 离影子边缘不远处, 光强实际上已等于零. 在几何影子以外 (O 点右边), 明暗条纹也仅限于离影子边缘很近的范围 [见图 2-14(b) 上的菲涅耳直边衍射图样]. 从上述的分析可以进一步清楚地看到, 光的直线传播仅是光波衍射的一种近

似,在适当条件(光束截面积足够大)下,可以容许不考虑衍射现象. 这一类的衍射实验证明了所有的几何光学现象都可以用波动观点来作统一的解释,从而为光的波动说奠定了牢固的基础.

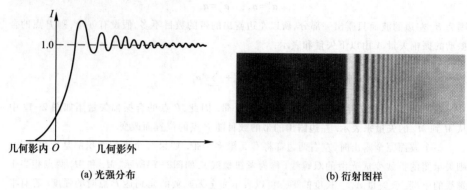

(a) 光强分布   (b) 衍射图样

图 2-14 直边衍射光强分布与衍射图样

2.3 夫琅禾费单缝衍射

2.3.1 实验装置与衍射图样的特点

以上两节所讨论的圆孔和直边衍射都是不需要用任何仪器就能直接观察到的衍射现象. 在这种情况下,观察点和光源(或其中之一)与障碍物间的距离有限,在计算光程和叠加后的光强等问题时,都难免遇到繁琐的数学运算. 夫琅禾费在 1821—1822 年间研究了观察点和光源距障碍物都是无限远(平行光束)时的衍射现象. 在这种情况下计算衍射图样中光强的分布时,数学运算就比较简单. 所谓光源在无限远处,实际上就是把光源置于第一个透镜的焦平面上,得到平行光束;所谓观察点在无限远处,实际上是在第二个透镜的焦平面上观察衍射图样. 在使用光学仪器的多数情况中,光束总是要通过透镜的. 因而经常会遇到这种衍射现象. 而且由于透镜的会聚,衍射图样的光强将比菲涅耳衍射图样的光强大大增加.

下面我们分析衍射现象的一个最简单的典型例子——单狭缝的夫琅禾费衍射. 它包含着衍射现象的许多主要特征. 如图 2-15(a) 所示,使来自光源 S 的光(例如激光)经望远镜系统构成的扩束器 L_1 扩束或不经扩束直接投射到一狭缝 BB' 上. 在狭缝后面放置一透镜 L_2,那么在透镜 L_2 的焦平面上放置的屏幕 F 上将产生明暗相间的衍射图样. 图 2-15(b) 是用普通光源拍摄的单狭缝衍射图样,其特点是在中央有一条特别明亮的亮条纹,两侧排列着一些强度较小的亮条纹. 相邻的亮条纹之间有一条暗条纹. 如以相邻暗条纹之间的间隔作为亮条纹的宽度,则两侧的亮条纹是等宽的,而中央亮条纹的宽度为其他亮条纹的两倍.

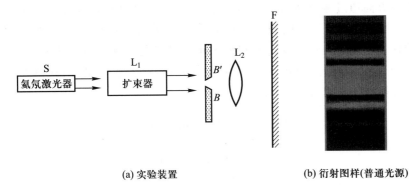

(a) 实验装置   (b) 衍射图样(普通光源)

图 2-15 夫琅禾费单缝衍射

在教室中观察单缝衍射,可用图 2-16 所示的装置进行. 在讲台上放置一单丝灯 S,观察者手执刻有单缝的一块挡板(也可用两块刀片拼成的单缝)在距离适当处面对光源,使缝与灯丝平行,通过狭缝即可观察到上述衍射图样. 因光源发出的是白光,故衍射条纹呈现彩色. 此时,眼球的晶状体的作用与上述装置中的透镜 L_2 相当,视网膜相当于屏幕,或狭缝后放置 CCD 摄像装置,并将图像通过电脑进行视频捕捉,并实时投影在大屏幕上.

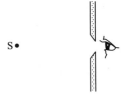

图 2-16 单缝衍射的观察

2.3.2 强度的计算

现在我们用惠更斯–菲涅耳原理来解释上述现象. 图 2-17 所示的是图 2-15(a)装置右半部. 为了清楚起见,图中狭缝的宽度 BB' 已经放大. 平行光束垂直于缝的平面入射时,波面和缝平面重合(垂直于图面). 将缝分为一组平行于缝长的窄带,从每一条这样的窄带发出次波的振幅正比于窄带的宽度 dx. 设光波的初相位为 0,b 为缝 BB' 的宽度,A_0 为整个狭缝所发出的次波在 $\theta = 0$ 的方向上的合振幅,狭缝上单位宽度的振幅为 A_0/b,而宽度为 dx 的窄带所发出的次波的振幅为 $A_0 dx/b$,则狭缝处各窄带所发次波的振动可用下式表示:

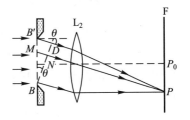

图 2-17 单缝衍射光强分布的推导

$$dE_0 = \frac{A_0 dx}{b} \cos \omega t$$

这些次波都可认为是球面波,各自向前传播. 现在,首先对其中传播方向与原入射方向成 θ 角(称为衍射角)的所有各次波进行研究. 在入射光束的平面波面 BB' 上各次波的相位都相等,光通过透镜 L_2 后在焦平面 F 上的同一点 P 处叠加. 要计算 P 点的合振幅,必须考虑到各次波的相位关系,这取决于由各窄带到 P 点的光程. 现在作平面 BD 垂直于衍射方向 $B'D$,根据 BD 面上各点的相位分布情况即可确定在 P 点相遇的各次波的相位关系. 我们知道,从平面 BD 上各点沿衍射方向通过透镜到达 P 点的光程都相等. 所以只要算出从平面 BB' 到平面 BD 的各平行直线段之间的光程差就可以了. 在图 2-17 中, MN 为衍射角等于 θ 的任一条光线. 令 $BM=x$, 则 $MN=x\sin\theta$, 这就是分别从 M 和 B 两点发出的次波沿与 MN 平行的方向到达平面 BD 时的光程差. 于是由 (2-2) 式得 BD 面上 N 点的光振动的表式为 (见附录 2.1)

$$dE=\frac{A_0 dx}{b}\cos\left(\frac{2\pi}{\lambda}x\sin\theta-\omega t\right)$$

或

$$dE=\frac{A_0 dx}{b}e^{i\left(\frac{2\pi}{\lambda}x\sin\theta-\omega t\right)}$$

其复振幅为

$$d\widetilde{E}=\frac{A_0 dx}{b}e^{i\frac{2\pi}{\lambda}x\sin\theta}$$

为简化计算, 上式中假设各次波到达 P 点时有相同的振幅 (不考虑振幅与光程成反比的关系以及倾斜因子). 根据惠更斯-菲涅耳原理, 将上式对整个缝宽 (从 $x=0$ 到 $x=b$) 积分. 最后可得衍射角为 θ 的所有次波在观察点 P 叠加起来的合振幅 (见附录 2.1):

$$A_P=A_0\frac{\sin\left(\dfrac{\pi b}{\lambda}\sin\theta\right)}{\left(\dfrac{\pi b}{\lambda}\sin\theta\right)} \tag{2-10}$$

令 $u=(\pi b\sin\theta)/\lambda$, 故 P 点的光强为

$$I_P=I_0\frac{\sin^2 u}{u^2}=I_0\operatorname{sinc}^2 u^{①} \tag{2-11}$$

2.3.3　衍射图样的光强分布

授课视频
单缝衍射图像

当光屏放置在透镜 L_2 的焦平面上时, 屏上出现衍射图样, 光强的分布可由 (2-11) 式决定. 不同的衍射角 θ 对应于光屏上不同的观察点. 首先来决定衍射图样中光强最大值和最小值的位置. 即求出满足光强的一阶导数为零的那些点:

$$\frac{d}{du}\left(\frac{\sin^2 u}{u^2}\right)=\frac{2\sin u(u\cos u-\sin u)}{u^3}=0$$

由此得

$$\sin u=0, u=\tan u$$

分别解以上两式, 可得出所有的极值点.

（1）单缝衍射中央最大值的位置

由 $\sin u=0$, 解得满足 $u_0=(\pi b\sin\theta_0)/\lambda$ 的那个方向, 即

$$\sin\theta_0=0\quad（中央最大值的位置） \tag{2-12}$$

---

① $\operatorname{sinc} u$ 称为 u 的 sinc 函数, $\operatorname{sinc} u=\sin u/u$.

也就是在焦点 P_0 处，$I_{P_0} = A_0^2$，光强为最大. 这里，各个次波相位差为零，所以振幅叠加相互加强.

（2）单缝衍射最小值的位置

由 $\sin u = 0$，解得满足

$$u_k = \pi(b \sin \theta_k)/\lambda = k\pi$$

的一些衍射方向，即

$$\sin \theta_k = k \frac{\lambda}{b} \quad (k = \pm 1, \pm 2, \pm 3, \cdots) \quad （最小值位置） \qquad (2\text{-}13)$$

时，A_P 为零，屏上这些点是暗的.

（3）单缝衍射次最大的位置

在每两个相邻最小值之间有一最大值，这些最大值的位置可由超越方程 $u = \tan u$ 解得. 我们可以用图解法求得 u 的值. 作直线 $y = u$ 和正切曲线 $y = \tan u$（见图 2-18 的下半部），它们的交点就是这个超越方程的解：

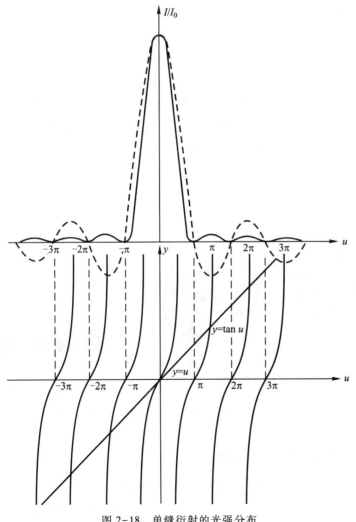

图 2-18 单缝衍射的光强分布

$$u = 0, u_1 = \pm1.43\pi, u_2 = \pm2.46\pi,$$
$$u_3 = \pm3.47\pi, u_4 = \pm4.48\pi, \cdots$$

由此可得分列于中央主最大两边的其他最大值(称为次最大)的位置为

$$\left. \begin{aligned} \sin\theta_{10} &= \pm1.43\frac{\lambda}{b} \approx \pm\frac{3}{2}\frac{\lambda}{b} \\ \sin\theta_{20} &= \pm2.46\frac{\lambda}{b} \approx \pm\frac{5}{2}\frac{\lambda}{b} \\ \sin\theta_{30} &= \pm3.47\frac{\lambda}{b} \approx \pm\frac{7}{2}\frac{\lambda}{b} \\ &\cdots\cdots\cdots \\ \sin\theta_{k0} &\approx \pm\left(k_0+\frac{1}{2}\right)\frac{\lambda}{b} \\ &(k_0 = 1,2,\cdots) \end{aligned} \right\} \quad (2\text{-}14)$$

课外视频
CCD 工作原理

把这些 θ 值代入(2-11)式,可得各级次最大的相对光强. 若以中央最大的光强 A_0^2 为 1,即使振幅归一化,则对于 $\theta_{10},\theta_{20},\theta_{30},\cdots$ 处,次最大光强依次为

$$A_1^2 = 0.047\ 2, A_2^2 = 0.016\ 5, A_3^2 = 0.008\ 3, \cdots$$

光强最大值与最小值的位置沿着垂直于缝的方向分布[见图 2-19(a)],并由(2-12)式、(2-13)式和(2-14)式三式决定. 在它们之间,光强介乎最大值与最小值之间. 使用平行于缝的线光源时,衍射图样是明暗相间的直条纹,与线光源平行,并向缝的两边展开,通过诸如 CCD 摄像装置实时记录衍射光强信息经计算机处理后,在显示屏上显示,如图 2-19(b)所示. 也可用计算机模拟出单缝衍射图样.

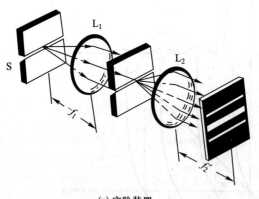

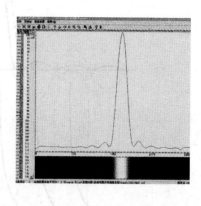

(a) 实验装置   (b) 衍射光强

图 2-19 单缝衍射的实验装置和衍射光强的记录

2.3.4 单缝衍射图样的特点

上面根据惠更斯-菲涅耳原理,导出了夫琅禾费单狭缝衍射图样的光强公式. 通过分析,可以发现与衍射图样相对应的相对光强曲线具有如下特点:

(1) 各级最大值光强不相等. 中央最大值的光强最大,次最大值都远小于

中央最大值,并随着级数 k 的增大而很快地减小,即使第一级次最大值也不到中央最大值的 5%.

（2）亮条纹到透镜中心所张的角度称为角宽度.中央亮条纹和其他亮条纹的角宽度不相等.中央亮条纹的角宽度等于 $2\lambda/b$,即等于其他亮条纹角宽度的 2 倍.这个结论可证明如下:屏上各级最小值到中心的角宽度满足(2-13)式.在 θ 很小时,它可近似地写为

$$\Delta\theta = k\frac{\lambda}{b} \qquad (2-15)$$

由于在最小值的位置公式(2-13)中,k 可取所有不为零的正负整数,而中央亮条纹以 $k=\pm1$ 的最小值位置为界限,故近似地为

$$2\Delta\theta = 2\frac{\lambda}{b}$$

若透镜 L_2 的焦距为 f_2',则光屏上所得中央亮条纹的线宽度为

$$\Delta l = f_2'(2\Delta\theta) = f_2'\frac{2\lambda}{b}$$

任何两相邻暗纹之间为亮纹,故两侧亮纹的角宽度为

$$\Delta\theta = (k+1)\frac{\lambda}{b} - k\frac{\lambda}{b} = \frac{\lambda}{b}$$

（3）根据(2-13)式,最小值处形成的每一侧的暗纹是等间距的,而次最大值彼此则是不等间距的,不过随着级数 k 的增大,次最大值也就越趋近于等间距.

（4）以上仅对单色光进行讨论,如果用白光作为光源,由于衍射图样中亮暗条纹的位置与波长 λ 有关,条纹的角宽度正比于 λ/b,因此,不同的波长产生的衍射图样除中央最大值外将彼此错开.于是观察到的衍射图样的中央亮纹的中心仍是白色的,但由于条纹的宽度是波长的函数,所以中央亮纹的边缘伴有彩色,其他各级彩色条纹则逐次重叠展开.

（5）以下讨论一下缝宽 b 对衍射图样的影响.中央最大值的半角宽度 $\Delta\theta$ 与波长 λ 成正比,与缝宽 b 成反比,即

$$\Delta\theta = \frac{\lambda}{b} \qquad (2-16)$$

随着缝的加宽,λ 和 b 的比值减小(见图 2-20).在 $b \gg \lambda$ 的极限情况下,$\Delta\theta \to 0$,这里可认为衍射图样压缩成为一条亮线.这条亮线正好是没有障碍物时光源经透镜 L_1、L_2 后所成的像.由此可见,障碍物使光强分布偏离几何光学规律的程度,可以用中央最大值的半角宽度来衡量.(2-16)式表明,只有在 $\lambda \ll b$,即 $\lambda/b \ll 1$ 的条件下,衍射现象才可忽略不

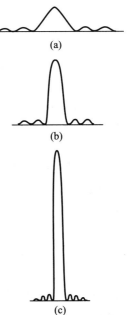

图 2-20　衍射反比律

计;反之，λ 越大或 b 越小，衍射现象就越显著[①]. 由于光的波长很短，在通常情况下，当狭缝的开口线度比波长大得多时，光可看做是沿直线传播的.

（6）关系式（2-16）又称为衍射反比律. 它包含着深刻的物理意义：首先，它反映了障碍物与光波之间限制和扩展的辩证关系，限制范围越小，扩展现象越显著；在哪个方向上限制，就在该方向扩展. 其次，它包含着"放大". 缝宽减小，$\Delta\theta$ 就增大. 不过这不是通常的几何放大，而是一种光学变换放大. 这正是激光测径和衍射用于物质结构分析的基本原理.

[**例 2.1**] 波长为 $\lambda = 632.8$ nm 的氦氖激光垂直地投射到缝宽 $b = 0.020\ 9$ mm 的狭缝上. 现有一焦距 $f' = 50$ cm 的凸透镜置于狭缝后面，试求：

（1）由中央亮条纹的中心到第一级暗纹的角距离为多少？

（2）在透镜的焦平面上所观察到的中央亮条纹的线宽度是多少？

[**解**]（1）根据单缝衍射的各最小值位置公式

$$b\sin\theta_k = k\lambda \quad (k = \pm 1, \pm 2, \cdots)$$

可知

$$\sin\theta_k = k\frac{\lambda}{b}$$

令 $k = 1$，将 $b = 0.020\ 9$ mm $= 2.09 \times 10^{-3}$ cm，$\lambda = 632.8 \times 10^{-7}$ cm 代入上式，得

$$\sin\theta_1 = \frac{\lambda}{b} = \frac{632.8 \times 10^{-7}\ \text{cm}}{2.09 \times 10^{-3}\ \text{cm}} \approx 0.03$$

由于 θ 很小，可以认为

$$\sin\theta_1 \approx \theta_1$$

$$\theta_1 = 0.03\ \text{rad} = 1°42'$$

（2）由于 θ_1 十分小，故第一级暗条纹到中央亮条纹中心的距离 y 为

$$y = f'\tan\theta_1 \approx 50\ \text{cm} \times 0.03 = 1.5\ \text{cm}$$

因此中央亮条纹的宽度为

$$2y = 2 \times 1.5\ \text{cm} = 3\ \text{cm}$$

2.4 夫琅禾费圆孔衍射

大多数光学仪器中所用透镜的边缘通常都是圆形的，而且大多是通过平行光或近似的平行光成像的，所以夫琅禾费圆孔衍射具有重要的意义.

如果在观察单缝衍射的装置中，用一如图 2-21（a）所示的小圆孔代替狭缝，设仍以激光作为光源. 那么在透镜 L_2 的焦平面上可得如图 2-21（b）普通光源、（c）激光所示的圆孔衍射图样. 圆孔衍射在屏上任一点的光强（见附录 2.2）为

$$I_P = A_0^2 \left[1 - \frac{1}{2}m^2 + \frac{1}{3}\left(\frac{m^2}{2!}\right)^2 - \frac{1}{4}\left(\frac{m^3}{3!}\right)^2 + \frac{1}{5}\left(\frac{m^4}{4!}\right)^2 - \cdots \right]^2 \quad (2-17)$$

---

① 在目前高强度的激光束照明下，数量级大体可以这样来确定：当 $b \approx 10^3\lambda$ 时，以上衍射现象不明显，可按直线传播处理；当 $b \approx 10\lambda \sim 10^2\lambda$ 时，衍射现象显著，出现衍射图样；当 $b \approx \lambda$ 时，衍射现象极其明显.

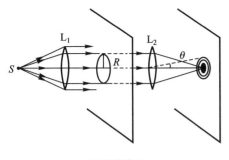
(a) 衍射装置

(b) 普通光源

(c) 氦氖激光光源

图 2-21　圆孔衍射装置与衍射图样

式中 $m = (\pi R \sin\theta)/\lambda$，$R$ 为圆孔半径.

如上式用一阶贝塞尔函数符号表示，则得

$$I_P = A_0^2 \frac{J_1^2\left(\dfrac{2\pi R\sin\theta}{\lambda}\right)}{\left(\dfrac{\pi R\sin\theta}{\lambda}\right)^2} = A_0^2 \frac{J_1^2(2m)}{m^2}$$

$$= I_0 \frac{J_1^2(2m)}{m^2} \qquad (2-18)$$

以 $(R\sin\theta)/\lambda$ 为横坐标，以 I/I_0 为纵坐标，则由 (2-18) 式可绘成图 2-22 所示的曲线. 也可用计算机模拟圆孔衍射得到光强分布.

由 (2-17) 式可推得中央最大值的位置为

$$\sin\theta_0 = 0 \qquad (2-19)$$

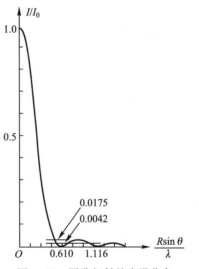

图 2-22　圆孔衍射的光强分布

最小值的位置为

$$\left.\begin{array}{l} \sin\theta_1 = 0.610\,\dfrac{\lambda}{R} \\[2mm] \sin\theta_2 = 1.116\,\dfrac{\lambda}{R} \\[2mm] \sin\theta_3 = 1.619\,\dfrac{\lambda}{R} \\[2mm] \cdots\cdots\cdots \end{array}\right\} \qquad (2-20)$$

最大值的位置为

$$\left.\begin{array}{l} \sin\theta_{10} = 0.819\,\dfrac{\lambda}{R} \\[2mm] \sin\theta_{20} = 1.333\,\dfrac{\lambda}{R} \\[2mm] \sin\theta_{30} = 1.847\,\dfrac{\lambda}{R} \\[2mm] \cdots\cdots\cdots \end{array}\right\} \qquad (2-21)$$

最大值的相对强度为

$$
\left.\begin{array}{l}
A_0^2 = 1 \\
A_1^2 = 0.017\ 5 \\
A_2^2 = 0.004\ 2 \\
A_3^2 = 0.001\ 6 \\
\cdots\cdots\cdots
\end{array}\right\} \tag{2-22}
$$

上述各式中 R 为圆孔的半径,衍射图样是一组同心的明暗相间的圆环. 可以证明以第一暗环为范围的中央亮斑的光强占整个入射光束光强的 84%,这个中央光斑称为<u>艾里</u>(S.G.Airy,1801—1892)斑. 显然,艾里斑的半角宽度为

$$
\Delta\theta_1 \approx \sin\ \theta_1 = 0.61\ \frac{\lambda}{R} = 1.22\ \frac{\lambda}{D} \tag{2-23}
$$

式中 D 是圆孔的直径.

若透镜 L_2 的焦距为 f',则艾里斑的线半径由图 2-21 可知,为

$$
\Delta l = f'\tan\ \theta_1 \tag{2-24}
$$

由于 θ_1 一般很小,故 $\tan\ \theta_1 \approx \sin\ \theta_1 \approx \Delta\theta_1$. 则

$$
\Delta l = 1.22\ \frac{\lambda}{D}f' \tag{2-25}
$$

比较(2-23)式和单缝衍射的半角宽度公式,除了一个反映几何形状不同的因数 1.22 外,二者在定性方面是一致的. 即当 $\lambda/D \ll 1$ 时,衍射现象可忽略;λ 越大或 D 越小,衍射现象越显著.

[**例 2.2**]　如例 2.2 图(a)所示,经准直的光束垂直投射到一光屏上,屏上开有两个直径均为 d,中心间距为 D 的圆孔,且满足 $D>d$,试分析夫琅禾费圆孔衍射图样.

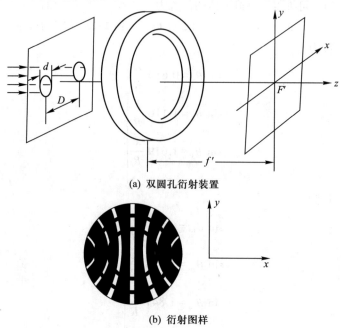

(a) 双圆孔衍射装置

(b) 衍射图样

例 2.2 图

[解] 圆孔的衍射图样只取决于圆孔的直径,而与圆孔的位置是否偏离透镜主轴无关. 根据几何光学的知识,凡是平行于主轴的任何光线,经过透镜折射后,都将会聚于主焦点,或者说,从波面上所有点发出的次波,经过透镜而到达 F' 点都有相同的光程. 因此中央最大值的位置总是在透镜的主轴上,而和圆孔的位置无关. 直径完全相同的两个圆孔并排时,由它们产生的两个衍射图样也完全相同,而且彼此完全重合. 另一方面,两个圆孔的光波之间还会产生干涉,因此整个衍射图样是受单圆孔衍射调制的杨氏干涉条纹,其形状如图(b)所示. 实际上观察到的不是双曲线条纹,而是与杨氏实验类似的直条纹.

2.5 平面衍射光栅

任何具有空间周期性的衍射屏都可以称为衍射光栅. 如图2-23所示,在一块透明的屏板上刻有大量相互平行等宽且等间距的刻痕,这块屏板就是一种透射光栅,其中刻痕被认为是不透光的. 又如图2-24所示,在一块光洁度很高的金属平面上刻出一系列的等间距平行刻痕,其剖面具有一定形状. 这是一种反射光栅. 实用的衍射光栅一般每毫米内有几十条乃至上千条缝. 当光波在光栅上透射或反射时,将发生衍射,形成一定的衍射图样,它可以把入射光中不同波长的光分隔开来. 所以光栅和棱镜一样,是一种分光装置,其主要用途是用来形成光谱.

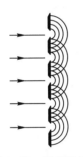

图 2-23 透射光栅

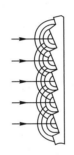

图 2-24 反射光栅

2.5.1 实验装置和现象的定性解释

实验装置如图 2-25 所示,S 为与纸面垂直的线光源,它位于透镜 L_1 的焦平面上,屏幕放在透镜 L_2 的焦平面上. 这个装置和图 2-15 所示的单缝衍射装置唯一不同的地方,是由一系列等宽等间隔的平行狭缝代替了单狭缝. 设各缝的宽度都等于 b,相邻两缝间不透明部分的宽度都等于 a,则 $a+b=d$ 称为光栅常量. 它反映光栅的空间周期性,其倒数 $1/d$ 表示每毫米内有多少条狭缝,称为光栅密度,实验室内常采用 $600\sim1\,200\ \mathrm{mm}^{-1}$ 的光栅.

实验观察到的衍射图样的强度分布具有如下一些特征:

(1)与单缝衍射图样相比,多缝衍射的图样中出现一系列新的强度最大值和最小值. 其中那些较强的亮线称为主最大,较弱的亮线称为次最大.

(2)主最大的位置与缝数 N 无关,但它们的宽度随 N 的增大而减小,其强

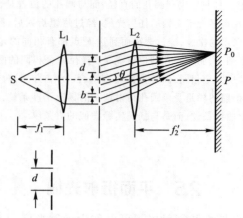

图 2-25   透射光栅实验装置示意图

度正比于 N^2.

（3）相邻主最大之间有 $N-1$ 条暗纹和 $N-2$ 个次最大.

（4）强度分布中保留了单缝衍射因子,那就是曲线的包迹（即外部"轮廓"）与单缝衍射强度曲线形式一样.

下面我们对形成衍射图样的物理过程作一些定性的分析.

当平行光束照射到一条细长狭缝上并出现衍射图样时,光屏上所有最大值和最小值的位置分布仅取决于相应的衍射角 θ,并不随缝的位置的改变而改变.也就是说,当狭缝平行于自身作平动时,光屏上出现的图样仍维持原状,并不跟着移动. 如果在平面上开了许多互相平行的同样宽度的细长狭缝,则它们各自会给出与单缝同样的互相重叠的衍射图样,但实际上图样变复杂了,因为必须考虑到由各缝发出的多光束都是相干的. 如果相邻各缝间不透明部分的宽度也是严格相等的,那么各相邻光束在叠加时有相同的相位差,因而同时将出现附录 1.6 所讲的多光束干涉图样,即宽大的黑暗背景中出现明晰锐利的亮条纹. 如果照射的光由波长不同的成分组成,则每一波长都将产生和它对应的细窄明亮的最大值条纹. 这种条纹通常称为光谱线.

2.5.2   光栅衍射的强度分布

仿照计算单缝衍射图样光强分布的方法,对应于衍射角 θ,在观察点 P 处的合振动的振幅（见附录 2.3）为

$$A_P = A_0 \frac{\sin\left(\dfrac{\pi b}{\lambda}\sin\theta\right)}{\dfrac{\pi b}{\lambda}\sin\theta} \times \frac{\sin N\left(\dfrac{\pi d}{\lambda}\sin\theta\right)}{\sin\left(\dfrac{\pi d}{\lambda}\sin\theta\right)}$$

$$= A_0 \frac{\sin u}{u} \times \frac{\sin N\left(\dfrac{\pi d}{\lambda}\sin\theta\right)}{\sin\left(\dfrac{\pi d}{\lambda}\sin\theta\right)} \tag{2-26}$$

光强为

$$I_P = A_P^2 = A_0^2 \frac{\sin^2 u}{u^2} \times \frac{\sin^2 N\left(\dfrac{\pi d}{\lambda}\sin\theta\right)}{\sin^2\left(\dfrac{\pi d}{\lambda}\sin\theta\right)}$$

$$= I_0 \frac{\sin^2 u}{u^2} \frac{\sin^2 Nv}{\sin^2 v} \tag{2-27}$$

式中 $v = (\pi d \sin\theta)/\lambda$,上式的前一部分与(2-11)式相同,表示单缝衍射的光强分布,它来源于单缝衍射,是整个衍射图样的轮廓,称为单缝衍射因子;后部分分数可改写如下:因为

$$d\sin\theta = \delta$$

为相邻两缝对应点到达观察点的光程差(见图2-26),按(1-13)式,这个光程差所引起的相位差为

$$\varphi = (2\pi d \sin\theta)/\lambda = 2v$$

由此可将(2-27)式的分数部分写为

$$\frac{\sin^2 Nv}{\sin^2 v} = \frac{\sin^2\left(\dfrac{1}{2}N\varphi\right)}{\sin^2\left(\dfrac{1}{2}\varphi\right)} \tag{2-28}$$

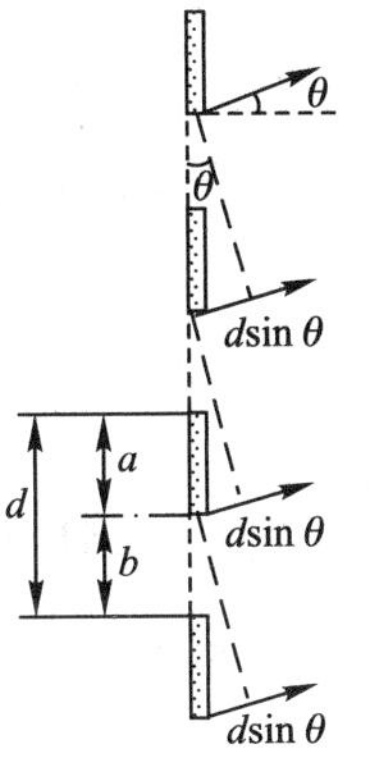

图2-26 光栅衍射
的光程差计算

上式和多光束干涉光强公式(1-40)相同,它来源于缝间干涉,称为缝间干涉因子.综上所述,光栅衍射的光强是单缝衍射因子和缝间干涉因子的乘积.如果借用通信理论中的术语,也可以说单缝衍射因子对干涉主最大起调制作用.这就定量地证实了本节开始所描述的整个衍射图样的特征.

(2-27)式给出的光强分布函数可概括为用表格形式列出的(2-29)式.从(2-29)式和图2-27可知:缝间干涉因子影响各个主最大值的位置,当给定光栅常量 d 之后,主最大值的位置就定了.此时单缝衍射并不改变主最大的位置,而只改变各级主最大的强度,形如一个"包络线".在两个主最大之间有 $N-2$ 个次最大.这种次最大值由相邻的附加最小值隔开.次最大的光强公式可参考第1章附录1.6末段,也与 N^2 成正比,但极限值不超过主最大值的1/23.整个图样如图2-27所示(取 $N=6$, $d/b=4$),也可采用计算机模拟多缝衍射图样,或以CCD摄像装置记录衍射图样并以显示器显示.

单缝衍射最小值位置 (对各缝而言都重合) $\sin\theta = k(\lambda/b) =$ $(k = \pm 1, \pm 2, \cdots)$				$\dfrac{\lambda}{b}$
多缝干涉主最大值位置 $\sin\theta = j(\lambda/d) =$ $(j = 0, \pm 1, \pm 2, \cdots)$	0	$\dfrac{\lambda}{d}$	$\dfrac{2\lambda}{d}$	
多缝干涉最小值位置 $\sin\theta = j'(\lambda/Nd) =$ $(j' \neq 0, \pm N, \pm 2N, \cdots)$	$\dfrac{\lambda}{Nd}, \dfrac{2\lambda}{Nd}, \cdots,$ $\dfrac{(N-1)\lambda}{Nd}$	$\dfrac{(N+1)\lambda}{Nd}, \cdots,$ $\dfrac{(2N-1)\lambda}{Nd}$	$\dfrac{(2N+1)\lambda}{Nd},$ $\cdots, \dfrac{(3N-1)\lambda}{Nd}$	$\cdots$

$$(2-29)$$

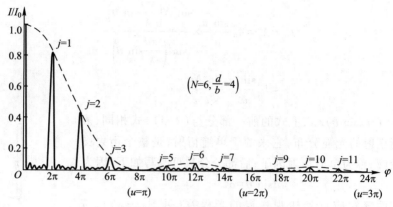

图 2-27　光栅衍射的光强分布

2.5.3　双缝衍射

如果在光栅中令 $N=2$，则双缝间的干涉因子 $(2-28)$ 式变为

$$\frac{\sin^2 \varphi}{\sin^2 \dfrac{\varphi}{2}} = \left(\frac{2\sin \dfrac{\varphi}{2}\cos \dfrac{\varphi}{2}}{\sin \dfrac{\varphi}{2}}\right)^2 = 4\cos^2 \frac{\varphi}{2}$$

(a) 衍射图样

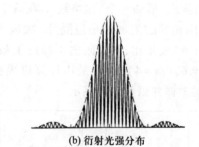

(b) 衍射光强分布

图 2-28　双缝衍射图样与衍射光强分布

由 $(2-27)$ 式即得双缝衍射的光强分布为

$$I_P = \frac{\sin^2 \left(\dfrac{\pi b}{\lambda}\sin \theta\right)}{\left(\dfrac{\pi b}{\lambda}\sin \theta\right)^2} \cdot 4A_0^2\cos^2 \frac{\varphi}{2}$$

注意上式的后一部分与(1-8)式是一致的,在杨氏双缝实验中,它描述出光强为 A_0^2、相位差为 φ 的两束光干涉时的光强分布. 那时,我们实际上认为两条缝是任意窄的,也就是上式中 $b \ll \lambda$ 的情况. 这样,光屏上所有相位差 φ 相同的各点的有效光强实际上几乎相同,即干涉时每个亮条纹差不多有相同的强度. 但是,在通常情况下,$b \ll \lambda$ 的条件很难满足,因此,1.3 节中杨氏双缝实验的讨论只是一种近似. 实际上,在杨氏双缝实验中得到的是如上式所表示的双缝衍射图样如图 2-28(a)所示,换句话说,它是一种被单缝衍射调制的双缝干涉条纹,图 2-28(b)为计算机显示的衍射光强分布.

2.5.4 干涉和衍射的区别和联系

在分析光栅衍射光强时,我们将它的表示式(2-27)分为衍射因子和干涉因子. 那么,从物理意义上说,干涉和衍射有什么联系和区别呢?

粗浅地说,干涉是若干光束的叠加. 更精确地讲,应该是当参与叠加的各束光本身的传播行为可近似用几何光学中直线传播的模型描述时,这个叠加问题是纯干涉问题;若参与叠加的各束光本身的传播明显地不符合直线传播模型,则应该说,对每一光束而言都存在着衍射,而各光束之间则存在干涉关系. 所以在一般问题中,干涉和衍射的作用是同时存在的. 例如当干涉装置中的衍射效应不能略去时,则干涉条纹的分布要受到单缝衍射因子的调制,各干涉级的强度不再相等.

但从根本上讲,干涉和衍射两者的本质都是波的相干叠加的结果,只是参与相干叠加的对象有所区别. 干涉是有限几束光的叠加,而衍射则是无穷多次波的相干叠加;前者是粗略的,后者是精细的. 其次,出现的干涉和衍射图样都是明暗相间的条纹,但在光强分布(函数)上有间距均匀与相对集中的不同. 最后,在处理问题的方法上,从物理角度来看,考虑叠加时的中心问题都是相位差;从数学角度来看,相干叠加的矢量图由干涉的折线过渡到衍射的连续弧线,由有限项求和过渡到积分运算. 总之,干涉和衍射是本质上统一,但在形成条件、分布规律以及数学处理方法上略有不同而又紧密关联的同一类现象.

2.5.5 光栅方程

(2-29)式中的第二式表示衍射光栅所产生谱线的位置,通常可写为如下形式:

$$d\sin\theta = j\lambda \quad (j=0,\pm1,\pm2,\cdots) \tag{2-30}$$

这个重要公式称为光栅方程. 整数 j 称为谱线的级数. 使用光栅时,若测得衍射角 θ,根据上式,即可算出所用光波的波长.

现代光栅的制造技术越来越精密(每毫米内可刻 1 200 条痕,并有严格相同的缝宽和间隔). 由于制造中的某些差错等原因,引起一些附加最大值的出现(即所谓"鬼线"). 用这种光栅来分析光谱时,"鬼线"的出现会使分析结果有误. 因为与"鬼线"对应的最大值很可能导致误认为光源中有某一附加波长的存在. 现代制造的光栅主要有刻划光栅、复制光栅和全息光栅等形式. 全息光栅也是一种衍射光栅,它是用单色激光的双光束干涉图样来代替刀刻痕,充分利用了单色光双光束干涉条纹具有等宽等间距的特点.

以上讨论的是垂直入射时的情况,如果平行光束倾斜地入射到光栅上,入射方向和光栅平面的法线之间的夹角为 θ_0,则光栅方程(2-30)式将取以下的形式:

$$d(\sin\theta\pm\sin\theta_0)=j\lambda \quad (j=0,\pm1,\pm2,\cdots) \qquad (2-31)$$

式中 θ 表示衍射方向与法线间的夹角,其角度均取正值. θ 与 θ_0 在法线同侧时[见图2-29(a)],上式左边括号中取加号;在法线异侧时取减号[见图2-29(b)].

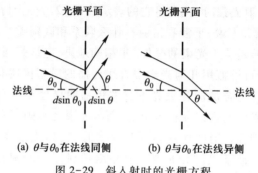

(a) θ 与 θ_0 在法线同侧   (b) θ 与 θ_0 在法线异侧

图 2-29 斜入射时的光栅方程

2.5.6 谱线的半角宽度

从(2-29)式的第三式可计算每一谱线(主最大值)的角宽度,它以左右两侧附加第一最小值的位置为范围. 从主最大的中心到其一侧的附加第一最小值之间的角距离就是每一谱线的半角宽度 $\Delta\theta$. 对 j 级谱线来讲,$\Delta\theta$ 由下式决定:

$$\sin(\theta+\Delta\theta)-\sin\theta=\frac{(jN+1)\lambda}{Nd}-j\frac{\lambda}{d}=\frac{\lambda}{Nd}$$

由于 $\Delta\theta$ 的值不大,故上式可写为

$$\sin(\theta+\Delta\theta)-\sin\theta=\Delta(\sin\theta)=\cos\theta\cdot\Delta\theta=\frac{\lambda}{Nd}$$

即

$$\Delta\theta=\frac{\lambda}{Nd\cos\theta} \qquad (2-32)$$

可见谱线的半角宽度 $\Delta\theta$ 与 Nd 的乘积成反比,Nd 越大,$\Delta\theta$ 越小,谱线越窄,锐度越好. 如果光源发出的光单色性很好,那么光栅给出的光谱是一组很明锐的谱线.

2.5.7 谱线的缺级

对于一定的波长来说,根据(2-30)式,各级谱线之间的距离由光栅常量 d 决定. 而各级谱线的强度分布,根据下面的证明,将随 b 与 d 的比值而改变. 在这个比值为整数的情况下,某些级数的谱线将消失. 例如,当 $d=2b$ 时,所有级数为偶数($\pm2,\pm4,\pm6,\cdots$)的谱线都将消失(此时所有级数为奇数的谱线都相应地加强);当 $d=3b$ 时,级数为 $\pm3,\pm6,\pm9,\cdots$ 的谱线都消失. 这种现象称为谱线的缺级. 图 2-30 所示的是 $d=3b,N=5$ 的情况. 关于这个问题,可作如下分析说明:

彩色图片 2-1
谱线的缺级

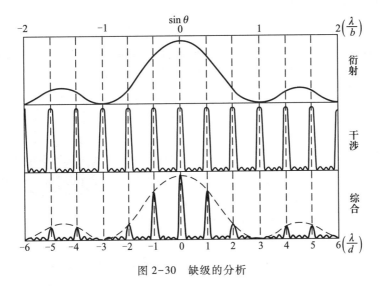

图 2-30 缺级的分析

由(2-26)式不难决定各主最大值的振幅分布. 把由(2-30)式决定的 $\sin\theta$ 的值代入(2-26)式,由于该式的因子

$$\frac{\sin Nj\pi}{\sin j\pi}=N$$

故得 j 级谱线的振幅为

$$A_j=\frac{A_0Nd\sin\dfrac{\pi bj}{d}}{\pi bj}=\frac{A_0N}{\pi j}\times\frac{d}{b}\times\sin\left(j\pi\times\frac{b}{d}\right)$$

由此可见,若 $k=\pm1,\pm2,\pm3,\cdots$ 为衍射最小值的级数,j 为主最大值的级数,且 $j>k$,则当 $\dfrac{d}{b}=\dfrac{j}{k}$ 时,

$$\sin\left(j\pi\times\frac{b}{d}\right)=\sin k\pi=0$$

因而 $A_j=0$,故 $j=k\dfrac{d}{b}$ 时,级数为 j 的谱线消失. 这就是产生缺级现象时 j 与 k 之间的关系. 还可以从上式计算出当 d/b 取不同比值时,各谱线强度按不同级数

分布的情况. 如果取零级的强度为 1,则 $d=2b$ 时,

$$A_1^2 = 0.40, \quad A_2^2 = 0, \quad A_3^2 = 0.045, \quad A_4^2 = 0, \cdots$$

$d=3b$ 时,

$$A_1^2 = 0.675, \quad A_2^2 = 0.17, \quad A_3^2 = 0, \quad A_4^2 = 0.042, \cdots$$

图 2-27 所示的是缝数 $N=6$、$d=4b$ 时的缺级情况.

由此可知,(2-30)式只是光强为最大值的必要条件,因为即使(2-30)式条件满足,应产生主最大,但假若此衍射方向恰为单缝衍射的最小,则合成光强亦为零,即发生缺级现象.

2.5.8　光栅光谱

以上的讨论都只限于单色光的情况. 如果入射光是包含几种不同的波长的复色光,则除零级以外,各级主最大的位置各不相同(见图 2-31),因此我们将看到在衍射图样中有几组颜色不同的谱线分别对应于不同的波长. 我们把波长不同的同级谱线集合起来构成的一组谱线称为光栅光谱. 如果光源发出的是具有连续谱的白光,则由于波长越短,谱线的衍射角就越小,故在同一级光谱中,紫色的谱线在光谱的内缘,红色的在外缘. j 的每一个值各有不同的光谱,光谱的级数即以 j 的数值来表示. 中央主最大(零级光谱)仍是白色的,位置居中且无色散,其余各级光谱对称地分列在两旁. 同一级光谱中,

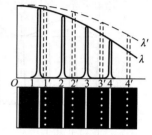

图 2-31　复色光入射的光栅光谱

两不同波长的谱线间的距离随着光谱级数的增高而增大. 图 2-32 所示的是中央亮条纹和各级可见光光谱的位置. 图中可见光光谱的范围为 390~760 nm. 各级光谱分别以数字 ±1,±2,±3,⋯ 来标志. 在第二级和第三级光谱中,发生了互相重叠,级次越高,重叠情况越复杂. 故实际使用时,可将滤光片置于光路中,以滤去不需要观察的谱线. 例如红色玻璃可以滤去波长 600 nm 以下的光.

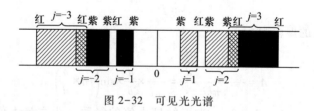

图 2-32　可见光光谱

2.5.9　闪耀光栅

上述透射光栅有很大的缺点,主要是在衍射图样中没有色散的零级主最大总是占总光能的很大一部分,其余的光能量则分散在各级光谱中,而实际使用光栅时往往只利用它的某一级光谱. 由于光能量分散,各级光谱的强度就比较弱,这对光栅的应用是很不利的. 上文提到,在各级光谱中决定强度分布的是单缝衍射因子,要弥补上述缺陷,就要设法从此着手.

目前在分光仪器中使用的光栅几乎都是反射式的闪耀光栅. 这种光栅的优点是能将单缝的中央最大值的位置从没有色散的零级光谱转移到其他有色散的光谱级上,把光能量集中在它上面. 制作这种光栅需要在玻璃坯上镀一层金属薄膜(例如铝膜),然后用特殊形状的金刚石刀在铝膜上刻划出很密的平行刻槽. 刻痕的剖面如图 2-33(a)所示,是具有一定倾角的锯齿形. 倾角 θ_B 称为闪耀角.

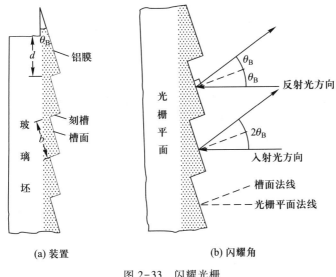

彩色图片 2-2
闪耀光栅 b

彩色图片 2-2
闪耀光栅 c

彩色图片 2-2
闪耀光栅 d

(a) 装置　　　　　　　(b) 闪耀角

图 2-33　闪耀光栅

在这种光栅所形成的衍射图样中,可以证明,各级主最大的位置不受刻痕形状的影响,仍由光栅方程(2-30)式或(2-31)式确定;而单缝衍射的中央最大却从原来的零级主最大处移到一个新位置,这个新位置由刻痕形状决定,它在符合反射定律的反射光方向上,使这个方向的主最大变强. 这就好像通常看表面光滑的物体所反射的光一样耀眼,所以称为闪耀光栅. 例如在图 2-33(b)中,当平面波垂直于光栅平面入射时,光线与槽面法线间的入射角为 θ_B. 于是,在与槽面法线成 θ_B 角的反射光方向上(沿此方向的衍射角 $\theta=2\theta_B$),主最大取得最大的相对强度. 闪耀光栅的长度可达几米. DVD 可以看成粗制的闪耀光栅.

视 窗 与 链 接　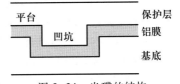　**DVD 是一种反射光栅**

DVD 俗称光碟,它是如图2-34 所示的三层构成,最下面是一层由聚碳酸酯树脂构成的较厚透明的基底,接着是铝金属膜片,用以贮存有用的信息,最上面的是保护层.铝金属膜片经过模具压制,上面充满很多小凹坑(槽),这些小凹坑在空间呈现周期性排列的螺旋轨道,它的最小凹坑线度为0.834 μm,轨道间距为 1.6 μm,所以我们可以把光碟看成是一种反射光栅.当激光以斜入射到光栅上时,我们可以观察到

平台　　　　　　　保护层
　　　凹坑　　　　铝膜
　　　　　　　　　基底

图 2-34　光碟的结构

的沿一直线的一个个衍射亮斑.也可以认为是单槽衍射因子对槽间干涉的调制.

[**例 2.3**] 已知平面透射光栅狭缝的宽度 $b = 1.582 \times 10^{-3}$ mm,若以波长 $\lambda = 632.8$ nm 的氦氖激光垂直入射在这个光栅上,发现第四级缺级,会聚透镜的焦距为 1.5 m. 试求:

(1)屏幕上第一级亮条纹与第二级亮条纹的距离;

(2)屏幕上所呈现的全部亮条纹数.

[**解**](1)设透射光栅中相邻两缝间不透明部分的宽度均等于 a,光栅常量 $d = a + b$,当 $d = 4b$ 时,级数为 $\pm 4, \pm 8, \pm 12, \cdots$ 的谱线都消失,即缺级. 故光栅常量 d 为

$$d = 4b = 6.328 \times 10^{-3} \text{ mm}$$

由光栅方程可知第一级亮条纹与第二级亮条纹距中央亮条纹的角距离(即衍射角)分别为

$$\sin \theta_1 = \frac{\lambda}{d}, \quad \sin \theta_2 = \frac{2\lambda}{d}$$

若会聚透镜的焦距为 f',则第一级亮条纹与第二级亮条纹距中央亮条纹的线距离分别为

$$x_1 = f' \tan \theta_1, \quad x_2 = f' \tan \theta_2$$

当 θ 很小时,$\tan \theta_1 \approx \sin \theta_1$,$\tan \theta_2 \approx \sin \theta_2$,则

$$x_1 = f' \frac{\lambda}{d}, \quad x_2 = f' \frac{2\lambda}{d}$$

在屏幕上第一级与第二级亮条纹的间距近似为

$$\Delta x = f' \frac{2\lambda}{d} - f' \frac{\lambda}{d} = f' \frac{\lambda}{d} = \frac{632.8 \times 10^{-6} \text{ mm}}{6.328 \times 10^{-3} \text{ mm}} \times 1\ 500 \text{ mm}$$

$$= 150 \text{ mm} = 15 \text{ cm}$$

(2)由光栅方程 $d \sin \theta = j\lambda$ 可得

$$j = \frac{d \sin \theta}{\lambda}$$

代入 $\sin \theta = 1$ 可得

$$j = \frac{d}{\lambda} = \frac{6.328 \times 10^{-3} \text{ mm}}{632.8 \times 10^{-6} \text{ mm}} = 10$$

考虑到缺级 $j = \pm 4, \pm 8$,则屏幕上显现的全部亮条纹数为

$$2 \times (9 - 2) + 1 = 15$$

这里 $j = \pm 10$ 时,$\sin \theta = \pm 1$,对应衍射角 $\theta = \pm \frac{\pi}{2}$,故无法观察到.

*2.6 晶体对 X 射线的衍射

2.6.1 布拉格方程

1895 年伦琴(W.C.Röntgen,1845—1923)发现用速度很大的电子流冲击固体时,会有一种新的射线从固体上发射出来. 这种人眼看不见的射线具有使很多固体(亚铂氰化钡、闪锌矿等)发出可见的荧光,使照相底片感光以及使空气电离等能力. 它还具有很大的穿透力,能透过许多对可见光不透明的物质,如黑纸、木料等. 因为这种射线是前所未知的,所以称为 X 射线(也曾称伦琴射线).

在 X 射线发现后不久,人们曾假设它和可见光一样,本质也是一种波动,只不过波长特

别短.但这个假设当时没有被实验验证.直到 1912 年劳厄(Max von Laue)在慕尼黑大学首次用一块晶体中的点阵作为衍射光栅,经它透射后,直接在屏上观察到 X 射线的衍射图样,才证实了 X 射线确具有波动性,同时也说明 X 射线的波长和晶体点阵间距的数量级(约 10^{-8} cm)相同.也证明 X 射线和可见光一样,有连续谱和线状谱两种.劳厄于 1914 年获得诺贝尔物理学奖.

X 射线衍射最大值的方向还可用其他更简单的方法算出.其中之一是由布拉格父子(W. H. Bragg 和 W. L. Bragg)提出的.这种方法的要点是将劳厄的 X 射线衍射图样的每一亮点看做是 X 射线对晶体每一点阵平面簇的相干性反射所导致的结果.现仍以上述的立方晶体点阵为例来加以说明,构成晶体的粒子可分成为一系列平行于晶体天然晶面的平面簇,在图 2-35 中这些平面与图面的交线以直线 11′、22′、33′等表示.这些平面上以相同方式密集地排列着粒子,它们相间的距离都等于 d,相当于立方晶胞的棱长.波长为 λ 的平行射线束 $O_1,O_2,O_3,\cdots$投射在晶体上.令 α_0 为入射方向和平面 11′之间的夹角,MN 为这入射束的波面.把粒子(也可用粒子间严格有规律的对应点)看做是相干次波的中心.对于晶体平面组中的每一平面,衍射最大值出现在反射角等于入射角的方向上.如果由单一平面反射,则这一结论对于任何波长都适用.但应当注意,反射并不限于在一个平面上发生,而是在一组平行的平面上发生.例如在图2-35中 $O_1′、O_2′、O_3′$ 为平面 11′所反射的光束,其波面为 $M′N′$;$O_1″、O_2″、O_3″$ 为由平面 22′所反射的光束,其波面为 $M″N″$,等等.在各个平面反射的光束也都是相干的,必须考虑它们之间的叠加效应.从图中不难看出,从 11′面反射和从 22′面反射的两束光之间有光程差

$$\delta = (AC+CB) - AD = 2d\sin\alpha_0$$

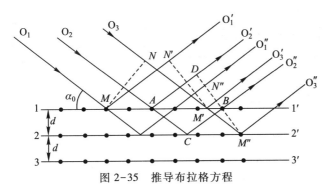

图 2-35 推导布拉格方程

由其他任何相邻的两平面反射的光束之间也都有与此相同的光程差,因此反射光最大值只在这样的方向上发生.即掠射角 α_0 必须满足如下条件:

$$2d\sin\alpha_0 = j\lambda \quad (j=1,2,3,\cdots) \tag{2-33}$$

上式称为布拉格方程.由于叠加光束的数目很多,所以图样很细锐.

以上仅研究了由平行于晶体天然表面的一组平面上粒子的反射.同样可以研究任何一组以不同方式通过晶体点阵而又彼此间距离相等的平面上所发生的反射(图 2-36 中的 1,1′;2,2′;3,3′;4,4′等不同平面组).一束入射光对于这种不同的平面组的掠射角 α_0 可以彼此不同.各不同平面组的间隔 d 也各不相同.但反射出来的 X 射线只有在满足一定的 α_0 和 d 的条件[即(2-33)式]时,才可相互加强而形成斑点.入射的 X 射线虽然

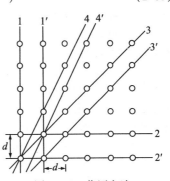

图 2-36 劳厄方法

含有各种波长,但能同时满足这一条件的并不多,所以在照相底片上只有符合上述的条件才能产生清晰的斑点.可以证明劳厄照相上的每一斑点都是从某一确定的点阵平面组反射叠加的结果.所以利用晶体点阵反射的布拉格方法和透过晶体衍射光栅的劳厄方法的讨论在方式上是一致的.

2.6.2 实验方法

旋转晶体式 X 射线摄谱仪就是根据上述原理制造的,装置简图如图2-37(a)所示. R 是 X 射线管,BB' 是带狭缝的铅质光阑. 一束很细的 X 射线射到一个可绕竖直轴旋转的晶体 K 上,照相底片放在以这个旋转轴为中心的圆弧 FPF' 上.

如果 X 射线的波长为 λ_1、λ_2、λ_3、…,则当掠射角 α_0 对于某一波长满足(2-33)式时,即发生最强的反射,因而使照相底片上某一点感光而成为斑点,即劳厄斑. 继续转动晶体时,可以依次得到所有波长的这种最强反射. 如果光阑上的窄狭缝平行于晶体的反射面,则感光片的斑点将形成一些黑窄条纹,整个照片与用普通衍射光栅所得到的线状光谱别无二致,这样的一张图样称为劳厄相.

利用 X 射线使空气或其他气体电离的性质,可以用电离室代替照相底片. 令电离室和晶体绕同一轴旋转,但电离室的转角比晶体的转角大一倍[见图2-37(b)],这样可使任何时刻的反射线总能够射入电离室. 电离的程度用静电计测量.

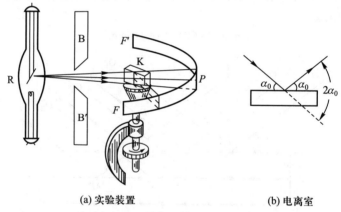

(a) 实验装置　　　　　　　(b) 电离室

图 2-37　晶体衍射的实验方法

研究 X 射线衍射除了上述两种方法外,还有所谓粉末法.把晶体细粉末压成圆柱体. 单色 X 射线通过时,由于粉末的结晶微粒的排列方位是完全混乱的,总有一些粉末晶粒和射线的相对方位恰好满足(2-33)式. 由这些晶粒反射的方向与原射线方向的延长线之间成 $2\alpha_0$ 的夹角(入射线与晶体表面的夹角为 α_0);所有在相同条件下反射的光线位于一个顶角为 $2\alpha_0$ 的圆锥面上. 不同波长和不同级数的反射线则位于不同顶角的圆锥面上. X 射线晶体粉末衍射摄谱仪的装置如图2-38所示. 图中 R 为 X 射线管,BB' 是小孔光阑,K 是压制而成的晶体粉末圆柱,沿圆周 $P'PP''$ 放置照相底片,这样的图样称为德拜(Debye)相. 反射最强的圆锥面和底片的交线是一些圆弧,每一条圆弧对应于一种确定的波长和确定的衍射级数. 晶体粉末法的优点是不需用很难得到的大块单晶体,也不需要有使它转动的特殊装置.

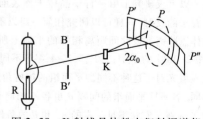

图 2-38　X 射线晶体粉末衍射摄谱仪

晶体衍射不仅可以用来测定 X 射线的波长,还可以利用已知波长的射线去确定晶体的结构.这种研究已经发展成为物理学的一个独立分支,称为 X 射线结构分析,它在结晶学和生产技术上都有很广泛的应用.

近期,X 射线显微镜、X 射线望远镜、X 射线法布里-珀罗标准具、X 射线波带片、X 射线偏振器和 X 射线激光器相继制成,表明传统的干涉、衍射和偏振各项光学技术都在以崭新的形式向 X 射线波段推进.

视 窗 与 链 接　　**与 X 射线衍射有关的诺贝尔奖**

诺贝尔物理学奖:

1901 年　伦琴(W.C.Röntgen,1845—1923)于 1895 年发现 X 射线,成为世界上第一个诺贝尔物理学奖的获得者.

1914 年　劳厄(M.von Laue,1879—1960)提出晶体可对 X 射线发生衍射.

1915 年　布拉格父子(W.Bragg,1862—1942 与 L.Bragg,1890—1971)奠定了晶体 X 射线衍射的原理和方法.小布拉格 25 岁获奖,是最年轻的获奖者.

诺贝尔化学奖:

1936 年　德拜(P.J.W.Debye,1884—1966)于 1916 年发明 X 射线粉末衍射法.

1954 年　鲍林(L.C.Pauling,1901—1994)因阐明化学键的本质与根据共振论和 X 射线衍射数据成功地推断血红蛋白的 α-螺旋结构而获诺贝尔化学奖.鲍林是首位提出分子形成螺旋这种生物大分子结构的科学家.

1962 年　肯德鲁(J.C.Kendrew,1917—1997)和佩鲁兹(M.F.Perutz,1914—2002)经过近25 年的艰苦努力,用 X 射线衍射分别测定鲸的肌红蛋白和马的血红蛋白的三维结构.

1964 年　霍奇金(D.C.Hodgkin,1910—1994,女)用 X 射线衍射测定重要生物化学物质维生素 B_{12}、青霉素的结构而获奖.

1985 年　数学家豪普特曼(H.A.Hauptman,1917—2011)与化学家卡勒(J.Karle,1918—2013)开发了用于 X 射线衍射确定物质晶体结构的直接法,这说明不同学科的科学家之间的合作是大有作为的.

1988 年　戴森霍弗(J.Deisenhofer,1943—　)、胡贝尔(R.Huber,1937—　)、米歇尔(H.Michel,1948—　)用 X 射线衍射测定光合作用反应中心(膜蛋白-色素复合体)的三维结构.这是人类首次成功地测定膜蛋白的三维结构.

2017 年雅克·杜博歇(Jacques Dubochet,1942—　)、约阿希姆·弗兰克(Joachim Frank,1940—　)、理查德·亨德森(Richard Henderson,1945—　),他们在冷冻显微术领域作出贡献.他们对一种色素蛋白进行三维重构,这项成果是低温冷冻电子显微术的重要里程碑,证明"冷冻样本—二维成像—三维重构"的确可以得到高分辨率的三维图像.它标志着一种研究生物大分子结构的新方法已经成形,其思路与 X 射线晶体学迥异,可以给生物体内溶液中、处于工作状态的分子"抓拍"快照.

附录2.1　夫琅禾费单缝衍射公式的推导

在图 2-17 中,$MN=x\sin\theta$,所以 M 点的振动如果用

$$dE_0 = \left(\frac{A_0}{b}dx\right)\cos\omega t$$

来表示，那么按(1-44)式，沿着 MN 方向传播的次波，在到达 N 点时，就应该用

$$dE = \left(\frac{A_0}{b}dx\right)\cos(\omega t - kx\sin\theta)$$

或

$$dE = \left(\frac{A_0}{b}dx\right)\cos(kx\sin\theta - \omega t)$$

来表示，式中 $k = \frac{2\pi}{\lambda}$ 是波数. 如果从 N 到 P 的光程为 Δ，那么 P 点的振动可表示如下：

$$dE = \left(\frac{A_0}{b}dx\right)\cos[k(x\sin\theta + \Delta) - \omega t]$$

用复数表达，则为

$$dE = \frac{A_0}{b}dx\,e^{ikx\sin\theta}\,e^{ik\Delta}\,e^{-i\omega t}$$

从狭缝平面所有各点发出的次波到达 P 点并叠加，由(2-2)式，得合振动即取决于上式从 $x=0$ 到 $x=b$ 的积分

$$E = \int dE = \frac{A_0}{b}e^{ik\Delta}e^{-i\omega t}\int_0^b e^{ikx\sin\theta}dx$$

因从 BD 平面上各点到达 P 点(经过透镜不同部分)的光程 Δ 都相等且与 x 无关，又因 $e^{-i\omega t}$ 也是常量，故上式中 $e^{ik\Delta}$ 和 $e^{-i\omega t}$ 可提到积分号前面. 一般来说，光程 Δ 是衍射角 θ 的函数. 但因缝很窄，可以近似认为无论沿哪个方向传播的次波，在到达 P 点都有相同的振幅，即 Δ 与 θ 近似无关. 所以在最后讨论光强分布时，通常就干脆不列出这一因子，而直接对 BD 平面上各点积分. 顺便说明一下，ωt 一项取了负号，$kx\sin\theta$ 就取正号，则积分时就可避免不必要的负号了. 这样

$$\frac{A_0}{b}\int_0^b e^{ikx\sin\theta}dx = \frac{A_0/b}{ik\sin\theta}(e^{ikb\sin\theta} - 1)$$

$$= \frac{A_0}{2i\dfrac{\pi b\sin\theta}{\lambda}}\left(e^{2i\frac{\pi b\sin\theta}{\lambda}} - 1\right)$$

$$= A_0\frac{e^{i\frac{\pi b\sin\theta}{\lambda}}}{\dfrac{\pi b\sin\theta}{\lambda}} \cdot \frac{e^{i\frac{\pi b\sin\theta}{\lambda}} - e^{-i\frac{\pi b\sin\theta}{\lambda}}}{2i}$$

应用欧拉公式

$$\frac{e^{iu} - e^{-iu}}{2i} = \sin u$$

式中

$$u = \frac{\pi b\sin\theta}{\lambda}$$

最后得合振动(未乘 $e^{ik\Delta}$ 因子)为

$$E = A_0 e^{-i\omega t} \cdot e^{i\frac{\pi b\sin\theta}{\lambda}} \cdot \frac{\sin\left(\dfrac{\pi b\sin\theta}{\lambda}\right)}{\dfrac{\pi b\sin\theta}{\lambda}}$$

$$= A_0\frac{\sin\left(\dfrac{\pi b\sin\theta}{\lambda}\right)}{\dfrac{\pi b\sin\theta}{\lambda}} \cdot e^{i\left(\frac{\pi b\sin\theta}{\lambda} - \omega t\right)}$$

复数因子 $e^{i\left(\frac{\pi b \sin \theta}{\lambda} - \omega t\right)}$ 表示合振动的相位. 它虽然随 θ 而变, 但与光强的分布无关, 衍射图样只取决于合振幅

$$A_P = A_0 \frac{\sin\left(\frac{\pi b \sin \theta}{\lambda}\right)}{\frac{\pi b \sin \theta}{\lambda}} = A_0 \frac{\sin u}{u} = A_0 \operatorname{sinc} u \tag{2-34}$$

附录2.2　夫琅禾费圆孔衍射公式的推导

在图 2-39(a) 中, BB' 表示半径为 R 的圆孔. 当平行光束垂直于圆孔的平面入射时, 波面和该平面重合. 现在来计算此入射光的波阵面沿着与圆孔法线成 θ 角方向上的所有次波在观察点 P (图中未标出) 叠加所产生的振动.

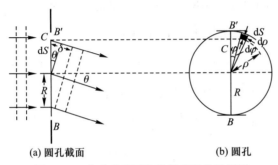

(a) 圆孔截面　　　　　(b) 圆孔

图 2-39　夫琅禾费圆孔衍射光强推导用图

在圆孔边缘 B' 附近处的波阵面元 dS 对考察点 P 的作用, 按 (1-44) 式, 可写成

$$dE = \left(\frac{A_0}{\pi R^2} dS\right) \cos(\omega t - k r_0)$$

或用 $(A_0/\pi R^2) dS \cos(k r_0 - \omega t)$ 来表示, 式中 $k = 2\pi/\lambda$ 是波数, r_0 为 B 到 P 的距离.

圆孔波阵面上任一面元 dS, 例如图 2-39(b) 中的 dS, 它对 P 点的作用可写成

$$dE = \frac{A_0}{\pi R^2} dS \cos[k(r_0 + \delta) - \omega t] \tag{2-35}$$

式中 δ 为该面元与在 B 点的面元到 P 点的光程差, 即该面元在直径 BB' 上的投影 C 点与 B 点沿 θ 方向到达 P 点的光程差, 由图可得此值为

$$\delta = l \times \sin \theta = (R + \rho \cos \varphi) \sin \theta$$

式中 l 为 B 到 dS 的距离, ρ 为该面元到圆孔中心的距离, φ 为该面元所在的半径与 BB' 的夹角, 于是 (2-35) 式变为

$$dE_C = \frac{A_0}{\pi R^2} dS \cos[k r_0 + k(R + \rho \cos \varphi) \sin \theta - \omega t]$$

将图 2-39(b) 所示的面元的面积

$$dS = \rho \, d\varphi \, d\rho$$

代入上式, 则有

$$dE_C = \frac{A_0}{\pi R^2} \cos[k r_0 + k(R + \rho \cos \varphi) \sin \theta - \omega t] \rho \, d\varphi \, d\rho \tag{2-36}$$

用复数表达,则为

$$dE_C = \frac{A_0}{\pi R^2} \rho d\varphi d\rho e^{i(kr_0 - \omega t)} \cdot e^{ik(R + \rho\cos\varphi)\sin\theta}$$

$$= \frac{A_0}{\pi R^2} \rho d\varphi d\rho e^{i[k(r_0 + R\sin\theta) - \omega t]} \cdot e^{ik\rho\cos\varphi\sin\theta}$$

将圆孔波阵面上的所有面元在 P 点的作用叠加起来,根据(2-2)式也就是将上式对整个圆孔面积 S 求积分,可得 P 点的振动为

$$E = \int_S dE_C = \int_0^R \int_0^{2\pi} \frac{A_0}{\pi R^2} e^{i[k(r_0 + R\sin\theta) - \omega t]} \cdot e^{ik\rho\cos\varphi\sin\theta} \rho d\varphi d\rho$$

$$= \frac{A_0}{\pi R^2} e^{i[k(r_0 + R\sin\theta) - \omega t]} \int_0^R \int_0^{2\pi} e^{ik\rho\cos\varphi\sin\theta} \rho d\varphi d\rho$$

用三角函数式表达,则为

$$E = \frac{A_0}{\pi R^2} \cos[k(r_0 + R\sin\theta) - \omega t] \int_0^R \int_0^{2\pi} \rho[\cos(k\rho\cos\varphi\sin\theta)] d\rho d\varphi \qquad (2-37)$$

由此可知,所考察点 P 的合振动的振幅 A 取决于上式的积分部分,即

$$A_P = \frac{A_0}{\pi R^2} \int_0^R \int_0^{2\pi} \rho[\cos(k\rho\cos\varphi\sin\theta)] d\rho d\varphi$$

A_P 的平方值,即为所求的光强度. 此积分可化为贝塞尔函数,最后得 P 点的光强度为

$$I_P = A_0^2 \left[1 - \frac{1}{2}m^2 + \frac{1}{3}\left(\frac{m^2}{2!}\right)^2 - \frac{1}{4}\left(\frac{m^3}{3!}\right)^2 + \frac{1}{5}\left(\frac{m^4}{4!}\right)^2 - \cdots \right]^2$$

$$= A_0^2 \left[\sum_{k'=0}^{\infty} \frac{(-1)^{k'}}{(k'+1)! \; k'!} (m^{k'})^2 \right]^2 \qquad (2-38)$$

$$I_P = A_0^2 \frac{J_1^2(2m)}{m^2} \qquad (2-39)$$

式中 $J_1(m)$ 为 m 的一阶贝塞尔函数,其中 $m = (\pi R\sin\theta)/\lambda$,此式对任意 m 值是均匀收敛的,因而任意方向上 P 点的光强度均有一定的数值. 对于 $\theta = 0°$ 的 P 点,上式有最大值;若使方括号中各项对 m 的一阶导数为零,则得次最大;当 m 为某些值时,上式为零. 表2-2给出了以 $\theta = 0°$ 的 P 点的光强度作为1时,各次最大值的相对强度以及前三个最大值和最小值的位置.

表 2-2

	m/π	相对光强度
中央最大值	0	1
第一最小值	0.610	0
第二最大值	0.819	0.017 5
第二最小值	1.116	0
第三最大值	1.333	0.004 2
第三最小值	1.619	0

附录2.3　平面光栅衍射公式的推导

光线经平面光栅衍射时,根据(2-2)式,P 点处的合振动为

$$E = \frac{A_0}{b}e^{-i\omega t}\left[\int_0^b e^{i\frac{2\pi}{\lambda}x\sin\theta}\mathrm{d}x + \int_d^{d+b} e^{i\frac{2\pi}{\lambda}x\sin\theta}\mathrm{d}x + \right.$$

$$\left. \int_{2d}^{2d+b} e^{i\frac{2\pi}{\lambda}x\sin\theta}\mathrm{d}x + \cdots + \int_{(N-1)d}^{(N-1)d+b} e^{i\frac{2\pi}{\lambda}x\sin\theta}\mathrm{d}x\right]$$

取其中任一项的积分

$$\frac{A_0}{b}\int_{nd}^{nd+b} e^{i\frac{2\pi}{\lambda}x\sin\theta}\mathrm{d}x$$

$$= \frac{A_0}{2i\frac{\pi b\sin\theta}{\lambda}}\left(e^{2i\frac{\pi nd\sin\theta}{\lambda}}\cdot e^{2i\frac{\pi b\sin\theta}{\lambda}}-e^{2i\frac{\pi nd\sin\theta}{\lambda}}\right)$$

$$= \frac{A_0}{\frac{\pi b\sin\theta}{\lambda}}\cdot e^{2i\frac{\pi nd\sin\theta}{\lambda}}\cdot e^{i\frac{\pi b\sin\theta}{\lambda}}\cdot\left(\frac{e^{i\frac{\pi b\sin\theta}{\lambda}}-e^{-i\frac{\pi b\sin\theta}{\lambda}}}{2i}\right)$$

$$= A_0 e^{i\frac{\pi b\sin\theta}{\lambda}}\frac{\sin\left(\frac{\pi b\sin\theta}{\lambda}\right)}{\frac{\pi b\sin\theta}{\lambda}}\cdot e^{2i\frac{\pi nd\sin\theta}{\lambda}}$$

将各项相加时,式中 n 取从 0 起到 $N-1$ 各整数值,N 为缝的总数. 又

$$A_0 e^{i\frac{\pi b\sin\theta}{\lambda}}\cdot\frac{\sin\left(\frac{\pi b\sin\theta}{\lambda}\right)}{\frac{\pi b\sin\theta}{\lambda}}$$

这一因子对所有不同的 n 都一样,故只要计算下式的和:

$$1+e^{2i\frac{\pi d\sin\theta}{\lambda}}+e^{2i\frac{2\pi d\sin\theta}{\lambda}}+e^{2i\frac{3\pi d\sin\theta}{\lambda}}+\cdots+e^{2i\frac{(N-1)\pi d\sin\theta}{\lambda}}$$

这是以 $r=e^{2i\frac{\pi d\sin\theta}{\lambda}}$ 为公比的等比级数,它的总和等于

$$\frac{e^{2i\frac{N\pi d\sin\theta}{\lambda}}-1}{e^{2i\frac{\pi d\sin\theta}{\lambda}}-1}$$

分子可写为

$$e^{i\frac{\pi Nd\sin\theta}{\lambda}}\left(\frac{e^{i\frac{\pi Nd\sin\theta}{\lambda}}-e^{-i\frac{\pi Nd\sin\theta}{\lambda}}}{2i}\right)\cdot 2i$$

$$= 2i\cdot e^{i\frac{\pi Nd\sin\theta}{\lambda}}\cdot\sin\left(\frac{\pi Nd\sin\theta}{\lambda}\right)$$

同理分母可写为

$$2i\cdot e^{i\frac{\pi d\sin\theta}{\lambda}}\cdot\sin\left(\frac{\pi d\sin\theta}{\lambda}\right)$$

于是这总和等于

$$e^{i\frac{\pi(N-1)d\sin\theta}{\lambda}}\cdot\frac{\sin\left(\frac{\pi Nd\sin\theta}{\lambda}\right)}{\sin\left(\frac{\pi d\sin\theta}{\lambda}\right)}$$

最后得合振动为

$$E = A_0 e^{-i\omega t} e^{i\frac{\pi b \sin\theta}{\lambda}} \cdot \frac{\sin\left(\frac{\pi b \sin\theta}{\lambda}\right)}{\left(\frac{\pi b \sin\theta}{\lambda}\right)} \cdot \left[e^{i\frac{\pi(N-1)d\sin\theta}{\lambda}} \cdot \frac{\sin\left(\frac{\pi N d \sin\theta}{\lambda}\right)}{\sin\left(\frac{\pi d \sin\theta}{\lambda}\right)} \right]$$

$$= A_0 \frac{\sin\left(\frac{\pi b \sin\theta}{\lambda}\right)}{\frac{\pi b \sin\theta}{\lambda}} \cdot \frac{\sin N\left(\frac{\pi d \sin\theta}{\lambda}\right)}{\sin\left(\frac{\pi d \sin\theta}{\lambda}\right)} \cdot e^{i\left[\pi \frac{b+(N-1)d}{\lambda}\sin\theta - \omega t\right]}$$

上式中 e 的指数 $\left(\pi \dfrac{b+(N-1)d}{\lambda}\sin\theta - \omega t\right)$ 为合振动的相位,与光强分布无关,故合振动的振幅为

$$A_P = A_0 \frac{\sin\left(\frac{\pi b \sin\theta}{\lambda}\right)}{\left(\frac{\pi b \sin\theta}{\lambda}\right)} \cdot \frac{\sin N\left(\frac{\pi d \sin\theta}{\lambda}\right)}{\sin\left(\frac{\pi d \sin\theta}{\lambda}\right)} = A_0 \operatorname{sinc} u \cdot \frac{\sin Nv}{\sin v}$$

$$I_P = EE^* = A_0^2 \frac{\sin^2 u}{u^2} \cdot \frac{\sin^2 Nv}{\sin^2 v}$$

习　题

2.1　一平行单色光照射到一小圆孔上,将其波面分成半波带. 求第 k 个带的半径. 若极点到观察点的距离 r_0 为 1 m,单色光波长为 450 nm,求此时第一半波带的半径.

2.2　一平行单色光从左向右垂直射到一个有圆形小孔的屏上,设此孔可以像摄像机光圈那样改变大小. 试问:(1) 小孔半径应满足什么条件时,才能使得此小孔右侧轴线上距小孔中心 4 m 的 P 点的光强分别得到极大值和极小值;(2) P 点最亮时,小孔直径应为多大?设此光的波长为 500 nm.

2.3　波长为 500 nm 的单色点光源离光阑 1 m,光阑上有一个内外半径分别为 0.5 mm 和 1 mm 的透光圆环,接收点 P 离光阑 1 m,求 P 点的光强 I 与没有光阑时的光强度 I_0 之比.

2.4　波长为 632.8 nm 的 He-Ne 激光射向直径为 2.76 mm 的圆孔,与孔相距 1 m 处放一屏. 试问:(1) 屏上正对圆孔中心的 P 点是亮点还是暗点? (2) 要使 P 点变成与(1)相反的情况,至少要把屏幕分别向前或向后移动多少?

2.5　一波带片由五个半波带组成. 第一半波带为半径 r_1 的不透明圆盘,第二半波带是半径 r_1 至 r_2 的透明圆环,第三半波带是 r_2 至 r_3 的不透明圆环,第四半波带是 r_3 至 r_4 的透明圆环,第五半波带是 r_4 至无穷大的不透明区域. 已知 $r_1 : r_2 : r_3 : r_4 = 1 : \sqrt{2} : \sqrt{3} : \sqrt{4}$,用波长 500 nm 的平行单色光照明,最亮的像点在距波带片 1 m 的轴上. 试求:(1) r_1;(2) 像点的光强与入射光强之比;(3) 光强极大值出现在轴上哪些位置上.

2.6　波长为 λ 的点光源经波带片成一个像点,该波带片有 100 个透明奇数半波带 $(1,3,5,\cdots,199)$. 另外 100 个不透明偶数半波带. 比较用波带片和换上同样焦距和口径的透镜时该像点的强度比 $I : I_0$.

2.7　一平行单色光的波长为 480 nm,垂直照射到宽度为 0.4 mm 的狭缝上,会聚透镜的焦距为 60 cm. 分别计算当缝的两边到 P 点的相位差为 $\pi/2$ 和 $\pi/6$ 时,P 点离焦点

的距离.

2.8 白光形成的单缝衍射图样中,其中某一波长的第三个次最大值与波长为 600 nm 的光波的第二个次最大值重合. 求该光波的波长.

2.9 波长为 546.1 nm 的平行单色光垂直地射在 1 mm 宽的缝上,若将焦距为 100 cm 的透镜紧贴于缝的后面,并使光聚焦到屏上,试问衍射图样的中央到屏上(1)第一最小值;(2)第一最大值;(3)第三最小值的距离分别为多少?

2.10 钠光通过宽 0.2 mm 的狭缝后,投射到与缝相距 300 cm 的照相底片上. 所得的第一最小值与第二最小值间的距离为 0.885 cm,试问钠光的波长为多少?若改用 X 射线($\lambda = 0.1$ nm)做此实验,试问底片上这两个最小值之间的距离是多少?

2.11 以纵坐标表示强度,横坐标表示屏上的位置,粗略地画出三缝的夫琅禾费衍射(包括缝与缝之间的干涉)图样. 设缝宽为 b,相邻缝间的距离为 d,$d = 3b$. 注意缺级问题.

2.12 一束平行白光垂直入射在每毫米 50 条刻痕的全息光栅上,试问第一级光谱的末端和第二光谱的始端的衍射角 θ 之差为多少?(设可见光中最短的紫光波长为 400 nm,最长的红光波长为 760 nm.)

2.13 用可见光(760~400 nm)照射全息光栅时,一级光谱和二级光谱是否重叠?二级和三级怎样?若重叠,则重叠范围是多少?

2.14 用波长为 589 nm 的平行单色光照射一衍射光栅,其光谱的中央最大值和第二十级主最大值之间的衍射角为 $15°10'$,试求该光栅 1 cm 内的缝数.

2.15 用每毫米内有 400 条刻痕的平面透射光栅观察波长为 589 nm 的钠光谱. 试问:(1)光垂直入射时,最多能观察到几级光谱?(2)光以 30° 角入射时,最多能观察到几级光谱?

2.16 白光垂直照射到一个每毫米 250 条刻痕的平面透射光栅上,试问在衍射角为 30° 处会出现哪些波长的光?其颜色如何?

2.17 一波长为 624 nm 的平行单色光照射一光栅,已知该光栅的缝宽 b 为 0.012 mm,不透明部分的宽度 a 为 0.029 mm,缝数 N 为 10^3 条. 试求:(1)单缝衍射图样的中央角宽度;(2)单缝衍射图样中央宽度内能看到多少级光谱?(3)谱线的半宽度为多少?

2.18 NaCl 的晶体结构是简单的立方点阵,其相对分子质量 $M = 58.5$,密度 $\rho = 2.17$ g/cm^3,(1)试证相邻两离子间的平均距离为

$$\sqrt[3]{\frac{M}{2N_A \rho}} = 0.281\ 9\ \text{nm}$$

式中 $N_A = 6.02 \times 10^{23}$ mol^{-1} 为阿伏伽德罗常量;(2)用 X 射线照射晶面时,第二级光谱的最大值在掠射角为 1° 的方向上出现. 试计算该 X 射线的波长.

2.19 波长为 0.001 47 nm 的平行 X 射线射在晶体界面上,晶体原子层的间距为 0.28 nm,试问光线与界面成什么角度时,能观察到二级光谱.

*2.20 如题 2.20 图所示有三条彼此平行的狭缝,宽度均为 b,缝距分别为 d 和 $2d$,试用振幅矢量叠加法证明正入射时,夫琅禾费衍射强度公式为

$$I_\theta = I_0 \frac{\sin^2 u}{u^2} [3 + 2(\cos 2v + \cos 4v + \cos 6v)]$$

式中 $u = \dfrac{\pi b \sin \theta}{\lambda}, v = \dfrac{\pi d \sin \theta}{\lambda}$.

*2.21 一宽度为 2 cm 的平面透射光栅上刻有 12 000 条刻痕. 如题 2.21 图所示,以

波长 $\lambda = 500$ nm 的单色光垂直投射,将折射率为 1.5 的劈状玻璃片置于光栅前方,玻璃片的厚度从光栅的一端到另一端由 1 mm 均匀变薄到 0.5 mm,试问第一级主最大方向改变了多少?

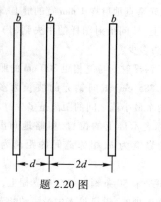

题 2.20 图 　　　　　　　题 2.21 图

2.22 一平行单色光投射于平面透射光栅上,其方向与光栅的法线成 θ_0 角,在和法线成 11° 和 53° 角的方向上出现第一级谱线,且位于法线的两侧.

(1) 试求入射角 θ_0;

(2) 试问为什么在法线两侧能观察到一级谱线,而在法线同侧则能观察到二级谱线?

2.23 一波长为 600 nm 的平行单色光正入射到一平面透射光栅上,有两个相邻主最大分别出现在 $\sin\theta_1 = 0.2$ 和 $\sin\theta = 0.3$ 处,第四级为缺级.

(1) 试求光栅常量;

(2) 试求光栅的缝可能的最小宽度;

(3) 在确定了光栅常量与缝宽之后,试列出在光屏上实际呈现的全部级数.

2.24 研究性课题:设计实验测定 CD 或 DVD 光盘的光栅常量.

第 2 章拓展资源

MOOC 授课视频			

| 　 | 授课视频
Single-Slit
Diffraction
单缝衍射 | 授课视频
Single-Slit
Diffraction-Picture
单缝衍射图像 | 授课视频
Inverse Law
of Diffraction
衍射的反平方律 |

PPT　　　　　

视频 PPT ch2.5　　　PPT ch2.5
平面衍射光栅　　　平面衍射光栅

彩图	彩色图片 2-1 谱线的缺级	彩色图片 2-2 闪耀光栅 a	彩色图片 2-2 闪耀光栅 b	彩色图片 2-2 闪耀光栅 c
彩图	彩色图片 2-2 闪耀光栅 d			
课外视频	课外视频 CCD 工作原理			
H5 动画（横屏观看）	多缝干涉衍射			

第 3 章　几何光学的基本原理

前两章介绍的干涉和衍射现象揭示了光的波动性. 光既然具有波动性, 那么, 所有光学现象都应该能用波动概念来解释, 包括光的直线传播现象在内. 但是对于直线传播, 尤其是反射、折射成像等问题, 如果不用波长、相位等波动的概念, 而代之以光线和波面等概念, 并用几何学方法来研究将更为方便. 这就是几何光学的研究内容. 由于这只有在波面线度远比波长大时才适用, 因此本章所讲述的内容仅以成像的一级近似理论为限, 但这种近似仍有很大的实用意义.

3.1　几个基本概念和定律　费马原理

3.1.1　光线与波面

"光线"只是表示光的传播方向, 不可误认为是从实际光束中借助于有孔光阑分出的一束狭窄部分. 如果从后一种理解出发, 以为孔的线度越小, 所分出的光束就越窄, 直至能得到像几何线那样的所谓"光线", 但由于光波衍射效应, 实际上要分出任意窄的光束是不可能的. 通过半径为 R 的圆孔的实际光束, 其传播范围不可避免地要扩大, 其角宽度由衍射角 $\theta \propto \lambda / R$ 决定 [见 (2-23) 式]. 只有在 $R \gg \lambda$ 的情况下, 由衍射引起的扩大已不显著, 光的传播过程才不用以次波叠加的原理来分析, 而只用光线来表示光的传播方向.

光波在介质中沿着光线方向传播时, 相位不断地改变, 但在同一波面上所有点的相位是相同的. 在各向同性介质中, 光的传播方向总是和波面的法线方向相重合. 在许多实际情况中, 人们经常考虑的只是光的传播方向问题, 而不去考虑相位. 这时波面就只是垂直于光线的几何平面或曲面. 对许多实际问题, 特别是光学成像和照明工程等问题, 借助于上述光线 (有时用波面) 的概念, 并借助某些基本实验定律及几何定律, 就可以进行所有必要的计算而不必涉及光的本性问题. 这部分以几何定律和某些基本实验定律为基础的光学称为<u>几何光学</u>(或光线光学). 反映光的波动性的那部分光学称为<u>波动光学</u>. 在第 1、第 2 章波动光学中主要考虑的是<u>波长</u>、<u>振幅</u>和<u>相位</u>; 这一章几何光学所考虑的主要将是<u>光线</u>和<u>波面</u>. 几何光学所研究的实际上就是波动光学的极限情况.

3.1.2　几何光学的基本实验定律

(1) 光在均匀介质中的直线传播定律;

（2）光通过两种介质分界面时的反射定律和折射定律；

（3）光的独立传播定律和光路可逆原理.

在应用有关光线的这些定律时,要注意它们只是真实情况的近似.以后还将看到,在几何光学中有一些较为细致的问题,例如光学仪器的像分辨本领,仍需应用衍射理论才能解决.

3.1.3 费马原理

基于上述三个基本实验定律而建立的几何光学,还可以由一个更为基本的原理来导出,这个原理就是费马原理.

费马原理可以表述为:光在指定的两点间传播,实际的光程总是一个极值.也就是说,光沿光程为最小值、最大值或恒定值的路程传播. 这是几何光学中的一个最普遍的基本原理,称为费马原理. 其数学表达式为

$$\int_A^B nds = 极值（极小值、极大值或恒定值）$$

在一般情况下,实际光程大多是取极小值,费马本人最初提出的也是最短光程.

根据两点间直线距离最短这一欧氏几何公理,从费马原理可以直接推导出光在均匀介质（或真空）中沿直线传播. 我们还可以证明,光通过两种不同介质的分界面时,所遵从的反射定律和折射定律也是费马原理的必然结果.

光在均匀介质中沿直线传播,在介质分界面上的反射和折射都是光程为最小值的例子. 但若镜面 M 是一个旋转椭球面（见图 3-1）,通过一个焦点 P 的入射光线被椭球面上任一点 $A_i(i=1,2,3,\cdots)$ 反射后总是通过另一焦点 P',并且

$$PA_i + A_iP' = 常量$$

因此,所有通过 P 和 P' 两点的实际光线是光程为恒定值的情形. 在图 3-2(a)的情况中,光在镜面 M 上反射时,只有 PA_1P' 是实际光线所经过的路程,其他方向的入射线如果通过 P 点就不能够在反射后通过 P' 点,因为从图中（A_2 在椭球面上）可见

$$PA_2' + A_2'P' > PA_2 + A_2P' = PA_1 + A_1P'$$

所以在这个例子中,实际光程是最短的. 在图 3-2(b)的情况中,光被镜面 M 反射,实际光程 $\Delta_{PA_1P'}$ 取最大值,因为从图可见

$$PA_3' + A_3'P' < PA_3 + A_3P' = PA_1 + A_1P'$$

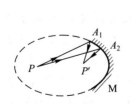
图 3-1　光在旋转椭球面上的反射

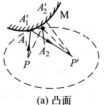
(a) 凸面　　　　　　(b) 凹面

图 3-2　费马原理的应用

光在平面和球面系统中反射和折射的成像问题直接影响光学仪器的质量,因此成像是几何光学要研究的中心问题之一. 为此,我们先介绍有关单心光束、

实像和虚像等一些基本概念.

3.1.4　单心光束　实像和虚像

如果仅考虑光束的传播方向而不讨论其他问题,那么一束光可以看做是由许多光线构成的. 根据这个概念可以把发光点看做是一个发散光束的顶点,凡是具有单个顶点的光束称为单心光束. 如果在反射或折射之后,光线的方向虽然改变了,但光束中仍然能找到一个顶点,也就是说光束的单心性没有破坏,那么这个顶点便是发光点的像. 在这种情况下,每个发光点都有一个和它对应的像点. 如果光束中各光线实际上确实是在该点会聚的,那么这个会聚点称为实像. 如果反射或折射后的光束是发散的,但是把这些光线反向延长后仍能找到光束的顶点,即光束仍保持单心性,那么这个发散光束的会聚点称为虚像.

3.1.5　实物、实像、虚像的概念

由于光能量包含在光束之中,所以只有进入人眼的光束才能引起视觉. 人眼所能看到的,即能成像于视网膜上的只是光束的顶点,而不是光束本身. 光在通过混浊物质(例如光从小孔射入空气中混有灰尘的暗室)时,我们似乎可以"看见"光束,但这实际上是由于在光束经过的地方的那些灰尘成了散射光源,人眼所看到的只是散射光束的散射中心. 宇航员看到太空一片漆黑,就是因为在他的视线方向没有散射的光束射入眼睛.

来自实物发光点的光束,如果不改变方向而直接进入人眼,则该发光点作为光束的顶点能直接被看到,如图 3-3(a) 所示. 如果由于反射或折射而改变了光线的方向,则光束进入人眼时,人眼的感觉仍以直接沿刚刚进入瞳孔的光线方向来判断光束发散顶点的位置,因而认为在该点有"物"存在. 无论是直接从实物发光点(物点)还是从反射或折射光束的这种单心发散点(像点)发出的光束,进入瞳孔后所引起的视觉并没有什么不同. 对眼睛来说,"物点"和"像点"都不过是进入瞳孔的发散光束的顶点,例如图 3-3 中的三种点光源情况就是这样,而且这时无法单独用眼睛来直接辨别光束的顶点处是否有实际光线通过. 实像所在点 P' 确有光线会聚,但光线并不在会聚点停止,它们相交后仍继续沿原来的直线传播,人眼所看到的只是实像 P',而不能看到实物 P,如图 3-3(b) 所示. 虚像所在之处则根本没有光线通过,实际存在的只是进入人眼的转向后的光束,如图 3-3(c) 所示.

把发出发散光束的像点看做物,对于下一个球面的折射来说,可认为与真正的发光物点没有区别,而且不必考虑这个像是实还是虚. 不过由于球折射面的大小有一定的范围,故对折射光束的张角就有一定的限制. 因而在图 3-4 中对自像点 P' 再发散的光束的范围也有一定的限制. 如人眼在这光束内的任一处 E,都可看见 P' 是一个明亮的点,好像看见真实的发光点一样. 但是在这光束的边缘以外,如图中 E' 处,即使向着 P' 处看,由于没有光束到达,结果仍将一无所见. 这显然和 P' 本身是一发光物点的情况有所不同. 因为发光的物点向一切方向发光,人眼无论在何处都可看见它.

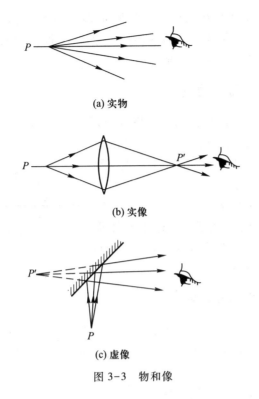

(a) 实物

(b) 实像

(c) 虚像

图 3-3   物和像

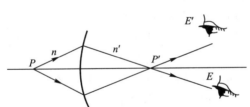

图 3-4   实物和实像

由于实像所在处 P' 点确有光线会聚,而虚像所在处根本没有光线通过,所以把白纸置于实像所在处 P' 点,该点受会聚光束照射后发生漫反射,因而可以看见白纸上的亮点,而虚像则不能在白纸上显现出来.

3.2   光在平面界面上的反射和折射   光导纤维

几何光学所研究的问题主要是如何能够准确地反映物体的形状,也就是如何能保持光束单心性的问题. 实际上只有在平面镜反射的情况中,光束的单心性才不被破坏. 一般说来,光在介质界面上的折射使光束已不再保持单心性,即一个物点不能成像于一点. 但是在适当的条件下,光束单心性能够近似地得到满足. 以下几节将着重讨论成像的最简单的基本条件. 至于由于单心性被破坏而引起的像差问题将在第 4 章中讨论.

值得指出的是此处所讲的光束单心性的破坏,并不意味着与衍射有任何联系. 这里讨论的纯粹是从光线的直线传播概念出发,即认为光束的截面积足够大,衍射现象可以略去不计的情况.

3.2.1 光在平面上的反射

从任一发光点 P 发出的光束(见图 3-5)经平面镜反射后,根据反射定律,其反射光线的反向延长线相交于 P' 点, P' 点就是 P 点的虚像. 它位于镜后,在通过 P 点向平面所作的垂线上,且有

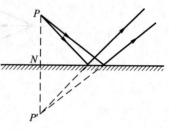

$$PN = P'N \qquad (3-1)$$

即 P' 点与 P 点关于镜面对称. 由此可见,平面镜是一个最简单的,不改变光束单心性的,并能成完善像的光学系统.

图 3-5 光在平面上的反射

3.2.2 光束单心性的破坏

光线在折射率不同的两个透明物质的<u>平面分界面</u>上反射时,单心光束仍保持为单心光束;但折射时,除平行光束折射后仍为平行光束外,单心光束的单心性将被破坏.

现在来讨论折射光束问题. 图 3-6 中的 x 轴(实际上是 Oxz 面, z 轴垂直于图面)代表两种介质的分界面,介质的折射率分别为 n_1 和 n_2,假定 $n_1 > n_2$. P 为发光点. 若以 OP 为 y 轴,则 P 点的坐标为 $(0, y)$.

考虑两条互相靠得很近的光线 PA_1 和 PA_2,入射点 A_1 的坐标为 $(x_1, 0)$, A_2 的坐标为 $(x_2, 0)$,入射角分别为 i_1 和 $i_1 + \Delta i_1$,折射角分别为 i_2 和 $i_2 + \Delta i_2$. 两条折射光线

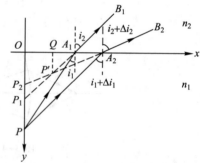

图 3-6 光束折射时单心性的破坏

$A_1 B_1$ 和 $A_2 B_2$ 向后延长分别交 y 轴于 $P_1(0, y_1)$ 和 $P_2(0, y_2)$ 点,并且它们在图平面上相交于 P' 点. 经过计算(见附录 3.1), P_1 点的纵坐标为

$$y_1 = \frac{n_2}{n_1}\sqrt{y^2 + \left(1 - \frac{n_1^2}{n_2^2}\right)x_1^2} \qquad (3-2)$$

P_2 点纵坐标 y_2 的表达式有相似的形式.

P' 点的坐标为

$$x' = y\left(\frac{n_1^2}{n_2^2} - 1\right)\tan^3 i_1 \qquad (3-3)$$

$$y' = y\frac{n_2}{n_1}\left[1 - \left(\frac{n_1^2}{n_2^2} - 1\right)\tan^2 i_1\right]^{\frac{3}{2}} \qquad (3-4)$$

如果光束是单心的,只要作出任意两条光线的交点,就能确定所有其他光线都将通过这个交点,这个交点就是光束的顶点.因此只要考虑光束中通过顶点的任一平面上的光线分布即可.如果光束不是单心的,那么就必须考虑到光束中光线的空间分布.在没有证明平面界面的折射光束是单心光束的情况下,不能认为 P' 点即为折射光束的顶点.为了说明折射光束的单心性已被破坏,还要研究上述 P_1 和 P_2 等点的情况.

上面仅讨论了 Oxy 面内的任意两条光线.实际上应该考虑从光源 P 发出的狭窄的空间光束.为此将该图绕 y 轴转过一个小的角度,则顶点为 P 的三角形 $\triangle PA_1A_2$ 展成一个单心的发散光束.但折射光束中所有光线的延长线都交 y 轴于线段 P_1P_2 的范围内.同时,P' 点描出一段很短的弧.可以近似地认为这段弧是垂直于图面的一小段直线段,折射光束中所有光线向后延长时彼此又都分别相交于这一小段直线上的各点.由此可见,折射光束的单心性已被破坏:光束中的所有光线并不相交于单独的一点,而是交于两条互相垂直的线段上.一条是 P' 点描出的,一条是 P_1P_2,这样的两条线段称为焦线.位于图面内的焦线 P_1P_2 称为弧矢焦线.由 P' 点描出的垂直于图面的焦线称为子午焦线.

仅当 P 点所发出的光束几乎垂直于界面时,即仅当图 3-6 中的 $i_1=0$ 时,从 (3-2) 式、(3-3) 式和 (3-4) 式可得

$$x'=0, \quad y'=y_1=y_2=\frac{n_2}{n_1}y \tag{3-5}$$

这时 P_1、P_2 和 P' 三点方几乎能重合在一起,折射光束几乎仍保持为单心的.入射方向越倾斜,折射光束的像散就越显著.在水面上沿着竖直方向观看水中物体时,所见的像最清晰,此时所见像的深度 y' 与实际物的深度 y 之比由 (3-5) 式给出.若 $n_1>n_2$,则 $y'<y$,也就是水中物体似见上升,y' 称为像似深度.沿着倾斜角度较大的方向观看时,像的清晰度由于像散而受到破坏.

[例 3.1] 使一束向 P 点会聚的光在到达 P 点之前通过一平行玻璃板.如果将玻璃板垂直于光束的轴竖放,问会聚点将朝哪个方向移动?移动多少?

[解] 在例 3.1 图中,当会聚光束通过平行玻璃板时,要发生两次折射,折射后的光束向外发生侧移.显然会聚点从 P 移到 P',P' 离玻璃板更远了.为了计算移动的距离 PP',先假设一光线的入射角为 i_1,折射角为 i_2,平行玻璃板的折射率为 n.根据折射定律,第一次折射有

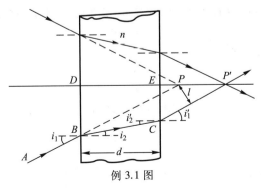

例 3.1 图

$$\frac{\sin i_1}{\sin i_2} = n$$

从玻璃板射出来时,再一次发生折射.设入射角为 i_2',折射角为 i_1'.根据折射定律又有

$$\frac{\sin i_2'}{\sin i_1'} = \frac{1}{n}$$

所以

$$\frac{\sin i_2'}{\sin i_1'} = \frac{\sin i_2}{\sin i_1}$$

显然,对平行玻璃板来说, $i_2' = i_2$.因此,由上式可知, $i_1' = i_1$.这就说明

$$AP // CP'$$

设平行玻璃板的厚度为 d,由例 3.1 图可知,出射光线对入射光线的侧移为

$$l = BC\sin(i_1 - i_2)$$

因为 $BC = d/\cos i_2$,所以

$$l = \frac{d}{\cos i_2}\sin(i_1 - i_2) = \frac{d(\sin i_1 \cos i_2 - \cos i_1 \sin i_2)}{\cos i_2}$$

$$= d\sin i_1 \left(1 - \frac{\cos i_1}{\cos i_2}\frac{\sin i_2}{\sin i_1}\right)$$

利用折射定律,可得

$$l = d\sin i_1 \left(1 - \frac{1}{n}\frac{\cos i_1}{\cos i_2}\right) = d\sin i_1 \left(1 - \frac{\cos i_1}{n\sqrt{1 - \sin^2 i_2}}\right)$$

以 $\sin i_2 = \frac{1}{n}\sin i_1$ 代入上式,则有

$$l = d\sin i_1 \left(1 - \frac{\cos i_1}{\sqrt{n^2 - \sin^2 i_1}}\right)$$

由此,便可得出光束会聚点移动的距离为

$$PP' = \frac{l}{\sin i_1} = d\left(1 - \frac{\cos i_1}{\sqrt{n^2 - \sin^2 i_1}}\right)$$

从上式可以看出光束会聚点的移动不仅与玻璃板的折射率和厚度有关,而且和光线的入射角 i_1 有关.显然,一束会聚光中各光线的入射角是不同的,因此严格讲存在像散,只有光束立体角很小时, PP' 才有确定的值.在 $i_1 = 0$,即垂直入射的情况下,有

$$PP' = d\left(1 - \frac{1}{n}\right)$$

这个结论很容易从(3-5)式得到.因为光束经第一次折射后,利用(3-5)式便有

$$y' = nDP$$

再经第二次折射,又有

$$EP' = \frac{1}{n}(y' - d)$$

因此

$$PP' = EP' - (DP - d)$$

$$= \frac{1}{n}(nDP - d) - DP + d$$

$$= d\left(1 - \frac{1}{n}\right)$$

3.2.3 全反射 光导纤维

由折射定律可知,若 $n_2>n_1$,则 $i_2<i_1$,即与入射光线相比,折射光线向法线方向偏折;若 $n_2<n_1$,则 $i_2>i_1$,即与入射光线相比,折射光线将更为远离法线(见图 3-7). 在后一种情况下,随着入射角 i_1 的增大,折射角 i_2 增加很快,当入射角 $i_1=i_c$ 时,折射角为 90°;当入射角 $i_1 \geqslant i_c$ 时,就不再有折射光线而光全部被反射,这种对光线只有反射而无折射的现象称为全反射. 入射角 i_c 称为临界角,其值取决于相邻介质折射率的比值:

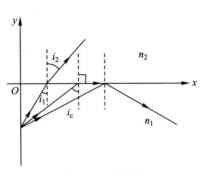

图 3-7 全反射

$$i_c = \arcsin \frac{n_2}{n_1} \qquad (3-6)$$

例如,$n_2=1$ 的空气对于 $n_1=1.5$ 的玻璃而言,临界角 $i_c=42°$. 金刚石折射率大($n=2.417$),相应的临界角小,更容易产生全反射. 在切割钻石时控制切割面的角度,使进入钻石的光线均产生全反射后自其顶部射出,看起来就会光彩夺目,加上金刚石具有强烈的色散,看起来更会大放异彩.

[例 3.2] 试确定光束在全反射时折射波的性质.

[解] 折射波可以用下式表示:

$$\boldsymbol{E} = \boldsymbol{A}_{20} e^{i(\boldsymbol{k}_2 \cdot \boldsymbol{r} - \omega t)}$$

若波在 Oxz 平面内传播,如例 3.2 图所示,则

$$\boldsymbol{E} = \boldsymbol{A}_{20} e^{i(k_{2x}x + k_{2z}z - \omega t)} = \boldsymbol{A}_{20} e^{i(k_2 x \cos i_2 + k_2 z \sin i_2 - \omega t)}$$

利用折射定律和(3-6)式,上式指数第一项中的

$$k_2 \cos i_2 = k_2 \left[1 - \left(\frac{n_1}{n_2} \right)^2 \sin^2 i_1 \right]^{\frac{1}{2}}$$

$$= k_2 \frac{n_1}{n_2} \left[\left(\frac{n_2}{n_1} \right)^2 - \sin^2 i_1 \right]^{\frac{1}{2}}$$

$$= k_2 \frac{n_1}{n_2} \left[\sin^2 i_c - \sin^2 i_1 \right]^{\frac{1}{2}}$$

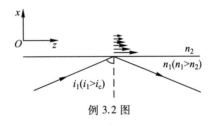

例 3.2 图

当 $i_1>i_c$ 时,可令

$$k_2 \frac{n_1}{n_2} \left[\sin^2 i_c - \sin^2 i_1 \right]^{\frac{1}{2}} \equiv i\beta$$

因此

$$E_2 = A_{20} e^{-\beta x} e^{i \left[\left(k_2 \frac{n_1}{n_2} \sin i_1 \right) z - \omega t \right]}$$

上式代表一个沿 z 方向传播但振幅在 x 方向按指数律衰减的波. 这种波称为"表面波"或"倏逝波",如例 3.2 图所示.

全反射的应用很广,近年来发展很快的光导纤维,就是利用全反射规律而使光线沿着弯曲路程传播的光学元件. 一般使用的光导纤维是直径为几微米至几十微米的低损耗的透明介质纤维. 每根纤维分内外两层,内层材料的折射率

高,外层材料的折射率低.这样当光由内层射到两层介质的界面时,入射角小于临界角的那些光线,根据折射定律逸出纤维,而入射角大于临界角的光线,由于全反射,在两层界面上经历多次反射后呈锯齿形的路线传到另一端,如图 3-8 (a)所示.

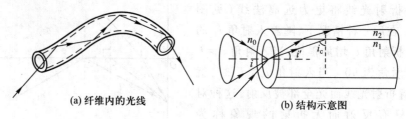

(a) 纤维内的光线   (b) 结构示意图

图 3-8 光导纤维

图 3-8(b)中的单箭头线是一条临界光线,它在两层界面上的入射角等于临界角 i_c. 显然,由折射率为 n_0 的介质经端面进入纤维而且入射角大于 i 的那些光线,在 n_1、n_2 界面上的入射角就小于 i_c,这些光线都不能通过纤维. 只有在介质 n_0 中顶角等于 $2i$ 的空间锥体内的全部光线才能在纤维中传播,根据临界角公式

$$\sin i_c = \frac{n_2}{n_1}$$

和折射定律

$$n_0 \sin i = n_1 \sin i'$$

可得

$$n_0 \sin i = n_1 \sin\left(\frac{\pi}{2} - i_c\right)$$

$$= n_1 \cos i_c = n_1 \sqrt{\frac{n_1^2 - n_2^2}{n_1^2}} = \sqrt{n_1^2 - n_2^2}$$

对于空气中的纤维,$n_0 = 1$,于是

$$\sin i = \sqrt{n_1^2 - n_2^2}$$

$$i = \arcsin\sqrt{n_1^2 - n_2^2} \tag{3-7}$$

由此可见,对于一定的 n_1 和 n_2,入射角 i 的值是受限制的,因而纤维所能容许传播的那些光线所占的范围是一定的. 为了使更大范围内的光束能在纤维中传播,应选择 n_1 和 n_2 的差值较大的材料制造光导纤维.

在沙漠或海平面上看到的"海市蜃楼"是光在非均匀折射率的空气中传播时产生全反射后肉眼看到的一种景象. 夏天,海面附近的空气温度比高空中的空气温度低,所以海面附近空气的折射率比高空中空气的折射率高. 远处海面上或海岸上的景物发出的光通过不同层面的空气时会发生折射,越向上,入射角就越大,产生的折射角也越大,当入射角大于临界角时,则发生全反射,反射光线进入人眼后,大脑会根据入射光线反向延长找到"景物"的位置,觉得似乎景物就在海上.

课外视频
海市蜃楼

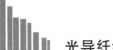

光导纤维已被广泛应用于各个领域,并已发展成一门新的学科——纤维光学,光纤的发明者高锟(1933—2018)因而获 2009 年诺贝尔物理学奖.制作光导的材料主要有多组分玻璃、石英和塑料.制作红外光纤或紫外光纤则需要用对红外光或紫外光透明的材料.还有一种自身能发光的光纤,它是在芯料中加入某些具有激活性质的材料,该种材料在适当的泵浦方式下激发到高能态,实现光辐射跃迁而发出激光.

石英光纤由石英玻璃棒拉制而成,通过对棒掺杂,使光纤内部有固定的折射率分布.按照光纤内部折射率的分布情况,可分为折射率阶跃型光纤[图3-9(a)]和折射率渐变型光纤[图3-9(b)]两种.

彩色图片 3-1 光纤 a

彩色图片 3-1 光纤 b

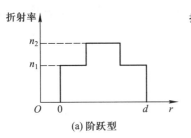

图 3-9 光纤的折射率分布

彩色图片 3-1 光纤 c

由于光纤本身具有线径细、强度高、耐化学腐蚀和不受电磁场干扰等优点,可以制成传感器而用于通常的计量仪器难以胜任的环境(如高压、强电磁场干扰、狭窄空间、腐蚀性介质等).利用光纤自身的克尔效应、法拉第效应、荧光效应、电光效应等,通过从光纤输出的光相对输入的光的特性变化,可探知光纤周围环境的变化,即将光纤自身作为传感器,例如用光纤连接温度传感器可用于输油输气管道、大坝和桥梁结构、输电线、海底光缆等的检测.也可以把对被测物理量敏感的光传感器接在光纤端面上,而光纤本身只作为传输光的线路.

除了传输光以外,光导纤维还可用于直接传输图像.把上万根光导纤维合成一束,并使两端的纤维按完全相同的次序排列,就可以直接把图像从一端传输到另一端.由于光导纤维细而柔软,能弯曲成任意形状,因此可以伸入机器或人体内部进行窥视和手术,如胃镜、膀胱镜等.在生物医学中,光纤通常被集成或插入到内窥镜、导管或注射器中,广泛用于各种参数如血压、血流、pH、葡萄糖和蛋白质含量等的测量.目前,人们正致力于将具有不同功能的传感器集成到一根光纤上,制成多功能光纤传感器,以便同时测量多种关键数据.

光纤通信是利用光纤作为传输介质将载有信息的光波从始端传到终端,从而实现信息的传递.也就是用波长极短的电磁波——光波取代低频电磁波或微波来实现电磁波的有线传输.它具有抗电磁干扰性强、频带宽、通信容量大、保密性强、重量轻、节省金属材料等优点.目前光纤组成的光缆已普遍代替电缆组成了长途干线和网络,作为传输电话、电视、数据等的通道.由于光纤技术和激光技术的成熟,使电子技术能扩展到光波波段,形成了一门新的分支学科——光电子学.

彩色图片 3-2 光纤激光器

3.2.4 棱镜

棱镜是一种常见的光学元件,它的主要用途有两种:作为色散元件和利用光在棱镜内的全反射来改变光束的方向,即转向元件.

在棱镜中光线入射和出射的两个平面界面互不平行,图3-10所示为一块三棱镜的主截面——垂直于两界面的截面,$\angle A$ 为折射棱角,单色入射光束通过棱镜时,将连续发生两次折射. 出射线和入射线之间的夹角 θ 称为偏向角,从图中不难看出

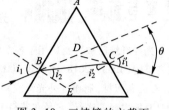

图 3-10　三棱镜的主截面

$$\theta = (i_1 - i_2) + (i'_1 - i'_2)$$

又因

$$i_2 + i'_2 = A$$

故上式又可写为

$$\theta = i_1 + i'_1 - A$$

如果保持入射线的方向不变,而将棱镜绕垂直于图面的轴线旋转,则偏向角将跟着改变. 也就是说,当折射棱角给定时,偏向角 θ 随着入射角 i_1 的改变而改变. 可以证明,当 $i_1 = i'_1$ 时,偏向角达最小值(见附录 3.2). 将该 i_1 值代入上式,即得最小偏向角为

$$\theta_0 = 2i_1 - A \qquad (3-8)$$

由此可得与 i'_1 相等的入射角为

$$i_1 = \frac{\theta_0 + A}{2}$$

又当 $i_1 = i'_1$ 时,折射角为

$$i'_2 = i_2 = \frac{A}{2}$$

利用这两个特殊的入射角和折射角,就可以计算棱镜材料的折射率

$$n = \frac{\sin i_1}{\sin i_2} = \frac{\sin \dfrac{\theta_0 + A}{2}}{\sin \dfrac{A}{2}} \qquad (3-9)$$

因此只要测出最小偏向角,就可以确定棱柱形透明物体的折射率. 之所以利用最小偏向角而不用任意偏向角,是因为它在实验中最容易被精确地测定.

棱镜可分为直角棱镜、等腰屋脊棱镜、五角棱镜以及其他多面或多边形棱镜. 也可以用平行的平玻璃做成空心棱镜,充入待测液体. 由于薄的平行平玻璃不引起光的偏折,引起偏折的仅是液体三棱镜,由此可测出液体的折射率.

不同波长的光在同一介质中的折射率不同,这种现象称为色散. 复色光或白光经过三棱镜的两次折射后,不同波长的光将被分开,紫色光比红色光更偏向棱镜截面的底边,这就是棱镜的分光作用. 棱镜光谱仪就是利用棱镜的分光作用制成的.

利用全反射棱镜来改变光线方向,比用一般的平面镜,能量损失要小得多. 如图 3-11 所示,$\triangle ABC$ 为等腰直角三角形棱镜的主截面. 当光线垂直入射到 AB 面上时,反射损失最小(对玻璃来说约 4%),并按原方向进入棱镜,射到 AC 面上,此时入射角等于 45°,比玻璃到空气的临界角大,因而产生全反射,反射光强几乎没有损失. 由于反射角也是 45°,光线就偏折了 90°,沿垂直于 BC 面的方

彩色图片 3-3
各种复杂规格棱镜、胶合棱镜

彩色图片 3-4
棱镜、平面镜和透镜

向射出棱镜. 因为是垂直入射,反射损失很小. 因此在光学仪器中经常用它作为把光线转向 90°的光学元件.

利用全反射棱镜可以方便地获取指纹图像而制成指纹锁. 在图 3-12 中,在棱镜的两个直角边外侧分别放置照明光源和摄像机. 当手指按在斜边的折射面上时,指纹的突出部分因与棱镜的折射面紧密接触而破坏了全反射条件,因而相应位置的反射光较弱,而指纹的凹槽部分因其未与折射面接触而反射光较强,从而在摄像机所在位置可以清楚地摄得折射面上亮暗相间的指纹图像.

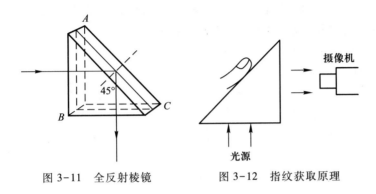

图 3-11　全反射棱镜　　　　图 3-12　指纹获取原理

利用全反射棱镜还可以制成光开关. 图 3-13 中,当两个直角棱镜的斜边折射面离开一定距离时,入射光被棱镜 1 全反射而转过 90°,不能穿过棱镜 2 使开关处于"关"的状态. 当两棱镜的斜边折射面紧贴或在其间充入折射率与棱镜相同的液体时,全反射条件破坏,光束能穿过棱镜 2 使开关处于"开"的状态.

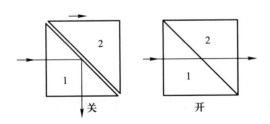

图 3-13　棱镜式光开关

还有一种从一个立方体的玻璃砖上切下一角而成的角锥棱镜. 从该棱镜斜面入射的光线经三个直角面全反射后仍能按原方向反射回去. 该棱镜可用来代替激光器谐振腔中的高反射率介质镜,或用于激光测距作为反射镜使用. 角锥棱镜曾被美国阿波罗 11 号登月火箭放置在月球上,麦克唐纳天文台利用它测定了地球和月球之间的距离. 高速公路和高架路护栏上的回光灯,以及自行车后面的回光灯等也是一种角锥棱镜装置. 它用红色塑料制成,内壁布满许多小的角锥棱镜,外表面为这些棱镜的共同斜面. 当光投射到回光灯上时,会反射出红色的亮光,保证汽车和自行车在夜间的安全行驶.

3.3 光在球面上的反射和折射

单球面不仅是一个简单的光学系统,而且是组成光学仪器的基本元件. 研究光经由球面的反射和折射,是研究一般光学系统成像的基础.

3.3.1 符号法则

为了研究光线经由球面反射和折射后的光路,必须先说明一些概念以及规定适当的符号法则,以便使所得的结果能普遍适用.

图 3-14 中的 AOB 表示球面的一部分.
这部分球面的中心点 O 称为顶点,球面的球心 C 称为曲率中心,球面的半径称为曲率半径,连接顶点和曲率中心的直线 CO 称为主轴,通过主轴的平面称为主平面. 主轴对于所有的主平面具有对称性. 因此只需讨论一个主平面内光线的反射情况.
图 3-14表示球面的一个主平面.

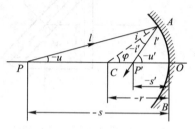

图 3-14 主平面内的球面反射

在计算任一条光线的线段长度和角度时,对符号作如下规定:

(1)线段长度都从顶点算起,凡光线和主轴的交点在顶点右方的,线段长度的数值为正;凡光线和主轴的交点在顶点左方的,线段长度的数值为负. 物点或像点至主轴的距离,在主轴上方为正,在下方为负.

(2)光线方向的倾斜角度都从主轴(或球面法线)算起,并取小于 $\pi/2$ 的角度. 由主轴(或球面法线)转向有关光线时,若沿顺时针方向转动,则该角度为正;若沿逆时针方向转动,则该角度为负(在考虑角度的符号时,不必考虑组成该角的线段的符号).

(3)在图中出现的长度和角度(几何量)只用正值. 例如 s 表示的某线段的值是负的,则应用 $-s$ 来表示该线段的几何长度. 以下讨论都假定光线自左向右传播.

3.3.2 球面反射对光束单心性的破坏

在图 3-14 中,从点光源 P 发出的光波从左向右入射到曲率中心为 C,顶点为 O,曲率半径为 r 的一个凹球面镜上,光线 PA 经球面镜 AOB 反射后,在 P' 点与主轴相交. 令

$$PO = -s, \quad P'O = -s', \quad PA = l, \quad AP' = l'$$

半径 AC 与主轴的夹角为 φ,则光线 PAP' 的光程

$$\Delta_{PAP'} = nl + nl'$$

在 $\triangle PAC$ 和 $\triangle ACP'$ 中应用余弦定理,并注意

$$\cos \varphi = -\cos(\pi - \varphi)$$

$$PC = (-s)-(-r) = r-s$$
$$CP' = (-r)-(-s') = s'-r$$

可得

$$l = \left[(-r)^2 + (r-s)^2 + 2(-r)(r-s)\cos\varphi \right]^{\frac{1}{2}} \qquad (3\text{-}10)$$

以及

$$l' = \left[(-r)^2 + (s'-r)^2 - 2(-r)(s'-r)\cos\varphi \right]^{\frac{1}{2}} \qquad (3\text{-}11)$$

因此,光线 PAP' 的光程可写成

$$\Delta_{PAP'} = n\left[(-r)^2 + (r-s)^2 + 2(-r)(r-s)\cos\varphi \right]^{\frac{1}{2}} +$$
$$n\left[(-r)^2 + (s'-r)^2 - 2(-r)(s'-r)\cos\varphi \right]^{\frac{1}{2}} \qquad (3\text{-}12)$$

由于当 A 点在镜面上移动时,半径 r 是常量,而角度 φ 才是位置的变量. 根据费马原理,物像间的光程应取极值或常量. 为此,把(3-12)式对 φ 求导,并令其导数等于零,即

$$\frac{\mathrm{d}\Delta_{PAP'}}{\mathrm{d}\varphi} = n\frac{1}{l}\left[-2r(r-s)\sin\varphi \right] + n\frac{1}{l'}\left[2r(s'-r)\sin\varphi \right]$$
$$= 0$$

由此可得

$$\frac{r-s}{l} - \frac{s'-r}{l'} = 0$$

或者

$$\frac{1}{l'} + \frac{1}{l} = \frac{1}{r}\left(\frac{s'}{l'} + \frac{s}{l} \right) \qquad (3\text{-}13)$$

如果发光点 P 至 O 点的距离 s 为已知,用此式即可算出任一反射线和主轴的交点 P' 到 O 点的距离 s'. 显然 s' 将随着所取入射线的倾斜角 u(亦即角 φ)的变化而变化. 这就是说,从物点发散的单心光束经球面反射后,将不再保持单心性(即使平行光束入射时也不例外). 关于这一点可说明如下:

图 3-15 中,对应于 PA_1 及 PA_2 两条入射光线的反射线,分别交主轴于 P_1 和 P_2 两点,且相交于 P' 点. 把该图绕主轴 PO 转过一个小角度,使 $\triangle PA_1A_2$ 展成一单心的空间光束,此时 P' 点描出一条很短的弧线,它垂直于图面即反射光束的子午焦线,而图面中的 P_1P_2 则为弧矢焦线.

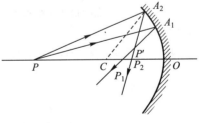

图 3-15 球面反射的子午焦线和弧矢焦线

3.3.3 近轴光线条件下球面反射的物像公式

在近轴光线条件下,φ 很小,在一级近似下,$\cos\varphi \approx 1$,因此,(3-10)式和(3-11)式变成

$$l \approx \sqrt{\left[(-r)+(r-s) \right]^2} = -s$$

以及
$$l' \approx \sqrt{[(-r)-(s'-r)]^2} = -s'$$

这样一来,(3-13)式就简化为

$$\frac{1}{s'} + \frac{1}{s} = \frac{2}{r} \qquad (3-14)$$

上式中,对于 r 一定的球面,只有一个 s' 和给定的 s 对应,此时存在确定的像点(见图 3-16).这个像点是一个理想的像点,称为高斯像点.这是因高斯最先建立起光线理想成像的定律而得名.s 称为物距,s' 称为像距.

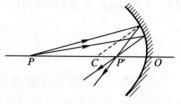

图 3-16　近轴光线的球面反射

上述关于凹球面的反射公式也适用于凸球面反射,而且在近轴光线条件下无论 s 值的大小如何都适用.应用这个公式时,必须注意符号法则.

当 $s=-\infty$ 时,$s'=r/2$.沿主轴方向的平行光束入射经球面反射后,成为会聚(或发散)的光束,其顶点在主轴上,称为反射球面的焦点.焦点到顶点间的距离,称为焦距,以 f' 表示.由上述关系可见

$$f' = \frac{r}{2}$$

f' 的符号取决于 r,亦遵守符号法则.于是(3-14)式可写成

$$\frac{1}{s'} + \frac{1}{s} = \frac{1}{f'} \qquad (3-15)$$

这个联系物距和像距的公式称为球面反射物像公式.无论对于凹球面或凸球面,无论 s、s'、f' 的数值大小、是正的还是负的,只要在近轴光线的条件下,上式都是球面反射成像的基本公式.

　　[例3.3]　一个点状物体放在凹面镜前 0.05 m 处,凹面镜的曲率半径为 0.20 m,试确定像的位置和性质.

　　[解]　若光线自左向右传播,如例 3.3 图(a)所示,这时

$$s = -0.05 \text{ m}, \quad r = -0.20 \text{ m}$$

由(3-14)式可得

$$\frac{1}{s'} = \frac{2}{-0.20 \text{ m}} - \frac{1}{-0.05 \text{ m}} = \frac{1}{0.10 \text{ m}}$$

$$s' = 0.10 \text{ m}$$

所成的是在凹面镜后 0.10 m 处的一个虚像.

　　如果光线自右向左传播,如例 3.3(b)图所示,那么

$$s = 0.05 \text{ m}, \quad r = 0.20 \text{ m}$$

由(3-14)式可得

$$\frac{1}{s'} = \frac{2}{0.20 \text{ m}} - \frac{1}{0.05 \text{ m}}$$

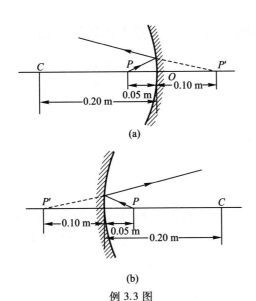

(a)

(b)

例 3.3 图

$$s' = -0.10 \text{ m}$$

得到的仍然是在凹面镜后 0.10 m 处的一个虚像. 这说明无论光线自左向右传播还是自右向左传播, 只要按照前述符号法则, 物像公式 (3-14) 式或 (3-15) 式都是适用的.

3.3.4 球面折射对光束单心性的破坏

如图 3-17 所示, AOB 是折射率分别为 n 和 n' 的两种介质的球面界面, r 为球面的半径, C 为球心, O 为球面顶点, OC 的延长线为球面的主轴. 设 $n'>n$, 光线从点光源 P 发出, 经球面 A 点折射后与主轴相交于 P'. 令

$$PO = -s, \quad OP' = s', \quad PA = l, \quad AP' = l'$$

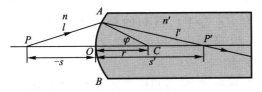

图 3-17　主平面内的球面折射

半径 AC 与主轴的夹角为 φ. 则光线 PAP' 的光程为

$$\Delta_{PAP'} = nl + n'l'$$

应用与 3.3.2 节中同样的方法, 根据费马原理 $\dfrac{\mathrm{d}\Delta_{PAP'}}{\mathrm{d}\varphi} = 0$, 即得

$$\frac{n'}{l'} + \frac{n}{l} = \frac{1}{r}\left(\frac{n's'}{l'} + \frac{ns}{l}\right) \tag{3-16}$$

由此可见, s' 也和 φ 的大小有关. 因此从物点 P 发出的单心光束经球面折射后, 单心性也被破坏.

3.3.5　近轴光线条件下球面折射的物像公式

在近轴光线的条件下,φ 值很小,在一级近似下,$\cos \varphi \approx 1$,因此

$$l \approx \sqrt{[\,r-(r-s)\,]^2} = -s$$

以及

$$l' \approx \sqrt{[\,r+(s'-r)\,]^2} = s'$$

以此代入(3-16)式,可得

$$\frac{n'}{s'} - \frac{n}{s} = \frac{n'-n}{r} \qquad\qquad (3\text{-}17)$$

(3-17)式右端仅与介质的折射率及球面的曲率半径有关,因而对于一定的介质及一定形状的表面来讲是一个不变量,现定义此量为 <u>光焦度</u>,以 $\varPhi$ 表示:

$$\varPhi = \frac{n'-n}{r} \qquad\qquad (3\text{-}18)$$

它表征球面的光学特性. 光焦度的单位为 m^{-1}.

这个凸球面折射的物像公式也适用于凹球面折射,而且在近轴光线条件下,无论 s 值的大小如何都能适用.

如果发光点的位置在 P' 点,它的像便成在 P 点. 也就是说,如果 P 点或 P' 点为物,则另一点必为其相应的像. 物点和像点的这种关系称为 <u>共轭</u>,相应的点称为 <u>共轭点</u>,相应的光线称为 <u>共轭光线</u>. 应该指出,物像共轭是光路可逆原理的必然结果.

由于像可以是实的也可以是虚的,即可以位于球面的任一侧,因此,规定入射光束在其中行进的空间为 <u>物空间</u>,折射光束在其中行进的空间为 <u>像空间</u>. 对于单独一个球面来说,如光线自左向右传播,则物空间在球面顶点的左方;像空间在球面顶点的右方,此时实物物距应该取负值($s<0$). 如折射光束在像空间会聚,像点就在顶点右方($s'>0$),得到的是实像;如折射光束在像空间发散($s'<0$),得到的是虚像. 要注意虚像虽在物空间,但它并不实际存在,实际存在的是像空间的发散光束.

在球面反射的情况中,物空间和像空间相重合. 在实物物距 $s<0$ 的情况下,$s'<0$ 得实像,$s'>0$ 得虚像.

平行于主轴的入射光线折射后和主轴相交的位置称为球面界面的 <u>像方焦点</u> F',从球面顶点 O 到像方焦点的距离称为 <u>像方焦距</u> f'. 从(3-17)式可知,当 $s=-\infty$ 时,即得

$$f' = \frac{n'}{n'-n}r \qquad\qquad (3\text{-}19)$$

如果把物点放在主轴上某一点时,发出的光折射后将产生平行于主轴的平行光束,那么这一物点所在的点称为 <u>物方焦点</u> F,从球面顶点到物方焦点的距离称为 <u>物方焦距</u> f. 从(3-17)式可知,当 $s'=\infty$ 时,即得

$$f = -\frac{n}{n'-n}r \qquad\qquad (3\text{-}20)$$

从(3-19)式和(3-20)式可知,f 与 f' 之间的关系为

$$\frac{f'}{f} = -\frac{n'}{n} \qquad (3-21)$$

即物像双方焦距之比等于物像双方介质的折射率之比. 由于 n 和 n' 永远不相等,故 $|f| \neq |f'|$. 上式中的负号表示物方和像方焦点永远位于球面界面的左右两侧.

但在球面反射的情况中,物空间与像空间重合,且反射光线与入射光线的传播方向恰恰相反. 这一情况,在数学处理上可以认为像方介质的折射率 n' 等于物方介质折射率 n 的负值,即 $n' = -n$(这仅在数学上有意义). 于是 $f' = f$,且(3-17)式变成(3-14)式. 所以不必对球面反射的焦点和焦距区分物方和像方,并可以把反射看做是折射的特例.

3.3.6 高斯公式和牛顿公式

把焦距代入(3-17)式,得

$$\frac{n'}{s'} - \frac{n}{s} = -\frac{n}{f} = \frac{n'}{f'}$$

或

$$\frac{f'}{s'} + \frac{f}{s} = 1 \qquad (3-22)$$

以后我们将看到,在其他光具组理想成像时,物距、像距和焦距的关系式也和上式完全相同. 因此可说(3-22)式是普遍的物像公式,称为<u>高斯物像公式</u>.(3-15)式则为(3-22)式的特例.

应该指出,若光线自右向左传播,则物空间在球面顶点的右方,而像空间在球面顶点的左方. 此时前述符号法则仍然适用,(3-22)式中的 f' 仍是像方焦距,f 仍是物方焦距. 但此时实物物距应该取<u>正值</u>($s > 0$). 如果折射光束在像空间会聚,像点在球面顶点<u>左方</u>($s' < 0$),则得到的是实像;如果折射光束在像空间发散,像点在球面顶点右方($s' > 0$),则得到的是虚像.

本书采用的这一符号法则,比较符合数学惯例(仅角度的正负方向考虑到应用光学的习惯),对于不同的光线方向也能适用,这个符号法则称为<u>新笛卡儿符号法则</u>.

在确定物点 P 和像点 P' 的位置时,物距和像距也可以不从球面顶点,而分别从物方和像方焦点算起. 物点在 F 之左的,物距 FP 用 $-x$ 表示;像点在 F' 之右的,像距 $F'P'$ 用 $+x'$ 表示. 左右改变时,正负号也跟着改变. 这样表示物距和像距关系的式子又可写成另一种形式,从图 3-18 可见

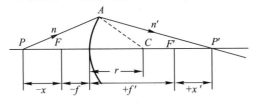

图 3-18 新笛卡儿符号法则示意图

$$-s = (-x) + (-f) \quad \text{和} \quad s' = (+f') + (+x')$$

或
$$x = s - f \quad \text{和} \quad x' = s' - f'$$

于是(3-22)式变为

$$\frac{f'}{x' + f'} + \frac{f}{x + f} = 1$$

简化后,则得

$$xx' = ff' \tag{3-23}$$

以后将会看到,这个关系式对于其他光具组也是普遍适用的,称为**牛顿公式**. 其形式较(3-22)式简单,对称形式更为显著,有时运用起来较为方便.

[**例3.4**] 一个折射率为1.6的玻璃哑铃,长20 cm,两端的曲率半径为2 cm. 若在离哑铃左端5 cm处的轴上有一物点,试求像的位置和性质.

[**解**] 如例3.4图所示,哑铃左端的折射面相当于一个凸球面,按照符号法则,$r = 2$ cm,$s_1 = -5$ cm,并且 $n' = 1.6$,$n = 1.0$. 因此,由(3-17)式可得

$$\frac{1.6}{s'} + \frac{1}{5\ \text{cm}} = \frac{1.6 - 1}{2\ \text{cm}}$$

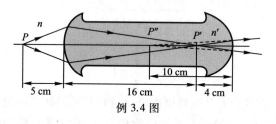

例 3.4 图

从而解得
$$s' = 16\ \text{cm}$$
因为 s' 是正的,像和物在折射球面的两侧,所以是实像.

哑铃右端的界面相当于一个凹球面,按照符号法则,有
$$r = -2\ \text{cm},\quad s_2 = 16\ \text{cm} - 20\ \text{cm} = -4\ \text{cm}$$
并且
$$n' = 1.0,\quad n = 1.6$$
因此
$$\frac{1\ \text{cm}}{s''} + \frac{1.6\ \text{cm}}{4\ \text{cm}} = \frac{1\ \text{cm} - 1.6\ \text{cm}}{-2\ \text{cm}}$$
因此可得
$$s'' = -10\ \text{cm}$$
最后的像是一个虚像,并落在哑铃的中间.

对一个焦距已知的球面来说,利用牛顿公式求像的位置是较为方便的. 按题意可得哑铃左端球面的物方焦距和像方焦距分别为

$$f = -\frac{1}{n-1}r = -\frac{2\ \text{cm}}{0.6} = -3.33\ \text{cm}$$

和
$$f' = \frac{n}{n-1}r = \frac{1.6}{0.6} \times 2\ \text{cm} = 5.33\ \text{cm}$$

物离物方焦点的距离为
$$x = s - f = -5\ \text{cm} - (-3.33\ \text{cm}) = -1.67\ \text{cm}$$

代入牛顿公式 $xx' = ff'$ 得
$$x' = \frac{ff'}{x} = \frac{-3.33\ \text{cm} \times 5.33\ \text{cm}}{-1.67\ \text{cm}} = 10.63\ \text{cm}$$

这表示像点在像方焦点右侧 10.63 cm 处,即在球面顶点右侧16 cm 处.

哑铃右端的界面所成的像同样可用牛顿公式计算求得.

3.4　光连续在几个球面界面上的折射　虚物的概念

3.4.1　共轴光具组

现在进一步研究光束在两个或两个以上球面界面上的折射情况. 图3-19是由四个球面组成的光学系统,一物点 P_1 发出的光束经第一个球面折射后,会聚于 P_1' 点,由于球面的大小有一定的范围,使得折射光束的张角范围受到一定的限制,因而从 P_1' 再发出的光束也受到了限制. 要使这个球面系统能最后成像,通过前一个球面的光束必须能通过或部分通过下一个球面. 要满足这个条件,就要尽量使用光束中的近轴光线. 因此,首先必须要使多个球面的顶点和曲率中心都在同一直线上,这种系统称为共轴光具组.

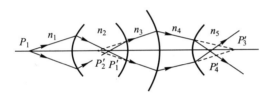

图 3-19　共轴光具组示意图

3.4.2　逐个球面成像法

在近轴光线的情况下,要解决共轴光具组的成像问题,可以使用逐个球面成像法. 这样,对第一个球面来说是出射的折射光束,对第二个球面来说就是入射光束(此时第二个球面的物空间与第一个球面的像空间重叠),所以第一个球面所成的像,就可看做第二个球面的物,依次逐个对各球面成像,最后就能求出物体通过整个系统所成的像. 图 3-19 是具有四个折射球面的系统. 所隔开的介质的折射率依次为 n_1、n_2、n_3、n_4、n_5. 欲求轴上一物点 P_1 经该系统所成的像,可按此方法求出经各球面依次所成的像 P_1'、P_2'……由最后一个球面所成的像 P_4' 就是整个光具组所成的像. 在近轴光线情况下,逐个球面成像法对任何共轴光具组成像的问题都适用.

3.4.3　虚物的概念

上述分析说明了在单心光束不被破坏的条件下,光束通过前一个球面所成的像对于下一个球面来说,可被看做是物. 无论这个像是实像还是虚像,只要它的位置在下一个球面之前,即光束在到达下一球面之前是发散的,问题就比较简单,直接把像看做是物就可以了. 它到下一个球面顶点之间的距离即为物距,仍可应用物像公式来计算,要注意的是必须以下一个球面的顶点作为原点. 对应于每一个原点应分别应用符号法则.

有时也会碰到这样的情况,光从前一个球面出射后是会聚的,应该成实像.但光束尚未到达会聚点,就遇到下一个球面,例如图 3-19 中的第四个球面,这种会聚光束对于下一个球面来说是入射光束,故仍应将其顶点看做是一物点,我们定义这种物为虚物. 这时仍可按照符号法则来定物距的正负,并应用物像公式来计算像的位置. 事实上,这是物像共轭的必然结果.

概括地说,发散的入射光束的顶点(不管是否有实际光线通过这点)是实物,会聚的入射光束的顶点(永远没有实际光线通过该点)是虚物.

3.5 薄 透 镜

把玻璃或塑料等透明物质磨成薄片,使其两表面都为球面或有一面为平面,即成为透镜. 凡中间部分比边缘部分厚的透镜称为凸透镜;凡中间部分比边缘部分薄的透镜称为凹透镜(见图 3-20). 连接透镜两球面曲率中心的直线称为透镜的主轴. 包含主轴的任一平面,称为主平面,透镜都制成圆片形,并以主轴为对称轴. 圆片的直径称为透镜的孔径. 物点在主轴上时,由于对称性,任意主平面内的光线分布都相同,故通常只研究一个主平面内的情况.

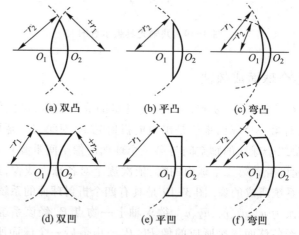

(a) 双凸   (b) 平凸   (c) 弯凸

(d) 双凹   (e) 平凹   (f) 弯凹

图 3-20 透镜的种类

透镜两表面在其主轴上的间隔称为透镜的厚度. 若透镜的厚度与球面的曲率半径相比不能忽略,则称为厚透镜;若可略去不计,则称为薄透镜.

凸透镜可分为双凸、平凸和弯凸,凹透镜可分为双凹、平凹和弯凹,还有胶合透镜和消色差透镜等。透镜可用于照相机、投影仪、光学成像、天文观测、科学研究等方面,还可以用于制作手机外置镜头、摄影镜头、远心镜头、红外镜头、准直镜头等高端镜头。

近日,德国斯图加特大学(University of Stuttgart)的科学家 Timo Gissibl 及其团队通过 3D 打印技术创造出了约为 0.1 mm、世界上最小的透镜,这种透镜是通过将 3 片微透镜叠加到一种针头状设备中制造出来的。这种设备能直接打印到图像传感器上,而不是像常见于数码相机或内窥镜尖端装在光学纤维上。实际测试证明,这种超微透镜可以在一条 1.7 m 长管道的一端成功再现了另一端一个仅有 3 mm 大小的物体。Gissibl 博士和他的同事们采用了一种可以发出短脉冲的光来硬化材料的装置制造出了这种 3D 多镜头系统。Gissibl 博士称这种方法为 3D 打印微型光学装置打开了大门,这种装置在下一代的内窥镜、小型机器人、无人机和秘密监控等领域有广阔的应用前景。

彩色图片 3-8
3D 打印微型透镜

3.5.1 近轴条件下薄透镜的成像公式

如图 3-21 所示,薄透镜是由两个曲率半径分别为 r_1 和 r_2 的折射球面组成的,透镜的厚度为 d,折射率为 n,透镜两侧的折射率分别记作 n_1 和 n_2. 若在主轴上有一点光源 P,发出的一条光线 PA 经透镜折射后,交于主轴 P' 点,令

$$OP=-s,\ O'P'=s',\ PA=l,\ A'P'=l',\ AM=A'N=h$$

彩色图片 3-9
直径 600 微米的 3D 打印多透镜系统

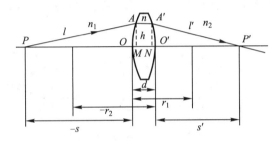

图 3-21 薄透镜主平面内的光线

任一光线 $PAA'P'$ 的光程就可表示为

$$\Delta_{PAA'P'}=n_1 l+n(d-OM-O'N)+n_2 l'$$

当 A 点在透镜上移动时,r_1 和 r_2 是常量,h 则是位置的变量,应用与 3.3.2 节中类似的方法,并考虑到近轴条件下的近似几何关系 $OM\approx\dfrac{h^2}{2r_1}$,$O'N\approx\dfrac{h^2}{2(-r_2)}$,根据费马原理,$\dfrac{\mathrm{d}\Delta_{PAA'P'}}{\mathrm{d}h}=0$,即得

$$\frac{n_2}{s'}-\frac{n_1}{s}=\frac{n-n_1}{r_1}+\frac{n_2-n}{r_2} \tag{3-24}$$

这便是薄透镜的物像公式.

如果利用物方焦距

$$f=\lim_{s'\to\infty}s=-n_1\bigg/\left(\frac{n-n_1}{r_1}+\frac{n_2-n}{r_2}\right) \tag{3-25}$$

和像方焦距

$$f'=\lim_{s\to\infty}s'=n_2\bigg/\left(\frac{n-n_1}{r_1}+\frac{n_2-n}{r_2}\right) \tag{3-26}$$

就可以得到薄透镜的高斯公式

$$\frac{f'}{s'} + \frac{f}{s} = 1 \qquad (3-27)$$

因透镜很薄,两个顶点可以看做是重合在一点 O. 若透镜两边的折射率相同,则通过 O 点的光线都不改变方向,这样的点称为透镜的光心. 研究薄透镜成像时,测量距离都从光心算起.

当光线自左向右传播时,实物物距总是负的,虚物物距却是正的. 但无论是实物还是虚物,$s'>0$ 表示成实像,$s'<0$ 表示成虚像. 若光线自右向左传播,按照规定的符号法则,高斯公式(3-27)式、焦距公式(3-25)式和(3-26)式仍然适用. 但此时,实物物距应取正值,虚物物距应取负值,$s'<0$ 表示成实像,$s'>0$ 表示成虚像.

判断透镜会聚光束还是发散光束,不能单看透镜的形状,还要看透镜两侧的介质. 若 $n_1 = n_2 = n'$,则当 $n'<n$ 时,凸透镜是会聚透镜,凹透镜是发散透镜;当 $n'>n$ 时,则凹透镜是会聚透镜,凸透镜是发散透镜,如图 3-22 所示. 显然,当透镜在空气中时,薄凸透镜是会聚光束的,薄凹透镜是发散光束的. 这时 $n_1 = n_2 = 1$,焦距公式简化成

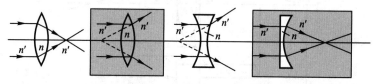

图 3-22 会聚透镜与发散透镜

$$\frac{1}{f'} = -\frac{1}{f} = (n-1)\left(\frac{1}{r_1} - \frac{1}{r_2}\right) \qquad (3-28)$$

高斯公式变为

$$\frac{1}{s'} - \frac{1}{s} = \frac{1}{f'} \qquad (3-29)$$

如果把两焦点分别作为计算物距和像距的起点,仍可得牛顿公式

$$xx' = ff'$$

3.5.2 横向放大率

在近轴光线和近轴物的条件下,垂直于主轴的物所成的像仍然是垂直于主轴的,如图 3-23 所示. 定义像的横向大小与物的大小之比值为横向放大率 β,即

$$\beta \equiv \frac{y'}{y}$$

由图 3-23 中 $\triangle PQO$ 与 $\triangle P'Q'O$ 的相似,可得

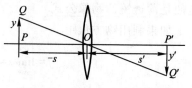

图 3-23 横向放大率示意图

$$\frac{-y'}{y} = \frac{-s'}{s}$$

因此,横向放大率
$$\beta = \frac{s'}{s} \qquad (3-30)$$
利用 $-s = -(f+x)$, $s' = f'+x'$, 可把上式化成
$$\beta = -\frac{f}{x} = -\frac{x'}{f'} \qquad (3-31)$$

如果计算所得 β 是正值,表示像是正的; β 是负值,表示像是倒的. $|\beta| > 1$ 表示像是放大的, $|\beta| < 1$ 表示像是缩小的.

[例 3.5] 在制作氦氖激光管的过程中,往往采用内调焦平行光管粘贴凹面反射镜,其光学系统如例 3.5 图所示. 图中 F_1' 是目镜 L_1 的焦点, F_2 是物镜 L_2 的焦点. 已知目镜和物镜的焦距均为 2 cm,凹面镜 L_3 的曲率半径为 8 cm.

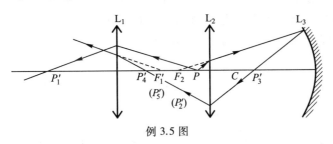

例 3.5 图

(1) 调节 L_2,使 L_1 与 L_2 之间的距离为 5 cm, L_2 与 L_3 之间的距离为 10 cm,试求位于 L_2 前 1 cm 的叉丝 P 经光学系统后所成像的位置.

(2) 当 L_1 与 L_2 之间的距离仍为 5 cm 时,若人眼通过目镜能观察到一个清晰的叉丝像, L_3 与 L_2 之间的距离应为多少?

[解] (1) P 对 L_1 直接成像;由于 $s_1 = 2f_1 = 4$ cm,故 $s_1' = -4$ cm,即成一像于 P_1' 处.

其次 P 先通过 L_2 成像,因 $s_2 = -1$ cm, $f_2' = 2$ cm,则由物像公式 (3-29) 式给出
$$s_2' = \frac{s_2 f_2'}{s_2 + f_2'} = \frac{-2}{1} \text{ cm} = -2 \text{ cm}$$

因此,成像于 L_2 的物方焦点 F_2 上. 该像点 P_2' 对 L_3 来说是物,则物距为
$$s_3 = -2 \text{ cm} + (-10 \text{ cm}) = -12 \text{ cm}$$

由凹面镜的物像公式 (3-14) 式得
$$s_3' = \frac{s_3 \dfrac{r}{2}}{s_3 - \dfrac{r}{2}} = \frac{(-12) \times (-4)}{-12 + 4} \text{ cm} = -6 \text{ cm}$$

即成像在 P_3' 点, P_3' 对 L_2 再次成像,这时物距 $s_4 = 4$ cm,由 (3-29) 式得
$$s_4' = \frac{s_4 f_2'}{s_4 + f_2'} = \frac{4 \times (-2)}{4 - 2} \text{ cm} = -4 \text{ cm}$$

即成像在 P_4' 点, P_4' 对 L_1 再次成像,物距 $s_5 = 1$ cm,则得
$$s_5' = \frac{s_5 f_1'}{s_5 + f_1'} = \frac{1 \times (-2)}{1 - 2} \text{ cm} = 2 \text{ cm}$$

即像 P_5' 位于透镜 L_1 的像方焦点 f_1' 上. 因此,可观察到 P_1' 和 P_5' 两个像.

(2) 若 P 经 L_2 后所成的像 P_2' 与凹面镜的曲率中心 C 重合,则根据光路可逆,由 L_3 反射后沿原路返回,再经 L_2 所成之像 P_3' 与物点 P 重合,这样,再经 L_1 所成像的 P_4' 与 P_1' 重合. 从上

述分析可知,L_3 与 L_2 之间的距离为 6 cm 时,可观察到一个清晰的像.

3.5.3 薄透镜的作图求像法

薄透镜的一般作图成像法,是利用经过两焦点和光心的三条特殊光线中的任意两条画出像点的方法. 在中学时我们已经学过,但要注意这种方法在近轴条件下才成立.

如果物点在主轴上,三条特殊的光线就合并成一条. 这时要用作图法确定像的位置就必须利用焦平面的性质. 在近轴条件下,通过物方焦点 F 与主轴垂直的平面称为<u>物方焦平面</u>,通过像方焦点 F' 与主轴垂直的平面称为<u>像方焦平面</u>. 与主轴成一定倾角入射的平行光束,折射后会聚于像方焦平面上一点 P',如图 3-24(a)所示;而物方焦平面上任一点 P 发出的光,经透镜折射后将成为一束与主轴成一定倾角的平行光,如图 3-24(b)所示. 倾斜平行光束的方向可由 P 或 P' 与光心 O 的连线来确定. 这条连线称为<u>副轴</u>.

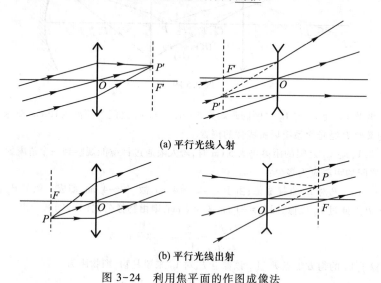

(a) 平行光线入射

(b) 平行光线出射

图 3-24 利用焦平面的作图成像法

下面通过作图法找到凸透镜主轴上物点 P 的像的位置,如图 3-25(a)所示. 步骤如下:

(1)从 P 点作沿主轴的入射线,折射后方向不变;

(2)从 P 点作任一光线 PA,与透镜交于 A 点,与物方焦平面交于 B 点;

(3)作辅助线(副轴)BO,过 A 作与 BO 平行的折射光线与沿着主轴的折射光线交于点 P',则 P' 就是物点 P 的像点.

同样,也可利用像方焦平面及副轴 OB' 作图,见图 3-25(b).

以上两种作图法,对凹透镜也同样适用,但要注意凹透镜的像方焦平面在物空间,物方焦平面在像空间. 图 3-25(c)就是利用凹透镜的像方焦平面所作的成像光路图. 其作图步骤如下:

(1)PA 为从物点 P 发出的任一光线,与透镜交于 A 点;

(2)过透镜中心 O 作平行于 PA 的副轴 OB',与像方焦平面交于 B' 点;

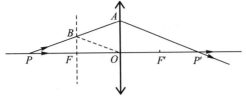

(a) 利用凸透镜物方焦平面

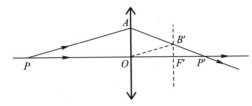

(b) 利用凸透镜像方焦平面

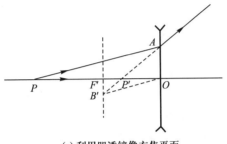

(c) 利用凹透镜像方焦平面

图 3-25　作透镜主轴上物点的像

（3）连接 A、B' 两点, 线段 AB' 的延长线就是折射光线, 它与沿主轴的光线交于 P' 点, 则 P' 点就是所求的像点.

上述作图法, 实际上也可推广到轴外不远处一物点发出的近轴光线的情况. 同一物点的任意两条特殊光线通过透镜折射后的交点便是对应的像点. 用这种方法处理复杂的光学系统成像相当方便.

3.6　近轴物近轴光线成像的条件

到此为止, 仅研究了光线从单独一点发出而被球面反射或折射后所产生的像点, 特别是在近轴光线条件下的成像问题. 但是物体总是有一定形状和大小的, 所谓的点光源实际上并不存在, 但物体上的每一点仍然可以看做一个发光点, 问题是不在主轴上的任意一个发光点所发出的光束, 经球面反射或折射后是否仍能保持光束的单心性? 应在怎样的条件下才能保持单心性, 并成像于单独的一点? 这些问题前面已经遇到, 但还没有严格证明过.

根据费马原理可以推出, 物体上任意发光点 Q 所发出的光束经主轴附近的球面反射或折射后, 能成像于单独一点 Q' 的条件是: 从 Q 发出的所有光线到达 Q' 点时的光程都相等. 下面根据这个条件分别讨论球面反射和球面折射的情况.

3.6.1 近轴物在近轴光线条件下球面反射的成像公式

从 Q 点作直线段 QP 垂直于主轴,从像点 Q' 作直线段 $Q'P'$ 也垂直于主轴 (见图 3-26). O 为球面镜顶点,A 为任意入射点. 令 $OP=-s$,$OP'=-s'$,AA'(垂直于主轴)$=+h$,$OA'=-x$,$PQ=+y$,$P'Q'=-y'$. 从 Q 沿任一光线 QA 到 Q' 的光程为

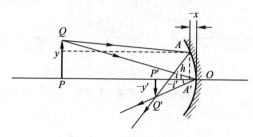

图 3-26 近轴物的球面反射

$$\Delta_{QAQ'}=QA+AQ'$$
$$=\sqrt{(s-x)^2+(y-h)^2}+\sqrt{(s'-x)^2+(-y'+h)^2}$$

在物点 Q 和入射点 A 离主轴都很近的情况下,$y-h$ 和 $-y'+h$ 都要比 $s-x$ 和 $s'-x$ 小得多,如果利用二项式定理将上式展开并略去高次项,即得(见附录 3.3)

$$\Delta_{QAQ'}\approx s+s'+\frac{y^2}{2s}+\frac{y'^2}{2s'}-h\left(\frac{y}{s}+\frac{y'}{s'}\right)+\frac{h^2}{2}\left(\frac{1}{s}+\frac{1}{s'}-\frac{2}{r}\right)$$

要使所有从 Q 点发出的光线到 Q' 点的光程都相等,必须满足这样的一个条件,即光程 $\Delta_{QAQ'}$ 应与 h 无关,也就是说,上式中含有 h 和 h^2 的各项都应等于零,即

$$\frac{1}{s'}+\frac{1}{s}-\frac{2}{r}=0 \tag{3-32}$$

和

$$\frac{y}{s}+\frac{y'}{s'}=0 \tag{3-33}$$

(3-32)式和(3-15)式有相似的形式. 但(3-15)式只对主轴上的物点适用. (3-32)式表示如果 Q 和 P 有相同的 s 值,则 Q' 和 P' 也应当有相同的 s' 值. 也就是说,如果物是垂直于主轴的线段,则像也是垂直于主轴的线段,这是符合理想成像的要求的. (3-33)式仅表示 y' 与 y 之比取决于 s' 与 s 之比. 在近轴物成像(并且 y 不大)的情况下,从图中的几何关系也可以直接看出,这个关系式是一定能够满足的.

从上述推导过程可以看出,要使不在主轴上的一个发光点 Q 能够理想成像于单独一个像点 Q',必须同时满足以下两个限制条件:

(1)光线必须是近轴的. 在图 3-26 中必须有 $h \ll r$,近似式 $x \approx h^2/2r$ 才能成立,即 $\sin u = u - u^3/3! + u^5/5! - \cdots$ 的展开式中 u 的所有高次项都可略去. (3-32)

式正是根据这一条件得出的.

（2）**物点必须是近轴的.** 即物点离主轴的距离 y 必须比它离球面顶点的距离 s 小得多. 这样在光程 $\Delta_{QAQ'}$ 的展开式中, $\dfrac{(y-h)^2}{s-x}$ 和 $\dfrac{(-y'+h)^2}{s'-x}$ 中的所有高次项才可略去. 即在

$$\tan i = i + \frac{1}{3}i^3 + \frac{2}{15}i^5 + \cdots$$

的展开式中, 可略去 i 的所有高次项.（3-33）式也符合这个条件.

满足上述条件的理想成像理论也称为一级近似理论.

3.6.2　近轴物在近轴光线条件下球面折射的物像公式

可用同样方法处理球面折射时的情况. 图 3-27 表示不在主轴上的 Q 点成像于 Q' 点. 在近轴物近轴光线的条件下, 从 Q 沿任一光线到 Q' 的光程按上节所讨论的结果为

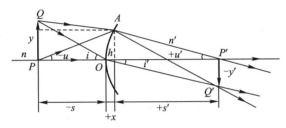

图 3-27　近轴物的球面折射

$$
\begin{aligned}
\Delta_{QAQ'} &= n\sqrt{(-s+x)^2+(y-h)^2} + n'\sqrt{(s'-x)^2+(-y'+h)^2} \\
&\approx n(-s+x) + n\frac{(y-h)^2}{-2s} + n'(s'-x) + n'\frac{(-y'+h)^2}{2s'} \\
&\approx -ns + n's' - \left(\frac{ny^2}{2s} + \frac{n'y'^2}{2s'}\right) + h\left(\frac{ny}{s} - \frac{n'y'}{s'}\right) + \\
&\quad \frac{h^2}{2}\left(-\frac{n}{s} + \frac{n'}{s'} + \frac{n}{r} - \frac{n'}{r}\right)
\end{aligned}
$$

故 $\Delta_{QAQ'}$ 与 h 无关的条件为

$$\frac{n'}{s'} - \frac{n}{s} - \frac{n'-n}{r} = 0 \tag{3-34}$$

和

$$\frac{ny}{s} - \frac{n'y'}{s'} = 0 \tag{3-35}$$

（3-34）式和（3-17）式具有相同的形式, 线状物 PQ 如果垂直于主轴, 线状像 $P'Q'$ 也垂直于主轴.

从图 3-27 可以看出, $\angle POQ = i$ 为光线 QO 的入射角, $\angle P'OQ' = i'$, 是它的折射角. 如果 Q 点是近轴的, 即

$$\sin i \approx i, \quad \sin i' \approx i'$$

则从图可知,$y \approx (-s)i, -y' \approx s'i'$,由此可得

$$\frac{y'}{y} = \frac{s'}{s} \cdot \frac{i'}{i}$$

在这样的近轴条件下,也可以用近似的折射定律 $\frac{i'}{i} \approx \frac{n}{n'}$. 于是上式又可表示为

$$\frac{y'}{y} = \frac{s'}{s} \cdot \frac{n}{n'}$$

这便是(3-35)式.

*3.6.3 亥姆霍兹–拉格朗日定理

由于 Q 和 P 有同样的 s 值,Q' 和 P' 也有同样的 s' 值,故上式中的 $\frac{s'}{s}$ 也可认为是对于 P 和 P' 而言的. 从 P 作任意入射线 PA 和折射线 AP',它们的倾斜角分别为 $-u$ 和 $+u'$,在近轴光线的条件下,$h \approx (-s)(-u) = s'u'$,故(3-35)式又可写为

$$n'y'u' = nyu \tag{3-36}$$

至此可以看出,y 和 y' 受到近轴物的限制,u 和 u' 受到近轴光线的限制,(3-36)式正好把这两个限制条件联系起来了. 这个关系式便是亥姆霍兹–拉格朗日定理. 凡物点不在主轴上而能理想成像,即能够保持光束单心性的,都必须满足亥姆霍兹–拉格朗日定理. 如果把反射认为是折射的特例(即 $n' = -n$),则由上式可得适用于球面反射的(3-33)式.

亥姆霍兹–拉格朗日定理还可作如下的解释. 令

$$\frac{y'}{y} = \beta \quad (横向放大率) \tag{3-37}$$

和

$$\frac{\tan u'}{\tan u} = \gamma$$

在近轴光线条件下,

$$\frac{u'}{u} = \gamma \quad (角度放大率) \tag{3-38}$$

角度放大率(又可称为光束会聚比)表示任意一条光线和主轴的夹角在通过光具组前后的比,即光束会聚和发散程度之比. 于是,亥姆霍兹–拉格朗日定理又可写为

$$\frac{n}{n'} = \beta\gamma \tag{3-39}$$

即 β 和 γ 的乘积应该是一常数,也就是说横向放大率愈大,角度放大率就愈小.

这个定理限制了用光学系统改变光束形式的自由,即要用光学系统把一个光束改变成为具有任何预先给定形式的另一光束,并不是随心所欲的. 换句话说,像的横向放大率的改变永远伴随着角度放大率的改变. 希望在不改变角度放大率的条件下改变像的横向放大率是不可能的. 这一重要的原则性的限制,在光学系统聚焦成像的各种问题中,具有特殊的意义.

要使共轴的两个球面折射时能产生理想的像,每一次折射都必须遵从亥姆霍兹–拉格朗日定理. 先考虑两个球面 A_1B_1 和 A_2B_2(见图3-28). A_1B_1 左边介质的折射率为 n_1,右边为 n_1'. 同样,以 n_2 和 n_2' 分别表示 A_2B_2 两边介质的折射率. 从线状物 PQ 处作任意的入射线 PA_1 与主轴成交角 $-u_1$,折射线 A_1B_2 与主轴所成的交角为 u_1' 和 u_2. 第二次折射后,B_2P_2' 与主轴的交角为 $-u_2'$. 以 y_1 和 $-y_1'$ 分别表示对于第一个界面的物长和像长(都垂直于主轴),而以 $-y_2$ 和

y_2' 分别表示对于界面 A_2B_2 的物长和像长.

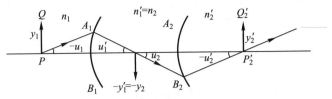

图 3-28　两个共轴球面的折射

如果每个界面上折射所成的像都是理想的,则都应满足亥姆霍兹-拉格朗日定理:

$$n_1 y_1 u_1 = n_1' y_1' u_1', \quad n_2 y_2 u_2 = n_2' y_2' u_2'$$

显然, $n_1' = n_2$, $u_1' = u_2$, $y_1' = y_2$. 即这两个等式应该相等. 推广到多个界面的情况,则有

$$n_1 y_1 u_1 = n_1' y_1' u_1' = n_2 y_2 u_2 = \cdots = n_k' y_k' u_k'$$

亦即

$$n_1 y_1 u_1 = n_k' y_k' u_k' \tag{3-40}$$

*3.7　共轴理想光具组的基点和基面

3.4 节所讨论的逐个球面成像法可以解决任意多个球面的成像问题,但是这个方法在解决由多个球面组成系统的问题时,不仅要进行大量的运算,而且实际遇到的光学系统中,各球面间的相对位置往往并不完全知道. 因此有必要寻到一种简化的方法,把共轴系统当做一个整体来处理. 从单个球面的成像公式和作图法可知:由球面的焦距和物距可求出像的位置,而焦距又取决于球面的位置及其焦点. 因此,如果能够以一个等效的光具组代替整个共轴的光学系统,并设法找出这个光具组的某种基本位置,即包括焦点在内的基点,那么就可以不考虑光在该系统中的实际路径而能确定像的大小和位置.

1841 年高斯提出了光具组的一般理论:理想光具组可以保持光束单心性以及像和物在几何上的相似. 在理想光具组里,物方的任意点,都与像方的一点共轭. 同样,对应于物方的每一条直线或每一个平面,在像方都应有一条共轭直线或一个共轭平面. 这样一来,理想光具组的理论便成了建立点与点、直线与直线以及平面与平面之间共轭关系的纯几何理论.

如果光线只限于靠近对称轴的区域,那么理想光具组就可以足够近似地用共轴光具组来实现. 这样一来,高斯的理论又成为共轴光具组的理论. 在高斯的理论中,除光线仍旧限于近轴外,不要求光具组是"薄"的,而只需建立一系列的<u>基点</u>和<u>基面</u>,利用这些基点和基面就可以描述光具组的基本光学特性,而不必去研究光具组中实际的光线,从而把问题大大简化. 其中最重要的基点和基面是:焦点和主点;焦平面和主平面.

厚透镜是由两个单球面镜组合而成的,因此厚透镜实际上是两个单球面组合的简单光具组. 如果能够知道单球面镜的基点,那么从这些已知的基点就能求得整个光具组的基点的位置. 同样,要讨论由任意多个共轴光具组复合而成的情况,可以先把两个相邻的单光具组合并为一个光具组,求出其基点;然后逐次和下一个单光具组合并,求其基点,直到最后一个光具组为止. 所以现在只需讨论把两个相邻单光具组合并成一个时,如何求出其焦点和主点的位置即可.

3.7.1　厚透镜的物像公式和基点、基面

图 3-29 表示置于空气中的轴厚度为 δ 的厚透镜, P 和 P' 分别为物点和像点, F 和 F' 分

别为物方焦点和像方焦点. 在近轴条件下,厚透镜的物像关系可以通过对曲率半径为 r_1 和 r_2 的两个折射球面逐次成像求得. 设物点 P 离球面 O_1 的距离为 $-\bar{s}$,像点 P' 离球面 O_2 的距离为 $\bar{s}'$,则对折射球面 O_1 由(3-17)式可得

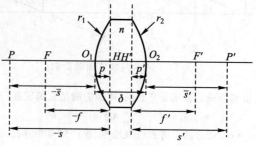

图 3-29   厚透镜的基点和基面

$$\frac{n}{s_1'}-\frac{1}{\bar{s}}=\frac{n-1}{r_1}$$

对折射球面 O_2,也可以得到

$$\frac{1}{\bar{s}'}-\frac{n}{s_1'-\delta}=\frac{1-n}{r_2}$$

式中 s_1' 是第一个折射球面形成的像与顶点 O_1 间的距离. 若令

$$\frac{1}{f_1'}=\frac{n-1}{nr_1}$$

其中 f_1' 是第一个折射球面的像方焦距,并令

$$-\frac{1}{f_2}=\frac{1-n}{nr_2}$$

其中 f_2 是第二个折射球面的物方焦距,则上述两个公式可改写为

$$\left.\begin{array}{l}\dfrac{n}{s_1'}-\dfrac{1}{\bar{s}}=\dfrac{n}{f_1'}\\[2mm]\dfrac{1}{\bar{s}'}-\dfrac{n}{s_1'-\delta}=-\dfrac{n}{f_2}\end{array}\right\} \tag{3-41}$$

消去两式中的 s_1',并把测量物距和像距的参考原点从原来的 O_1 和 O_2 处分别移动距离 p 和 p' 后,像距 $\bar{s}'$ 和物距 $\bar{s}$ 满足如下关系:

$$\frac{1}{\bar{s}'-p'}-\frac{1}{\bar{s}-p}=\frac{1}{f'} \tag{3-42}$$

式中 f' 是厚透镜的像方焦距,其值为(见附录 3.4)

$$f'=\frac{-f_1'f_2}{n(f_1'-f_2-\delta)} \tag{3-43}$$

其中 δ 为透镜的厚度,或者

$$\frac{1}{f'}=(n-1)\left[\frac{1}{r_1}-\frac{1}{r_2}+\frac{\delta(n-1)}{nr_1r_2}\right] \tag{3-44}$$

再进行适当代换可解得(见附录 3.4):

$$p=-\frac{\delta f'(n-1)}{r_2 n}=-\frac{\delta f'}{f_2} \tag{3-45}$$

以及

$$p'=-\frac{\delta f'(n-1)}{r_1 n}=-\frac{\delta f'}{f_1'} \tag{3-46}$$

因此，当 p、p' 和 f' 与系统的常量之间满足(3-44)式、(3-45)式和(3-46)式等关系时，物像位置的关系式(3-41)可以表示成公式(3-42)的较简单的形式. 现在，如果令

$$\left.\begin{array}{l} s=\bar{s}-p \\ s'=\bar{s}'-p' \end{array}\right\} \tag{3-47}$$

那么，在空气中厚透镜物像公式的高斯形式即为

$$\frac{1}{s'}-\frac{1}{s}=\frac{1}{f'} \tag{3-48}$$

(3-48)式在形式上与空气中薄透镜物像公式的高斯形式完全相同. 但是必须注意，(3-48)式中的物距 s 不是从顶点 O_1 量起，而从 H 点量起，H 点与 O_1 点间的距离为 p；像距 s' 也不是从顶点 O_2 量起，而是从 H' 量起，H' 与 O_2 点间的距离为 p'. H 和 H' 点分别称为<u>物方主点</u>和<u>像方主点</u>，如图 3-29 所示. 在近轴条件下，通过 H 和 H' 点垂直于主轴的平面分别称为<u>物方主平面</u>和<u>像方主平面</u>. 此外，一束平行于主轴的入射光，通过光具组后所成的像，即为像方焦点 F'；从物方焦点 F 发出的光，通过光具组后，将成为平行光. 在近轴条件下，通过 F 点和 F' 点并垂直于主轴的平面分别称为<u>物方焦平面</u>和<u>像方焦平面</u>. 主点至焦点的距离即为焦距，不过物焦距从物方主点量起，像方焦距从像方主点量起. 总之，<u>测量 s 和 f 时，原点取在物方主点 H；测量 s' 和 f' 时，原点取在像方主点 H'，那么物像关系式仍然是高斯公式的形式.</u>

如果物距 x 和像距 x' 分别从物方焦点和像方焦点量起，f 和 f' 分别从物方主点和像方主点量起. 物和像的位置关系也可用牛顿公式表示，即

$$xx'=ff' \tag{3-49}$$

厚透镜的两个主点的位置可由(3-45)式和(3-46)式计算得到. p 和 p' 分别从 O_1 和 O_2 量起，当 p 和 p' 为正值时，主点 H 和 H' 各自位于顶点 O_1 和 O_2 的右方；当 p 和 p' 为负值时，主点各自位于顶点 O_1 和 O_2 的左方.

光具组的两个主平面是共轭平面，面上任一对共轭点到主轴的距离相等.

最后必须指出，只要给出了厚透镜的焦点和主点，就可以确定物像之间的关系，但要确定共轭光线之间的关系，还要知道第三对基点——节点. 节点也分物方节点和像方节点，其特征是通过物方节点 K 和像方节点 K' 的任意共轭光线方向不变，即 $u=u'$，如图 3-30 所示.

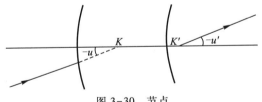

图 3-30 节点

3.7.2 复合光具组的基点、基面和物像公式

图 3-31 所示是两个厚透镜(或两个单光具组)组成的复合光具组. 设两个共轴单光具组 I 和 II 的主点分别为 H_1、H_1' 和 H_2、H_2'，它们的焦距分别为 f_1、f_1' 和 f_2、f_2'. 用 I 的像方焦点 F_1' 和 II 的物方焦点 F_2 之间的距离 Δ(称为两系统的光学间隔)或 I 的像方主点 H_1' 和 II 的物方主点 H_2 之间的距离 d 来表示它们之间的距离. F_2 在 F_1' 之右时，Δ 为正；F_2 在 F_1' 之左时，Δ 为负. H_2 在 H_1' 之右时，d 为正；H_2 在 H_1' 之左时，d 为负. 各单光具组中涉及的距离都遵照符号法则规定. 为简明起见，图中所示的光具组 I 和 II 的像方焦距都是正的，且 Δ 和 d 也是正的. 显然，只要用 d 来代替厚透镜中两个单球面镜之间的距离(厚透镜的厚度)δ，并考虑到 I 和 II 之间的介质的折射率 $n=1$. 那么对这一复合光具组来说，其焦距的大小和主点的位置可

由(3-43)式、(3-45)式和(3-46)式得到,即

$$f' = -\frac{f_1' f_2}{f_1' - f_2 - d} \tag{3-50}$$

$$p = \frac{f_1' d}{f_1' - f_2 - d} = -\frac{f' d}{f_2} \tag{3-51}$$

$$p' = \frac{f_2 d}{f_1' - f_2 - d} = -\frac{f' d}{f_1'} \tag{3-52}$$

p 从 H_1' 量起,p' 从 H_2 量起;而 f 从 H 量起,f' 从 H' 量起,如图 3-31 所示.

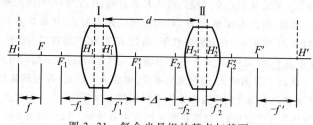

图 3-31　复合光具组的基点与基面

若考虑到式中 $d = \Delta + f_1' - f_2$,以及在空气中的 $f_1' = -f_1$,$f_2' = -f_2$,则以上三式还可以写成如下形式:

$$f' = \frac{f_1' f_2}{\Delta} = -\frac{f_1' f_2'}{\Delta} \tag{3-53}$$

$$p = -\frac{f_1' d}{\Delta} = \frac{f_1 d}{\Delta} \tag{3-54}$$

$$p' = -\frac{f_2 d}{\Delta} = \frac{f_2' d}{\Delta} \tag{3-55}$$

同时由(3-50)式可知,复合光具组的焦距公式还可写成

$$\frac{1}{f'} = \frac{1}{f_1'} - \frac{1}{f_2} + \frac{d}{f_1' f_2}$$

由于在空气中 $f_2 = -f_2'$,所以

$$\frac{1}{f'} = \frac{1}{f_1'} + \frac{1}{f_2'} - \frac{d}{f_1' f_2'} \tag{3-56}$$

若这两个光具组互相接触,则 $d = 0$. 因而有

$$\frac{1}{f'} = \frac{1}{f_1'} + \frac{1}{f_2'} \tag{3-57}$$

和

$$p' = p = 0$$

(3-57)式用光焦度表示时可写为

$$\Phi = \Phi_1 + \Phi_2 \tag{3-58}$$

故两个互相接触的同轴光具组所组成的复合光具组的光焦度等于各单光具组的光焦度之和.

当一个光具组的基点、基面给定时,其物像之间的关系也可用高斯公式和牛顿公式确定. 现证明如下:

在图 3-32 中物距 $s = -HP$ 或 $x = -FP$;像距 $s' = +H'P'$ 或 $x' = F'P'$;焦距为 $f = -HF$ 和 $f' = H'F'$. 由于 $\triangle QMN \backsim \triangle FHN$,故

$$\frac{-f}{-s} = \frac{HF}{MQ} = \frac{NH}{NM}$$

同样,$\triangle Q'M'N' \backsim \triangle F'M'H'$,故

$$\frac{f'}{s'} = \frac{M'H'}{M'N'}$$

把两式相加得

$$\frac{f'}{s'} + \frac{f}{s} = \frac{M'H'}{M'N'} + \frac{NH}{NM}$$

按主平面的特性,$MN = M'N'$ 及 $NH = N'H'$,故上式右边两项相加的结果为

$$\frac{M'H' + N'H'}{M'N'} = \frac{M'N'}{M'N'} = 1$$

可见

$$\frac{f'}{s'} + \frac{f}{s} = 1$$

这样就证明了普遍的高斯公式对任一个理想共轴光具组都适用.

在图 3-32 中,$\triangle PQF \backsim \triangle HNF$,故

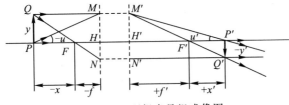

图 3-32　理想光具组成像图

$$\frac{-x}{-f} = \frac{PF}{HF} = \frac{PQ}{HN} = \frac{y}{-y'}$$

同理

$$\frac{f'}{x'} = \frac{H'F'}{P'F'} = \frac{M'H'}{P'Q'} = \frac{y}{-y'}$$

即

$$xx' = ff'$$

可见普遍的牛顿公式对任一理想共轴光具组都适用.

由此可知,只要把前述单球界面或薄透镜中的顶点代以主点(此时物距从物方主点算起,像距从像方主点算起),那么以前所导出的关系式,都可适用于任何理想共轴光具组.

从图 3-32 还可以看出,薄透镜的作图求像法也适用于理想共轴光具组.

[例 3.6]　一玻璃半球的曲率半径为 R,折射率为 1.5,其平面的一边镀银,如例 3.6 图所示.一物体 PQ 放在凸球面顶点前 $2R$ 处,求这一光学系统所成像的位置及性质.

[解]　(1) 逐次求像法

整个系统实际上是由一个平凸透镜和一个平面反射镜密接组成的,求 PQ 的像可以用逐次求像法.

凸球面折射成像:光是从左向右入射到凸球面上的,因此球面折射公式(3-17)中的 $n=1,n'=1.5,s_1 = -2R,r=R$,即

$$\frac{1.5}{s_1'} - \frac{1}{-2R} = \frac{1.5-1}{R}$$

由此解得

$$s_1' = \infty$$

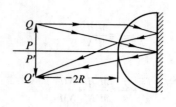

(a)

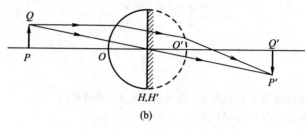

(b)

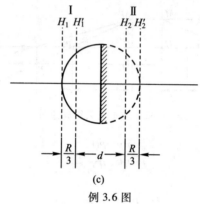

(c)

例 3.6 图

这表明像在无穷远,或者说入射光线经球面折射后成为平行光线.

平面镜反射成像:经球面折射后形成的平行光线,入射到平面镜上(物在右方无穷远),仍以平行光线反射(像仍在右方无穷远).

凹球面折射成像:经平面镜反射的平行光线继续经过球面折射. 只是此时相对于球面来说,光线自右向左传播,(3-17)式中的折射率为 $n = 1.5, n' = 1$. 在本书采用的新笛卡儿符号法则中,$s_2 = -\infty, r = R$,即

$$\frac{1}{s_2'} - \frac{1.5}{\infty} = \frac{1 - 1.5}{R} = -\frac{1}{2R}$$

解得

$$s_2' = -2R$$

即所成像在球面顶点左方 2R 处,与物体的位置重合,其横向放大率 $\beta = -1$. 由例 3.6 图(a)可知像是倒立的.

(2)镜像法

玻璃半球与其在平面镜中所成的像正好组合成一个玻璃球. 因此,光在玻璃半球中来回折射两次与光在玻璃球中折射一次是等效的,如例 3.6 图(b)所示. 为此,先求出半径为 R、折射率为 n 的玻璃球的焦距和主点的位置.

因为光从左向右入射,所以厚透镜焦距公式(3-44)中 $r_1 = R, r_2 = -R, \delta = 2R$,即

$$\frac{1}{f'} = (n-1)\left[\frac{1}{R} + \frac{1}{R} + \frac{(n-1)2R}{-nR^2}\right]$$

因此
$$f' = \frac{nR}{2(n-1)}$$

把相应的已知值代入(3-45)式和(3-46)式就可得主点的位置：

$$p = -\frac{\delta f'(n-1)}{r_2 n} = -\frac{nR}{2(n-1)} \cdot \frac{(n-1)(2R)}{(-R)n} = R$$

以及
$$p' = -\frac{\delta f'(n-1)}{r_1 n} = -\frac{nR}{2(n-1)} \cdot \frac{(n-1)(2R)}{Rn} = -R$$

求得结果表明 H 在顶点 O 的右边 R 处, 而 H' 则在顶点 O' 的左边 R 处. 显然, 两主平面重合且通过中心.

按题意, 物离物方主点 H 的距离为 $-3R$, 则利用厚透镜物像公式(3-48)式便有

$$\frac{1}{s'} - \frac{1}{-3R} = \frac{2(n-1)}{nR}$$

考虑到 $n = 1.5$, 可算得

$$s' = 3R$$

这表示像点在像方主点右方 $3R$ 处, 其横向放大率 $\beta = -1$, 说明所成的像是倒立的, 而且是与物等高的实像. 再考虑镜像反射, 所得结果与(1)法相同.

(3) 复合光具组法

把光在玻璃半球中来回折射两次看成光经过由两个玻璃半球组成的复合光具组[见例3.6图(c)].

左半个玻璃球可看成 $r_2 = \infty$ 的平凸透镜, 其 $p_1 = 0, p_1' = -\frac{2}{3}\delta = -\frac{2}{3}R$, 从而确定了光具组 I 两个主平面 H_1 和 H_1' 的位置, 它们相距 $\frac{R}{3}$. 根据对称性可以确定右半个玻璃球, 即光具组 II 的主平面 H_2 和 H_2' 的 $p_2 = \frac{2}{3}R, p_2' = 0$, 它们也相距 $\frac{R}{3}$.

应用厚透镜的焦距公式(3-44)计算这两个半球的焦距, 可得

$$f_1 = -\frac{R}{n-1} = -2R, \quad f_1' = \frac{R}{n-1} = 2R$$

$$f_2 = -\frac{R}{n-1} = -2R, \quad f_2' = \frac{R}{n-1} = 2R$$

光具组 I 和 II 之间的距离为

$$d = 2R - \frac{R}{3} - \frac{R}{3} = \frac{4R}{3}$$

因此整个光具组的焦距可由(3-50)式求得, 为

$$f' = -\frac{f_1' f_2}{f_1' - f_2 - d} = -\frac{2R(-2R)}{2R - (-2R) - \frac{4}{3}R} = \frac{3R}{2}$$

这时求 p 和 p' 应该用两个单光具组组成复合光具组时的公式(3-51)和(3-52)式, 而不能用两个折射球面组成厚透镜时的(3-45)式和(3-46)式, 即

$$p = -\frac{f'd}{f_2} = -\frac{\frac{3R}{2} \cdot \frac{4R}{3}}{-2R} = R$$

$$p' = -\frac{f'd}{f_1'} = -\frac{\frac{3R}{2} \cdot \frac{4R}{3}}{2R} = -R$$

显然,整个光具组的两个主平面重合并通过玻璃球中心.再利用复合光具组的普遍的高斯公式

$$\frac{f'}{s'}+\frac{f}{s}=1$$

式中 $f=-\dfrac{3R}{2},f'=\dfrac{3R}{2},s=-3R$,代入上式可解得

$$s'=3R$$

所得结果与(1)法和(2)法的相同.

视窗与链接　　集成光学简介

本章前面所述的分立的光学元件可以安装在一个平台上组合成光路,而集成光路则是把数个光学元件(甚至包括光源)集成在同一块衬底材料上.

随着光通信和光纤技术的发展,应用于光通信中的具有很高带宽的信号传输,必然要用高带宽的集成光路代替集成电路.集成光学就是适应光通信的需要而产生和发展起来的新的光学领域,是研究集成光路的理论和制造的学科.

集成光路具有尺寸小、重量轻、功耗小、损耗低、适合批量生产、成本低、可靠性高等优点.另一个重要优点是普通光学平台上的各个元件是彼此分离的,故对于震动十分敏感,而集成光路中各个元件固定在同一衬底上,因此对震动不敏感.

由于采用不同材料作衬底,集成光路大致可分为两类.一类是采用不能发光的无源材料,例如石英、硅、铌酸锂、钽酸锂等,用它们做集成光路的衬底时,必须从外部把激光束耦合到集成光路中.另一类是采用能发光的有源材料作衬底,发光二极管或激光器就形成在衬底晶片上,用作集成光路的光源.这类材料有 GaAs、GaAlAs、GaAsP 等半导体材料.例如改变 GaAlAs 中 Al 的含量,就可对可见光的相当大部分直至红外光透明,并能使发光波长在一定范围内变化,也可以改变折射率.目前已经用 GaAs 和 GaAlAs 系列研制出多种集成光学器件,例如光源、透镜、偏振器,以及用于光通信的探测器、耦合器、开关、调制器、放大器、滤波器等.其中既有分立的器件,也有集中在一起的器件.

例如制作集成光路中的棱镜,是先在衬底上淀积出一层均匀的薄膜,然后通过一个有三角形孔的掩膜盖住薄膜的其他部分,再在薄膜上一层一层地加厚这个三角形,逐渐形成一块薄膜棱镜.当光到达这个薄膜棱镜时,由于光波在较厚的薄膜棱镜中的速度较周围较薄的薄膜中要小,就像通过普通的玻璃棱镜一样,当它离开棱镜时,就会通过折射而偏离原来的传播方向.棱镜也可以通过形成折射率梯度来制作,即制作一个矩形的较厚的薄膜,使其折射率从顶部到底部逐渐增加,同样也能起到棱镜偏折光的作用.

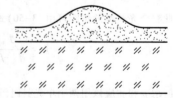

同样也可以制作集成光路的透镜.图 3-33 所示是一种薄膜透镜.它是在衬底上淀积出一个圆丘,相对周围的薄膜,它既有较厚的膜,又具有梯度折射率的特征.圆丘中心部分的折射率最高且膜厚最大,由中心向圆丘边缘处其折射率和膜厚均逐渐减小.来自薄膜中离光轴不同距离的光入射到透镜上都会聚焦到焦点处,相当于一个凸透镜.还可用同样的方法在衬底上制作

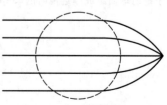

图 3-33　薄膜透镜

其他光学元件.

近年来,美国哈佛大学工程和应用科学学院的物理学家们制作了一种 60 nm 厚的平面透镜,它不需要任何复杂的矫正就能形成完全精确的像,不会产生传统透镜存在的像散和像差等多种畸变或失真.

该类器件是在超薄的硅片上覆有纳米厚度的金箔,金箔部分刻蚀而留下 V 形结构的阵列.这些阵列整齐地排列在硅片的表面,当激光照到硅片上时,金箔的 V 形结构阵列像纳米天线一样可以俘获入射光,并在释放光前作短暂停留,使经过的光产生相位不连续.硅表面不同梯度类型的纳米天线可以使光在经过该器件时有效地改变角度,甚至发生弯曲.通过改变纳米天线的尺寸、间隔和排列的角度,可以使它适用于特定的波长,它可以用于从近红外直至 10^{12} Hz 的波段.

利用这种特殊界面使相位不连续的概念可以制作各种平面光学器件,例如制作平面透镜聚焦成像而不需要用复合透镜来矫正像差(见图 3-34).甚至可以用这种特殊界面来改变光传播过程中遇到普通界面时遵循的反射定律和折射定律.哈佛大学的研究者们为了创造新奇的光学效果,制作了这样的纳米结构的平表面来反射激光,可以造成各种形式如螺旋形的反射光(见图 3-35).

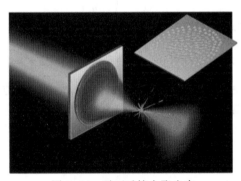

图 3-34　平面透镜会聚光束

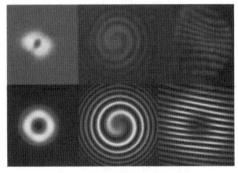

图 3-35　螺旋形的反射光

可以想见在未来的光学系统中,用这种特殊的平表面能取代多数传统的光学元件.

附录3.1 图3-6中P_1和P'点坐标的计算

设P点的坐标为$(0,y)$,P_1点的坐标为$(0,y_1)$,从图3-6中的$\triangle POA_1$和$\triangle P_1OA_1$可得

$$\sin i_1 = \frac{x_1}{\sqrt{x_1^2+y^2}}, \quad \sin i_2 = \frac{x_1}{\sqrt{x_1^2+y_1^2}}$$

以此代入折射定律,即得

$$\frac{n_1 x_1}{\sqrt{x_1^2+y^2}} = \frac{n_2 x_1}{\sqrt{x_1^2+y_1^2}}$$

$$(x_1^2+y_1^2) = \left(\frac{n_2}{n_1}\right)^2 (x_1^2+y^2)$$

则

$$y_1^2 = \left(\frac{n_2}{n_1}\right)^2 (x_1^2+y^2) - x_1^2 = \left(\frac{n_2}{n_1}\right)^2 \left[y^2 + \left(1-\frac{n_1^2}{n_2^2}\right)x_1^2\right]$$

因此P_1和原点的距离为

$$y_1 = \frac{n_2}{n_1}\sqrt{y^2 + \left(1-\frac{n_1^2}{n_2^2}\right)x_1^2} \tag{3-2}$$

从上式可知,当光源P的位置一定时(y为定值),P_1点的位置$(0,y_1)$将随入射点A_1的位置$(x_1,0)$的不同而变化. 在上式中,$1-\dfrac{n_1^2}{n_2^2}$的值是负的(因假定$n_1>n_2$). 故x_1越大,y_1越小;即入射点离y轴越远,交点P_1离x轴越近. 由此可知,A_1B_1和A_2B_2延长线的交点P'必在y轴之右. 并且所有从光源P发出并位于PA_1与PA_2之间的其他光线,折射后所有的折射线延长时也几乎都交于P'点附近,而与y轴交于P_1和P_2两点之间. (3-2)式和类似的另一式给出P_1和P_2的坐标.

同样也可以计算出P'的坐标(x',y'). 从图可知,$P'Q \perp x$轴,且

$$A_1A_2 = QA_2 - QA_1 = QP'\left[\tan(i_2+\Delta i_2) - \tan i_2\right]$$
$$= OA_2 - OA_1 = OP\left[\tan(i_1+\Delta i_1) - \tan i_1\right]$$

由此可得

$$\frac{QP'}{OP} = \frac{y'}{y} = \frac{\tan(i_1+\Delta i_1) - \tan i_1}{\tan(i_2+\Delta i_2) - \tan i_2} = \frac{\Delta(\tan i_1)}{\Delta(\tan i_2)}$$

在极限情况下,$\Delta i_1 \to 0$,得

$$\Delta(\tan i_1) \to d(\tan i_1) = \sec^2 i_1 di_1$$

$$\Delta(\tan i_2) \to \sec^2 i_2 di_2$$

又由折射定律$n_1\cos i_1 di_1 = n_2\cos i_2 di_2$可得

$$\frac{di_1}{di_2} = \frac{n_2\cos i_2}{n_1\cos i_1}$$

把上述关系代入前式,即得

$$\frac{y'}{y} = \frac{\Delta(\tan i_1)}{\Delta(\tan i_2)} = \frac{\sec^2 i_1}{\sec^2 i_2} \cdot \frac{di_1}{di_2}$$

$$= \frac{\sec^2 i_1}{\sec^2 i_2} \cdot \frac{n_2 \cos i_2}{n_1 \cos i_1} = \frac{n_2}{n_1} \cdot \frac{\cos^3 i_2}{\cos^3 i_1}$$

而

$$\frac{\cos^3 i_2}{\cos^3 i_1} = \left[\frac{1 - \sin^2 i_2}{\cos^2 i_1} \right]^{\frac{3}{2}} = \left[\frac{1 - \dfrac{n_1^2}{n_2^2} \sin^2 i_1}{\cos^2 i_1} \right]^{\frac{3}{2}}$$

$$= \left[\sec^2 i_1 - \frac{n_1^2}{n_2^2} \tan^2 i_1 \right]^{\frac{3}{2}} = \left[(1 + \tan^2 i_1) - \frac{n_1^2}{n_2^2} \tan^2 i_1 \right]^{\frac{3}{2}}$$

$$= \left[1 - \left(\frac{n_1^2}{n_2^2} - 1 \right) \tan^2 i_1 \right]^{\frac{3}{2}}$$

或

$$y' = y \frac{n_2}{n_1} \left[1 - \left(\frac{n_1^2}{n_2^2} - 1 \right) \tan^2 i_1 \right]^{\frac{3}{2}} \qquad (3-4)$$

而

$$x' = OQ = OA_1 - QA_1 = y \tan i_1 - y' \tan i_2$$

$$= y \tan i_1 - \left(y \frac{n_2 \cos^3 i_2}{n_1 \cos^3 i_1} \right) \frac{\sin i_2}{\cos i_2}$$

$$= y \tan i_1 - y \frac{\cos^3 i_2 \cdot n_1 \sin i_1}{n_1 \cos i_2 \cdot \cos^3 i_1}$$

$$= y \tan i_1 - y \frac{\cos^2 i_2}{\cos^2 i_1} \cdot \frac{\sin i_1}{\cos i_1} = y \tan i_1 \left[1 - \frac{\cos^2 i_2}{\cos^2 i_1} \right]$$

将

$$\frac{\cos^2 i_2}{\cos^2 i_1} = 1 - \left(\frac{n_1^2}{n_2^2} - 1 \right) \tan^2 i_1$$

的关系式代入,即得

$$x' = y \left(\frac{n_1^2}{n_2^2} - 1 \right) \tan^3 i_1 \qquad (3-3)$$

这便是 $A_1 B_1$ 和 $A_2 B_2$ 两条折射线的交点 P' 的坐标. 如果 $n_1 > n_2$,则 $x' > 0$,即 P' 点在 y 轴之右.

附录 3.2　棱镜最小偏向角的计算

在图 3-10 中,当 i_1 改变时,偏向角 $\theta = i_1 + i_1' - A$ 中的 i_1' 和 θ 都随之改变. 将该式对 i_1 微分,且令 $\mathrm{d}\theta / \mathrm{d}i_1 = 0$,可得

$$\frac{\mathrm{d}\theta}{\mathrm{d}i_1} = 1 + \frac{\mathrm{d}i_1'}{\mathrm{d}i_1} = 0 \quad 或 \quad \frac{\mathrm{d}i_1'}{\mathrm{d}i_1} = -1$$

这就是 θ 为最小值的条件. 现先把 i_1' 表示成 i_1 的函数,该函数用微分形式表示较为方便. 通常棱镜都置于空气中,设 n 为棱镜的介质折射率. 在棱镜的两个表面上应用折射定律,得

$$\sin i_1 = n \sin i_2, \quad n \sin i_2' = \sin i_1'$$

将这两式微分,得

$$\cos i_1 \mathrm{d}i_1 = n \cos i_2 \mathrm{d}i_2$$

$$n \cos i_2' \mathrm{d}i_2' = \cos i_1' \mathrm{d}i_1'$$

又因 $i_2+i_2'=A$，也将此式微分，得 $\mathrm{d}i_2=-\mathrm{d}i_2'$. 由此得

$$\frac{\mathrm{d}i_1'}{\mathrm{d}i_1}=-\frac{\cos i_2'}{\cos i_1'}\cdot\frac{\cos i_1}{\cos i_2}$$

故 θ 取最小值的条件为

$$\frac{\cos i_1}{\cos i_1'}\cdot\frac{\cos i_2'}{\cos i_2}=1$$

解此三角方程式

$$(1-\sin^2 i_1)(1-\sin^2 i_2')=(1-\sin^2 i_1')(1-\sin^2 i_2)$$

或

$$-\sin^2 i_1-\frac{1}{n^2}\sin^2 i_1'+\sin^2 i_2'(n^2\sin^2 i_2)$$

$$=-\sin^2 i_1'-\frac{1}{n^2}\sin^2 i_1+(n^2\sin^2 i_2')\sin^2 i_2$$

消去同类项，得

$$\sin^2 i_1-\frac{1}{n^2}\sin^2 i_1=\sin^2 i_1'-\frac{1}{n^2}\sin^2 i_1'$$

或

$$(n^2-1)\sin^2 i_1=(n^2-1)\sin^2 i_1'$$

最后得 $i_1=\pm i_1'$. 显然，i_1 或 i_1' 取负值是没有意义的，故 $i_1=i_1'$. 就是说，光线对称地出入棱镜时，偏向角 θ 取最小值 θ_0. 即

$$\theta_0=i_1+i_1'-A=2i_1-A$$

附录3.3　近轴物在球面反射时物像之间光程的计算

在图3-26中，从 Q 点发出任一光线 QA 经反射后到 Q' 点的光程为

$$\Delta_{QAQ'}=QA+AQ'=\sqrt{(s-x)^2+(y-h)^2}+\sqrt{(s'-x)^2+(-y'+h)^2}$$

略去高次项，则

$$\Delta_{QAQ'}\approx(s-x)+\frac{(y-h)^2}{2(s-x)}+(s'-x)+\frac{(-y'+h)^2}{2(s'-x)}$$

再用二项式定理将该式中的第2项展开，并利用 $x\approx\dfrac{h^2}{2r}$，可得

$$\frac{(y-h)^2}{s-x}=\frac{(y-h)^2}{s}\cdot\left(1-\frac{x}{s}\right)^{-1}$$

$$=\frac{(y-h)^2}{s}\left(1+\frac{x}{s}+\frac{x^2}{s^2}+\cdots\right)$$

$$\approx\frac{(y-h)^2}{s}+\frac{(y-h)^2}{s^2}\left(\frac{h^2}{2r}\right)+\frac{(y-h)^2}{s^3}\left(\frac{h^2}{2r}\right)^2+\cdots$$

$$\approx\frac{(y-h)^2}{s}$$

由于近轴条件，故可略去 $\left(\dfrac{h}{s}\right)^2$ 或 $\left(\dfrac{y}{s}\right)^2$ 以及更高次项.

同理第4项也可简化成

$$\frac{(-y'+h)^2}{s'-x}\approx\frac{(-y'+h)^2}{s'}$$

于是

$$\Delta_{QAQ'} \approx (s-x) + \frac{(y-h)^2}{2s} + (s'-x) + \frac{(-y'+h)^2}{2s'}$$

将该式展开,并以 $x = h^2/2r$ 代入,即可得

$$\Delta_{QAQ'} \approx s+s'+\frac{y^2}{2s}+\frac{y'^2}{2s'}-h\left(\frac{y}{s}+\frac{y'}{s'}\right)+\frac{h^2}{2}\left(\frac{1}{s}+\frac{1}{s'}-\frac{2}{r}\right)$$

附录 3.4　空气中的厚透镜物像公式的推导

由厚透镜的两个折射球面逐次成像可得

$$\left.\begin{array}{c}\dfrac{n}{s'_1}-\dfrac{1}{s}=\dfrac{n}{f'_1}\\[2mm]\dfrac{1}{s'}-\dfrac{n}{s'_1-\delta}=-\dfrac{n}{f_2}\end{array}\right\} \qquad (3\text{--}41)$$

消去两式中的 s'_1,即得透镜的厚度为

$$\delta = \frac{n}{(1/\bar{s})+(n/f'_1)} - \frac{n}{(1/s')+(n/f_2)}$$

整理后变成

$$\bar{s}\,\bar{s}' - \frac{f_2(\delta-f'_1)}{n(f'_1-f_2-\delta)}\bar{s} - \frac{f'_1(\delta+f_2)}{n(f'_1-f_2-\delta)}\bar{s}' - \frac{\delta f'_1 f_2}{n^2(f'_1-f_2)-\delta} = 0 \qquad (3\text{--}59)$$

必须注意,在(3-59)式中,$\bar{s}$ 是从 O_1 量起的,$\bar{s}'$ 是从 O_2 量起的. 显然,用它来决定像的位置是相当复杂的. 为使(3-59)式简化成高斯形式,必须选择其他的参考原点来测量物距和像距.

假定测量物距和像距的参考原点从 O_1 和 O_2 分别移动了距离 p 和 p' 后,像距 $\bar{s}'$ 和物距 $\bar{s}$ 满足(3-42)式,即

$$\frac{1}{\bar{s}'-p'}-\frac{1}{\bar{s}-p}=\frac{1}{f'} \qquad (3\text{--}42)$$

式中 f' 是厚透镜的像方焦距. 那么,问题就转化为确定 p,p' 和 f' 等的数值,为此,把(3-42)式展开成

$$\bar{s}\,\bar{s}'-(f'+p')\bar{s}+(f'-p)\bar{s}'+f'(p-p')+pp'=0 \qquad (3\text{--}60)$$

如果参考原点变换后,(3-59)式能简化成(3-42)式,那么(3-59)式和(3-60)式中各项的系数必须对应相等,即

$$f'+p' = \frac{f_2(\delta-f'_1)}{n(f'_1-f_2-\delta)} \qquad (3\text{--}61)$$

$$f'-p = -\frac{f'_1(\delta+f_2)}{n(f'_1-f_2-\delta)} \qquad (3\text{--}62)$$

$$f'(p-p')+pp' = -\frac{\delta f'_1 f_2}{n^2(f'_1-f_2-\delta)} \qquad (3\text{--}63)$$

从这三个公式可解得三个未知量 p、p' 和 f'. 由(3-61)式和(3-62)式可得 $p-p'$ 和 pp' 分别是

$$p-p' = 2f' - \frac{f_2(\delta-f'_1)-f'_1(\delta+f_2)}{n(f'_1-f_2-\delta)} \qquad (3\text{--}64)$$

$$pp' = -\left[f'-\frac{f_2(\delta-f'_1)}{n(f'_1-f_2-\delta)}\right]\left[f'+\frac{f'_1(\delta+f_2)}{n(f'_1-f_2-\delta)}\right] \qquad (3\text{--}65)$$

把(3-64)式和(3-65)式代入(3-63)式

简化后得
$$(f')^2 = \frac{f_1'^2 f_2^2}{[\,n(f_1'-f_2-\delta)\,]^2}$$

或
$$f' = \pm \cfrac{1}{n\left(\cfrac{1}{f_2}-\cfrac{1}{f_1'}-\cfrac{\delta}{f_1'f_2}\right)}$$

以
$$\frac{1}{f_1'} = \frac{n-1}{nr_1}$$

和
$$\frac{1}{f_2} = \frac{1-n}{nr_2}$$

代入,即得

$$f' = \pm \cfrac{1}{-(n-1)\left[\cfrac{1}{r_1}-\cfrac{1}{r_2}+\cfrac{\delta(n-1)}{nr_1r_2}\right]} \qquad (3\text{-}66)$$

式中 δ 是一个正值,并对所有的 δ,(3-66)式都是正确的. 因此,当 $\delta=0$,该式应简化成薄透镜的焦距公式(3-28)式,根据这一点,(3-66)式中必须取负号,这样

$$f' = \frac{-f_1'f_2}{n(f_1'-f_2-\delta)} \qquad (3\text{-}43)$$

或者

$$\frac{1}{f'} = (n-1)\left[\frac{1}{r_1}-\frac{1}{r_2}+\frac{\delta(n-1)}{nr_1r_2}\right] \qquad (3\text{-}44)$$

再把(3-43)式代入(3-62)式,可解得

$$p = \frac{f_1'\delta}{n(f_1'-f_2-\delta)}$$

若以
$$\frac{1}{f_1'} = \frac{n-1}{nr_1}$$

和
$$\frac{1}{f_2} = -\frac{1-n}{nr_2}$$

代入上式便可得

$$p = \frac{-r_1\delta}{n(r_2-r_1)+(n-1)\delta}$$

利用(3-44)式又可得 p 和 f' 的关系式

$$p = \frac{-\delta f'(n-1)}{r_2 n} = -\frac{\delta f'}{f_2} \qquad (3\text{-}45)$$

若把(3-43)式代入(3-61)式,类似上述步骤,便有

$$p' = \frac{f_2\delta}{n(f_1'-f_2-\delta)} = \frac{-r_2\delta}{n(r_2-r_1)+(n-1)\delta}$$

$$= \frac{-\delta f'(n-1)}{r_1 n} = -\frac{\delta f'}{f_1'} \qquad (3\text{-}46)$$

习　题

3.1　试证明反射定律符合费马原理.

*3.2　根据费马原理可以导出在近轴光线条件下,从物点发出并会聚到像点的所有光线

的光程都相等. 试由此导出薄透镜的物像公式.

3.3 眼睛 E 和物体 PQ 之间有一块折射率为 1.5 的玻璃平板(见题 3.3 图),平板的厚度 d 为30 cm. 试求物体 PQ 的像 $P'Q'$ 与物体 PQ 之间的距离 d_2 为多少?

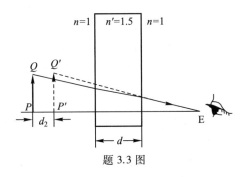

题 3.3 图

3.4 玻璃棱镜的折射棱角 A 为 $60°$,对某一波长的光其折射率 n 为 1.6. 试计算:(1) 最小偏向角;(2) 此时的入射角;(3) 能使光线从 A 角两侧透过棱镜的最小入射角.

3.5 题 3.5 图表示一种恒偏向棱镜,它相当于把一个 $30° - 60° - 90°$ 棱镜与一个 $45° - 45° - 90°$ 棱镜按图示方式组合在一起. 白光沿 i 方向入射,旋转棱镜改变 θ_1,从而使任意一种波长的光可以依次循着图示的路径传播,出射光线为 r. 试求证:如果 $\sin \theta_1 = \dfrac{n}{2}$,则 $\theta_2 = \theta_1$,且光束 i 与 r 相互垂直(这就是恒偏向棱镜名字的由来).

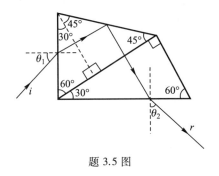

题 3.5 图

3.6 高 5 cm 的物体距凹面镜顶点 12 cm,凹面镜的焦距是 10 cm,试求像的位置及高度,并作光路图.

3.7 一个 5 cm 高的物体放在球面镜前 10 cm 处成 1 cm 高的虚像. (1) 试求此镜的曲率半径;(2) 试问此镜是凸面镜还是凹面镜?

3.8 某观察者通过一块薄玻璃板去看在凸面镜中自己的像. 他移动着玻璃板,使得在玻璃板中与在凸面镜中所看到的自己眼睛的像重合在一起. 若凸面镜的焦距为 10 cm,眼睛距凸面镜顶点的距离为 40 cm,试问玻璃板与观察者眼睛之间的距离为多少?

3.9 物体位于凹面镜轴线上焦点之外,在焦点与凹镜面之间放一个与轴线垂直的两表面互相平行的玻璃板,其厚度为 d_1,折射率为 n. 试证明:放入该玻璃板后使像移动的距离与把凹面镜向物体移动 $d(n-1)/n$ 的一段距离的效果相同.

3.10 欲使由无穷远发出的近轴光线通过透明球体并成像在右半球面的顶点处,试问这透明球体的折射率应为多少?

3.11 有一折射率为 1.5、半径为 4 cm 的玻璃球,物体在距球表面 6 cm 处,试求:(1) 物所成的像到球心之间的距离;(2) 像的横向放大率.

3.12 一个折射率为1.53、直径为20 cm的玻璃球内有两个小气泡.看上去一个恰好在球心,另一个从离观察者最近的方向看去,好像在表面与球心连线的中点.试求两气泡的实际位置.

3.13 直径为1 m的球形鱼缸的中心处有一条小鱼,若玻璃缸壁的影响可忽略不计,试求缸外观察者所看到的小鱼的表观位置和横向放大率.

3.14 玻璃棒一端成半球形,其曲率半径为2 cm.将它水平地浸入折射率为1.33的水中,沿着棒的轴线离球面顶点8 cm处的水中有一物体,利用计算和作图法试求像的位置及横向放大率,并作光路图.

3.15 有两块玻璃薄透镜的两表面均各为凸球面及凹球面,其曲率半径为10 cm.一物点在主轴上距镜20 cm处,若物和镜均浸在水中,分别用作图法和计算法试求像点的位置.设玻璃的折射率为1.5,水的折射率为1.33.

3.16 一凸透镜在空气中的焦距为40 cm,在水中时焦距为136.8 cm,试问此透镜的折射率为多少(水的折射率为1.33)? 若将此透镜置于CS_2中(CS_2的折射率为1.62),其焦距又为多少?

3.17 两片极薄的表面玻璃,曲率半径分别为20 cm和25 cm.将两片的边缘黏起来,形成内含空气的双凸透镜,把它置于水中,试求其焦距.

3.18 会聚透镜和发散透镜的焦距都是10 cm,试求:(1) 与主轴成30°的一束平行光入射到每个透镜上,像点在何处? (2) 在每个透镜左方的焦平面上离主轴1 cm处各置一发光点,成像在何处? 作出光路图.

3.19 题3.19图(a)、(b)所示的MM'分别为一薄透镜的主光轴,S为光源,S'为像.试用作图法求透镜中心和透镜焦点的位置.

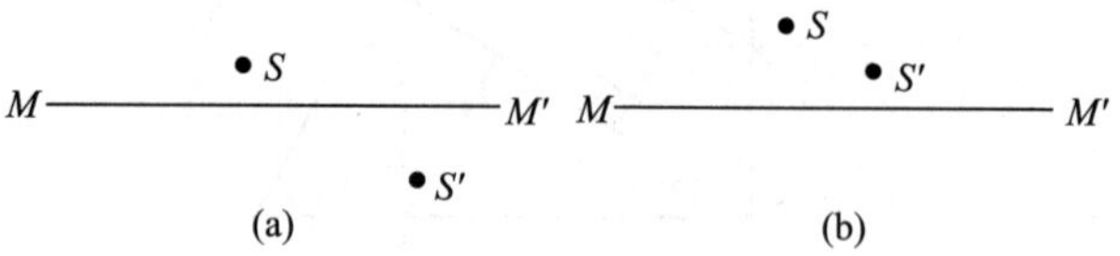

题 3.19 图

*3.20 比累对切透镜是把一块凸透镜沿直径方向剖开成两半组成,两半块透镜垂直光轴拉开一点距离,用挡光的光阑 K 挡住其间的空隙(见题 3.20 图),这时可在屏上观察到干涉条纹.已知点光源 P 与透镜相距300 cm,透镜的焦距$f' = 50$ cm,两半透镜拉开的距离$t = 1$ mm,光屏与透镜相距$l = 450$ cm.用波长为632.8 nm的氦氖激光作为光源,试求干涉条纹的间距.

*3.21 把焦距为10 cm的会聚透镜的中央部分 C 切去,C 的宽度为1 cm,把余下的 A、B 两部分黏起来(见题 3.21 图).如在其对称轴上距透镜5 cm处放一点光源,试求像的位置.

*3.22 一折射率为1.5的薄透镜,其凸面的曲率半径为5 cm,凹面的曲率半径为15 cm,且镀上银(见题 3.22 图).试证明:当光从凸表面入射时,该透镜的作用相当于一个平面镜.(提示:物经过凸面折射、凹面反射和凹面再次折射后,$s' = -s,\beta = 1$.)

3.23 题3.23图所示的是一个等边直角棱镜和两个透镜所组成的光学系统.棱镜折射率为1.5,凸透镜的焦距为20 cm,凹透镜的焦距为10 cm,两透镜间距为5 cm,凸透镜距棱镜边的距离为10 cm.试求图中长度为1 cm的物体所成像的位置和大小.(提示:物经棱镜成像在透镜轴上,相当于经过一块厚6 cm的平板玻璃,可利用例 3.1 的结果求棱镜所成像的位置.)

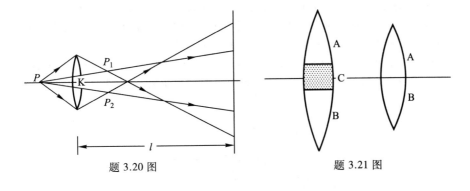

题 3.20 图　　　　　　　　题 3.21 图

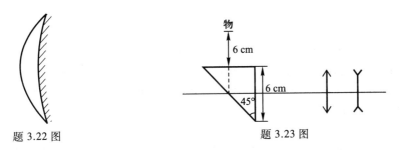

题 3.22 图　　　　　　　　题 3.23 图

3.24 显微镜由焦距为 1 cm 的物镜和焦距为 3 cm 的目镜组成,物镜与目镜之间的距离为 20 cm,试问物体放在何处时才能使最后的像成在距离眼睛 25 cm 处? 作出光路图.

3.25 题 3.25 图中 L 为薄透镜,水平横线 MM' 为主轴. ABC 为已知的一条穿过这个透镜的光线的路径,试用作图法求出任一条光线 DE 穿过透镜后的路径.

*3.26 题 3.26 图中 MM' 是一厚透镜的主轴,H、H' 是透镜的主平面,S_1 是点光源,S_1' 是点光源的像. 试用作图法求任意一物点 S_2 的像 S_2' 的位置.

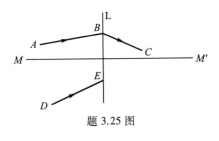
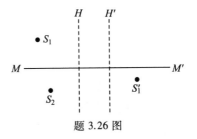

题 3.25 图　　　　　　　　题 3.26 图

3.27 双凸薄透镜的折射率为 1.5,$|r_1| = 10$ cm,$|r_2| = 15$ cm,r_2 的一面镀银,物点 P 在透镜前主轴上 20 cm 处,试求最后像的位置并作出光路图.

3.28 实物与光屏间的距离为 l,在中间某一位置放一个凸透镜,可使实物的像清晰地投于屏上. 将透镜移过距离 d 之后,屏上又出现一个清晰的像.(1)试计算两个像的大小之比;(2)试证明透镜的焦距为 $(l^2-d^2)/4l$;(3)试证明 l 不能小于透镜焦距的 4 倍.

3.29 一厚透镜的焦距 f' 为 60 mm,其两焦点间的距离为 125 mm,若(1)物点置于光轴上物方焦点左方 20 mm 处;(2)物点置于光轴上物方焦点右方 20 mm 处;(3)虚物落在光轴上像方主点右方 20 mm 处,试问在这三种情况下像的位置各在何处? 像的性质各如何? 并作光路图.

*3.30 一个会聚薄透镜和一个发散薄透镜互相接触而成一复合光具组,当物距为

−80 cm时,实像距镜60 cm,若会聚透镜的焦距为10 cm,试问发散透镜的焦距为多少?

*3.31 双凸厚透镜两个球面表面的曲率半径分别为100 mm和200 mm,沿轴厚度为10 mm,玻璃的折射率为1.5,试求其焦点、主点的位置,并作图表示之.

*3.32 一条光线射到折射率为 n 的一球形水滴(见题3.32图),试求:(1)若后表面的入射角为 α,问这条光线将被全反射还是部分反射?(2)偏转角 δ;(3)产生最小偏转角的入射角 φ.

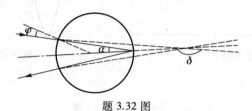

题 3.32 图

*3.33 将灯丝置于空心玻璃球的中心,玻璃球的内外直径分别为8 cm和9 cm.(1)试求从球外观察到的灯丝像的位置(设玻璃折射率 $n=1.5$);(2)玻璃温度计管子的内外直径分别为1 mm和3 mm,试求从侧面观察到的直径的数值;(3)同一温度计竖直悬挂于直径100 mm的盛水玻璃烧杯的正中,从较远处通过烧杯壁观察时,温度计的内、外直径分别为多少?

*3.34 如题3.34图所示为梅斯林分波面干涉实验装置.其中 O_1、O_2 分别为两块半透镜 L_1 和 L_2 的光心,S、O_1、O_2、S_1、S_2 共轴,且 $S_1S_2=l$.(1)试证来自 L_1 和 L_2 两端的光束到达 P 点的光程差 $\delta=l-(S_1P+S_2P)$;(2)试定性讨论与轴线垂直的光屏上接收到的干涉图样的特点.

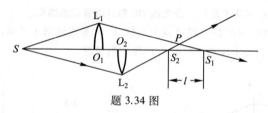

题 3.34 图

*3.35 把杂质扩散到玻璃中可以增大玻璃的折射率,这就有可能造出一个厚度均匀的透镜.已知圆板半径为 R,厚度为 d(如题3.35图所示),试求沿半径变化的折射率 $n(r)$,它会使从 A 点发出的光线传播到 B 点.假定这是个薄透镜,$d\ll a$,$d\ll b$.

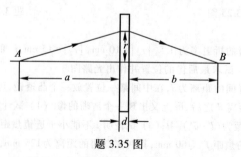

题 3.35 图

*3.36 一弯凸薄透镜两个表面的半径 r_1 和 r_2 分别为 -20 cm 和 -15 cm,折射率为 1.5,在 r_2 的凸面镀银.在距 r_1 球面左侧40 cm处的主轴上置一高为1 cm的物,试求最后成像的位置和像的性质.

*3.37 一折射率为 n,曲率半径为 R_1 和 R_2 的薄凸透镜放在折射率分别为 n_1 和 n_2 的两种介质之间,s_1 和 s_2 分别为物距和像距,f_1 和 f_2 是物方和像方焦距. 试证明: $\dfrac{f_1}{s_1}+\dfrac{f_2}{s_2}=1$.

*3.38 研究性课题:请查阅互联网,了解超薄纳米光学器件或 3D 打印微型透镜的新进展,并写成一篇小论文.

第 3 章拓展资源

PPT	视频 PPT ch3.5 薄透镜	PPT ch3.5 PPT 薄透镜		
彩图	彩色图片 3-1 光纤 a	彩色图片 3-1 光纤 b	彩色图片 3-1 光纤 c	彩色图片 3-2 光纤激光器
彩图	彩色图片 3-3 各种复杂规格 棱镜、胶合棱镜	彩色图片 3-4 棱镜、平面镜 和透镜	彩色图片 3-5 各种复杂曲面镜	彩色图片 3-6 工程应用最大的 碳化硅反射镜
彩图	彩色图片 3-7 各种透镜	彩色图片 3-8 3D 打印微型 透镜	彩色图片 3-9 直径 600 微米的 3D 打印多透镜系统	
课外视频	课外视频 海市蜃楼			

第4章　光学仪器的基本原理

在上一章中已经指出,在共轴球面光学系统中只有在物点和光线都限制在近轴区域的条件下,才能实现近似像.光线一旦超出了近轴区域,从同一点发出的光即使是单色的,也不相交于一点,就是说将出现显著的像差.再者,我们所遇到的大多是具有连续光谱的复色光.由于介质的折射率随波长而变(色散),所以从同一物点所发出的不同波长的光,即使在近轴区域内,也不相交于一点,这就形成了色差.像差和色差都严重地破坏了像的清晰度.另外,如果从能量方面(聚光本领)考虑,进入光具组的光束不宜过窄;而且为了要使视场广阔,物体也不宜限制于近轴范围以内.这意味着,一方面要求成像清晰,尽可能消除像差和色差;另一方面又要求像场广阔而明亮,这两者常常是不可兼得的.这是在实际光学仪器问题中经常遇到的一类矛盾,即成像清晰度与系统聚光本领之间的矛盾.

以上还只是从几何光学的观点来考虑的.实际上由于光的波动性质,光束越受到限制,衍射图样就越明显.这又将从另一方面破坏像的清晰度.也就是说,越减小几何像差,衍射就会越明显;消减了衍射效应,几何像差又趋明显.这又是另一类矛盾,即成像清晰度与细节分辨程度的关系问题.

在实际的光学仪器中,这些问题的出现是不可避免的.因此人们就特别注意权衡光学仪器的放大本领、聚光本领和分辨本领等方面的得失,以便根据某些指标和具体条件作出合理的光学设计以实现仪器的既定目的.

本章具体讨论的光学仪器有作为助视仪器的放大镜、目镜、显微镜和望远镜,作为分光仪器的棱镜和光栅光谱仪.

*4.1　人 的 眼 睛

4.1.1　人眼的结构

人眼相当于一台能够精密成像的光学仪器,它是人们观察客观世界的器官.

如图 4-1 所示,人眼近似为一球形,其直径约为 2.4 cm,最外层为一白色坚韧的膜称为巩膜.巩膜在眼球前部凸出的透明部分称为角膜,其曲率半径约为 8 mm,外来光束首先通过角膜进入眼内.巩膜内面为一层不透光的黑色膜称为脉络膜,其作用是使眼内成为一暗房.脉络膜的前方是一带颜色的彩帘,称为虹膜,眼球前的颜色就是由它显现出来的.虹膜中心有一圆孔,称为瞳孔,瞳孔的作用是调节进入眼内的光通量,其作用与有效光阑相类似,有效光阑和光通量的概念在 4.6 节和 4.7 节中介绍. 外来光束过弱时,瞳孔直径可扩大到 8 mm. 虹膜后面是晶状体. 它由折射率约为 1.42 的胶状透明物质所组成,形成一双凸透镜. 前后两面的曲率半径分别约为 10 mm 和 6 mm,其边缘固结于睫状肌上,由于睫状肌的松弛和紧缩,晶状体的表面的曲率可以改变. 晶状体将眼内分为互不相通的两个空间,其一在晶状体和角膜之间的空间,称为前房,另一空间在晶状体的后面,称为后房. 前房内充满一种透明稀盐溶液,后房内充满一种含有大量水分的胶性透明液体,称为玻璃体. 这两种液体的折射率均为 1.33,与水的折射率相同. 视神经从眼球后面 B 处进入眼内,并在眼内脉络膜上分布成一极薄的膜称为视网膜,当外面物体发出的光束进入眼内在视网膜上成像时,视网膜的感光细胞将光信号转换成生物电信号,经视网膜神经元网络处理、编码,在神经节细胞形成动作电位;视觉动作电位由神经节细胞轴突的视神经传到大脑而形成视觉. 视神经进入眼球的地方(图中 B 处)不引起视觉,称为盲点. 在眼球光轴上方附近处有一直径为 2 mm 的黄色区域,称为黄斑. 黄斑中心有一直径约为 0.25 mm 的区域视觉最灵敏,称为中央窝. 当眼睛观察物体时,眼球通常转到一适当位置,使所成的像恰好在黄斑点内中央窝处,因而所引起的视觉最为清晰.

课外视频
眼球的构造

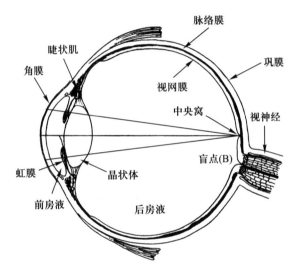

图 4-1　人眼的结构

4.1.2　简化眼

从几何光学的观点来看,人眼是一个由不同介质构成的共轴光具组,这一光具组能在视网膜上形成清晰的像. 由于这一共轴光具组结构很复杂,因此在许多情况下,往往将人眼简化为只有一个折射球面的简化眼,表 4-1 为简化眼结构的光学常量表.

表 4-1　简化眼结构的光学常量

常量的名称	常量的量值	常量的名称	常量的量值
折射率 n'	4/3	光焦度 Φ	58.48 m^{-1}
折射面的曲率半径 R	5.7 mm	视网膜的曲率半径 R'	9.8 mm
物方焦距 f	−17.1 mm	像方焦距 f'	22.8 mm

4.1.3　人眼的调节功能

当用眼观察物体时,必须使物体在视网膜上形成一个清晰的像.眼睛通过物体在视网膜上所形成的像对眼的光心的张角大小来判断物体的大小,这里的光心即简化眼的曲率中心.人眼作为接收器,只能辨别而不能测量光能的大小,也不能判别复色光的成分.另外,人眼只能对波长为390~760 nm的光产生感觉.

当物体和眼的距离变化时,为了使距离不同的物体都能在视网膜上形成清晰的像,必须改变眼睛的焦距,这一过程称为眼的调节.人眼的调节主要借助于晶状体.

当眼中的睫状肌松弛时,晶状体两曲面的曲率半径最大,这时远处的物体能在视网膜上形成清晰的像,故眼看远物时不容易感到疲劳.眼睛能够看清楚的最远点称为远点.当物体移近到某一相当近的位置时,眼仍能清楚地看见它,证明近处的物体仍能在视网膜上成像.这是由于和晶状体相连的睫状肌有收缩能力.当眼注视近处物体时,睫状肌收缩,使晶状体的两面(特别是前一面)曲率半径变小,焦距变短,因而物体仍能在视网膜上成像.眼的这种能自动改变焦距的能力称为眼的自调节.但是眼的自调节有一定的限度.当睫状肌最紧张、晶状体两侧面曲率半径最小时,眼睛能够看清楚的最近点称为近点.

对一般人来说,眼的近点、远点以及调节范围并不是保持不变的.随着年龄的增长,近点逐渐变远.例如幼年时期,近点在眼前7~8 cm处,远点在无限远处;成年后,近点约在眼前25 cm处;到了老年,近点已移到眼前1~2 m处,远点也移至眼前几米处,此时眼的调节范围就相当小了.正常的眼睛在适当的照明下,观察眼前25 cm处的物体是不费力的,而且能看清楚物体的细节,我们称这个距离为<u>明视距离</u>.

有些眼睛由于种种原因,不具备正常眼的功能.有的眼远点不在无限远而在眼前的有限距离处;有的眼近点离眼很远,这些眼称为非正常眼.非正常眼中,远点在眼前有限距离的眼称为近视眼;而近点变远的眼称为远视眼,可通过配戴适当光焦度的透镜予以矫正.

值得指出的是,还有一种非正常眼,其眼前角膜不是一个球面,而是一个具有两个对称平面的椭球面,两对称平面分别包含椭球的长轴和短轴.晶状体的两个表面有时也是如此.这种眼睛在两对称平面上的焦距不同,因此物点成像为两条线,分别包含在两对称平面内,这种眼睛会带来像散,称为散光眼.矫正的办法是戴柱面透镜.可利用此种透镜的像散作用,使其与眼睛造成的像散相反而相互抵消.如果散光眼同时又是近视或远视,则所用透镜一面为球面,另一面为柱面,球面用以矫正近视或远视,柱面则用以矫正散光.

4.2　助视仪器的放大本领

4.2.1　放大本领的概念

我们暂不考虑像的清晰、明亮、像差和衍射等问题.在理想光具组的条件下,首先研究放大镜、显微镜和望远镜等助视仪器的放大本领.这些仪器通常用以改善和扩展视觉.

在眼睛前配置助视光学仪器时,若线状物通过光学仪器和眼睛所构成的光具组(晶状体、前房、后房的液体等)在视网膜上形成的像的长度为 l'.而没有配备这种仪器时,通过肉眼观察放在助视仪器原来所成虚像平面上的同一物,在视网膜上所成像的长度为 l. 则 l' 与 l 之比称为助视仪器的放大本领. 这里将物体经助视仪器所成之像与肉眼观察的物体置于同一特定位置来比较像与物的大小.

上述特定位置,对放大镜或显微镜而言,是指把被观察物放在人眼的明视距离处,对望远镜而言,是指把被观察物放在无穷远处.

视网膜上像的长度不仅取决于物的实际长度,而且还取决于物和眼睛的距离. 不难看出,这可以由物体对眼睛的节点所张的角(称为视角)来决定. 图 4-2(a)中的 PQ 表示在明视距离处的物,图(b)中的 H、H' 为助视仪器的主点. O' 为眼睛的节点(由于视网膜上的像是在折射率不同于空气的液体中形成的,因而眼睛的物方和像方焦距不相等. 在通用的简化眼中,如表 4-1 所述,$f = -17.1$ mm,$f' = 22.8$ mm. 它的节点与主点不重合,但这些点十分靠近,实际上可以认为它们是重合的,统称为眼睛的光心 O). 用仪器前,图(a)中明视距离处的 PQ 的视角为 U,图(b)中 PQ 通过助视仪器所成于明视距离处的像的视角为 U',视网膜上的像长分别为 l 和 l'. 于是仪器的放大本领为

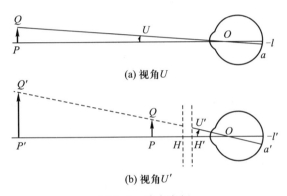

(a) 视角 U

(b) 视角 U'

图 4-2　放大本领

$$M = \frac{l'}{l} = \frac{\tan U'}{\tan U} \approx \frac{U'}{U} \tag{4-1}$$

所以用助视仪器观察物体时,放大本领等于视角之比,即像对眼的张角与物体直接对眼的张角之比,这里物体经助视仪器所成的像与不经助视仪器的物体应处于同一特定位置,这是比较视角大小的前提. 请注意它和角放大率 γ 的区别:U 表示视角,而 u 则是某一条光线的倾角. 上式中 l 和 l'、U 和 U' 并不是共轭量,它们是两个不同条件下物体在网膜上的像高和视角.

4.2.2　放大镜

为了看清楚微小的物体或物体的细节,需要把物体移近眼睛,这样可以增大视角,使在视网膜上形成一个较大的实像. 但当物体离眼的距离太近时,反而无法看清楚. 换句话说,要明察秋毫,不但应使物体对眼有足够大的张角,而且还应使物体与眼睛间有合适的距离. 显然对眼睛来说,这两个要求是相互制约的,若在眼睛前面配置一个凸透镜就能解决这一问题. 凸透镜是一个最简单的

放大镜,是帮助眼睛观察微小物体或物体细节的简单的光学仪器。

现以凸透镜为例,计算它的放大本领. 把物体 PQ 置于透镜 L 的物方焦点和透镜之间并使它靠近焦点[图 4-3(a)],于是物体经透镜成一放大的虚像 $P'Q'$. 为了便于观察,通常使虚像位于明视距离处. $P'Q'$ 对眼的视角近似为

$$U' \approx \frac{y'}{-s'} \approx \frac{y}{-f} = \frac{y}{f'}$$

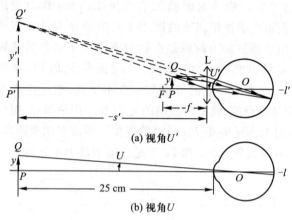

(a) 视角 U'

(b) 视角 U

图 4-3　放大镜的放大本领

若不用透镜而将物体置于明视距离处[图 4-3(b)],物对瞳孔的视角为

$$U = \frac{y}{25 \text{ cm}}$$

于是透镜的放大本领为

$$M = \frac{U'}{U} = \frac{25 \text{ cm}}{f'} \tag{4-2}$$

若凸透镜的像方焦距为 10 cm,则由该透镜制成的放大镜的放大本领为 2.5 倍,写作"2.5×". 如果仅从放大本领来考虑,焦距应该取得短一些,而且似乎这样可以得到任意大的放大本领. 但由于像差的存在,一般采用的放大本领约为"3×". 如果采用复式放大镜(如目镜),则可以减少像差,并使放大本领达到"20×".

*4.3　目　　镜

4.3.1　目镜的作用

目镜也是放大视角用的仪器. 通常放大镜用来直接放大实物,而目镜则用来放大其他光具组(称为物镜)所成的像. 复杂的助视光学仪器总是包括物镜和目镜两部分. 目镜通常由不相接触的两个薄透镜组成. 面向物体的透镜称为向场镜(或简称场镜),接近眼睛的称为接目镜(或简称视镜). 目镜的设计,除要考虑较高的放大本领外,还应该注意到像差的矫正,且可配备一块分划板,板上包含一组叉丝或透明刻度尺,以提高测量的精度. 有时还可用来使

倒立像变成正立像.

4.3.2　两种目镜

最重要而且用途最广的目镜有两种,即惠更斯目镜和冉斯登目镜.现分述如下:

（1）惠更斯目镜

惠更斯目镜由两个同种玻璃的平凸透镜组成,两者都是凸面向着物镜.场镜的焦距等于视镜焦距的 3 倍,两者间的距离等于视镜焦距的 2 倍.图 4-4 所示为该种目镜原理的光路图.由物镜（图中没有画出）射来的会聚光束,原可成像于 Q 处.在考虑场镜的折射时,Q 应该当做虚物,结果成实像于 Q' 处,图中三条入射光线 1、2、3 原应交于 Q 点,由场镜折射时,为了正确地作出折射的光线,可从场镜的中心 O_1 作三条辅助线,分别平行于三条入射线,交场镜的像方焦平面于 1、2、3 三点.连接它们和入射线与场镜主平面（O_1 为主点）的三个交点,连线的交点即像点 Q'.如最后形成的像位于无限远,则可调节物镜的距离,使 Q' 恰好落在视镜的物方焦平面 F_2 上.在这种情况下,Q 在整个目镜的物方焦平面 F 上（F_2 为两个透镜之间主轴上的中点,F 又是 F_2 到视镜之间主轴上的中点）.当然也可另行调节物镜和目镜之间的距离,使最后的像成在其他位置,如明视距离处等.如欲配备叉丝或刻度尺,则应装于 Q' 处,使它们的像和目的物的像在眼睛视网膜上同一点出现.不过它们的像单独由视镜产生,场镜的消像差作用对它们没有影响.所以叉丝或刻度尺的像,会受到视镜像差的影响,而仅能在整个视场中央部分造成清晰的像（用作显微镜的目镜时,可在视场中央部分配备很短的刻度尺）,这样其准确度就不可靠了.惠更斯目镜的视场相当大,视角可达 40°.在 25° 范围以内更清晰,而且结构简单.因此显微镜中经常采用这种目镜.

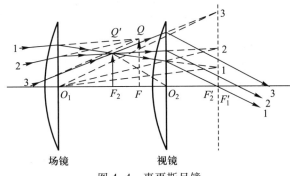

图 4-4　惠更斯目镜

（2）冉斯登目镜

冉斯登目镜由两个同种玻璃的平凸透镜组成.两者焦距相等,凸面相向,平面向背.两透镜间的距离等于每一透镜焦距的 2/3.不难计算整个目镜的第一焦点 F 与场镜间的距离等于单个透镜焦距的 1/4.从物镜射来的光束形成的实像 FQ（见图 4-5）由场镜折射成虚像 F_2Q'.如果要使最后的像位于无限远,则可调节物镜的位置,使 F_2Q' 恰好落在视镜的物方焦平面 F_2 上.此时物点 Q 正好落在整个目镜的物方焦平面 F 上,分划板即放置在这个平面上.

应该指出,虽然这两种目镜对被观察的实像都有放大作用,但使用方面却是有差异的,由图 4-4 和图 4-5 可知:冉斯登目镜可作一般放大镜观察实物,而惠更斯目镜却只能用来观察像.在冉斯登目镜的物平面上加一分划板,可对被观察的物体或物镜所成的实像进行长度的测量,然而惠更斯目镜则不能.

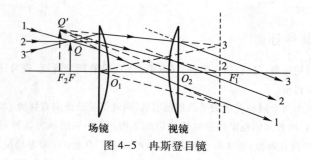

图 4-5 冉斯登目镜

4.4 显微镜的放大本领

目镜的放大本领一般不超过"20×",有时不能满足要求. 欲进一步提高放大本领,就要用组合的光具构成放大镜,这种放大镜称为显微镜. 最简单的显微镜是由两组透镜构成的,一组为焦距很短的物镜,另一组是目镜,通常是惠更斯目镜.

4.4.1 显微镜的光路图

为简单起见,如图 4-6 所示显微镜的物镜和目镜各以单独的一块会聚薄透镜来表示. 待观察的物 PQ 置于物镜的物方焦平面 F_1 之外很近处,这样可以使物镜所成的实像 $P'Q'$ 尽量大. 这个实像再经目镜放大,在明视距离处形成虚像 $P''Q''$. 在图中从 Q 点发出 1、2、3 三条光线相交于 Q' 点,在经过目镜的物方焦平面 F_2 时,分别交于不同的三点. 把这三点用虚线与目镜中心 O_2 点(节点)连接起来,则这三条虚线应分别平行于上述三条光线经目镜折射后的出射光线,将该三条光线反向延长时,交于 Q'' 点,该点即为 Q 点最后的像.

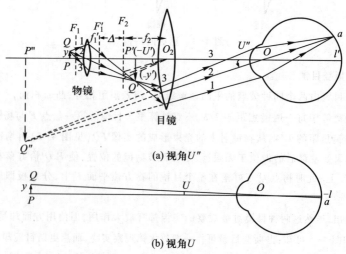

(a) 视角 U''

(b) 视角 U

图 4-6 显微镜的光路图和放大本领

4.4.2 显微镜的放大本领

设显微物镜和目镜的焦距分别为 f_1' 和 f_2',物镜像方焦点 F_1' 到目镜物方焦点 F_2 之间的距离(即光学间隔)为 Δ. 让我们先计算物镜的横向放大率. 物体 PQ 位于 F_1 附近,物距 $s \approx f_1$,经物镜成像于 $P'Q'$. 设像距为 s',物长 $PQ = y$,像长 $P'Q' = -y'$. 则物镜的横向放大率为

$$\frac{y'}{y} = \frac{s'}{s} \approx \frac{s'}{f_1} = \frac{s'}{-f_1'} = -\frac{s'}{f_1'}$$

得

$$y' \approx -y\frac{s'}{f_1'}$$

可见欲使物镜所成的像尽量大,物镜的焦距 f_1' 必须很短. 其次考虑目镜的放大本领. 将目镜当做放大镜,将 $P'Q'$ 放大,所以根据(4-2)式目镜的焦距 f_2' 也必须很短. 要使最后的像尽量地大,应使 $P'Q'$ 的位置尽量靠近目镜物方焦平面 F_2,这样,直线 $Q'O_2$(图中未画出)可看做与 $Q''O$ 近似地互相平行. 于是像 $P''Q''$ 对 O 点(眼睛即在此处)所张的视角 U'',可以看做等于像 $P'Q'$ 对 O_2 点所张的角 U'.

从图 4-6(a)可知,$-U' \approx \dfrac{-y'}{f_2}$,代入物镜横向放大率的值,得

$$U' \approx -\frac{y'}{f_2} = \frac{y'}{f_2'} \approx -\frac{ys'}{f_1'f_2'}$$

这就是显微镜所成像的视角. 若不用显微镜而直接看位于明视距离处的这个物体,则视角为

$$U \approx \frac{y}{25\ \text{cm}}$$

于是显微镜的放大本领为

$$M = \frac{U'}{U} \approx -\frac{25\ \text{cm} \times s'}{f_1'f_2'}$$

因为 f_1' 和 f_2' 都很短,s' 可近似地当做光学间隔 Δ,亦可近似地当做物镜与目镜之间的距离,即镜筒之长 l. 于是

$$M \approx \frac{-25\ \text{cm} \times l}{f_1'f_2'} = -\frac{l}{f_1'}\frac{25\ \text{cm}}{f_2'} \tag{4-3}$$

显微镜的放大本领亦可用下述方法导出:物镜和目镜所成的复合光具组的焦距为

$$f' = -\frac{f_1'f_2'}{\Delta}$$

把整个显微镜当做一个简单放大镜,应用(4-2)式,即得放大本领为

$$M = \frac{25\ \text{cm}}{f'} = \frac{-25\ \text{cm} \times \Delta}{f_1'f_2'} \approx -\frac{l}{f_1'}\frac{25\ \text{cm}}{f_2'}$$

该式与(4-3)式几乎完全一致. 式中的负号表示像是倒的. 如 $f_1' = 0.2\ \text{cm}$,$f_2' = 1.5\ \text{cm}$,$l = 18\ \text{cm}$,则

$$M = -\frac{25 \text{ cm} \times 18 \text{ cm}}{0.2 \text{ cm} \times 1.5 \text{ cm}} = -1\,500$$

在(4-3)式中,$25 \text{ cm}/f'_2$ 为目镜的放大本领,$-l/f'_1 \approx -s'/f'_1$ 为物镜的横向放大率,故显微镜的放大本领等于物镜的横向放大率和目镜放大本领的乘积. 为此,在显微镜物镜和目镜上分别刻有"10×","20×"等字样,以便我们由其乘积得知所用显微镜的放大本领.

显微镜按用途分成生物显微镜、读数显微镜、金相显微镜和偏光显微镜,通常经光电转换,并用显示器观测,构成数码显微镜。

4.5　望远镜的放大本领

望远镜是帮助人眼对远处物体进行观察的光学仪器.观察者以对望远镜像空间的观察代替对物空间的观察. 而所观察的像实际上并不比原物大,只是相当于把远处的物体移近,增大视角,以利观察.

望远镜也是由物镜和目镜组成的. 物镜用反射镜的称为反射式望远镜,物镜用透镜的称为折射式望远镜. 目镜是会聚透镜的称为开普勒望远镜,目镜是发散透镜的称为伽利略望远镜.

4.5.1　开普勒望远镜

由两个会聚薄透镜分别作为物镜和目镜所构成的天文望远镜,是开普勒于 1611 年首先提出的. 这种望远镜完全由透镜折射成像,所以又称为折射式望远镜(见图 4-7). 物镜像方焦点 F'_1 和目镜的物方焦点 F_2 重合. 从远物上一点 Q 射来的平行光束经物镜后会聚于 Q' 点,再经目镜后又成为一束平行于直线 $Q'O_2$ 的平行光束,最后像 Q'' 位于无限远处,望远镜的结构通常都是这样. 眼睛在 O 处看这个像的视角为 $-U'' = \angle P''OQ''$. 从图中直接可以看出

$$-U' = \angle P'O_2Q' \approx \frac{P'Q'}{-f_2} = \frac{-y'}{-f_2}$$

若不用望远镜而直接看远物,则视角为 $U = \angle PO_1Q$(远物不能任意移近,但有一定的视角,眼睛前后移动距离不大时,视角的大小几乎没有改变). 从图中可以看出这个视角又等于

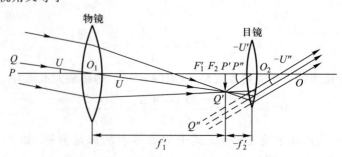

图 4-7　开普勒望远镜的光路图和放大本领

$$U = \angle P'O_1Q' \approx \frac{P'Q'}{f_1'} = \frac{-y'}{f_1'}$$

所以望远镜的放大本领为

$$M = \frac{U'}{U} = \frac{f_1'}{f_2} = -\frac{f_1'}{f_2'} \qquad (4-4)$$

由此可见,物镜的焦距 f_1' 越长,目镜的焦距 f_2' 越短,则望远镜的放大本领就越大.开普勒望远镜的物镜和目镜的像方焦距均为正值,放大本领 M 为负值,故形成的是倒立的像.

4.5.2 伽利略望远镜

伽利略于 1609 年发明的这种望远镜的特点是用发散透镜作目镜(见图 4-8).物镜的像方焦点仍和目镜的物方焦点重合.由远物上一点 Q 射来的平行光束,经物镜会聚后,原来应成实像于 Q' 点,这对于目镜来说应作为虚物.从目镜透射出来的仍是平行光束,与 O_2Q' 平行.最后成正立像 $P''Q''$ 于无穷远处.从图可以看出不用望远镜时的视角为

$$U = \angle PO_1Q = \angle P'O_1Q' \approx \frac{P'Q'}{f_1'} = \frac{-y'}{f_1'}$$

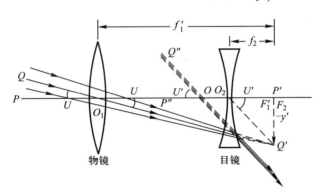

图 4-8 伽利略望远镜的光路图和放大本领

式中 f_1' 为物镜的焦距.用望远镜时,$P''Q''$ 对眼睛所张的视角可以近似认为是对 O 点所张的角 U',即

$$U' = \angle P''OQ'' \approx \frac{P'Q'}{f_2} = \frac{-y'}{f_2}$$

式中 f_2 为目镜的焦距.故望远镜的放大本领仍为

$$M = \frac{f_1'}{f_2} = -\frac{f_1'}{f_2'}$$

伽利略望远镜,物镜的像方焦距为正,目镜的像方焦距为负,放大本领为正值,故形成正立的像.

开普勒望远镜(或伽利略望远镜)的物镜和目镜所组成的复合光具组的光学间隔等于零.这样的光具组称为望远光具组,它的特点是平行光束入射时,出

射的仍是平行光束,但方向改变. 整个光具组的焦点和主平面都在无限远处.

由于伽利略望远镜的目镜为发散透镜,最后透射出来的各平行光束所共同通过的 O 点位于镜筒内,所以观察者的眼睛无法置于该点以接收所有这些光束. 即使把眼睛尽量靠近目镜,能够进入瞳孔的也仅是这些光束的一小部分,故视场较小. 而开普勒望远镜的视场则较大.

开普勒望远镜的目镜的物方焦平面在镜筒以内,在该处可以放置叉丝或刻度尺. 伽利略望远镜则不能配这种装置.

伽利略望远镜镜筒的全长(即物镜到目镜之间的距离)等于物镜和目镜焦距绝对值之差,故镜筒较短;开普勒望远镜的镜筒长度则等于物镜和目镜焦距绝对值之和,因而镜筒较长.

无论哪一种望远镜,物镜的横向放大率都小于 1. 可见放大本领与横向放大率是有区别的.

4.5.3 反射式望远镜

由于反射镜能反射的光谱范围比较广而且不致产生色差,当反射镜的形状合适时又能校正球差,并且大孔径的反射镜又比大孔径的透镜容易制造,所以大型天文望远镜的物镜都是用孔径大的反射镜制成的,这种望远镜称为反射式望远镜. 图 4-9(a)就是牛顿式反射望远镜. 由远物上一点射来的平行光束射到抛物面反射镜 AB 上,反射出来的光束又为平面镜 CD 所反射而会聚于 F'' 点(图中 F' 为抛物面镜 AB 的焦点,反射光束原应在该点会聚. 但对平面镜 CD 来说, F' 是虚物, F'' 为光束经 CD 反射后所成的实像),该点所成的像最后再经目镜放大. 图 4-9(b)为格雷戈里(J. Gregory)式反射望远镜,其物镜是由抛物面反射镜 A、B 和椭球面反射镜 CD 组合而成的. 图 4-9(c)所示的为卡塞格林(Cassegrain)式反射望远镜,其物镜是由抛物面反射镜 A、B 和双曲面反射镜 CD 组合而成的. 中国科学院北京天文台的孔径为 2.16 m 的天体测量望远镜就具有这种结构,是我国自行设计制造的. 这三种望远镜都具有球差小、像质好、观察方便等优点.

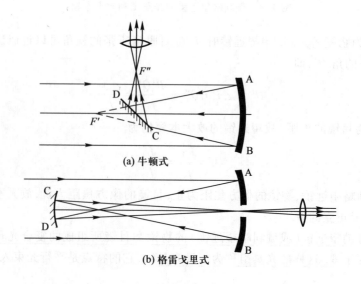

(a) 牛顿式

(b) 格雷戈里式

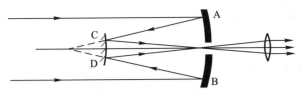

(c) 卡塞格林式

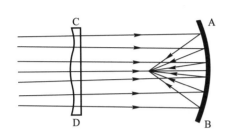

(d) 施密特式

(e) 哈勃太空望远镜

图 4-9　各种反射式望远镜

　　近代望远镜中一般都采用了施密特(Schmidt)物镜,它是一种先经折射的反射系统,它由一个凹球面镜 AB 和一个草帽形的校正透镜 CD 组合而成[见图 4-9(d)],后者用来校正球面反射镜的球差.这种物镜在遥感技术、航天、导弹跟踪系统、高空摄影等方面有广泛的应用.

视窗与链接　太空实验室——哈勃太空望远镜

　　在地面上观测星空,接收到的电磁波信息会出现失真,距地球十分遥远的天体的信息甚至被湮灭.如果通过人造地球卫星超越大气层在太空中观测天体,就可获得它们更为完整准确的辐射信息,观测到距离更遥远、亮度更微弱的宇宙天体,并且不受地面杂光和天气等因素的影响,消除大气湍流带来的干扰以及地球复杂运动的影响.因此人类设法建立太空实验室,直接在太空中观测天体.

　　哈勃(Hubble)太空望远镜[参见图 4-9(e)]是 1990 年由"发现"号航天飞机送入太空的.哈勃太空望远镜是由光学系统、科学仪器和支持系统三部分构成.光学系统为反射式望远镜,由主镜和副镜组成的卡斯格伦系统[参见图 4-9(c)],主镜直径 2.4 m,副镜直径 0.3 m,两者相距 4.5 m,采用焦平面成像方式工作.哈勃望远镜工作时,来自目标的光束首先经主镜反射到副镜上,随后由副镜反射到主镜的中心孔处,穿过中心孔到达主镜焦平面聚焦成像,再由科学仪器进行精密处理,最后把观测数据通过数据中继卫星发回地面.

　　运作中发现在装校主反射镜的过程中由于疏忽引起了主反射镜与副反射镜主轴之间的微小偏离,引起了严重的球面像差.为了挽回这一耗资达几亿美元的、已在运行中的太空望远镜的功能,1993 年 12 月初,由航天飞船将哈勃望远镜抓住,而由宇航员在太空中更换一块可以修正像差的副镜.经修复后的望远镜的成像质量有了显著的改进.

课外视频
哈勃望远镜

课外视频
哈勃望远镜-
巨型摄像机

4.5.4　激光扩束器

某些激光器发出的激光束直径很小,例如常用的氦氖激光器的光束在出口处直径约为 1 mm. 而我们有时希望获得一束直径比较宽的激光束. 如果使激光器发出的光束经过一个高质量的望远镜,便可以实现扩束. 这个望远镜就是激光扩束器. 它的构造如图 4-10 所示,和折射望远镜相仿,所不同的是用发散透镜接收入射光束并从会聚透镜射出. 通常望远镜目镜采用消色差的复合透镜,所以倒过来作为扩束器,正好适用于单色的激光. 从图中可以看出,一束较窄的平行光束经望远镜后,便扩展为较宽的平行光束.

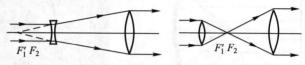

图 4-10　激光扩束器原理图

在测量人造地球卫星离地球的距离的激光测距仪中,发射激光用的望远镜系统就是采用这种"倒装"的伽利略式望远镜. 人造地球卫星激光测距仪是利用人造地球卫星上安装的角反射器,将地面发射的激光反射回地面,通过对激光往返时间间隔的精确测量,准确地计算人造地球卫星与测量站间的距离.

顺便提一下,在要求不高的情况下,进行激光扩束还可以采用"20×"或"40×"的显微镜物镜或焦距很短的发散透镜,甚至有时可用短焦距的凸面或凹面反射镜.

4.6　光阑　光瞳

4.6.1　光阑的概念

以上讨论光学仪器的放大本领时,没有考虑到光束截面积的大小. 也就是说,没有考虑到光能流的多少. 但实际上这是一个相当重要的问题. 因为像的明亮程度取决于光能流的多少. 光学元件的边缘,或者一个有一定形状的开孔的屏(称为光阑),在光学系统中都起着限制光束的作用,从这个意义上讲,透镜的边缘也可看做是光阑. 可见,无论怎样的光学仪器都必定有光阑存在. 此外,为了改善成像的质量,常装有附加光阑.

4.6.2　有效光阑和光瞳

现以两个共轴薄透镜组成的光具组为例来说明.

设两个透镜有相等的孔径 D,彼此间的距离为 d[见图 4-11(a)]. 如果物点 P 在第一透镜 L_1 与其物方焦点 F_1 之间,那么从 L_1 透射出来的是发散光束,所

以在已通过 L_1 的光束中只有与主轴夹角不超过 $u/2$ 的一部分光线能够通过第二个透镜 L_2，u 比 L_1 边缘对 P 点所张的顶角 u_{L_1} 小. 如果 P 点在 F 之外[见图 4-11(b)]，那么从 L_1 透射出来的是会聚光束，它只通过 L_2 的一部分. 这时从 L_2 透射出来的光束与主轴的夹角不超过 $u'/2$，则 u' 比 L_2 边缘对像点 P' 所张的顶角 u_{L_2} 小. 由此可见，实际起着限制光束作用的，在第一种情况中是透镜 L_2 的边缘；在第二种情况中则是透镜 L_1 的边缘.

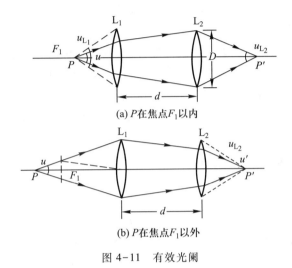

(a) P 在焦点 F_1 以内

(b) P 在焦点 F_1 以外

图 4-11　有效光阑

现在要寻找一个普遍适用的方法，以便能确定任何复杂光具组的所有反射镜、透镜或开孔的屏中究竟哪一个在实际上起着限制光束的作用. 在图 4-12 的情况中，B 为光阑，B′ 和 B″ 是 B 分别由光阑前的光具组和光阑后的光具组所成的像. 由于这些边缘是共轭的，所以通过 B 的一切光线，都通过 B′ 和 B″，反之亦然. 即通过 B 的边缘的一切光线也一定通过 B′ 和 B″ 的边缘. 在所有各光阑中，限制入射光束最起作用的那个光阑，称为孔径光阑或有效光阑. 设图中 B 为有效光阑，则它被自己前面部分的光具组所成的像称为入射光瞳（图 4-12 中的 B′）；它被自己后面部分的光具组所成的像称为出射光瞳（图 4-12 中的 B″）. 这其实也就是入射光瞳被整个光具组所成的像，因为入射光瞳与出射光瞳对整个光具组来讲是共轭的.

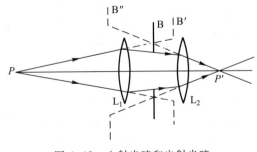

图 4-12　入射光瞳和出射光瞳

4.6.3 有效光阑和光瞳的计算

以薄透镜 L 和光阑 AB 所组成的最简单光具组(见图 4-13)为例. 设光阑与透镜的距离小于透镜焦距 f',光阑的直径 D_1 小于透镜的孔径 D. 先设发光点在物方焦点 F 处,由图可见,仅在 FM 和 FN 以内的光线能够通过光阑. 现在讨论怎样决定边缘光线 FM 与 FN 之间的夹角 u. 设想 A 点经透镜 L 所成的像为 A′,显然 A′ 是在 FM 的延长线上(若假设光线反向时,即可从物点 A 得到像点 A′. 作图时可从透镜中心作直线通过 A 点,再延长与 FM 延长线相交即为 A′). 所以由光阑 AB 通过透镜 L 所成像 A′B′ 的位置,便可确定 FM 和 FN 的夹角. 因此通过整个光具组的光束的顶角 u,等于光阑像 A′B′ 对发光点 P 所张的顶角. u_L 为透镜边缘对同一发光点 P 所张的顶角. 在所设条件(即 $D_1 < D$)下,从图中直接可以看出 $u < u_L$,因而 AB 实际上起着有效地限制光束的作用,所以它是光具组对于 F 点的有效光阑. 反过来,如果光阑直径大于透镜孔径,则 $u_L < u$,在这种情况下,透镜边缘将成为光具组对于发光点的有效光阑.

如果发光点 P 不在 F 处,仍可用同样方法来确定从 P 发出并能通过光阑 AB 的光束的顶角. 此时 u 以 PM 和 PN 为边缘(见图 4-14),而光阑的像 A′B′ 仍在 PM 和 PN 的延长线上. 该图表示光阑 AB 的直径小于透镜的孔径、且 P 点在焦点以内的情况,因为 u 仍小于透镜边缘对 P 点的张角 u_L,故 AB 仍然是有效光阑.

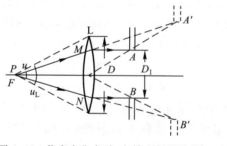 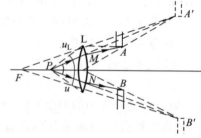

图 4-13 物点在焦点时,有效光阑的计算　　图 4-14 物点不在焦点时,有效光阑的计算

综上所述,确定任何光具组有效光阑的方法是:先求出每一个给定光阑包括透镜边缘对其前面(向着物空间方面)那一部分光具组所成的像,找出所有这些像和第一个透镜边缘对指定的物点所张的角,在这些张角中找出最小的那一个,和这最小的张角对应的光阑就是对于该物点的有效光阑. 由此可求得入射光瞳和出射光瞳.

如果有效光阑在整个光具组的最前面,则它和入射光瞳重合;如果是在整个光具组的最后面,则它和出射光瞳重合. 任何一个光瞳(入射光瞳与出射光瞳的统称)可能是虚像,也可能是实像. 出射光瞳的位置可能在入射光瞳的前面,也可能在它的后面. 例如图 4-13 和图 4-14 中,像 A′B′ 便是入射光瞳. AB 是有效光阑,同时也是出射光瞳.

<u>入射光瞳半径两端对物平面与主轴的交点所张的角,我们定义为入射孔径</u>

角(或简称孔径角). 出射光瞳半径两端对像平面与主轴的交点所张的角,我们定义为出射孔径角(或简称投射角).

通过有效光阑中心的光线称为主光线. 主光线也应该通过光具组的入射光瞳与出射光瞳的中心,因为这两个点是和有效光阑的中心是共轭的.

因为光阑像的位置是不变的,它对不同的物点所张的角不相等,故最后比较各光阑像对物点所张角度的大小时,找到的有效光阑将随物点位置的变化而变化. 对垂直于主轴的平面物来说,平面物的位置改变时,有效光阑的位置将随之变化. 因此应以平面物与主轴的交点为参考点. 有效光阑总是对某一个指定的参考点而言的.

若光具组仅是单独的一个薄透镜,则有效光阑、入射光瞳和出射光瞳都与透镜本身的边缘相重合,且和物点的位置无关.

在讨论实际通过光具组的光束顶角的大小时,只要作出入射光瞳和出射光瞳,正确地表示它们的位置和大小,把它们边缘的所有各点分别和物点、像点用直线连接起来,就得到所求的光束顶角的大小(见图4-15). 有了光瞳,实际的有效光阑就变得次要了,在作图时几乎可以不需要它.

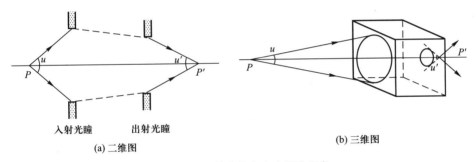

(a) 二维图　　　　　　　　　　　(b) 三维图

图 4-15　入射孔径角和出射孔径角

至于要确定像点 P' 的位置,仍需用基点基面的作图法. 在这一作图法中,光束顶角的大小是任意的. 基点基面图和光瞳图都是抽象的,用简化方法不必画出光具组的实际结构,就能在一定条件下基本解决复杂光具组的物像位置和光束顶角大小问题. 而且光具组最前和最后两个界面以外的光束,将完全和实际情况符合.

*4.6.4　视场光阑、入射窗和出射窗

上面讨论的是对轴上物点所发出的光束的限制,而具有一定大小的物体经光学系统成像的空间范围,可以用一种遮挡轴外光束的光阑来限制. 如给定的光学系统只能让物空间一定范围的物体成像,这个范围称为该系统的视场. 限制视场大小特别起作用的光阑,称为视场光阑,视场光阑通过它前面的系统所成的像称为入射窗,通过它后面部分的系统所成的像称为出射窗.

[例 4.1]　孔径都等于 4 cm 的两个薄透镜组成同轴光具组,一个透镜是会聚的,其焦距为 5 cm;另一个是发散的,其焦距为 10 cm. 两个透镜中心间的距离为 4 cm. 对于会聚透镜前面 6 cm 处的一个物点,试问:

（1）哪一个透镜是有效光阑？

（2）入射光瞳和出射光瞳的位置在哪里？入射光瞳和出射光瞳的大小各等于多少？

［解］（1）将发散透镜作为物对凸透镜成像，由新笛卡儿符号法则，成像的位置计算如下：

由于物在右方，故

$$s = 4 \text{ cm}$$

因物在右方，故像方焦点在左方

$$f' = -5 \text{ cm}$$

代入高斯公式得

$$s' = \frac{f's}{f' + s} = \frac{-5 \text{ cm} \times 4 \text{ cm}}{-5 \text{ cm} + 4 \text{ cm}} = 20 \text{ cm}$$

成像的高度为

$$y' = \frac{s'}{s}y = \frac{20 \text{ cm}}{4 \text{ cm}} \times 4 \text{ cm} = 20 \text{ cm}$$

所以发散透镜经会聚透镜所成的像对物点所张的孔径角 u'_{L_2} 为

$$u'_{L_2} = \arctan \frac{\dfrac{y'}{2}}{s' + 6 \text{ cm}} = \arctan \frac{10}{26} = \arctan \frac{5}{13} = 21°2'30''$$

而会聚透镜对物点所张的孔径角 u_{L_1} 为

$$u_{L_1} = \arctan \frac{\dfrac{y}{2}}{6} = \arctan \frac{2}{6} = \arctan \frac{1}{3} = 18°26'$$

因为 $u'_{L_2} > u_{L_1}$，所以会聚透镜为同轴光具组的有效光阑，其光路图如例 4.1 图（a）所示.

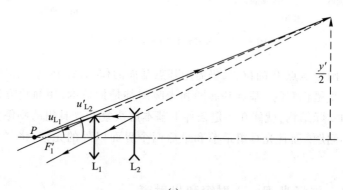

(a)

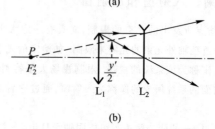

(b)

例 4.1 图

（2）L_1 为入射光瞳,其直径为 4 cm. L_1 经 L_2 成的像为出射光瞳,光瞳的位置 s' 及大小 y' 分别计算如下:将 $s = -4$ cm, $f' = -10$ cm 代入高斯公式,得

$$s' = \frac{sf'}{s + f'} = \frac{-4 \text{ cm} \times (-10 \text{ cm})}{-4 \text{ cm} - 10 \text{ cm}} = -\frac{20}{7} \text{ cm} = -2.857 \text{ cm}$$

由横向放大率公式,得出射光瞳的直径 y' 为

$$y' = \frac{s'}{s} y = \frac{-\dfrac{20}{7} \text{ cm}}{-4 \text{ cm}} \times 4 \text{ cm} = 2.857 \text{ cm}$$

其光路图如例 4.1 图(b)所示.注意图中 $y'/2$ 是把透镜 L_1 的半径作为物经 L_2 所成的虚像.

*4.7　光度学概要——光能量的传播

前面讨论的内容主要是光的传播方向问题,还没有涉及光的能流.关于光能量的传播问题,首先要阐述以下几个概念.

4.7.1　辐射通量

如图 4-16 所示,设光源表面 S 向所有方向辐射出各种波长的光.此光源表面的一个面积元 dS 的辐射情况,可以用单位时间内该面积元 dS 辐射出来的所有波长的光能量(也就是通过该面积元的辐射功率)表示,这就是面积元 dS 的__辐射通量__,可用 ε 来表示,单位为 W (瓦[特]).

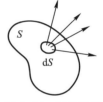

图 4-16　辐射通量

对于光源上任一面积元的辐射通量,不同波长的光在其中所占的比例是不同的.为了表示光源面积元所辐射的不同波长的光的相对辐射通量,我们引入分布函数 $e(\lambda)$.它就是在单位时间内通过光源面积元的某一波长附近的单位波长间隔内的光能量. $e(\lambda)$ 是波长 λ 的函数,它又称谱辐射通量密度.

从光源面积元 dS 辐射出来的波长在 λ 到 $\lambda + d\lambda$ 间的光辐射通量为

$$d\varepsilon_\lambda = e(\lambda) d\lambda$$

于是,从面积元 dS 发出的各种波长光的总辐射通量为

$$\varepsilon = \int_0^\infty e(\lambda) d\lambda$$

4.7.2　光视效率

辐射通量 ε 代表的是光源面积元在单位时间内辐射的总能量的多少,而我们感兴趣的只是其中能够引起视觉的那一部分.相等的辐射通量,由于波长不同,给人眼的感觉也不相同.为了研究客观的辐射通量与它们使人眼产生的主观感觉强度之间的关系,首先必须了解眼睛对各种不同波长的光的视觉灵敏度.人眼对黄绿色光最灵敏,对红色和紫色光较差,而对红外线和紫外线则无视觉反应.在引起强度相等的视觉情况下,若所需的某一单色光的辐射通量愈小,则说明人眼对该单色光的视觉灵敏度愈高.设任一波长为 λ 的光和波长为 555 nm 的光,产生相同视觉所需的辐射通量分别为 $\Delta\varepsilon_\lambda$ 和 $\Delta\varepsilon_{555}$,则比值

$$v(\lambda) = \frac{\Delta\varepsilon_{555}}{\Delta\varepsilon_\lambda}$$

称为光视效率. 图 4-17 是明视觉和暗视觉的光视效率实验图线, 其纵坐标为光视效率. 明视觉以 $v(\lambda)$ 表示, 暗视觉以 $v'(\lambda)$ 表示. 暗视觉曲线的峰值向短波方向移动了约 50 nm, 当不同的单色光辐射通量能够产生相等强度的视觉时, $v(\lambda)$ 与这些单色光的辐射通量成反比.

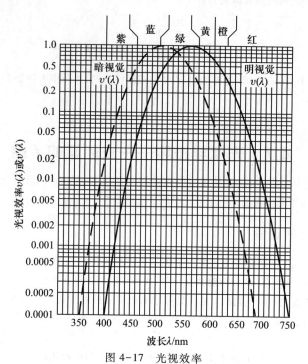

图 4-17 光视效率

根据多次对正常眼的测量, 当波长为 555 nm 时, 曲线具有最大值. 通常取这个最大值作为单位 1. 例如对于波长为 600 nm 的光来说, 光视效率的相对值是 0.631, 也就是说, 为了使它引起和波长为 555 nm 的光相等强度的视觉, 所需的辐射通量是波长为 555 nm 的光的辐射通量的 1/0.631 倍, 即 1.6 倍左右. 由此可见, 为产生同等强度的视觉, 光视效率 $v(\lambda)$ 与所需的辐射通量 $d\varepsilon_\lambda$ 成反比.

4.7.3 光通量

引入光视效率 $v(\lambda)$ 后, 就可以研究光通量了. 它表示光源表面的客观辐射通量使人眼所引起的视觉强度, 以 Φ_v 表示. 它正比于辐射通量与光视效率的乘积. 在某一波长 λ 附近对于波长间隔为 $d\lambda$ 的单色光来讲, 其光通量为

$$d\Phi_v(\lambda) = k_m v(\lambda) d\varepsilon_\lambda = k(\lambda) e(\lambda) d\lambda \tag{4-5}$$

式中

$$k(\lambda) = k_m v(\lambda) \tag{4-6}$$

$k(\lambda)$ 称为光谱光视效能, k_m 为最大光视效能, 也称最大光效率.

在国际单位制中, 辐射通量的单位为 W(瓦[特]), 而光通量的单位为 lm(流[明]).

由 (4-5) 式可知 $k(\lambda) = d\Phi_v/d\varepsilon_\lambda$, 光谱光视效能 $k(\lambda)$ 其实是波长为 λ 的辐射的功光当量. 换言之, 波长为 λ 的 1 W 辐射通量相当于 $k(\lambda)$ 的光通量. 而最大光谱光视效能 k_m 是指波长为 555 nm 辐射的功光当量, 即 k_m 为最大功光当量. 在国际单位制中

$$k_m = 683 \text{ lm/W}$$

单色光光通量的表示式(4-5)可写为

$$\mathrm{d}\Phi_v(\lambda) = 683v(\lambda)\mathrm{d}\varepsilon_\lambda$$

复色光光通量表示式可写为

$$\Phi_v = \int \mathrm{d}\Phi_v(\lambda) = 683\int_0^\infty v(\lambda)e(\lambda)\mathrm{d}\lambda$$

电光源发出的总光通量 Φ_v 与电光源的耗电功率 P 之比 η,称为电光源的遍计发光效率. 它是衡量电光源工作性能的重要指标. 即

$$\eta = \frac{\Phi_v}{P} = \frac{683\int_0^\infty v(\lambda)e(\lambda)\mathrm{d}\lambda}{P}$$

η 表示电源每耗电 1 W 所发出光通量. 电光源的遍计发光效率都是不高的,这是因为输入光源的电功率不能全部转化为电磁辐射通量,而电磁辐射通量中又只有一部分落在可见光区的缘故. 值得指出的是,遍计发光效率 η 和作为功光当量 $k(\lambda) = k_m v(\lambda)$ 的光效率在意义上是有区别的. 一般电光源手册中通常将遍计发光效率简写为发光效率或光效率. 例如 LED 的 η 为 50~200 lm/W.

4.7.4 发光强度

发光强度是表征光源在一定方向范围内发出的光通量的空间分布的物理量,它可用点光源在单位立体角中发出的光通量来量度,可表达为

$$I = \frac{\mathrm{d}\Phi_v}{\mathrm{d}\Omega} \tag{4-7}$$

式中 $\mathrm{d}\Omega$ 是点光源在某一方向上所张的立体角元.

一般说来,发光强度随方向而异,用极坐标 (θ,φ) 来描写选定的方向时,$I_{\theta,\varphi}$ 表示沿着某一方向的发光强度. 从图 4-18 可知在球坐标中,$\mathrm{d}\Omega = \sin\theta\mathrm{d}\theta\mathrm{d}\varphi$,因而

$$\mathrm{d}\Phi_v = I_{\theta,\varphi}\mathrm{d}\Omega = I_{\theta,\varphi}\sin\theta\mathrm{d}\theta\mathrm{d}\varphi$$

由点光源所发出的总光通量为

$$\Phi_v = \int_0^{2\pi}\mathrm{d}\varphi\int_0^\pi I_{\theta,\varphi}\sin\theta\mathrm{d}\theta$$

如果 I 不随 θ 和 φ 而变化(均匀发光体),则得总光通量 $\Phi_v = 4\pi I$.

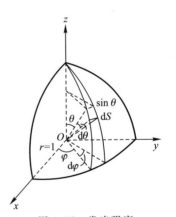

图 4-18　发光强度

总光通量表征光源的特性. 对于指定的发光体,光具组不能增加总光通量,光具组的作用只是把光通量重新分配. 例如,使它比较集中在某些选定的方向上,而相应地减小其他方向的发光强度.

在国际单位制中,发光强度的单位为 cd(坎[德拉]). 1979 年第 16 届国际计量大会(决议 3)规定坎德拉的定义:"坎德拉是一光源在给定方向上的发光强度,该光源发出频率为 5.40×10^{14} Hz 的单色辐射,且在此方向上的辐射强度为(1/683) W/sr." 此处 sr 为球面度. 空气中波长为 555 nm(明视觉的光视效率为 1)的辐射对应的频率为 $5.400\,086\times10^{14}$ Hz. 略去尾数,则坎德拉的定义中的频率实际上就是明视觉最灵敏谱线的频率.

值得指出的是,在国际单位制中,发光强度的单位是国际单位制中七个基本单位之一,光度学中的其他单位均为导出单位.

4.7.5 照度

照度是表征受照面被照明程度的物理量,它可用落在受照物体单位面积上的光通量数值来度量. 如果照射在物体面元 dS 上的光通量为 dΦ_v,则照度 E 可表示为

$$E = \frac{\mathrm{d}\Phi_v}{\mathrm{d}S} \qquad (4\text{-}8)$$

对点光源来说 d$\Phi_v = I\mathrm{d}\Omega$,因而照度

$$E = \frac{I\mathrm{d}\Omega}{\mathrm{d}S} = \frac{I\cos\alpha}{R^2}$$

式中 R 为点光源距受光物体元面积 dS 中心的距离. 由此可见,点光源所造成的照度反比于光源到受照面的距离的平方,而正比于光束的轴线方向与受照面法线间夹角 α 的余弦. 因为在大多数情况下,物体不是自己发光的,所以照度有重要的意义.

照度的单位称为 lx(勒[克斯]). 它是 1 lm 的光通量均匀分布在 1 m^2 的表面上所产生的照度.

表 4-2 列举了一些经常遇到的典型情况下光照度的近似值.

表 4-2　一些实际情况下的光照度值(单位:lx)

无月夜的星光在地面上所产生的照度	3×10^{-4}
接近天顶的满月在地面所产生的照度	0.2
在办公室工作时所必需的照度	20~100
晴朗的夏日在采光良好的室内的照度	100~500
夏日的太阳不直接射到的露天地面的照度	1 000~10 000

单位面积的面元发出的总光通量称为面光源的出射度,以 M 表示. 对于面光源,考察其的面元 dS,如果 dS 沿各方向发出的总光通量为 dΦ_v,则

$$M = \frac{\mathrm{d}\Phi_v}{\mathrm{d}S}$$

它的单位也是 lx. 由于出射度和照度有相同的量纲和类似的定义,故可将它称为功率密度. 值得指出的是,照度中的光通量是面元所接收的光通量,而出射度中的光通量是面元所辐射的光通量.

4.7.6 亮度

只是在发光体的线度远小于光源到观察点的距离,即发光体实际线度大小可以略去不计时,点光源才有意义. 对于实际的扩展光源来说,应该把它的表面分成无数面元,同时分出这样的一个光束:它从某一面元 dS 出发,包围在一个立体角 dΩ 内,这光束的轴线与 dS 的法线 e_n 成一个角度 θ(见图 4-19). 在光束轴线的方向上,面元的表观面积是 d$S\cos\theta$. 朗伯首先通过实验发现对许多发光体(不是所有发光体)来说,从立体角 dΩ 中发射出的光通量 dΦ_v 正比于 dΩ 和发光体表观面积 d$S\cos\theta$ 的大小(朗伯定律),比例系数和发光面的性质有关,不随 θ 角的不同而变. 这个系数用 L 表示,称为光源的亮度,它是表征发光面发光强弱并与发光表面特性有关的物

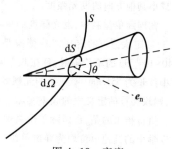

图 4-19　亮度

理量,可以用单位面积的光源表面在法线方向的单位立体角内传送出的光通量来量度. 于是 $\mathrm{d}\Phi_v = L\mathrm{d}S\cos\theta\mathrm{d}\Omega$,因此

$$L = \frac{\mathrm{d}\Phi_v}{\mathrm{d}S\cos\theta\mathrm{d}\Omega} \tag{4-9}$$

由(4-9)式可知,亮度的单位为 $\mathrm{cd/m^2}$.

为了对光亮度有数值上的具体的概念,表4-3给出了一些实际光源的光亮度的近似值.

表4-3 一些实际光源光亮度的近似值(单位: $10^4\mathrm{cd/m^2}$)

无月的夜空	10^{-3}
满月的表面	0.25
煤油灯焰	1.5
阳光照射下的洁净雪面	3
乙炔焰	8
钨丝白炽灯	500 ~ 1 500
超高压球状汞灯	120 000
在地面上看到的太阳	150 000
在地球大气层外所看到的太阳	190 000

由发光强度的定义,(4-9)式可改写为

$$L = \frac{\mathrm{d}I}{\mathrm{d}S\cos\theta}$$

通常扩展光源上每一面元的亮度 L 随方向而变. 如果扩展光源的发光强度 $\mathrm{d}I \propto \cos\theta$,从而亮度 L 不随 θ 角而变,这类光源称为遵从朗伯定律的光源,也称余弦发射体或朗伯光源. 太阳辐射的规律相当接近于朗伯定律.

发光强度和亮度的概念不仅适用于自身发光的物体,还可推广到反射体. 光束投射到光滑的表面上时,会定向地反射出去;而投射到粗糙的表面上时,它将朝所有方向漫反射. 一个理想的漫反射面应是遵循朗伯定律的;也就是说,无论入射光从何方来,沿各方向,漫反射光的发光强度总是与 $\cos\theta$ 成正比,因而亮度相同. 涂了氧化镁的表面被照亮以后或者从内部被照明的优质玻璃灯罩、积雪、白墙以及十分粗糙的白纸,都很接近这类理想的漫反射体. 这类物体称为朗伯反射体.

视窗与链接 三原色原理

用放大镜观察彩色电视机荧光屏上的彩色图像,会发现它实际上是由众多红、绿、蓝三种颜色的发光点集合而成的. 在屏幕上颜色不同的部分,各种发光点的发光情况是不同的. 在黄色部分,红色点和绿色点的发光都很明亮,但蓝色点暗黑. 在白色部分,三种颜色的点都很明亮. 在青色部分,绿色点和蓝色点很明亮而红色点基本上不发光. 事实上,将红($\lambda = 700$ nm)、绿($\lambda = 546.1$ nm)、蓝($\lambda = 435.8$ nm)三种色光按不同的光通量比例混合发出时,可以让人的眼睛感受到自然界绝大多数颜色的光. 这就是所谓"三原色原理",它是人们在长期实践和对人的视觉特性的研究中发现的.

根据三原色原理,用摄像机来摄取彩色图像时,首先把镜头中的景物图像经分光系统分

解成红(R)、绿(G)和蓝(B)三幅图像,然后通过各自的光电转换系统,转换成 E_R、E_G 和 E_B 三种电信号,这些信号经处理后可以传输或存储. 重现这些图像时,分别把 E_R、E_G 和 E_B 加到彩色显像管或 R、G 和 B 的发光二极管(LED)上. E_R 由红色荧光粉形成一幅红色图像;E_G 由绿色荧光粉形成一幅绿色图像;E_B 由蓝色荧光粉形成一幅蓝色的图像. 这三幅图像叠加在一起时,我们眼睛看到的就是一幅彩色图像.

[**例 4.2**]　一发光强度为 60 cd 的点光源 O 置于水平地板上方 4 m 处,而一直径为 3 m 的圆形平面镜水平放置,平面镜的圆心位于点光源正上方 4 m 处,若光投射于平面镜时,有 80% 的光反射,试求光源斜下方 6 m 的地板上 P 点处的照度.

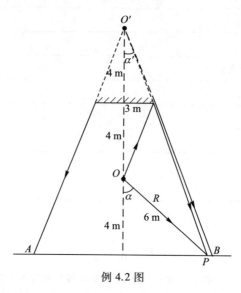

例 4.2 图

[**解**]　如图例 4.2 所示,平面镜在光源的镜像处形成一个附加的 0.8×60 cd 发光强度的镜像光源 O',但它仅能照明地板的有限范围 AB. 根据题意,所求点的照度应为实际光源 O 和镜像光源 O' 共同贡献的,应用反平方定律且考虑到倾斜因子 $\cos\alpha$,即得

$$E = \frac{I\cos\alpha}{R^2} + \frac{I'\cos\alpha'}{R'^2}$$

$$I = 60 \text{ cd}, \quad \cos\alpha = \frac{4}{6}, \quad I' = 48 \text{ cd}$$

$$\cos\alpha' = \frac{12}{\sqrt{12^2 + (6^2 - 4^2)}}$$

$$R = 6 \text{ m}, \quad R' = \sqrt{12^2 + (6^2 - 4^2)} \text{ m} = \sqrt{164} \text{ m}$$

代入上式,得

$$E = \frac{60 \text{ cd} \times 4}{(6 \text{ m})^2 \times 6} + \frac{48 \text{ cd} \times 12}{(\sqrt{164} \text{ m})^2 \times \sqrt{164}} = 1.385 \text{ lx}$$

PPT ch4.8
物镜的聚光
本领

4.8　物镜的聚光本领

　　助视光学仪器所配的目镜,可以将物镜所成的像加以放大,但对系统的聚光本领没有贡献. 因此我们要求物镜除放大被观察的物体外,还要增加像的照

度. 在其他条件相同时,任何光学仪器的物镜的入射光瞳面积越大,能够进入物镜的光通量就越多,像的照度也就越强.

物镜的聚光本领是描述物镜聚集光通量能力的物理量,可以用像面的照度来量度.

4.8.1 光源在较近距离时的聚光本领 数值孔径

现在对具有一定大小的入射光瞳的光具组来计算像的照度,这就是光源距离较近时的聚光本领问题. 图 4-20 中 $\mathrm{d}S$ 为发光体的一个面元,垂直于光具组的主轴. 它的亮度为 L,$\mathrm{d}S$ 所发出的光通量 $\mathrm{d}\Phi_\mathrm{v}$ 在与主轴成 u_1 角的方向上,立体角为 $\mathrm{d}\Omega_1$ 的范围内的光通量[见(4-9)式]为

视频 PPT ch4.8 物镜的聚光本领

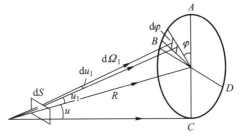

图 4-20 物镜的聚光本领

$$\mathrm{d}(\mathrm{d}\Phi_\mathrm{v}) = \mathrm{d}^2\Phi_\mathrm{v} = L_{u_1}\cos u_1 \mathrm{d}S\mathrm{d}\Omega_1$$

从图中不难看出

$$\mathrm{d}\Omega_1 = \sin u_1 \mathrm{d}u_1 \mathrm{d}\varphi$$

故从 $\mathrm{d}S$ 所发出并通过整个入射光瞳(通常是圆形的,图中用 $\odot ABCD$ 表示)的全部光通量为

$$\mathrm{d}\Phi_\mathrm{v} = \int_0^{2\pi}\int_0^u L_{u_1}\sin u_1 \cos u_1 \mathrm{d}S\mathrm{d}u_1 \mathrm{d}\varphi$$

式中 u_1 是入射光瞳对 $\mathrm{d}S$ 所张的孔径角. 如果发光体遵从朗伯定律,L 不随 u_1 而变,则

$$\mathrm{d}\Phi_\mathrm{v} = 2\pi L\mathrm{d}S\int_0^u \sin u_1 \cos u_1 \mathrm{d}u_1 = \pi L\sin^2 u\mathrm{d}S \qquad (4-10)$$

这是在物空间里的光通量. 在像空间里的光通量 $\mathrm{d}\Phi'_\mathrm{v}$ 可用完全相同的方法计算,即

$$\mathrm{d}\Phi'_\mathrm{v} = \pi L'\sin^2 u'\mathrm{d}S' \qquad (4-11)$$

式中 L' 为像的亮度(也假定遵从朗伯定律),$\mathrm{d}S'$ 是和 $\mathrm{d}S$ 共轭的像的面元,u' 为出射光瞳对 $\mathrm{d}S'$ 所张的孔径角.

可以证明像的亮度 L' 和物的亮度 L 之比等于入射光束及出射光束所在介质的折射率平方之比,即

$$\frac{L'}{L} = \left(\frac{n'}{n}\right)^2 \quad \text{或} \quad L' = \left(\frac{n'}{n}\right)^2 L$$

上式还可写为

$$\frac{L'}{n'^2} = \frac{L}{n^2} = L_0$$

L_0 是一个新的常量,表示成像的物放置在真空时的亮度.

假定光能量在通过整个光具组时完全不被吸收,出射光通量等于入射光通量,即

$$dΦ'_v = dΦ_v = πL\sin^2 u\, dS = πL_0 n^2 \sin^2 u\, dS$$

则像面的照度 E' 为

$$E' = \frac{dΦ'_v}{dS'} = πL_0(n\sin u)^2 \frac{dS}{dS'}$$

$$= πL_0(n\sin u)^2 \frac{1}{β^2}$$

$$= πL_0 R_{\text{N. A.}}^2 \frac{1}{β^2} \tag{4-12}$$

式中 dS' 为像面上的面元，$β$ 为横向放大率.

由(4-12)式可知对于横向放大率已经确定的光具组，聚光本领即像面的照度 E' 正比于 $(n\sin u)^2$. 若要提高聚光本领，不但要求有大的孔径角（如果物离入射光瞳很近，那么入射光瞳的半径必须很大），而且物所在的空间内应充满折射率较大的透明物质. 我们把孔径角 u 的正弦与透镜和物体之间介质的折射率 n 的乘积，即 $n\sin u$，称为光具组的数值孔径，以 $R_{\text{N. A.}}$ 表示. 因此，对于在光具组前距离不远的物，聚光本领取决于数值孔径.

4.8.2 显微镜的聚光本领

显微镜物镜的焦距必须很短，才可能得到足够大的放大本领. 制造短焦距、大孔径的透镜是比较困难的，因此显微镜物镜的孔径都很小. 这样就限制了进入物镜的光通量.

为此，必须设法提高显微镜的聚光本领. 上面对近距离物体的讨论完全适用于显微镜. 一般在显微镜下观察的物体 P 都放在平玻璃片（载玻片）上（见图 4-21），上面再盖以平玻璃片（盖玻片）D. O 为显微镜的物镜的最前面的一个透镜，通常是半球形的，其边缘就是有

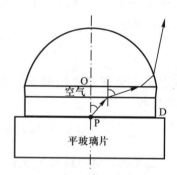

图 4-21　显微镜的聚光本领

效光阑. 它与盖玻璃片 D 间有一层空气. 从物点 P 所发出的光线经玻璃折射至空气时，只有入射角小于全反射临界角的那部分光束，能透射出玻璃片 D 而进入显微镜物镜中. 故进入物镜的光束的孔径角受到了一定的限制. 若玻片 D 和 P 之间的黏附物（如 $n = 1.515$ 的杉木油）和玻璃的折射率相同，都等于 1.5，即临界角等于 $41.8°$，则进入物镜的光束的最大孔径角不能超过 $41.8°$，如果用适当的液体 J（例如肉桂油），放于物镜 O 及盖玻璃 D 之间，且使这三者具有相同的折射率，则由物点 P 发出的光线可以不经过折射而进入物镜. 这种方法称为均匀油浸法，图 4-22 所示的是其装置示意图. 这时由于物镜的焦距很

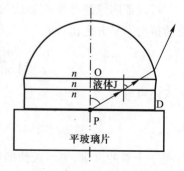

图 4-22　油浸透镜下，
显微镜的聚光本领

短,物点 P 和物镜 O 相距极近,进入物镜的光束的孔径角几乎可达 90°,故可以增加进入物镜的光通量.

从图 4-23 可以更清楚地看出这些关系. 在图 4-23(a)中,不用油浸法,空气中的孔径角 u' 不等于直接从 P 点发出的光束的孔径角 u,虽然 u' 可以达到 90°,但 u 不能超过 i_c. 根据折射定律 $n'\sin u' = n\sin u$,$n' = 1$,即使 u' 角达到最大值 90°,乘积 $n\sin u$ 的最大值 $\sin u'$ 仍不能超过 1. 但采用了油浸法[见图 4-23(b)]以后 $u' = u$,当 u 接近最大值 90° 时,乘积 $n\sin u \approx n$,数值孔径为不用油浸法时的 n 倍. 由此可见,要决定进入物镜的光通量,只考虑入射孔径角 u 是不够的,用乘积 $n\sin u$ 即数值孔径的概念来说明显微镜聚光本领的大小比单用"孔径"来表示要恰当得多. 现代常采用 LED 光源照明视场.

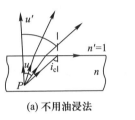 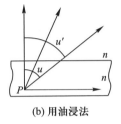

(a) 不用油浸法　　　　(b) 用油浸法

图 4-23　油浸法改善聚光本领

4.8.3　光源距离较远时的聚光本领　相对孔径

现在讨论光源距离较远时的情况. 当物距很大时,u 很小,在不同情况下 $\sin u$ 差别不大,且 β 不易计算,故计算此时光具组的聚光本领通常采用其他方法. 计算像的照度时,由于物距很大,使用出射光瞳 $A'B'C'D'$ 对像面元 dS' 所张的孔径角 u' 将较为方便,如图 4-24 所示.

设出射光瞳的直径等于 d',物镜像方焦点 F' 到光瞳的位置的距离为 $-x'_p$,而 F' 到像面元 dS' 的距离为 x'. 从图中可见

$$\sin u' \approx \frac{d'/2}{x' + (-x'_p)}$$

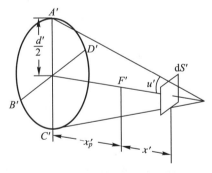

图 4-24　像面照度的计算

按(4-12)式,像的照度可以写为

$$E' = \pi L_0 n'^2 \sin^2 u' = \pi L_0 n'^2 \frac{d'^2}{4(x' - x'_p)^2}$$

为便于计算起见,上式还可改写作另一形式. 在上式中,

$$x' - x'_p = f'\left(\frac{x'}{f'} - \frac{x'_p}{f'}\right) = f'(\beta_p - \beta)$$

这里 β 和 β_p 分别表示像面线度的横向放大率与出射光瞳直径的横向放大率. 又因 $\beta_p = d'/d$,d 为入射光瞳的直径,故出射光瞳的直径 d' 可用入射光瞳直径 d

彩色图片 4-2
形形色色的
照相机 a-h

来表示,即 $d' = \beta_p d$,于是

$$E' = \frac{\pi L_0 n'^2}{4}\left(\frac{d}{f'}\right)^2\left(\frac{\beta_p}{\beta_p - \beta}\right)^2 \tag{4-13}$$

在其他条件相同时,物镜的聚光本领即像面的照度正比于 $(d/f')^2$. 为提高聚光本领,重要的不是单独地要求大的 d 或小的 f',而是要它们的比值大. 我们把入射光瞳的直径与焦距之比称为相对孔径.

上面对远距离光源的讨论完全适用于望远镜的情况,望远镜的放大本领与物镜的焦距成正比,f' 必须很大,故欲同时使望远镜的聚光本领强,必须制造孔径很大的物镜.

对于足够远的物体,物镜所成的像较物大大缩小了,即横向放大率远小于1,可以近似认为 $\beta \approx 0$,因而

$$E' = \frac{\pi L_0 n'^2}{4}\left(\frac{d}{f'}\right)^2$$

目前,有的折射式望远镜物镜的相对孔径已达到 1/18.9,而反射式望远镜中的反射镜的相对孔径已达到 1/3.33.

4.8.4 照相机的聚光本领

照相机既可拍摄近物的像,又可拍摄远物的像,但聚光本领不同. 大小可调节的可变光阑(一般称为光圈)装在适当的位置,不论其大小怎样,光圈总是作为有效光阑. 整个物镜由几个透镜组成,光圈装置在中间. 为简单起见,可以认为镜头前后部分是对称的. 因而入射光瞳和出射光瞳可以认为是大小相等的,即 $\beta_p = d'/d \approx 1$. 又因为物镜的物方介质和像方介质都是空气,即 $n = n' = 1$,于是 (4-13) 式可写成

$$E' = \frac{\pi L_0}{4}\left(\frac{d}{f'}\right)^2\left(\frac{1}{1-\beta}\right)^2 \tag{4-14}$$

用照相机拍摄远物的像时,可近似认为 $\beta \approx 0$,上式变为

$$E' = \frac{\pi L_0}{4}\left(\frac{d}{f'}\right)^2 \tag{4-15}$$

而拍摄近物时,例如像和物几乎大小一样,即 $\beta \approx -1$(负号表示倒立实像). 则 (4-14) 式变为

$$E' = \frac{\pi L_0}{16}\left(\frac{d}{f'}\right)^2 \tag{4-16}$$

即在 L_0 与 d/f' 都相同的条件下,近物像的照度比远物像的照度小 4 倍.

照相底片的曝光时间是由感光膜的灵敏度和像的照度决定的. 感光膜灵敏度相同时,照度越强,曝光时间越短. 所以在同样条件下拍摄远物和近物应该用不同的光圈. 照相机的聚光本领通常不用相对孔径而用它的倒数 (f'/d) 来表示,称为 f 数,也叫光圈数. 例如 $f'/d = 5.6$,但习惯上常写作 $f'/5.6$,故 f 数等于 5.6 表示焦距等于入射光瞳直径的 5.6 倍. 此时入射光瞳的直径小于焦距. f 数

越大,相对孔径越小,聚光本领越弱.由(4-16)式可知,像的照度正比于相对孔径的平方. $f'/1.4$ 与 $f'/2$ 的像面照度之比是 $(1/\sqrt{2})^2:(1/2)^2$,即照度相差一倍,所以照相机的光圈数为 $1.4,2,2.8,4,5.6,8,\cdots$. 在照相机镜筒上通常用 $F \quad 1:K$ 的形式来表示物镜的相对孔径. 相对孔径成为衡量照相机和摄像机的重要参量之一.

视窗与链接   数 码 相 机

数码相机是光、机、电一体化的产品,简称光电模组,它集成了影像信息的转换、存储、传输等部件,具有数字化存取模式、与电脑交互处理、实时拍摄等功能.

传统照相机是运用化学方法将影像记录在卤化银胶片上,这是化学影像.经过暗室冲洗、印、扩等复杂操作,才能得到相片.

数码相机利用CCD(电荷耦合器件)摄像装置代替胶片,将光信号转换成电信号,通过模数转换器变成数字信号.因此,它是一种数字影像.数字信号经压缩后由相机内部存储器来保存.因此,数码相机可以轻而易举地将图像数据传输给计算机,借助计算机的处理,还原成图像,并根据需求修改图像.

用数码相机摄影,以磁盘取代传统的胶片,以计算机取代传统的暗房,以磁盘和光盘存储取代传统的相册,这是摄影术上的一次革命性的变化.

数码相机除了保留传统相机的取景、曝光、快门和自拍定时器等装置外,还增加了液晶显示器.数码相机的功能选择大多在液晶显示器上以菜单形式展示.

数码相机的重要指标是CCD的像素.通常,传统35 mm胶片解析度相当于1 800万像素甚至更高,而目前主流数码相机使用的CCD的像素2 000万以上.但是,数码相机摄取的照片,在影像清晰度、质感、层次、色彩的饱和度等方面,还欠逊于传统相机.

数码相机的性能指标还有光学变焦倍数和数码变焦倍数.光学变焦倍数是借助于光学镜头结构来实现变焦的倍数,变焦方式与传统相机相同.数码变焦倍数实际上是画面的电子放大倍数,通过变焦、拍摄的景物放大了,但其清晰度将会有一定程度的下降.

手机都具有数码摄影、摄像功能,像素约1 200万.通过微信方式随时传递给亲友,非常便捷.

除普通相机外,还有用红外热像仪拍摄的图像.

*4.9 像 差 概 述

对光学仪器的主要要求是使目的物获得完善的像.在最简单的情况中,物是平面的,且垂直于光学系统的主轴.完善的像要求遵守下列几个条件:(1)物面上每一个发光点应该成一个清晰的像点;(2)所有的像点都必须位于同一个平面上,这个平面也必须垂直于光学系统的主轴;(3)各像点的横向放大率都必须是常数;(4)像的各部分应与物有相同的彩色.破坏了条件(1)和(2),会减弱像的清晰度;破坏了条件(2)和(3),会使像变形;破坏了条件(4),会使像出现不正确的彩色,也使像模糊.

所有这些偏离理想成像的现象,统称为像差(aberration).在第3章中所讲的近轴物近轴光线的限制条件下,像差不很显著,可以略去不计.但是仅仅利用近轴光线,光通量不够,像的照度不大.如果只限于近轴物,则较大的物面就难以形成正确的像.至于像的彩色问题,那是由于光学系统光学材料的色散所引起的,即使限于近轴物和近轴光线也难以避免.

最重要的像差有下列几种:近轴物宽光束引起的球面像差和彗形像差,远轴物窄光束引起的像散、像面弯曲和像形畸变.产生这类像差的原因,都是在实际情况中或偏离近轴光线条件或偏离近轴物条件.这些都是对单色光而言的,称为单色像差.有不正确的彩色出现时,称为色差.下面着重介绍球差.

以单独一个薄透镜而言,位于主轴上的一个物点所发出的宽阔光束,由透镜折射后,并不会聚于单独的一个像点而是成为弥漫的圆斑.这是由于通过透镜不同环带的光线(不限于近轴光线)折射后与主轴的交点不相重合而引起的.对会聚透镜来说,通过透镜的光线越靠近它的边缘环带时,折射后与主轴的交点越靠近透镜(图4-25).发散透镜则相反.将该图绕主轴转过180°,即得通过透镜的整个光束图.不论光屏置于什么位置,屏上出现的都是范围大小不同的弥漫圆斑.这种成像的缺陷,主要是由于透镜表面为球面所造成的,所以称为球差.这种现象不难用适当的光阑由实验来观察,也可根据折射定律利用光线追迹法借助于计算机来计算.例如双凸透镜两个球面表面的曲率半径都为100.00 mm,厚度为20.00 mm,玻璃的折射率为1.518.平行于主轴而和主轴相距10 mm的一条光线,折射后和主轴的交点离透镜第二表面的顶点91.69 mm,和主轴相距15 mm的另一条光线与主轴的交点,离这顶点89.79 mm,而近轴光线与主轴的交点,则离这顶点93.17 mm.

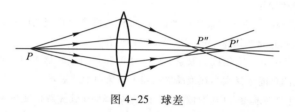

图 4-25 球差

一般取这些光线和主轴的最远(或最近)交点与理想像点之间的距离作为球差大小的量度.球差的大小与透镜表面曲率半径、折射率以及表面不对称的透镜哪一面向着光源等都有关系.例如用 $n=1.5$ 的玻璃制成的、两面曲率半径数值之比为1:6的双凸透镜,以较凸的一面向着平行光线时,球差几乎能消除.平凸透镜凸的一面向着光源也能获得同样效果.

若把垂直于光学系统主轴的光屏沿着主轴移动时,则从一个物点发出的光线经光学系统后和光屏的交点轨迹是一些圆.这些圆的大小随光屏位置而变化,圆内的照度一般说来是不均匀的(弥漫圆),照度的分布也随着光屏的位置而改变,当光屏通过近轴光线与主轴的交点时,弥漫圆的形状是一个由面积较大而照度较弱的晕所包围着的亮点.光屏移动时,晕的范围逐渐减小.照度逐渐增加,亮点则逐渐减弱.当光屏在某一位置时,弥漫圆缩到最小,此时几乎有均匀的照度(明晰圆).

利用会聚和发散两种透镜球差的不同,把它们组合起来,能够得到球差很小的透镜组.例如直径为80 mm、焦距为720 mm的小型天文望远物镜,球差的最大值不超过0.011 mm.

视窗与链接 现代投影装置

若透镜的孔径比较大,例如电影和舞台照明灯、汽车前灯等灯口透镜,通常采用图4-26(a)所示的结构,称为菲涅耳螺纹透镜,实际上它是许多薄透镜的组合.若把螺纹透镜各个环带稍加修正,使各环带的焦点基本重合,可以减少包括球差在内的像差,得到更加均匀的光束,同时可以节约玻璃材料,减轻重量,并减少对光能量的吸收. 图 4-26(b) 所示的书写投影仪中的聚光器现代已采用了菲涅耳螺纹透镜代替 L_1 和 L_2,它是塑料材料模压而成的. 若用 CCD 摄像装置替代投影装置构成视频平台,可作为实物投影仪或反射-透射两用投影仪,若配置计算机可作为多媒体投影仪.

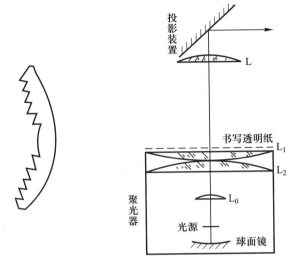

(a) 菲涅耳螺纹透镜   (b) 书写投影装置

图 4-26 现代投影装置

4.10 助视仪器的像分辨本领

4.10.1 分辨本领

从几何光学的观点看来,只要消除了光具组的各种像差,则每一物点和它的像点共轭,因而物面上无论多么微小的细节都可在像面上详尽无遗地反映出来. 实际上光束在成像时总会受到大小有限的有效光阑的限制,此时,光的衍射作用就不容忽视了,因此要详尽无遗地反映物面的细节是不可能的. 衍射图样中央亮斑有一定的大小,在最简单的夫琅禾费圆孔衍射的情况中,中央亮斑的范围由第一个暗环的衍射角 θ_1 确定:

$$\theta_1 = 0.610 \frac{\lambda}{R}$$

两个发光点在光屏上成"像"时,它们各自的衍射图样有一部分落在屏上同一区域. 由于这两个点光源是不相干的,故光屏上的总照度是两组明暗条纹按各自原有强度的直接相加. 如果两组图样的中央亮斑的中心距离比较远,而中央亮斑的范围又比较小,那么"像"还是分开的两个亮斑;如果中心很靠近,而每一亮斑的范围又比较大,那么原来两个发光点的"像"将有所重叠而难以分开,为简单起见,假设两个点光源(例如天文上的双星)的发光强度相同.它们所发出的光通过望远镜的物镜后,每一点光源的衍射图样的照度分布曲线用一条虚线来表示,而以实线来表示总照度分布曲线,如图 4-27 所示.则图(a)为能分开的两点的"像";图(b)为刚能分辨时的像;而图(c)为难以区分的像.为了区别两个像点能被分辨的程度,通常都按**瑞利提出的判据**来判断:总照度分布曲线中央有下凹部分,其对应强度不超过每一分布曲线最大值的74%,则正常眼睛(或从照相底片上)还能够观察到凹部.也就是说两个中央亮斑虽重叠在一起,但还可察觉在弥漫区域中有两个最大值,中间出现有较暗的间隔.这可作为是否分辨得开的一个极限.当一个中央亮斑的最大值位置恰和另一个中央亮斑的最小值位置相重合时,两个像点刚好能被分辨.根据计算可以知道,如图 4-27(b)所示的圆孔的情况,其总照度分布曲线中央凹下部分强度约为每一曲线最大值的74%[①],这时两个发光点对光具组入射光瞳中心所张的视角 U(见图 4-28)等于各衍射图样第一暗环半径的衍射角 θ_1,即

$$U = \theta_1 = 0.610 \frac{\lambda}{R} \tag{4-17}$$

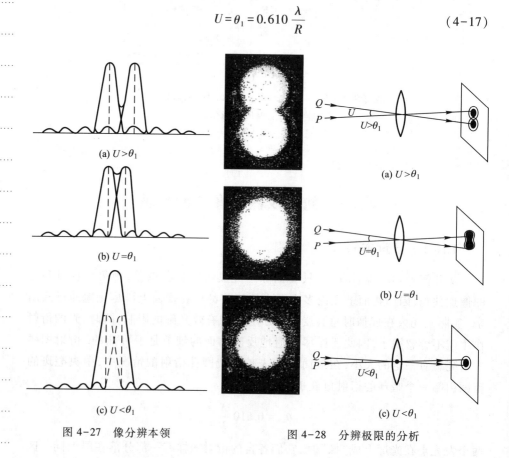

图 4-27 像分辨本领

(a) $U > \theta_1$

(b) $U = \theta_1$

(c) $U < \theta_1$

图 4-28 分辨极限的分析

(a) $U > \theta_1$

(b) $U = \theta_1$

(c) $U < \theta_1$

[①] 对于两个夫琅禾费单缝衍射图样的情况来说,一个图样的极大和另一个的第一最小相重合时,总照度的中央凹陷处光强是最大光强的81%.参见宣桂鑫编著《光学教程(第六版)学习指导书》,高等教育出版社 2019 年出版.

视角 $U>\theta_1$ 时,能分辨出两点的"像";$U<\theta_1$ 时,则分辨不出. <u>$U=\theta_1$ 的这个极限角称为光具组的分辨极限,而它的倒数称为分辨本领.</u> 从上式可见,用指定的单色光时,光具组的分辨本领正比于入射光瞳的半径 R. 此外,也可用像面上或物面上能够分辨的两点间的最小距离来表示分辨极限.

4.10.2 人眼的分辨本领

人眼的分辨本领是描述人眼刚能区分非常靠近的两个物点的能力的物理量. 眼睛瞳孔的半径约为 1 mm,波长为 $\lambda = 555$ nm $= 555 \times 10^{-7}$ cm 的黄绿色光进入瞳孔时,可以证明瞳孔的分辨极限角为[①]

$$U_0 = \frac{0.610 \times 555 \times 10^{-7} \text{ cm}}{0.1 \text{ cm}} = 3.4 \times 10^{-4} \text{ rad} \approx 1'$$

在明视距离处,对应于这个极限视角的两个发光点之间的距离约为:$25 U_0 \approx 0.1$ mm. 也就是说,对物面上比这个距离更小的细节,人眼就分辨不出了. 视网膜上的像是处在玻璃状液内的,其折射率为 1.337. 在真空中波长为 λ 的光进入折射率为 n 的介质后,波长缩短至 λ/n. 在这种情况下(4-17)式应改为

$$\theta_1' = 0.610 \frac{\lambda}{nR} \tag{4-18}$$

视网膜与瞳孔间的距离约为 2.2 cm,故视网膜上衍射图样中央亮斑的半径约为

$$2.2 \text{ cm} \times \theta_1' = \frac{2.2 \text{ cm} \times 0.610 \times 555 \times 10^{-7} \text{ cm}}{1.337 \times 0.1 \text{ cm}} \approx 5.57 \times 10^{-4} \text{ cm}$$

这个半径仅略大于视锥细胞的直径,约与相邻的细胞间的距离相等. 由此可见,视网膜的构造竟是这样地精巧,刚好适合眼睛的分辨本领.

4.10.3 望远镜物镜的分辨本领

以发光强度相等且相距很近的双星为例. 如果它们对眼睛所张的视角小于 $1'$,则肉眼不能直接分辨. 物镜的孔径越大,就越能够把它们分辨清楚. 分辨极限与分辨本领成反比关系.望远镜物镜的分辨极限常以物镜焦平面上刚刚能够被分辨出的两个像点之间的距离来表示,这极限为

$$\Delta y' = f'\theta_1 = 1.220 \frac{\lambda}{d/f'} \tag{4-19}$$

式中 f' 为物镜的像方焦距,d 为物镜的孔径. 由此可见,望远镜物镜的分辨极限和它的相对孔径成反比. 此外,它和波长成正比. 哈勃太空望远镜的物镜的孔径为 2.4 m,对波长为 632.8 nm 的光,其角分辨极限约为 $0.066''$.

4.10.4 显微镜物镜的分辨本领

望远镜所接收的是平行光,故讨论它的分辨本领可以用夫琅禾费理论. 虽

---

① 同时考虑到光的折射、衍射和光在介质中波长缩短这三种效应后所得的结果,与单纯仅考虑空气中的衍射效应所谓的结果是一致的. 这是由于折射所产生的影响和波长变短所产生的影响正好抵消的缘故.

然显微镜接收的是发散角很大的同心光束,但在分析显微镜的分辨本领时,像面衍射仍是夫琅禾费衍射.因此,物体上每一发光点经物镜后在中间像面上所产生的艾里斑与平行光束衍射时有几乎同样大小的角半径.那么上式中的 f' 现在应该以显微镜物镜到像的距离(像距)s' 来代替,即

$$\Delta y' = 1.220 \frac{\lambda}{d} s' \tag{4-20}$$

制造显微镜物镜时,总是使共轭点遵从阿贝正弦条件,即

$$n\Delta y \sin u = n'\Delta y' \sin u'$$

式中 Δy 为物体上很接近而刚能被显微镜物镜分辨的两点间距离(与 $\Delta y'$ 共轭),n 和 n' 分别是显微镜物镜前(物方)后(像方)介质的折射率.在显微镜内,像总是在空气中,即 $n'=1$,而被观察的标本可能在其他介质中(油浸).从图4-29 可见

$$\sin u' \approx \frac{d/2}{s'}$$

于是阿贝正弦条件变为

$$n\Delta y \sin u = \Delta y' \frac{d}{2s'}$$

最后得

$$\Delta y = 0.610 \frac{\lambda}{n \sin u} \tag{4-21}$$

图 4-29　显微镜的分辨本领

显微镜物镜的分辨极限通常就以被观察的物面上刚刚能够被分辨出的两物点之间的距离 Δy 来表示.Δy 反比于物镜的数值孔径,而正比于光的波长.用可见光时,分辨极限可达 10^{-5} cm 的数量级.电子显微镜用电子的波动性来成像由于电子衍射的波长(可达 10^{-8} cm)远小于可见光,因而大大地提高了分辨本领.关于电子衍射将于第 7 章中叙述.

视窗与链接　扫描隧穿显微镜

　　1981 年德国宾尼希(G. Binnig)和瑞士罗雷尔(H. Rohrer)发明了扫描隧穿显微镜(scanning tunneling microscope,缩写为 STM),并荣获了 1986 年诺贝尔物理学奖.STM 极大地提高了观测的灵敏度,其横向分辨本领达到 0.01 nm,比传统的电子显微镜提高了两个数量级,这是显微镜发展史上的一个里程碑,它是第三代显微镜.STM 的问世,使人类第一次能够实时地观察单个原子在物质表面的排列状态(参见图4-30)和表面电子行为相关的物理、化学性质,从而掀起了对物质表面微结构研究的热潮.相继出现了与 STM 相似的显微仪器,诸如原子力显微镜(AFM)、近场扫描光学显微镜(NSOM),从而形成一类新的显微成像技术——扫描探针显微术(scanning probe micros-

图 4-30　STM 得到的硅晶体表面的原子结构

copy,SPM).

SPM 最显著的特点就是采用一个极微小的探针(探针一般为纳米尺度),在样品表面极小的距离内移动扫描,经过监测探针和样品表面之间力、电、磁场和光等随间隙的变化来获取待测样品表面的相关信息,提高 SPM 的分辨本领的关键是高品质、微尺寸探针的设计.

最后讨论一下望远镜和显微镜的目镜. 对于目镜,只要能使物体经物镜放大后所成的像对眼约成 1′ 的视角就行了. 由于物镜所成的像上只有既定程度的细节,目镜无论怎样把它放大,也丝毫增添不了更多的细节,反而会放大了衍射亮斑. 所以望远镜和显微镜的分辨本领完全取决于其物镜.

[例 4.3] (1)显微镜用波长为 250 nm 的紫外线照射比用波长为 500 nm 的可见光照射时,其分辨本领增大多少倍?(2)它的物镜在空气中的数值孔径约为 0.75,用紫外线时所能分辨的两条线之间的距离是多少?(3)用折射率为 1.56 的油浸系统时,这个最小距离为多少?(4)若照相底片上的感光微粒的大小约为 0.45 mm,问油浸系统紫外线显微镜的物镜横向放大率为多大时,在底片上刚好能分辨出这个最小距离.

[解] (1)显微镜的分辨极限为

$$\Delta y = \frac{0.61\lambda}{n\sin u}$$

在其他条件一样,而用不同波长的光照射时,

$$\frac{\Delta y_1}{\Delta y_2} = \frac{\lambda_1}{\lambda_2}$$

和可见光 $\lambda_1 = 500$ nm 比较,

$$\Delta y_1 = \frac{\lambda_1}{\lambda_2}\Delta y_2 = \frac{500\ \text{nm}}{250\ \text{nm}}\Delta y_2 = 2\Delta y_2$$

即用 $\lambda_2 = 250$ nm 的紫外线时,显微镜的分辨本领增至 2 倍(即增大 1 倍).

(2)用紫外线照射时的分辨极限为

$$\Delta y' = \frac{0.61\lambda}{n\sin u} = \frac{0.61 \times 250 \times 10^{-9}\ \text{m}}{0.75} = 2.03 \times 10^{-7}\ \text{m} = 0.20\ \mu\text{m}$$

(3)用紫外线照射并且用油浸系统时的分辨极限为

$$\Delta y'' = \frac{0.61 \times 250 \times 10^{-9}}{1.56 \times 0.75}\ \mu\text{m} = 0.13\ \mu\text{m}$$

(4)由物镜的横向放大率计算公式,可算出物镜的横向放大率为

$$\beta = \frac{\Delta y}{\Delta y''} = \frac{0.45 \times 10^{-3}\ \mu\text{m}}{0.13 \times 10^{-6}\ \mu\text{m}} = 3\ 462$$

时,在底片上刚好能分辨此最小距离.

4.11 分光仪器的色分辨本领

以上讨论的是助视仪器的像分辨本领. 现在来讨论分光仪器. 在助视仪器中色散是一种像差,必须设法消除. 分光仪器则是用来观察由色散和衍射所引起的光谱结构. 摄谱仪是一种精密的分光仪器. 要分辨所摄光谱中两个波长很接近的谱线这种本领也有一定限制. 我们分别讨论棱镜光谱仪和光栅光谱仪的色分辨本领.

4.11.1 棱镜光谱仪

从几何光学的观点看来,棱镜光谱的每一条谱线都是线光源(或强光会聚到狭缝)的像,分光是由于偏向角的不同造成的. 设波长为 λ 与 $\lambda+\Delta\lambda$ 两条谱线的偏向角分别为 θ 与 $\theta+\Delta\theta$(见图4-31).这个角距离可用角色散率 D 来表示

$$D = \lim_{\Delta\lambda \to 0} \frac{\Delta\theta}{\Delta\lambda} = \frac{\mathrm{d}\theta}{\mathrm{d}\lambda}$$

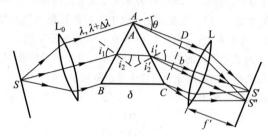

图 4-31　棱镜光谱仪

因而

$$\Delta\theta = D\Delta\lambda$$

式中 θ 为光线经由棱镜折射后的偏向角,角色散率的大小与棱镜材料的折射率随波长的改变率 $\mathrm{d}n/\mathrm{d}\lambda$ 有关. 折射率可用最小偏向角 θ_0 测定,根据(3-9)式,即

$$n = \frac{\sin\left(\dfrac{\theta_0 + A}{2}\right)}{\sin \dfrac{A}{2}}$$

式中 A 为棱镜的折射棱角. 利用上式,并注意到

$$\theta_0 = 2i_1 - A \quad \text{及} \quad i_2 = \frac{A}{2}$$

于是

$$\cos i_1 = \sqrt{1 - \sin^2 i_1} = \sqrt{1 - \sin^2 \frac{\theta_0 + A}{2}} = \sqrt{1 - n^2\sin^2 \frac{A}{2}}$$

不难算出最小偏向角附近的角色散率为

$$D = \frac{\mathrm{d}\theta}{\mathrm{d}\lambda} = \frac{\mathrm{d}\theta_0}{\mathrm{d}\lambda} = \frac{\mathrm{d}\theta_0}{\mathrm{d}n} \cdot \frac{\mathrm{d}n}{\mathrm{d}\lambda} = \frac{1}{\dfrac{\mathrm{d}n}{\mathrm{d}\theta_0}} \cdot \frac{\mathrm{d}n}{\mathrm{d}\lambda} = \frac{2\sin\dfrac{A}{2}}{\cos\dfrac{\theta_0+A}{2}} \cdot \frac{\mathrm{d}n}{\mathrm{d}\lambda}$$

$$= \frac{2\sin\dfrac{A}{2}}{\sqrt{1 - n^2\sin^2 \dfrac{A}{2}}} \cdot \frac{\mathrm{d}n}{\mathrm{d}\lambda} \tag{4-22}$$

故波长相差 $\Delta\lambda$ 的两谱线间的

$$\Delta\theta = D\Delta\lambda = \frac{2\sin\dfrac{A}{2}}{\sqrt{1-n^2\sin^2\dfrac{A}{2}}}\cdot\frac{\mathrm{d}n}{\mathrm{d}\lambda}\cdot\Delta\lambda \tag{4-23}$$

如果单纯从几何光学的观点来看,只要光源足够细,每一条谱线也就可以十分细. 无论 $\Delta\theta$(也即 $\Delta\lambda$)多么小,只要谱线彼此不相重叠,就可以分辨得出,即谱线的分辨极限可以是无限小. 实际上通过棱镜的光束是限制在一定的宽度 $b=CD$ 以内的,因此必然要发生单缝衍射(注意缝宽不是光源狭缝 S 的宽度而是 CD),几何像仅在中央亮区内的最大位置. 由于 b 相当大,故这个亮区范围相当窄;它们的半角宽度为

$$\theta_1 \approx \sin\theta_1 = \frac{\lambda}{b}$$

按照瑞利判据,波长 λ 与 $\lambda+\Delta\lambda$ 两条谱线能否被分辨,取决于两条谱线间的 $\Delta\theta$ 是否大于单缝衍射第一暗纹的衍射角 θ_1,即波长的分辨极限 $\Delta\lambda$ 由下式决定:

$$\Delta\theta = \theta_1 = \frac{\lambda}{b} \tag{4-24}$$

根据(4-23)式可得

$$\frac{2\sin\dfrac{A}{2}}{\sqrt{1-n^2\sin^2\dfrac{A}{2}}}\frac{\mathrm{d}n}{\mathrm{d}\lambda}\Delta\lambda = \frac{\lambda}{b} \tag{4-25}$$

在棱镜光谱仪中,棱镜通常是装置在最小偏向角的位置,$i_1=i_1'$、$i_2=i_2'=A/2$(见图 4-31),因而

$$\sqrt{1-n^2\sin^2\frac{A}{2}} = \sqrt{1-n^2\sin^2 i_2'} = \sqrt{1-\sin^2 i_1'} = \cos i_1'$$

但 $\angle ACD = i_1'$,代入(4-25)式,并将 b 移到该式左边,

$$\frac{2b\sin\dfrac{A}{2}}{\sqrt{1-n^2\sin^2\left(\dfrac{A}{2}\right)}} = \frac{2b\sin\dfrac{A}{2}}{\cos i_1'} = 2\frac{b}{\cos i_1'}\sin\frac{A}{2}$$

$$= 2\sin\frac{A}{2}AC = BC = \delta \tag{4-26}$$

最后(4-25)式可简化为

$$P = \frac{\lambda}{\Delta\lambda} = \delta\frac{\mathrm{d}n}{\mathrm{d}\lambda} \tag{4-27}$$

式中 $\delta=BC$ 为棱镜底面的宽度. $P=\dfrac{\lambda}{\Delta\lambda}$ 称为色分辨本领.

从(4-23)式及(4-26)式得到结论:用指定材料($\mathrm{d}n/\mathrm{d}\lambda$ 一定)制成的棱镜,折射棱角 A 越大,无论有效厚度大小如何,对一定的 $\Delta\lambda$ 所得 $\Delta\theta$ 越大,即光谱

展得越开;棱镜底面的宽度 δ 越大,无论折射棱角大小如何,色分辨本领 $\lambda/\Delta\lambda$ 越高.

如果光谱仪透镜 L 的焦距为 f',且透镜的焦平面和主轴垂直时,波长差为 $\mathrm{d}\lambda$ 的两单色光在透镜像方焦平面上的两条谱线间距为 $f'\mathrm{d}\theta$. 则光谱仪的线色散率定义为

$$L = Df' = \frac{\mathrm{d}\theta}{\mathrm{d}\lambda}f' \tag{4-28}$$

由(4-22)式和(4-26)式可得

$$L = \frac{\delta}{b}f'\frac{\mathrm{d}n}{\mathrm{d}\lambda} \tag{4-29}$$

因为材料的色散率与波长有关,所以光谱仪的线色散率在不同的波段是不同的. 在光谱仪的说明书中,一般给出几个不同波段的线色散率.

4.11.2 光栅光谱仪

授课视频
光栅方程

将光栅方程(2-30)式的衍射角 θ 对波长 λ 求导,即得光栅的角色散率

$$D = \lim_{\Delta\lambda \to 0} \frac{\Delta\theta}{\Delta\lambda} = \frac{j}{d\cos\theta}$$

或

授课视频
光栅光谱

$$\Delta\theta = \frac{j}{d\cos\theta}\Delta\lambda \tag{4-30}$$

第一、第二级光谱($j=1,2$)的衍射角 θ 很小,D 近似地是常量,与 λ 无关,谱线间 $\Delta\theta$ 近似地正比于波长间隔 $\Delta\lambda$(称为匀排光谱).

光栅光谱仪的线色散率,由(4-28)式和(4-30)式可得

$$L = f'\frac{\mathrm{d}\theta}{\mathrm{d}\lambda} = f'\frac{j}{d\cos\theta} \tag{4-31}$$

式中 f' 为会聚透镜的焦距.

每一谱线实际上都是多缝衍射图样的主最大亮条纹,宽度以 $\Delta\theta_1 = \lambda/Nd\cos\theta$ 为范围. 按瑞利判据,光栅的色分辨极限由下式决定:$\Delta\theta = \Delta\theta_1$,即

$$\frac{j}{d\cos\theta}\Delta\lambda = \frac{\lambda}{Nd\cos\theta}$$

由此得光栅的色分辨本领为

$$P = \frac{\lambda}{\Delta\lambda} = jN \tag{4-32}$$

从(4-30)式得到结论:对于给定的某一级(j)光谱,波长相差 $\Delta\lambda$ 的两谱线间的 $\Delta\theta$ 反比于光栅常量 d,即正比于光栅密度 $1/d$. 狭缝越密,光谱展得越开,而与光栅的狭缝总数 N 无关. 但按(4-32)式,分辨本领 $P=\lambda/\Delta\lambda$,则正比于狭缝总数 N,而与光栅常量无关. 分辨本领还随光谱级数的增加而增加. 例如对于一块 15 cm 长、每毫米内有 1 200 条缝的光栅来说,$N=180\,000$,即一级光谱的分辨本领为 180 000. 对波长为 540 nm 的可见光,它所能分辨的最小波长差 $\Delta\lambda$

为 0.003 nm.

[例 4.4] 一个棱角为 50° 的棱镜由某种玻璃制成,它的色散特性由 $n = a + \dfrac{b}{\lambda^2}$[柯西公式参考第 6 章(6-7)]决定,其中 $a = 1.539\,74$, $b = 4.562\,8 \times 10^3\ \mathrm{nm}^2$. 当其对 550 nm 的光处于最小偏向角位置时,试求:

(1) 这个棱镜的角色散率为多少?

(2) 若该棱镜的底面宽度为 2.7 cm 时,对该波长的光的色分辨本领为多少?

(3) 若会聚透镜的焦距为 50 cm,这个系统的线色散率为多少?

[解] (1) 最小偏向角附近的角色散率为

$$\frac{\mathrm{d}\theta_0}{\mathrm{d}\lambda} = \frac{2\sin\dfrac{A}{2}}{\sqrt{1 - n^2\sin^2\dfrac{A}{2}}} \frac{\mathrm{d}n}{\mathrm{d}\lambda}$$

其中
$$n = 1.539\,74 + \frac{4.562\,8 \times 10^3\ \mathrm{nm}^2}{550^2\ \mathrm{nm}^2} = 1.554\,82$$

$$\frac{\mathrm{d}n}{\mathrm{d}\lambda} = -\frac{2b}{\lambda^3} = -5.484\,9 \times 10^{-5}\ \mathrm{nm}^{-1}$$

$$\frac{\mathrm{d}\theta_0}{\mathrm{d}\lambda} = \frac{2\sin\dfrac{50°}{2}}{\sqrt{1 - 1.554\,82^2\sin^2\dfrac{50°}{2}}} \times (-5.484\,9 \times 10^{-5}\ \mathrm{nm}^{-1})$$

$$= -6.150\,2 \times 10^{-5}\ \mathrm{rad/nm}$$

(2) 色分辨本领为

$$P = \delta\frac{\mathrm{d}n}{\mathrm{d}\lambda} = 27\ \mathrm{mm} \times (-5.584\,9 \times 10^{-5}\ \mathrm{nm}^{-1})$$

$$= -1.508 \times 10^{-3}\ \mathrm{mm/nm}$$

(3) 线色散率为

$$L = f'\frac{\mathrm{d}\theta_0}{\mathrm{d}\lambda} = 500\ \mathrm{mm} \times (-6.150\,2 \times 10^{-5}\ \mathrm{nm}^{-1})$$

$$= -3.075 \times 10^{-2}\ \mathrm{mm/nm}$$

[例 4.5] 用一宽度 δ_0 为 5 cm 的平面透射光栅分析钠光谱,钠光垂直投射在光栅上. 若需在第一级分辨波长分别为 589 nm 和 589.6 nm 的钠双线,试求:

(1) 平面光栅所需的最少缝数应为多少?

(2) 钠双线第一级最大之间的角距离为多少?

(3) 若会聚透镜的焦距为 1 m,其第一级线色散率为多少?

[解] (1) 由光栅的色分辨本领公式

$$P = \frac{\lambda}{\Delta\lambda} = jN$$

可知光栅的总缝数为

$$N = \frac{\lambda}{j\Delta\lambda} = \frac{(589\ \mathrm{nm} + 589.6\ \mathrm{nm})/2}{1 \times 0.6\ \mathrm{nm}} \approx 982$$

故光栅所需的最少缝数为 982 条.

(2) 由光栅的角色散率的公式

$$\frac{\mathrm{d}\theta}{\mathrm{d}\lambda} = \frac{j}{d\cos\theta}$$

可知

$$\Delta\theta = \frac{j}{d\cos\theta}\Delta\lambda = \frac{j}{d\sqrt{1-\sin^2\theta}}\Delta\lambda$$

由光栅方程可得

$$\sin\theta = \frac{j\lambda}{d}$$

代入前式得

$$\Delta\theta = \frac{j\Delta\lambda}{d\sqrt{1-\left(\frac{j\lambda}{d}\right)^2}} = \frac{\Delta\lambda}{\sqrt{(d/j)^2 - \lambda^2}}$$

$$= \frac{\Delta\lambda}{\sqrt{\left(\dfrac{\delta_0}{Nj}\right)^2 - \lambda^2}}$$

式中 $j=1$, δ_0 为光栅的宽度. 故

$$\Delta\theta = \frac{0.6\ \mathrm{nm}}{\sqrt{\left(\dfrac{5\times10^7\ \mathrm{nm}}{982}\right)^2 - 589.3^2\ \mathrm{nm}^2}} = 1.178\times10^{-5}\ \mathrm{rad}$$

（3）线色散率为

$$L = f'\frac{\mathrm{d}\theta}{\mathrm{d}\lambda} = \frac{f'j}{d\cos\theta} = \frac{f'}{\sqrt{\left(\dfrac{\delta_0}{Nj}\right)^2 - \lambda^2}}$$

$$= \frac{10^3\ \mathrm{mm}}{\sqrt{\left(\dfrac{5\times10^7\ \mathrm{nm}}{982}\right)^2 - 589.3^2\ \mathrm{nm}^2}} = 0.019\ 64\ \mathrm{mm/nm}.$$

习　题

4.1　眼睛的构造可简化为一折射球面模型,其曲率半径为 5.55 mm,内部为折射率等于 4/3 的液体,外部是空气,其折射率近似地等于 1. 试计算眼球的两个焦距. 用肉眼观察月球时,月球对眼的张角为 1°,试问视网膜上月球的像有多大?

4.2　把人眼的晶状体简化成距视网膜 2 cm 的一个凸透镜. 有人能看清距离在 100 cm 到 300 cm 间的物体. 试问:（1）此人看清远点和近点时,眼睛透镜的焦距是多少?（2）为看清 25 cm 远的物体,需佩戴怎样的眼镜?

4.3　一照相机对准远物时,底片距物镜 18 cm,当镜头拉至最大长度时,底片与物镜相距 20 cm,试求目的物在镜头前的最近距离?

4.4　两星所成的视角为 4′,用望远镜物镜照相,所得两像点相距 1 mm,试问望远镜物镜的焦距是多少?

4.5　一显微镜具有三个物镜和两个目镜. 三个物镜的焦距分别为 16 mm、4 mm 和 1.9 mm,两个目镜的标示分别为 5× 和 10×. 设三个物镜造成的像都能落在像距为 160 mm 处,试问这显微镜的最大和最小的放大本领各为多少?

4.6　一显微镜物镜焦距为 0.5 cm,目镜焦距为 2 cm,两镜间距为 22 cm. 观察者看到的

像在无穷远处. 试求物体到物镜的距离和显微镜的放大本领.

4.7 试证明望远镜的物镜为有效光阑(假定物镜和目镜的孔径相差不太悬殊).

4.8 已知望远镜物镜的边缘即为有效光阑,试计算并作图求入射光瞳和出射光瞳的位置.

4.9 组成题 4.9 图的简单望远镜中各薄透镜的参数为 $L_1: f_1 = 10$ cm, $D_1 = 4$ cm; L_2: $f_2 = 2$ cm, $D_2 = 1.2$ cm; $L_3: f_3 = 2$ cm, $D_3 = 1.2$ cm. 计算该系统出射光瞳的位置和大小.

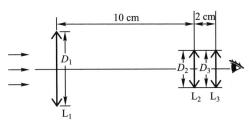

题 4.9 图

4.10 有一光阑直径为 5 cm, 放置在薄透镜后 3 cm 处. 透镜的焦距为 5 cm, 孔径为 6 cm. 现有一高为 3 cm 的物 PQ 置于透镜前 12 cm 处. 试求:(1) 计算对主轴上 P 点的入射光瞳和出射光瞳的大小和位置;(2) 找到像的位置;(3) 作光路图.

4.11 题 4.11 图中的 H、H' 为光具组的主点, F、F' 为焦点, E 为对于物点 P 的入射光瞳, EO 为其半径. 已知 $EO = 2$ cm, $HP = 20$ cm, $HF = 15$ cm, $HO = 5$ cm, $H'F' = 15$ cm, $HH' = 5$ cm, 物长 $PQ = 0.5$ cm. 试作光路图并计算:(1) 像的位置;(2) 像长;(3) 入射孔径角;(4) P 点的出射光瞳半径和出射孔径角.

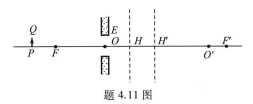

题 4.11 图

4.12 一可认为是点光源的节能灯悬在圆桌中央的上空,桌的半径为 R, 为了使桌的边缘能得到最大的照度,灯应悬在离桌面中心多高处?

4.13 一焦距为 20 cm 的薄透镜,放在发光强度为 15 cd 的点光源之前 30 cm 处. 在透镜后面 80 cm 处放一屏,在屏上得到明亮的圆斑. 试求不计透镜中光的吸收时,圆斑的中心照度.

4.14 一长为 5 mm 的线状物体放在一数码相机镜头前 50 cm 处, 在 CCD 上形成的像长为 1 mm. 若 CCD 后移 1 cm, 则像的弥散斑宽度为 1 mm. 试求数码相机镜头的 F 数.

4.15 某种玻璃在靠近钠的黄色双谱线(其波长分别为 589 nm 和 589.6 nm)附近的色散率 $dn/d\lambda$ 为 -360 cm^{-1}, 试求由此种玻璃制成的能分辨钠光双谱线的三棱镜, 底边宽度应不小于多少?

4.16 设计一块平面透射光栅,要求满足:(1) 使波长 600 nm 的第二级谱线的衍射角小于 30°, 并能分辨 0.02 nm 的波长差;(2) 色散尽可能大;(3) 第三级谱线缺级. 试求:(1) 光栅的缝宽、缝数、光栅常量和总宽度;(2) 用这块光栅总共能看到 600 nm 的几条谱线?

4.17 若要求显微镜能分辨相距 0.000 375 mm 的两点,用波长为 550 nm 的可见光照明. 试求:(1) 此显微镜物镜的数值孔径 $R_{N.A.}$;(2) 若要求此两点放大后的视角为 2′, 则显微镜的放大本领是多少?

4.18 夜间自远处驶来轿车的两前灯相距 1.5 m. 如将眼睛的瞳孔看成产生衍射的圆孔,试估计视力正常的人在多远处才能分辨出光源是两个灯. 设眼睛瞳孔的直径为 3 mm,设光源发出的光的波长 λ 为 550 nm.

4.19 用孔径分别为 20 cm 和 160 cm 的两种望远镜能否分辨清月球上直径为 500 m 的环形山?已知月球与地面的距离为地球半径的 60 倍,而地球半径约为 6 370 km. 设光源发出的光的波长 λ 为 550 nm.

4.20 电子显微镜的孔径角 $2u = 8°$,电子束的波长为 0.1 nm,试求:(1) 它的最小分辨距离;(2) 若人眼能分辨在明视距离处相距 6.7×10^{-2} mm 的两点,则该显微镜的放大倍数是多少?

*****4.21** 平行光垂直投射于宽度为 4 cm 的理想平面透射光栅上,已知在衍射角为 60° 的方向上的角色散率为 0.5×10^{-2} rad/nm,试求光栅在该方向上最大处的分辨本领 P?

*****4.22** He-Ne 激光器发出波长为 632.8 nm、截面直径为 2 mm 的激光束投向月球. 已知月球和地面的距离为 3.76×10^5 km. 试问:(1) 在月球上得到的光斑的直径有多大?(2) 如果这个激光经扩束器扩束后截面直径分别为 2 m 和 5 m,再发向月球,试问在月球表面上的光斑直径各为多大?

*****4.23** 宇宙飞船中的一架照相机在离地面 200 km 的太空拍摄地面上的物体,如果要求它能分辨地面上相距 1 m 的两点,照相机镜头的口径至少要多大?设感光的波长为 550 nm.

*****4.24** 已知月地距离约为 3.8×10^5 km,用上海天文台的口径为 1.56 m 天体测量望远镜能分辨月球表面上两点的最小距离为多少?设光的波长为 555 nm.

*****4.25** 为了分辨第二级钠光谱的双线(589 nm、589.6 nm),长度为 15 cm 的平面光栅的光栅常量应为多少?

*****4.26** 研究性课题:以 CD 或 DVD 光碟作为反射光栅,设计一光谱仪.

*****4.27** 试绘出房门中设置的"猫眼"的结构及其光路图.

第4章拓展资源

MOOC 授课视频	授课视频 Grating Equation 光栅方程	授课视频 Grating Spectrum 光栅光谱

PPT	视频 PPT ch4.8 物镜的 聚光本领	PPT ch4.8 物镜的 聚光本领

彩图	彩色图片 4-1 油浸透镜	彩色图片 4-2 形形色色的 照相机 a	彩色图片 4-2 形形色色的 照相机 b	彩色图片 4-2 形形色色的 照相机 c	彩色图片 4-2 形形色色的 照相机 d
彩图	彩色图片 4-2 形形色色的 照相机 e	彩色图片 4-2 形形色色的 照相机 f	彩色图片 4-2 形形色色的 照相机 g	彩色图片 4-2 形形色色的 照相机 h	彩色图片 4-3 宾尼希及其 签名
课外视频	课外视频 眼球的构造	课外视频 扫描隧 穿显微镜	课外视频 电子显微镜	课外视频 哈勃望远镜	课外视频 哈勃望远镜- 巨型摄像机
H5 动画 （横屏观看）	瑞利判据				

第5章 光 的 偏 振

干涉和衍射现象揭示了光的波动性,但还不能由此确定光是横波还是纵波. 偏振现象则是判断横波最有力的实验证据. 光的偏振有五种可能的状态:自然光、部分偏振光、线偏振光、圆偏振光和椭圆偏振光. 自然界的大多数光源发出的光是自然光. 在这一章里,讨论的主要问题是如何从自然光通过不同的偏振元件获得各种偏振光,以及如何鉴别自然光和各种偏振光.

5.1 自然光与偏振光

5.1.1 光的偏振性

H5 动画
光的各种偏
振状态(横
屏观看)

波动可分为两种:波的振动方向与传播方向相同的波称为纵波;波的振动方向与传播方向相互垂直的波称为横波. 在纵波的情况下,波的振动状态对传播方向具有轴对称性. 对横波来说,在某一瞬间通过波的传播方向且包含振动矢量的那个平面显然与其他不包含振动矢量的平面有区别,这通常称为波的振动方向对传播方向没有对称性,波的振动方向对于传播方向的不对称性称为偏振,它是横波区别于纵波的一个最明显的标志,只有横波才有偏振现象.

在第1章中已经指出光波是电磁波,因此,光波的传播方向就是电磁波的传播方向. 光波中的电矢量 E 和磁矢量 H 都与传播速度 v 垂直,因此光波是横波,它具有偏振性.

实验事实已经表明,在光和物质相互作用的(如感光作用和生理作用)过程中,主要起作用的是光波中的电矢量 E,所以讨论光的作用时,只需考虑电矢量 E 的振动. E 称为光矢量,E 的振动称为光振动. 光的横波性只表明电矢量与光的传播方向垂直,在与传播方向垂直的平面内还可能有各种不同的振动状态. 如果光在传播过程中电矢量的振动只限于某一确定平面内,它的电矢量在与传播方向垂直的平面上的投影为一条直线,称为线偏振光. 为简单起见,常用图5-1所示的标志表示线偏振光在传播方向上各个场点的电矢量分布. 其中图(a)表示电矢量垂直于图面的线偏振光,图(b)表示电矢量在图面内的线偏振光. 电矢量和光的传播方向所构成的平面称为偏振光的振动面. 在图(a)中的振动面垂直于图面,在图(b)中的振动面平行于图面.

(a) 电矢量垂直于图面　　　(b) 电矢量平行于图面

图 5-1　线偏振光

5.1.2　自然光与偏振光

普通光源发出的光一般是自然光,自然光不能直接显示偏振现象. 关于这一点可以通过光源的微观发光机制来认识. 任何一个普通发光体,从微观上看是由大量的发光原子或分子组成的,每个发光原子每次所发射的是一个线偏振波列,然而各个原子或分子的发光是一个自发辐射的随机过程,彼此没有关联. 具体地说,同一时刻大量发光原子或分子发出大量的偏振波列,由于原子或分子发光的独立性,各波列的偏振方向及相位分布都是无规则的,因此若在同一时刻观测大量发光原子或分子发出的大量波列,由于相互间无相位关联,它们的电矢量可以分布在轴对称的一切可能的方位上,即电矢量对光的传播方向是轴对称分布的. 另一方面,每个发光原子发光的持续时间约为 10^{-8} s,而一般观测时间总是比微观发光的持续时间长得多. 因此在观测时间内,实际接收到的仍是大量的偏振波列,波列与波列之间相位彼此无关联,电矢量也是轴对称分布的. 这种由普通光源所发射的光波,在光的传播方向上的任意一个场点,电矢量既有空间分布的均匀性,又有时间分布的均匀性. 也就是在轴对称的各个方向上电矢量的时间平均值是相等的,具有这种特点的光称为自然光. 也可以说,自然光是由轴对称分布、无固定相位关系的大量线偏振光集合而成的. 图 5-2 所表示的就是沿 z 轴传播的自然光. 要注意的是图中所示的各矢量反映的只是电矢量的振动方向,并不反映振动矢量间的相位差.

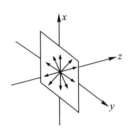

图 5-2　沿 z 方向传播的自然光的表示法

在自然光中,任意取向的一个电矢量 E 都可分解为两个相互垂直方向上的分量(例如在反射、折射时分解为平行于入射面和垂直于入射面的分量;在晶体中可分解为垂直于主平面和平行于主平面的分量),如图 5-3(a)所示. 如果自然光中任意一个电矢量的振幅为 a_i,则所有电矢量的振幅在两个相互垂直的方向上的总分量为 a_i 在该方向的投影的矢量和,即

$$A_x = \sum_i a_{ix}$$

$$A_y = \sum_i a_{iy}$$

由于大量线偏振光分布的轴对称性,这两个垂直分量的振幅相同,即 $A_x = A_y$. 换句话说,自然光可以看成是两个振幅相同,振动相互垂直的非相干的线偏振光的叠加. 通常可用图 5-3(b)表示自然光在传播方向上,场中各点的电矢量. 值得注意的是,自然光的这两个垂直分量之间无固定的相位关系,决不能合成为

一个单独的矢量.

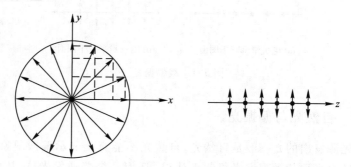

(a) 垂直光的传播方向上   (b) 在光的传播方向上

图 5-3 自然光的表示法

若自然光的强度为 I_0 ,根据 A_x 和 A_y 的非相干叠加,应该有

$$I_0 = A_x^2 + A_y^2$$

令 $I_x = A_x^2 , I_y = A_y^2$,则

$$I_x = I_y = \frac{I_0}{2} \tag{5-1}$$

5.2 线偏振光与部分偏振光

如果有一种光学元件,能以某种方式选择自然光中的一束线偏振光,而摒弃另一束线偏振光,则称为起偏器. 自然光经过起偏器后可以转变成线偏振光. 线偏振光也可以用相位相同的,振动相互垂直的两列光波的叠加来描述. 若两列波沿 z 方向传播,则线偏振光的电矢量表达式为

$$E = E_x e_x + E_y e_y = (A_{0x} e_x \pm A_{0y} e_y) \cos(\omega t - kz) \tag{5-2}$$

式中 e_x 、 e_y 分别是沿 x 、 y 轴的单位矢量. 式中取正号时, E 矢量如图 5-4(a)所示;取负号时, E 矢量如图 5-4(b)所示.

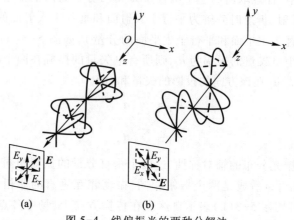

图 5-4 线偏振光的两种分解法

5.2.1 由二向色性产生的线偏振光

二向色性指的是有些晶体对振动方向不同的电矢量具有选择吸收的性质. 最早使用的是天然具有二向色性的晶体,例如电气石,它能强烈地吸收与晶体光轴(见 5.3 节)垂直的电矢量,而对与光轴平行的电矢量吸收得较少.

广泛使用的二向色性片是一种人造偏振片,它是由小晶体或分子在透明的薄膜上整齐地排列起来形成的,它会吸收一个方向上的电矢量,而让垂直该方向的电矢量几乎完全通过,能透过电矢量振动的方向就是人造偏振片的<u>透振方向</u>.

图 5-5 中 P_1 和 P_2 代表两块偏振片,其中偏振片 P_1 用来产生线偏振光,称为<u>起偏器</u>;偏振片 P_2 用来检验线偏振光,称为<u>检偏器</u>,P_2 与 P_1 的透振方向互成夹角 θ. 若通过 P_1 的电矢量振幅为 A,那么沿第二块偏振片的透振方向的振幅

彩色图片 5-1
起偏器和检偏器

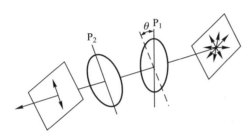

图 5-5 起偏器与检偏器

分量为 $A\cos\theta$,从而透射光强

$$I_\theta = A^2\cos^2\theta$$

当 $\theta=0$ 时,上式有最大值. 令 $I=A^2$,可得

$$I_\theta = I\cos^2\theta \tag{5-3}$$

(5-3)式所表达的线偏振光通过检偏器后的透射光强度随 θ 角变化的这种规律,称为<u>马吕斯定律</u>.

偏振片的特点是只允许电振动沿透振方向的光通过,由(5-1)式可知,自然光通过无吸收的理想偏振片后,其强度应减为原来的一半.

授课视频
马吕斯定律

[例 5.1] 将两块理想的偏振片 P_1 和 P_2 共轴放置如例 5.1 图. 然后让强度为 I_1 的自然光和强度为 I_2 的线偏振光同时垂直入射到偏振片 P_1 上,从 P_1 透射后又入射到偏振片 P_2 上,试问:

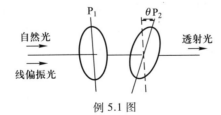

例 5.1 图

(1) P_1 不动,将 P_2 以光线为轴转动一周,从系统透射出来的光强将如何变化?

(2) 欲使从系统透射出来的光强最大,应如何放置 P_1 和 P_2?

[解]　（1）已知入射的自然光强度为 I_1，线偏振光的强度为 I_2，设入射线偏振光的振动面与 P_1 的透振方向的夹角为 α，P_1 和 P_2 的透振方向之间的夹角为 θ，则从系统透射出来的光强

$$I = \left(\frac{I_1}{2} + I_2\cos^2\alpha \right) \cos^2\theta$$

若使 P_2 以光线为轴转动一周，θ 将连续地改变 $360°$，光强就按上式做周期性的变化．当 $\theta = 0$、$180°$ 时，光强为极大

$$I_{max} = \frac{I_1}{2} + I_2\cos^2\alpha$$

当 $\theta = 90°$、$270°$ 时，光强为零．

（2）由（1）得到的 I_{max} 可知，只有当 $\theta = 0°$ 或 $180°$ 且 $\alpha = 0°$ 时，通过系统的光强最大．因此，应先固定 P_1，再转动 P_2 使透射光强达到最大值，表明已调到 $\theta = 0°$ 或 $180°$；再让 P_1 和 P_2 同步旋转，使透射光强再度达到最大值时，表明已调到 $\alpha = 0°$．此时因同时满足了 $\theta = 0°$（或 $180°$）和 $\alpha = 0°$，所以通过系统的光强最大．

视窗与链接　　人造偏振片

最早的人造偏振片（J 偏振片）是由 19 岁的学生兰德（E.H.Land）在 1928 年发明的．它是通过电磁作用或机械作用把具有二向色性的碘化硫酸奎宁小晶体整齐排列在透明的塑料薄膜上制成的．1938 年，兰德又发明了一种目前广泛应用的 H 偏振片．它本身不包含二向色性晶体．把聚乙烯醇薄片加热，沿一个方向拉伸，使聚合物分子在拉伸方向排列成长链，然后把片子浸入碘溶液中，碘附着在长链上形成一条碘链．碘分子中的导电电子就能沿着长链流动．当一束自然光射到偏振片上时，由于碘分子提供的高传导性，平行排列的长链分子吸收平行链长方向的电场分量，而与它垂直的电场分量则几乎不受影响，结果透射光成为线偏振光．偏振片上能透过电矢量振动的方向称为它的透振方向．

K 偏振片的制造方法是将聚乙烯醇薄膜放在高温炉中通以氯化氢作催化剂，除掉聚乙烯醇分子中的若干水分子，形成聚乙烯的细长分子，再单向拉伸而成．K 偏振片的光化学性能稳定、能耐潮耐热、高温时不易分解，但价格较贵．

人造偏振片由于制造工艺简单、价格便宜，并可制成较大面积，因而得到了广泛的应用．目前在一般的偏振仪器以及许多起偏和检偏装置中大多采用人造偏振片．

5.2.2　反射光的偏振态

光在反射时可以产生偏振，是由马吕斯在 1809 年通过一块方解石晶体去看巴黎勒克森堡窗户反射的太阳光时，无意中首次发现的．当一束自然光在两种介质的界面上反射和折射时，反射光和折射光的传播方向虽由反射和折射定律决定，但这两束光的振动取向，即偏振态，则要根据光的电磁理论，由电磁场的边界条件来决定．如前所述，自然光的电矢量可以分解为平行于入射面的分量和垂直于入射面的分量．由菲涅耳公式可以知道，电矢量的平行分量和垂直分量的振幅比分别为

$$\frac{A'_{p1}}{A_{p1}} = \frac{\tan(i_1 - i_2)}{\tan(i_1 + i_2)}$$

$$\frac{A'_{s1}}{A_{s1}} = -\frac{\sin(i_1 - i_2)}{\sin(i_1 + i_2)}$$

把这两式结合起来,不考虑方向,便有

$$\frac{A'_{p1}}{A_{p1}} = \frac{\tan(i_1 - i_2)}{\tan(i_1 + i_2)}$$

$$= \frac{\sin(i_1 - i_2)}{\sin(i_1 + i_2)} \frac{\cos(i_1 + i_2)}{\cos(i_1 - i_2)}$$

$$= \frac{A'_{s1}}{A_{s1}} \frac{\cos(i_1 + i_2)}{\cos(i_1 - i_2)} \qquad (5-4)$$

在 $i_1 = 0°$ 或 $i_1 = 90°$ 的两种情况下,可得

$$\frac{A'_{p1}}{A_{p1}} = \frac{A'_{s1}}{A_{s1}}$$

现已经知道 $A_{p1} = A_{s1}$,因此上式表明反射光中电矢量的平行分量 A'_{p1} 值和垂直分量 A'_{s1} 值相等. 但由于这两个分量是不相干的,合成后的反射光仍然是自然光.

此外,当自然光以除 $i_1 = 0°$ 及 $i_1 = 90°$ 外的任何角度入射时,都有不等式

$$|\cos(i_1 + i_2)| < \cos(i_1 - i_2)$$

这时,由(5-4)式可得

$$\frac{A'_{p1}}{A_{p1}} < \frac{A'_{s1}}{A_{s1}}$$

由此表明反射光中电矢量的平行分量 A'_{p1} 值总是小于电矢量的垂直分量 A'_{s1} 值. 从内部结构来看,这两个分量是方向不同、振幅大小不等的大量偏振光的电矢量在这两个方向上投影的矢量和. 因此这两个分量仍然是不相干的,不能合成为一个矢量. 具有这种特点的光称为部分偏振光.

部分偏振光通常可用图 5-6 所示的图形来表示,其中图(a)表示平行图面的电矢量较强的那种部分偏振光;图(b)表示在垂直于图面方向的电矢量较强的那种部分偏振光;图(c)表示在光的传播方向上,任意一个场点上振动矢量的分布. 设 I_{max} 为某一部分偏振光沿某一方向上所具有的能量最大值,I_{min} 为在其垂直方向上具有的能量最小值,则通常用

$$P = \frac{I_{max} - I_{min}}{I_{max} + I_{min}} \qquad (5-5)$$

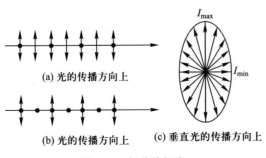

(a) 光的传播方向上

(b) 光的传播方向上

(c) 垂直光的传播方向上

图 5-6 部分偏振光

来表示偏振的程度,并称 P 为**偏振度**. 在 $I_{max} = I_{min}$ 的特殊情况下, $P = 0$,这就是自然光. 所以自然光是偏振度等于 0 的光,也称为非偏振光. 在 $I_{min} = 0$ 的特殊情况下, $P = 1$,这就是线偏振光,所以线偏振光是偏振度最大的光.

[例 5.2] 通过偏振片观察一束部分偏振光.当偏振片由对应透射光强最大的位置转过 $60°$ 时,其光强减为一半.试求这束部分偏振光中的自然光和线偏振光的强度之比以及光束的偏振度.

[解] 部分偏振光相当于自然光和线偏振光的叠加.设自然光的强度为 I_n ,线偏振光的强度为 I_p ,则部分偏振光的强度为 $I_n + I_p$.当偏振片处于使透射光强度最大的位置时,通过偏振片的线偏振光的强度仍为 I_p ,而自然光的强度为 $\dfrac{I_n}{2}$,即透过的总光强为

$$I_1 = I_p + \frac{I_n}{2}$$

偏振片转过 $60°$ 后,透射光的强度变为

$$I_2 = I_p \cos^2 60° + \frac{I_n}{2} = \frac{I_p}{4} + \frac{I_n}{2}$$

根据题意 $I_1 = 2I_2$,即

$$I_p + \frac{I_n}{2} = 2\left(\frac{I_p}{4} + \frac{I_n}{2}\right)$$

整理后得

$$\frac{I_n}{I_p} = 1$$

这说明入射的部分偏振光相当于强度相等的自然光和线偏振光的叠加.

该束光的最大光强为

$$I_{max} = I_p + \frac{I_n}{2} = I_n + \frac{I_n}{2} = \frac{3}{2}I_n$$

最小光强为

$$I_{min} = I_p + \frac{I_n}{2} = 0 + \frac{I_n}{2} = \frac{1}{2}I_n$$

由此可以求出偏振度为

$$P = \frac{\left(\dfrac{3}{2} - \dfrac{1}{2}\right)I_n}{\left(\dfrac{3}{2} + \dfrac{1}{2}\right)I_n} = \frac{1}{2}$$

物理学史
布儒斯特简
介

欲使反射光成为线偏振光,由菲涅耳公式可知,只要使

$$i_1 + i_2 = \frac{\pi}{2}, \quad \frac{A'_{p1}}{A_{p1}} = 0$$

电矢量的平行分量就完全不能反射,反射光中只剩下垂直于入射面的分量.这样,反射光就成了线偏振光,如图 5-7 所示.这个特殊的入射角用 i_{10} 表

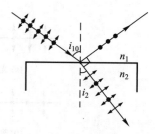

图 5-7 以布儒斯特角入射
时的反射光和折射光

示,如令此时的折射角为 i_2,则 $i_{10}+i_2=90°$,故

$$\tan i_{10} = \frac{\sin i_{10}}{\cos i_{10}} = \frac{\sin i_{10}}{\sin i_2} = \frac{n_2}{n_1} \tag{5-6}$$

式中 n_1 和 n_2 分别为入射光束和折射光束所在介质的折射率.(5-6)式所表示的关系称为布儒斯特定律.这个特殊的入射角 i_{10} 称为布儒斯特角.如光从空气入射到介质界面上,$n_1=1$,对于一般的玻璃来说,$n_2=1.5$,则 $i_{10}=57°$;对于石英来讲,$n_2=1.46$,则 $i_{10}=55°38'$.因此,自然光以布儒斯特角入射到介质表面时,其反射光为线偏振光.

[例 5.3] 在折射率为 n_s 的玻璃基板上,涂上一层折射率为 n 的介质薄膜,一束电矢量在入射面内的线偏振光入射到基板和薄膜上(见例 5.3 图).改变入射光的方向,使直接从基板透射的光和通过介质薄膜后再透射的光的光强差最小,那么就可利用此时的入射角来确定介质薄膜的折射率 n,为什么?

[解] 两束透射光的强度相差最小的现象说明直接入射到基板上 C 处的光和通过介质膜再入射到基板上 D 处的光强度相等.这时两束透射光的强度之差,仅仅由光在 C 处和 D 处的反射情况不同而引起.而入射到 C 处和 D 处的光,其光强相等必然是由于入射光在介质薄膜的上表面没有被反射,而是全部进入介质薄膜内.按题意,入射光的电矢量是平行于入射面的,当它入射到介质薄膜上而不被上表面反射时,说明此时的入射角 θ 恰好等于布儒斯特

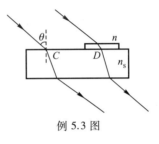

例 5.3 图

角.所以只要测出两束透射光强差达最小时的入射角 θ,根据布儒斯特定律就可测定介质薄膜的折射率

$$n = \tan\theta$$

反射光的偏振在实际中有许多应用.例如根据对反射光偏振状态的研究,现已能推知宇宙颗粒在微弱的银河磁场中的取向.当介质表面吸附了某种分子或原子,甚至吸附的是单原子层时,反射光的偏振状态会发生变化,因而通过对物体表面反射光的测量可以研究物体的表面状态.日常生活中,在光滑的柏油路面、水面或其他类似面上反射的"耀眼"太阳光,均是部分偏振光,如使用偏振化方向竖直的太阳镜,这些耀眼的水平偏振光就不会进入人眼了.

汽车夜间在路上行驶与对面的车辆相遇时,为了避免双方车灯眩目,一般都关闭大灯并放慢车速.若驾驶室的前窗玻璃和车灯的玻璃罩都装有偏振片,而且规定它们的偏振化方向相同并与水平面成 45° 角,那么,司机从前窗只能看到自己车灯发出的光而看不到对面车灯的光,这样,夜间行驶时不用熄灯也不用减速,就可以保证安全行车。

5.2.3 透射光的偏振态

假如透明介质对光无吸收,自然光以任意入射角入射时,折射后从介质透射出来的光总是部分偏振的.只是在以布儒斯特角入射时,电矢量的平行分量 100% 透过,这时透射光的偏振度最高.这个问题可以用菲涅耳公式来解释.

如图 5-8 所示,一束自然光以布儒斯特角 i_{10} 入射到一片透明介质上,经介质上表面折射一次后,由(1-33)式可知,电矢量平行分量的振幅为

$$A_{p2}^{(1)} = A_{p1} \frac{2\cos i_{10}\sin i_2}{\sin(i_{10} + i_2)\cos(i_{10} - i_2)}$$

式中$A_{p2}^{(1)}$右上角的"(1)"表示折射了一次,其中i_{10}是布儒斯特角,因此,利用$i_{10}+i_2=\dfrac{\pi}{2}$,上式可简化成

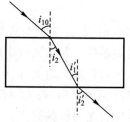

$$A_{p2}^{(1)} = A_{p1} \frac{2\sin^2 i_2}{\cos(i_{10} - i_2)}$$

$$= A_{p1} \frac{2\sin^2 i_2}{\sin 2i_2}$$

图 5-8　通过平板介质的折射光

$$= A_{p1} \frac{\sin i_2}{\cos i_2} = A_{p1}\tan i_2 \tag{5-7}$$

当这束光经介质下表面第二次折射后,透射光中 $\boldsymbol{E}$ 矢量的平行分量为

$$A_{p2}^{(2)} = A_{p2}^{(1)} \frac{2\sin i_2'\cos i_1'}{\sin(i_1' + i_2')\cos(i_1' - i_2')}$$

$A_{p2}^{(2)}$右上角的"(2)"表示折射了两次. 对上、下表面平行的介质来说 $i_1' = i_2$,$i_2' = i_{10}$. 因此

$$A_{p2}^{(2)} = A_{p2}^{(1)} \frac{2\sin i_{10}\cos i_2}{\sin(i_2 + i_{10})\cos(i_2 - i_{10})}$$

利用$i_{10}+i_2=\dfrac{\pi}{2}$,上式可简化成

$$A_{p2}^{(2)} = A_{p2}^{(1)} \frac{2\sin\left(\dfrac{\pi}{2}-i_2\right)\cos i_2}{\cos\left(i_2-\dfrac{\pi}{2}+i_2\right)}$$

$$= A_{p2}^{(1)} \frac{2\cos^2 i_2}{\sin 2i_2}$$

$$= A_{p2}^{(1)} \frac{\cos i_2}{\sin i_2} = A_{p2}^{(1)}\cot i_2 \tag{5-8}$$

把(5-7)式代入(5-8)式,即得

$$A_{p2}^{(2)} = A_{p1}\tan i_2\cot i_2 = A_{p1} \tag{5-9}$$

这表示光以布儒斯特角入射到一片透明介质时,在没有吸收的情况下,透射光中电矢量的平行分量等于入射光中电矢量的平行分量,即平行分量100%透射.

同样,经介质上表面一次折射后,垂直分量的振幅由菲涅耳公式可得

$$A_{s2}^{(1)} = A_{s1} \frac{2\cos i_{10} \sin i_2}{\sin(i_{10} + i_2)}$$

由于式中 i_{10} 是布儒斯特角,所以

$$A_{s2}^{(1)} = 2A_{s1} \sin^2 i_2 \qquad (5-10)$$

这束光经介质下表面第二次折射后,电矢量的垂直分量变为

$$A_{s2}^{(2)} = A_{s2}^{(1)} \cdot \frac{2\sin i_2' \cos i_1'}{\sin(i_1' + i_2')}$$

$$= 2A_{s2}^{(1)} \sin\left(\frac{\pi}{2} - i_2\right) \cos i_2$$

$$= 2A_{s2}^{(1)} \cos^2 i_2$$

把(5-10)式代入上式,可得自然光以布儒斯特角入射而经过一片透明介质后,透射光中 E 矢量的垂直分量为

$$A_{s2}^{(2)} = 4A_{s1} \sin^2 i_2 \cos^2 i_2 = A_{s1} \sin^2 2i_2 \qquad (5-11)$$

因为在自然光入射的情况下,$A_{p1} = A_{s1}$,所以(5-9)式和(5-11)式表明了即使以布儒斯特角入射,从一片介质透射出来的光仍然是部分偏振光.

为了利用折射获得线偏振光,往往采用多次折射的方法,如图5-9所示.当一束自然光以布儒斯特角射入 n 片互相平行的透明介质板后,折射光连续经过 $2n$ 次折射,在透射光中 E 矢量的平行分量由(5-9)式得

$$A_{p2}^{(2n)} = A_{p1}$$

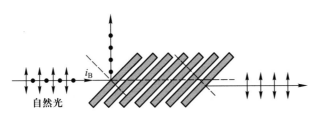

图 5-9   多次折射获得线偏振光

而在透射光中电矢量的垂直分量由(5-11)式得

$$A_{s2}^{(2n)} = A_{s1} \sin^{2n} 2i_2$$

其中 $\sin 2i_2 < 1$,当 n 值很大时,

$$A_{s2}^{(2n)} \to 0$$

由此可见,自然光以布儒斯特角入射到透明介质堆上时,透射光几乎是线偏振光,它的电矢量平行于入射面.

根据前面所述可知,若利用界面的反射和折射来产生线偏振光,存在反射光能量利用率低和折射光偏振度低的问题.如果利用多层膜具有高反射率的特点,就能提高反射光的能量利用率和透射光的偏振度,从而将这两部分偏振光都充分利用起来,这种光学元件称为薄膜偏振分光棱镜.

授课视频
偏振棱镜

如图 5-10 所示,在一块等腰直角棱镜的斜边折射面上交替地蒸镀多层具有高折射率和低折射率的光学薄膜,然后将其与另一块相同棱镜的斜边折射面用加拿大树脂胶合在一起,选择两种膜层的折射率比值使其布儒斯特角接近于 45°. 这样,垂直射入棱镜一个直角边折射面的自然光在两个棱镜胶合处经多次反射和折射,分解成沿两个几乎正交方向传播的线偏振光,其中传播方向垂直入射光方向的线偏振光的偏振面与入射面垂直;传播方向与入射光相同的线偏振光的偏振面与入射面平行. 若多层膜的层数足够多,可以使自然光中的垂直分量基本上都能反射,而平行分量都能透射,就可同时获得两种偏振度(接近 1)和光强(约为入射光强一半)都很高的线偏振光.

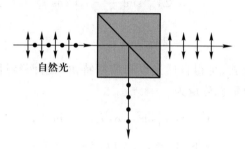

图 5-10　薄膜偏振分光棱镜

为了提高激光的输出功率,在激光器中也采用了布儒斯特角的装置. 图 5-11所示的是一种外腔式气体激光器. 在激光器的两端装有布儒斯特窗 B. 当光在两镜面 M 间来回反射并以布儒斯特角 θ 射到窗 B 上时,平行于入射面(相当于纸面)振动的光不发生反射而完全透过,而垂直于入射面振动的光则陆续被反射掉,以致不能发生振荡. 这样,最后就只有平行于入射面振动的光能在激光器内发生振荡而形成激光. 所以外腔式激光器输出的是线偏振光.

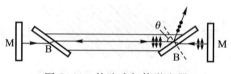

图 5-11　外腔式气体激光器

5.3　光通过单轴晶体时的双折射现象

5.3.1　双折射现象

当一束光射到各向同性介质(如玻璃、水等)的表面时,它将按折射定律沿某一方向折射,这就是一般常见的折射现象. 但是如果光射到各向异性介质(如方解石)中时,折射光将分成两束,并各自沿着略微不同的方向传播. 从晶体透射出来时,由于方解石相对的两个表面互相平行,这两束光的传播方向仍旧不变. 如果入射光束足够细,同时晶体足够厚,则透射出来的两束光可以完全分开[见图 5-12(a)]. 通过这种晶体用眼睛观察一个发光点时,可以同时看到两个像点. 例如,在白纸片上涂一黑点,通过方解石来观察它,可以看到两个黑点. 同一束入射光折射后分成两束的现象称为双折射.

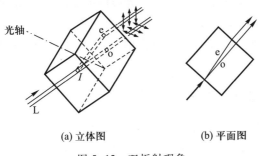

(a) 立体图   (b) 平面图

图 5-12   双折射现象

许多其他透明晶体(如石英)也会产生双折射现象. 只有属于立方系的晶体(例如岩盐晶体)不发生双折射.

图 5-12(b)说明当入射的平行光束垂直于方解石表面时,一束折射光仍沿原方向在晶体内传播,这束光遵从折射定律,称为寻常光(简称 o 光). 另一束折射光在晶体内偏离原来的传播方向. 对于这束光来说,入射时虽然入射角 $i_1 = 0°$,但折射角 $i_2 \neq 0°$;而从晶体出射时,$i'_1 \neq 0°$,$i'_2 = 0°$,这显然是违背折射定律的. 因此这一束光称为非常光(简称 e 光). 要注意的是"寻常"和"非常"仅仅是指光在折射时是否符合折射定律,它反映了光在晶体内沿各个方向的传播速度不同. 因此它们只有在双折射晶体的内部才有意义. 射出晶体以后,就没有 o 光和 e 光之分了. 此外,当入射角改变时,o 光的入射角正弦与折射角正弦之比保持不变,且入射面和折射面始终保持在同一平面内;e 光的入射角正弦与折射角正弦之比不是一个常数,且在一般情况下,e 光不在入射面内. 它的折射角以及入射面和折射面之间的夹角,不仅与原来光线的入射角有关,而且还与晶体的取向有关.

5.3.2   光轴、主平面与主截面

变更入射光的方向时,可以发现晶体内存在着一些特殊的方向,沿着这些方向传播的光并不发生双折射. 即 o 光和 e 光的传播速度以及传播方向都一样. 在晶体内平行于这些特殊方向的任何直线称为晶体的光轴. 光轴仅标志一定的方向,并不限于某一条特殊的直线.

只有一个光轴的晶体称为单轴晶体,有两个光轴的晶体称为双轴晶体. 方解石、石英、红宝石等是最常见的单轴晶体,云母、硫黄、黄玉等是双轴晶体. 光通过双轴晶体时,可以观察到比较复杂的现象. 本章讨论的仅以单轴晶体为限.

为了描述晶体中的光波,定义包含晶体光轴和一条给定光线的平面称为与这条光线相对应的主平面. 显然,通过 o 光和光轴所作的平面就是和 o 光对应的主平面,通过 e 光和光轴所作的平面就是和 e 光所对应的主平面.

彩色图片 5-3
云母晶体

彩色图片 5-4
硫黄晶体

用检偏器来观察时,可以发现 o 光和 e 光都是线偏振光,但它们光矢量的振动方向不同,o 光的振动面垂直于自己的主平面,e 光的振动面平行自己的主平面.一般来说,对应于一给定的入射光束,o 光和 e 光的主平面并不重合,仅当光轴位于入射面内时,这两个主平面才严格地重合.但在大多数情况下,这两个主平面之间的夹角很小,因而 o 光线和 e 光线的振动面几乎互相垂直.

包括晶体光轴和界面法线的平面称为主截面.当光线的入射面与主截面重合时,寻常光线和非常光线都在入射面内,它们的主平面互相重合,也与主截面及入射面重合.

5.3.3　o 光和 e 光的相对光强

无论是自然光,还是线偏振光,当它们入射到单轴晶体时,一般来说都会产生双折射,只是自然光入射的情况下,o 光和 e 光的振幅相等;而当线偏振光入射时,o 光和 e 光的振幅不一定相等,随着晶体方向的改变,它们的振幅也发生变化.图 5-13(a)中的 AA' 表示垂直入射的线偏振光的振动面与纸面的交线,OO' 表示晶体的主截面与纸面的交线,θ 即为振动面与主截面的夹角.此时 o 光、e 光的主平面均与主截面重合.o 光的振动面垂直于主截面,e 光的振动面平行于主截面,则 o 光和 e 光的振幅分别为

$$A_o = A\sin\theta, \quad A_e = A\cos\theta$$

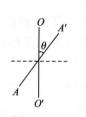
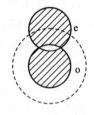

(a) 在纸面上的投影　　　　(b) 两光重叠

图 5-13　寻常光与非常光

式中 A 是入射线偏振光的振幅.在考虑两束光的强度问题时,应注意光强是与折射率成正比的.在下一节中将要介绍晶体中 o 光和 e 光的折射率并不相同,而且 e 光的折射率还与传播方向有关.因此,在晶体中 o 光和 e 光的强度应分别为

$$I_o = n_o A_o^2 = n_o A^2 \sin^2\theta$$

$$I_e = n_e(\alpha) A_e^2 = n_e(\alpha) A^2 \cos^2\theta$$

相对光强为

$$\frac{I_o}{I_e} = \frac{n_o}{n_e(\alpha)}\tan^2\theta \tag{5-12}$$

式中 α 为 e 光传播方向和光轴的夹角.如果 o 光和 e 光射出晶体后,这两束光都在空气中传播,那么这时就没有 o 光和 e 光之分了,它们的相对光强应为

$$\frac{I_o}{I_e} = \tan^2\theta$$

显然,o 光与 e 光的相对光强随 θ 角的改变而改变,当晶体以入射光传播方向为轴旋转时,两束光的相对光强也就不断变化. 若晶体主截面垂直于入射偏振光的振动面,即 $\theta = 90°$,则 o 光的强度为最大,e 光完全消失,即 $I_o = I$,$I_e = 0$;若晶体主截面平行入射偏振光的振动面时,即 $\theta = 0°$,则 e 光的强度为最大,o 光完全消失,即 $I_e = I$,$I_o = 0$.如果扩大入射光束使两束光相互重叠,则由于总光强

$$I_o + I_e = I(\sin^2\theta + \cos^2\theta) = I$$

是一个常量. 因此不论晶体怎样转动,重叠部分的强度始终不变,如图 5-13(b) 所示.

[例 5.4] 强度为 I 的自然光,垂直入射到方解石晶体上后又垂直入射到另一块完全相同的晶体上. 两块晶体的主截面之间的夹角为 α,试求当 α 分别等于 30° 和 180° 时,最后透射出来的光束的相对强度(不考虑反射、吸收等损失).

[解] 自然光垂直入射到第一块晶体以后,被分解为 o 光和 e 光,由于光轴与晶体表面既不平行又不垂直,故 o 光和 e 光的传播方向并不相同,但从第一块晶体出射后仍成为垂直于晶体表面的两束光,其强度为

$$I_e = I_o = \frac{I}{2}$$

当 $\alpha = 30°$ 时,这两束光射入第二块晶体后,又分别被分解为 o 光和 e 光,其传播方向也要继续分离,最后的透射光将有四束,这四束光的强度分别为

$$I_{oo} = \frac{1}{2}I\cos^2 30°,\quad I_{oe} = \frac{1}{2}I\sin^2 30°$$

$$I_{eo} = \frac{1}{2}I\sin^2 30°,\quad I_{ee} = \frac{1}{2}I\cos^2 30°$$

相对强度为

$$I_{oo} : I_{oe} : I_{eo} : I_{ee} = 3 : 1 : 1 : 3$$

当 $\alpha = 180°$ 时,第一块晶体中的 o 光在第二块晶体中仍为 o 光;第一块晶体中的 e 光在第二块晶体中仍为 e 光. 但由于原来这是相同的两块晶体,此时它们的光轴方向关于表面的法线对称,如例 5.4 图所示,e 光在第一块晶体中的偏折方向与在第二块晶体中的偏折方向相反,因此从第二块晶体出射时,两束光的传播方向重合,成为一束光. 两束光非相干叠加,其强度为

$$\frac{I}{2} + \frac{I}{2} = I$$

即与入射光强度相同.

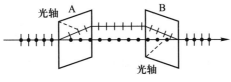

例 5.4 图

5.4 光在晶体中的波面

对单轴晶体内双折射现象的解释,是惠更斯于 1690 年在他的《论光》一书中首先提出的.他假设在晶体中从一个发光点发出的 o 光的波面是球面,e 光的波面是旋转椭球面.惠更斯的这个假设符合现代对光的本性和晶体结构的认识.

晶体的各向异性不仅表现在它的宏观性质上(如弹性、热膨胀等),同时也表现在它的微观结构上.构成晶体的原子、离子或分子可以认为是各向异性的振子.它们在三个互相垂直的方向上具有的三个固有频率 ω_1、ω_2 和 ω_3 通常并不相同.根据光的电磁学说,可以认为当光波通过物质时,物质中的带电粒子将在光的交变电场作用下做受迫振动,其频率和入射光的频率相同.如果入射光中电矢量的振动方向与上述三个方向中的任一个方向,譬如说和第一个方向重合,则粒子做稳定的受迫振动,其振动的相位与 ω_1 有关.如改变光的传播方向,或改变晶体的位置,使电矢量的振动方向和上述三个方向中的另一个方向,譬如说和第二个方向重合,则受迫振动的相位就与 ω_2 有关,依此类推.这种振动将发出频率和入射光频率相同的次波,次波叠加而形成折射波.所以折射波中振动方向不同的成分具有不同的相位传播速度.

对于单轴晶体,三个固有频率中有两个相同.令平行于这种晶体光轴方向的固有振动频率为 ω_1,垂直于光轴方向的固有频率为 ω_2.设想在单轴晶体中有一发光点 C,图 5-14 表示通过 C 点的由光线和光轴形成的一个主平面.图中虚线表示晶体光轴的方向.

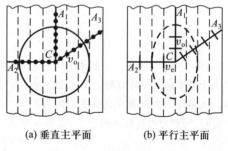

(a) 垂直主平面　　　　(b) 平行主平面

图 5-14　光在晶体中的波面

首先研究自发光点 C 发出的、振动方向垂直于这个主平面的所有光线.如图 5-14(a)所示,图中小黑点表示电矢量的振动方向.在这个主平面内沿着任何方向传播的光都将使振子在垂直于光轴的方向上振动,与同一个固有振动频率 ω_2 有关,因而有相同的速度 v_o.由此可见,振动方向垂直于主平面的光是 o 光,它们沿着一切方向传播的速度都相同.将该图绕通过 C 点的光轴转过 180°,就得到从发光点 C 发出的 o 光的波面,它是一个球面.

其次研究振动方向平行于主平面的光线[见图 5-14(b)].从图中可以看

出,对于不同的传播方向,光振动的方向和光轴成不同的角度. 例如沿着 CA_1 方向的振动垂直于光轴,沿着 CA_2 方向的振动平行于光轴. 前者使振子做受迫振动时,受迫振动与入射光的电矢量之间的相位差取决于固有频率 ω_2,因而仍以速度 v_o 传播,但后者使振子做受迫振动时的相位差取决于固有频率 ω_1,因此它的传播速度不等于 v_o,以 v_e 来表示. 在任何其他方向传播的光线 CA_3 将以速度 v' 传播,v' 介于 v_o 和 v_e 之间. 由此可见振动方向平行于主平面的光是 e 光,它在不同方向有不同的传播速度. 绕着通过 C 的光轴转过 180°,即得 e 光的波面. 这个波面是旋转椭球面,它与一个主平面的交线是椭圆. 对于截面不大的 e 光束来说,它的传播方向不一定垂直于波面. 这是晶体中特有的现象.

光在单轴晶体中传播时,某一时刻旋转椭球波面和球波面在光轴的方向上相切. 沿着光轴方向传播的光,无论它的振动方向如何,速度都相同,因而不发生双折射.

单轴晶体分为两类:一类是旋转椭球面在球面之内,如图 5-15(a)、(b),也就是 e 光的速度在除光轴外的任何方向上都比 o 光小,这类晶体称为正晶体. 石英就属于正晶体. 另一类是旋转椭球面在球面之外,如图 5-15(c)、(d),也就是 e 光的速度在除光轴外的任何方向上都比 o 光大,这类晶体称为负晶体. 方解石就属于负晶体.

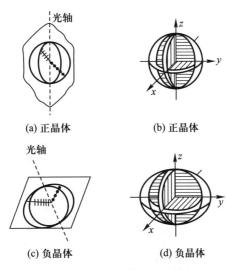

(a) 正晶体　　　　　(b) 正晶体

(c) 负晶体　　　　　(d) 负晶体

图 5-15　正晶体与负晶体

5.5　光在晶体中的传播方向

5.5.1　单轴晶体内 o 光与 e 光的传播方向

当实际的光束入射到晶体上时,波面上的每一点都可作为次波源,同时发出旋转椭球面或球面的次波. 利用晶体中波面的特点和惠更斯作图法, 就可以确定晶体内 o 光与 e 光的传播方向. 下面考察平行光斜入射到负晶体时的情况. 类似的分析也适用于正晶体.

图 5-16(a) 中的虚线代表光轴, 它在入射面内并与晶体表面成一倾斜角. 当波面上的 B 点所发出的次波经过时间 t 到达晶体表面的 D 点时, 从 A 点发出的次波已进入晶体内部. 以 A 为球心作一半径为 $v_o t$ 的半球面 (在纸面上是一个半圆) 和一个半短轴和半长轴分别为 $v_o t$ 和 $v_e t$ 的半椭球面, 使椭球的半短轴沿光轴方向, 过 D 点作球面的切面 DO 和椭球面的切面 DE. 这两个平面就是界面 AD 上所有各点所发出的次波波面的包络面, 它们分别代表晶体中 o 光和 e 光的折射波面. 如果切点分别是 O 和 E, o 光和 e 光就分别沿 AO 和 AE 方向传播. 应当注意 o 光的传播方向垂直于它的波面 DO, e 光的传播方向不垂直于它的波面 DE. 当光轴在入射面内时, o 光和 e 光也都在入射面内, 相应的两个主平面都和入射面重合, 也与晶体的主截面重合. 这时, e 光在图面内振动, 以短线段表示; o 光的振动垂直于图面, 以小黑点表示.

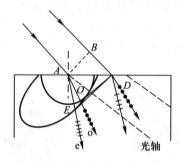

(a) 光轴在入射面内

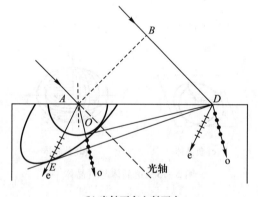

(b) 光轴不在入射面内

图 5-16　晶体中 o 光和 e 光的波面

值得指出的是, 当光轴不在入射面内时, 波面 DE 虽然仍垂直于入射面, 但切点 E 并不在入射面内, 相应的 e 光也不再在入射面内, 此时 o 光和 e 光的主平面不再重合. 此外, 若光轴在入射面内并与晶体表面成一定角度, 当一束光与光轴方向平行地入射到晶体上时, 会出现 e 光与入射光线在表面法线同一侧的情况,如图 5-16(b)所示. 上述两种情况充分说明一般情况下 e 光并不遵守折射定律.

　　在实际工作中常用晶体的光轴与晶体表面平行或垂直. 当平行光束垂直入射于这些晶体表面时, o 光与 e 光在晶体中沿同一方向传播如图 5-17 所示.

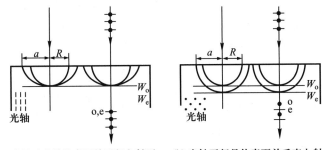

(a) 光轴垂直晶体表面并平行入射面　　(b) 光轴平行晶体表面并垂直入射面

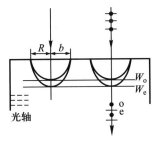

(c) 光轴平行晶体表面并平行入射面

图 5-17　晶体中 o 光和 e 光的波面

　　图 5-17(a)中的光轴垂直于晶体表面并平行于入射面. 此时光沿着光轴传播,因而两束光非但不分开,而且传播速度也相等,所以也就不发生双折射.

　　图 5-17(b)中的光轴平行于晶体表面并垂直于入射面(图中以点表示). 因为光轴就是旋转椭球面的转轴,所以在这种情况下,旋转椭球面和入射面的交线也是圆. 对负晶体来说,这个圆的半径 a 等于椭圆的半长轴,它大于 o 光波面的半径 R.

　　图 5-17(c)中的光轴平行于晶体表面并平行于入射面. 对负晶体来说,e 光波面和入射面的交线是椭圆,其半短轴 b 等于 o 光波面的半径 R.

　　在(b)、(c)两种情况下,垂直晶体表面入射的光束,在晶体内的 o 光和 e 光都不折射,仍沿同一方向传播,因此无论光束横截面大小如何,无论晶体厚度如何,o 光束和 e 光束总是不分开的. 但由于它们的速度不等,所以它们的波面 W_o 和 W_e 并不重合. 到达同一位置时,两者之间有一定的相位差. 在这两个例子中,o 光和 e 光虽然没有分开,但因传播速度不等,故仍然有双折射存在,只是从现象上看两束光的方向一致罢了. 利用沃拉斯顿棱镜(见下节)就可以把它们分开.

　　其实图 5-17 中的(b)和(c)对应于相同的情况,或者说它们代表的是同一组球面和椭球面的两个不同的截面. 图 5-17 中三种情况下, o 光和 e 光的主平面以及晶体的主截面均重合为一.

5.5.2 单轴晶体的主折射率

在单轴晶体中有两个主折射率, 一个是 o 光的折射率 n_o, 它等于真空中的光速除以 o 光在晶体中的传播速度 ($n_o = c/v_o$). 由于 o 光的速度与方向无关, 其相应的折射率 n_o 也与方向无关. 另一个是 e 光的折射率 n_e, 由于 e 光在晶体中的传播速度与方向有密切关系, 而且一般来说不遵从折射定律, 故无折射率可言. 但是当 e 光沿垂直于光轴方向传播时 (见图 5-18), e 光线与 e 光波面垂直, 且入射角与折射角的正弦之比为

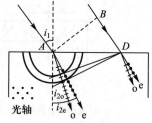

图 5-18 晶体中的寻常光和非常光

$$\frac{\sin i_1}{\sin i_{2e}} = \frac{c}{v_e} \qquad (5-13)$$

式中 c 是光在真空中的传播速度, v_e 是 e 光在负晶体内传播速度的最大值 (或在正晶体内速度的最小值). 说明入射角的正弦与折射角的正弦之比值 $\dfrac{c}{v_e}$ 是一常数, 因此在这种光轴垂直于入射面的特殊情况下, e 光也遵从折射定律. 这时真空中的光速 c 与 e 光在垂直于光轴方向的传播速度 v_e 之比 ($n_e = c/v_e$) 称为晶体对 e 光的主折射率.

对于负晶体, e 光的主折射率 n_e 小于 o 光的折射率 n_o; 对于正晶体, n_e 大于 n_o. 对于大多数晶体来说, n_o 和 n_e 的差别不大, 例如对应于 $\lambda = 589.3$ nm 的光, 石英晶体的 n_o 和 n_e 分别是 1.544 25 和 1.553 36; 方解石晶体的 n_o 和 n_e 的差值略大, 分别是 1.658 36 和 1.486 41.

[例 5.5] 应该怎样切割单轴晶体才能用最小偏向角的方法测定用该晶体制成的棱镜的两个主折射率.

[解] 为测定 o 光的主折射率, 晶体可以任意切割. 为测定 e 光的主折射率, 必须使晶体光轴与 e 光的传播方向垂直. 已经知道, 光以最小偏向角入射到棱镜上时, 折射光正好平行于棱镜的底边, 因此切割棱镜时, 可使晶体的光轴垂直于棱镜的底面, 如例 5.5 图 (a), 或者平行于棱镜的折射棱, 如例 5.5 图 (b), 这样可使 e 光与 e 光的波面垂直. 也就是说, 在此情况下所测定的是 e 光的主折射率.

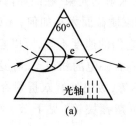

(a)

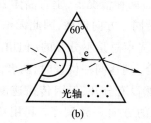

(b)

例 5.5 图

5.6 偏 振 器 件

除人造偏振片以外,还可以用双折射晶体制造各种偏振器件.双折射晶体中的 o 光和 e 光具有两个特点:第一,两束光都是完全的线偏振光;第二,一般来说,两束光的传播速度不一样.利用第一个特点,可以把晶体制成双折射棱镜,光通过棱镜后,o 光和 e 光分开,从而获得完全的线偏振光,而且比用偏振片和玻片堆获得的线偏振光质量更高.利用第二个特点,可以把晶体制成波片,光通过波片后,o 光和 e 光产生一定的相位差,从而改变入射光的偏振态.现介绍如下.

5.6.1 尼科耳棱镜

尼科耳棱镜是一种早期应用较广泛的偏振棱镜.现在要求精密的偏振仪器中仍用到它.它是尼科耳(W. Nicol,1768—1851)于 1828 年首先创制的.它利用双折射现象将自然光分成 o 光和 e 光,然后利用全反射把 o 光反射到棱镜侧壁上,只让 e 光通过棱镜,从而获得一束振动方向固定的线偏振光.

它的结构如图 5-19(a)所示,取一块长度约为宽度 3 倍的方解石晶体(对钠黄光,$n_o = 1.658$,$n_e = 1.486$),将两端面磨掉一部分,使平行四边形 $ABCD$ 中的 71° 角减小到 68°,成为 $A'BC'D$.然后将晶体沿着垂直于 $A'BC'D$ 面和两端的界面剖成两块,把剖面磨成光学平面,最后用折射率介于方解石的 n_o 和 n_e 之间,其值为 1.550 的加拿大树胶黏合起来.

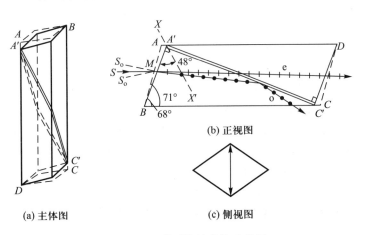

(a) 主体图   (b) 正视图   (c) 侧视图

图 5-19 尼科耳棱镜结构示意图

图 5-19(b)所示是尼科耳棱镜的一个主截面.在此面内,平行于棱 $A'D$ 的入射光,沿着 SM 方向进入棱镜,在第一棱镜内分解为 o 光和 e 光,其中 o 光以 76° 的入射角入射到树胶层 $A'C'$ 上,由于入射角大于临界角 i_c $\left(i_c = \arcsin \dfrac{1.550}{1.658} \approx 70° \right)$, o 光将在树胶层上发生全反射,而被四周涂黑的棱镜壁吸收. 但 e 光却是由光疏介质向光密介质折射,不可能产生全反射,所以从尼科耳棱镜透射出来的光就是与 e 光相应的线偏振光,其振动方向平行于主截面且平行于尼科耳的横截面(与图面垂直的菱形)的短对角线,在图 5-19(c) 中用箭头表示.

当入射光不是平行于棱镜的 $A'D$,而是沿着下偏的 S_oM[见图 5-19(b)]方向入射时,o 光射到树胶层的入射角就有可能小于临界角 70° 而不发生全反射;或是沿着上偏的 S_oM 方向入射时,e 光与光轴的夹角变小,折射率变大,且入射在树胶层上的入射角也增大,e 光也有可能发生全反射. 为了避免这种情况出现,入射光线在 SM 的上、下两方均存在一个极限角. 将两端切去一部分,使如图所示的平行四边形的 71° 的角变为 68°,就是为了使上、下两个极限角近乎相等. 计算表明,此极限角 $\angle SMS_o \approx 14°$(见例 5.6). 激光的发散角一般都很小,作为尼科耳棱镜的入射光束最为理想.

尼科耳棱镜可以作为起偏器,也可以作为检偏器. 作为检偏器时,如入射线偏振光的振幅为 A_0,它的振动方向与尼科耳棱镜主截面之间的夹角为 θ,则尼科耳棱镜内的 e 光的振幅为 $A_0\cos\theta$,o 光的振幅为 $A_0\sin\theta$. e 光透射出尼科耳棱镜后,这一线偏振光的强度为

$$I = I_0\cos^2\theta \qquad (5-14)$$

式中 I_0(等于 A_0^2)为入射线偏振光的强度. 当自然光连续通过两个尼科耳棱镜时,第一个尼科耳棱镜 N_1 即作为起偏器,第二个尼科耳棱镜 N_2 作为检偏器. 上式中的 θ 即为两个尼科耳棱镜主截面之间的夹角. 也就是两个尼科耳棱镜的相对位置,当 $\theta = 0$ 时,则由 N_1 产生的偏振光也能通过 N_2,这种装置称为<u>平行尼科耳棱镜</u>. 当 $\theta = \dfrac{\pi}{2}$ 时,则由 N_1 产生的偏振光的振动方向垂直于 N_2 的主截面,因而完全不能通过 N_2,这种装置称为<u>正交尼科耳棱镜</u>.

加拿大树胶对紫外线有强烈的吸收,故尼科耳棱镜对此波段不适用. 格兰-傅科棱镜以空气层代替树胶,o 光和 e 光对于空气层的临界角分别为 37°14′ 和 42°23′. 如设计棱镜使 o 光和 e 光入射到空气层的角度介于这两个临界角之间,也可使 o 光全反射,而使 e 光透射. 它可在红外的 5 000 nm 到紫外的 230 nm 宽广的光谱范围内使用. 由于激光会破坏棱镜的黏合剂,故没有黏合剂的格兰-傅科棱镜也可用于功率较大的连续发射激光束的光路中.

[**例 5.6**] 一束钠黄光入射在例 5.6 图所示的尼科耳棱镜上. 试计算此时能使 o 光在棱镜黏合面上发生全反射的最大入射角度 i_o 以及棱镜外表面相应的角度 $\angle S_oMS$.

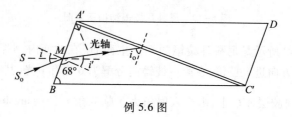

例 5.6 图

[**解**] 对于钠黄光,加拿大树胶的折射率 $n = 1.550$,晶体对 o 光的折射率 $n_o = 1.658$.设 o 光在树胶界面上全反射临界角为 i_o,则由折射定律

$$i_o = \arcsin \frac{1.550}{1.658} \approx 69.17°$$

由于 $\angle BA'C'$ 为直角,所以这时光在棱镜表面的折射角为

$$i' = 90° - i_o \approx 20.83°$$

相应的最大入射角为

$$i = \arcsin(n_o \sin i') = \arcsin(1.658 \sin 20.83°) \approx 36.14°$$

因为 SM 平行于 BC',所以 $\angle S_o MS = i - (90° - 68°) \approx 14.14°$

5.6.2　沃拉斯顿棱镜

沃拉斯顿(Wollaston)棱镜能产生两束彼此分开的、振动互相垂直的线偏振光.它是由两个直角棱镜组成的,中间用甘油或蓖麻油黏合.如图 5-20 所示,所用材料也是方解石,两棱镜的光轴互相垂直.自然光垂直入射到 AB 表面时,o 光和 e 光无折射地沿同一方向传播,但分别以不同的速度 v_o 和 v_e 传播[见图 5-17(c)].当它们先后进入第二棱镜以后,由于第二棱镜的光轴垂直于第一棱镜的光轴,所以第一棱镜中的 o 光对第二个棱镜来说就变为 e 光,而 e 光就变为 o 光.因此原来在第一棱镜中的 o 光在两棱镜的界面上以相对折射率 n_e/n_o 折射,而原来在第一棱镜中的 e 光以相对折射率 n_o/n_e 折射.因为方解石是负晶体($n_o > n_e$),所以在第二棱镜中的 e 光远离 BD 面的法线传播,在第二棱镜中的 o 光靠近 BD 面的法线传播.结果两束光在第二棱镜中分开.这样,经 CD 面再次折射而由沃拉斯顿棱镜射出的是两束按一定角度分开的偏振光,它们的振动方向互相垂直.当棱镜顶角 β($\angle ABD$)不太大时,这两束折射光差不多对称地分开.

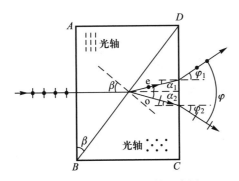

图 5-20　沃拉斯顿棱镜示意图

它们之间的夹角近似为(证明见附录 5.1)

$$\varphi = 2\arcsin[(n_o - n_e)\tan\beta] \tag{5-15}$$

5.6.3　波片

由图 5-17(b)、(c)可知,一块表面平行的单轴晶体,其光轴与晶体表面平

行时,o 光和 e 光沿同一方向传播,这样的晶体称为波片. 当一束振幅为 A_0 的平行光垂直地入射到波片上时,在入射点分解成的 e 光和 o 光的相位是相等的. 但光一进入晶体,由于 o 光和 e 光的传播速度不同,所以二者的波长也不同,就逐渐形成相位不同的两束光. 这两束光在波片内引起的振动分别为

$$E_e = A_e \cos\left[2\pi\left(\frac{t}{T} - \frac{r}{\lambda_e}\right)\right]$$

$$E_o = A_o \cos\left[2\pi\left(\frac{t}{T} - \frac{r}{\lambda_o}\right)\right]$$

式中 λ_e 和 λ_o 分别表示在波片中 e 光和 o 光的波长,r 表示光波到达的波片内部某点离波片表面的距离. 因此,在波片中两束光的相位差为

$$\Delta\varphi = \varphi_e - \varphi_o = 2\pi\left(\frac{t}{T} - \frac{r}{\lambda_e}\right) - 2\pi\left(\frac{t}{T} - \frac{r}{\lambda_o}\right)$$

$$= 2\pi\left(\frac{r}{\lambda_o} - \frac{r}{\lambda_e}\right)$$

以 $n_e = \dfrac{c}{v_e} = \dfrac{\lambda}{\lambda_e}$ 和 $n_o = \dfrac{c}{v_o} = \dfrac{\lambda}{\lambda_o}$ 代入,得

$$\Delta\varphi = \frac{2\pi}{\lambda}(n_o - n_e)r$$

其中 λ 为该光在真空中的波长. 由此可见,两束光在波片内不同深度的各点相位差不同. 当两束光射出波片后,相位差即为

$$\Delta\varphi = \frac{2\pi}{\lambda}(n_o - n_e)d \tag{5-16}$$

式中 d 为波片厚度. 由此可见,o 光和 e 光通过波片后的相位差,除与折射率之差 $n_o - n_e$ 成正比外,还与波片厚度成正比. 厚度 d 不同,两束光之间的相位差就不同. 在实际工作中,较常用的波片是 1/4 波片和半波片. 1/4 波片的厚度满足

$$(n_o - n_e)d = \pm\frac{\lambda}{4} \tag{5-17}$$

这说明光通过 1/4 波片后,o 光和 e 光的相位差 $\Delta\varphi = \pm\dfrac{\pi}{2}$. 当然,1/4 波片只是对某一特定波长而言的,光波波长不同,则相应的 1/4 波片的厚度也不同. 对于 $\lambda = 590$ nm 的黄光,方解石的折射率差值 $n_o - n_e = 0.172$,因而 1/4 波片的厚度 $d = 8.6 \times 10^{-5}$ cm. 对于 $\lambda = 460$ nm 的蓝光,$n_o - n_e = 0.184$,则 $d = 6.3 \times 10^{-5}$ cm. 因为制造这样薄的波片相当困难,实际制作的 1/4 波片的厚度是上述厚度的奇数倍,即

$$(n_o - n_e)d = \pm(2j+1)\frac{\lambda}{4} \quad (j = 0,1,2,\cdots) \tag{5-18}$$

对应的相位差为 $(2k+1)\frac{\pi}{2}$.

如果波片的厚度使两束光的光程差为

$$(n_o - n_e)d = \pm(2j+1)\frac{\lambda}{2} \tag{5-19}$$

或者说,相应的相位差为

$$\Delta\varphi = \pm(2j+1)\pi$$

这种波片称为**半波片**. 线偏振光垂直入射到半波片后透射光仍为线偏振光,但与入射光的偏振方向不同. 假如入射时线偏振光的振动面和晶体主截面之间的夹角为 θ,则透射出来的线偏振光的振动面从原来的方位转过 2θ 角.

如果波片的厚度使两束光的光程差为

$$(n_o - n_e)d = \pm 2j\frac{\lambda}{2}$$

或者说,相应的相位差为

$$\Delta\varphi = \pm 2j\pi$$

这种波片称为**全波片**. 经过全波片的出射光比入射光的相位增加或减少了 2π 的整数倍,实际上没有改变位相差,也不改变偏振状态.

5.7　椭圆偏振光和圆偏振光

自然界大多数光源发出的都是自然光,但也存在发出椭圆偏振光和圆偏振光的. 例如处在强磁场中的物质,其电子做拉莫尔进动时就发出椭圆偏振或圆偏振的电磁辐射. 椭圆偏振光指的是在光的传播方向上,任意一个场点的电矢量既改变它的大小,又以角速度 ω(即光波的圆频率)匀速地转动改变它的方向;或者说电矢量的端点在垂直波传播方向的平面内描绘出一个椭圆. 而圆偏振光指的是在光的传播方向上,任意一个场点的电矢量以角速度 ω 匀速地转动它的方向,但大小不变;或者说电矢量的端点在垂直波传播方向的平面内描绘出一个圆. 实际上圆偏振光是椭圆偏振光的一个特例.

5.7.1　椭圆偏振光和圆偏振光的描述

椭圆偏振光可由两列频率相同,振动方向相互垂直,且沿同一方向传播的线偏振光叠加得到. 在光波沿 z 方向传播的情况下,便有

$$E_x = A_x\cos(\omega t - kz)$$

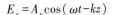

$$E_y = A_y \cos(\omega t - kz + \Delta\varphi) \qquad (5-20)$$

由此可得合成波的表达式为

$$E = E_x \boldsymbol{e}_x + E_y \boldsymbol{e}_y$$

$$= A_x \cos(\omega t - kz) \boldsymbol{e}_x + A_y \cos(\omega t - kz + \Delta\varphi) \boldsymbol{e}_y \qquad (5-21)$$

上式表明,任意一个场点电矢量端点的轨迹是一个椭圆,椭圆的方程可从(5-20)式中消去因子($\omega t - kz$)后得到,即

$$\frac{E_x^2}{A_x^2} + \frac{E_y^2}{A_y^2} - 2\left(\frac{E_x}{A_x}\right)\left(\frac{E_y}{A_y}\right)\cos\Delta\varphi = \sin^2\Delta\varphi \qquad (5-22)$$

由于 E_x 和 E_y 的值总是在 $\pm A_x$ 和 $\pm A_y$ 之间变化,电矢量端点的轨迹与以 $E_x = \pm A_x$ 和 $E_y = \pm A_y$ 为界的矩形框相内切,如图 5-21 所示. 一般来说,它的主轴(长轴或短轴)与 x 轴构成 α 角,α 值可以由下式求出:

$$\tan 2\alpha = \frac{2A_x A_y}{A_x^2 - A_y^2}\cos\Delta\varphi \qquad (5-23)$$

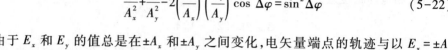

图 5-21 椭圆偏振光

显然椭圆主轴的大小和取向与这两列光波的振幅 A_x、A_y 以及它们的相位差 $\Delta\varphi$ 都有关系.

此外,任意一个场点电矢量的端点沿椭圆运动的方向也与相位差 $\Delta\varphi$ 有关. 图 5-22 表示各种形态的椭圆,图上横坐标是 x 轴,纵坐标是 y 轴,图上所注的 $\Delta\varphi$ 表示 E_y 的振动超前于 E_x 的相位.

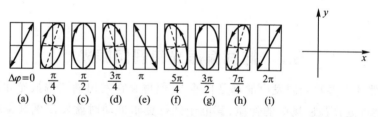

图 5-22 各种形态的椭圆偏振光

当迎着光的传播方向观察时,若一个场点的电矢量端点描出的椭圆沿顺时针方向旋转,称之为右旋椭圆偏振光. 如图 5-22 中(b)、(c)、(d)所示的情况都是右旋椭圆偏振光. 当迎着光的传播方向观察时,若一个场点的电矢量端点描出的椭圆沿逆时针方向旋转,则称之为左旋椭圆偏振光. 如图 5-22 中(f)、(g)、(h)所示的情况都是左旋椭圆偏振光. 当相位差 $\Delta\varphi$ 为 $\frac{\pi}{2}$ 的奇数倍时,得到的是正椭圆偏振光,如图 5-22 中(c)、(g)所示.

值得指出的是,在光的传播方向 z 上,各点的电矢量的相位是随 z 的增加而逐点落后的,因此同一时刻沿 z 方向场中各点电矢量的相对取向与传播方向之间,在右旋椭圆偏振光中,正好构成右手螺旋,如图 5-23(a)所示;在左旋椭圆

偏振光中正好构成左手螺旋,如图 5-23(b) 所示.

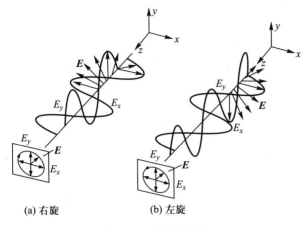

(a) 右旋　　　　　(b) 左旋

图 5-23　椭圆偏振光

圆偏振光只是椭圆偏振光在一定条件下的特例. 即当 $A_x = A_y = A_0$, $\Delta\varphi = \pm\dfrac{\pi}{2}$ 时,(5-22)式变成圆方程,这时在光的传播方向上任意一个场点电矢量端点的轨迹是一个圆. 这种光称为圆偏振光,由(5-21)式可得电矢量的表达式为

$$E = A\left[\cos(\omega t - kz)\boldsymbol{e}_x \mp \sin(\omega t - kz)\boldsymbol{e}_y\right]$$

式中的第二项取正号时,表示左旋圆偏振光;取负号时,表示右旋圆偏振光.

[**例 5.7**]　波长 $\lambda = 589.3$ nm 的一束左旋圆偏振光垂直入射到 5.141×10^{-4} cm 厚的方解石波片上,试问透射光束具有什么样的偏振态? 已知 $n_o = 1.658\,36$, $n_e = 1.486\,41$.

[**解**]　左旋圆偏振光电矢量的分量

$$E_x = A_0\cos\omega t,\quad E_y = A_0\sin\omega t$$

按题意可以算得出射时 e 光和 o 光之间的相位差

$$\varphi = \frac{2\pi}{\lambda}(n_o - n_e)d$$

$$= \frac{2\pi \times 0.171\,95 \times 5.141 \times 10^{-4}\ \text{cm}}{5\,893 \times 10^{-8}\ \text{cm}} \approx 3\pi$$

显然该方解石波片是半波片,透射光的分量将是

$$E_x = A_0\cos\omega t$$

$$E_y = A_0\sin(\omega t + 3\pi) = -A_0\sin\omega t$$

它表示的是右旋圆偏振光. 由此可见,半波片使左旋圆偏振光变成了右旋圆偏振光.

5.7.2　椭圆偏振光和圆偏振光的获得

　　根据以上讨论,可知要获得椭圆(或圆)偏振光,首先必须先有两束同频率、振动方向互相垂直,且有确定的相位关系,并沿同一方向传播的线偏振光. 这可以让一束线偏振光通过波片[见图 5-17(b)、(c)]来实现. 因为将一束线偏振

光垂直入射在波片上时,除电矢量振动方向与波片光轴平行或垂直外,波片所分解出来的 o 光和 e 光正好满足频率相同、振动方向互相垂直,且相位相同并沿同方向传播的条件. 而且由于 o 光和 e 光的传播速度不同,经波片出射时,两束光具有恒定的附加相位差,出射后两束光合成的结果,一般地说是椭圆偏振光. 电矢量端点所描绘的椭圆的运动方向由两束光的相位差 $\Delta \varphi$ 及波片的光轴取向决定. 例如,当一束线偏振光垂直入射到 1/4 波片上,且电矢量的振动方向与波片的光轴成一角度时,一般来说,出射光是椭圆偏振光. 它可用下式表示:

$$E = A_x \cos(\omega t - kz) e_x + A_y \cos\left(\omega t - kz \pm \frac{\pi}{2}\right) e_y$$

如果波片是由负晶体制成的,其光轴沿 y 轴,入射的线偏振光的振动在第一、第三象限里,式中取 $\frac{\pi}{2}$ 时,出射光是图 5-22 中(c)所示的右旋正椭圆偏振光;若入射的线偏振光的振动方向不变,而波片的光轴沿 x 轴,那么式中取 $-\frac{\pi}{2}$,出射光是图 5-22 中(g)所表示的左旋正椭圆偏振光.

一种特殊的情况是入射线偏振光的电矢量振动与 1/4 波片的光轴成 45° 角,这时 o 光和 e 光的振幅相等,从 1/4 波片出射的光成为圆偏振光.

应该指出,如果 1/4 波片的厚度 $d = (2j+1) \dfrac{\lambda}{4(n_o - n_e)}$,则光通过 1/4 波片时,o 光($x$ 方向)和 e 光(y 方向)间要引入 $\left(j+\dfrac{1}{2}\right) \pi$ 的相位差,出射后的合成波应为

$$E = A\cos(\omega t - kz) e_x + A\cos\left[\omega t - kz + \left(j + \frac{1}{2}\right)\pi\right] e_y$$

当 $j = 0, 2, 4, \cdots$ 时,出射光是右旋圆偏振光;当 $j = 1, 3, 5, \cdots$ 时,出射光是左旋圆偏振光.

5.7.3 自然光改造成椭圆偏振光或圆偏振光

自然界中大多数光源发出的光是自然光,如果让自然光直接入射到波片上,出射后不可能得到椭圆偏振光. 因为自然光是电矢量轴对称分布的大量线偏振光的集合,这里线偏振光有各种可能的取向,各种取向的电矢量彼此之间没有固定的相位差. 对于其中那些电矢量沿光轴或垂直光轴的线偏振光,出射后是偏振方向不变的线偏振光;其他大量的是电矢量与光轴成一任意角度的线偏振光,这些线偏振光在波片内都要被分成 o 光和 e 光,出射后,一般地说合成的是椭圆偏振光. 所以自然光经过波片后的偏振态,是大量的、有着各种长短轴比例的椭圆偏振光的集合. 这些大量的椭圆偏振光仍然是无规分布的,彼此之间没有固定的相位关系. 因此,这种光从宏观上看还是轴对称分布的,仍然是自

然光.

由此可以看出,要使自然光转化为椭圆偏振光,首先必须通过一个起偏器产生线偏振光.然后使它垂直地入射到一块波片上,如图 5-24 所示.通常把一个恰当取向的起偏器和一块波片的串接组合称为椭圆偏振器.自然光通过椭圆偏振器后转化为椭圆偏振光.

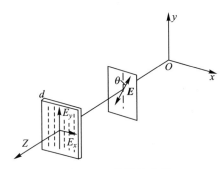

图 5-24 椭圆偏振器

对于自然光,若要把它转化成圆偏振光,首先必须有一个起偏器和一块 1/4 波片,其次必须使起偏器的透振方向与 1/4 波片的光轴成 45°.我们把透振方向与光轴成 45°的一个起偏器和一块 1/4 波片的串接组合称为圆偏振器.自然光通过圆偏振器后就转化为圆偏振光.

综上所述,波片可以把线偏振光转换成椭圆(或圆)偏振光,但不能把非偏振光转换成偏振光.

原来一直认为,光的偏振态一旦形成,在自由空间传播时不会变化.最近十几年的研究表明,光的偏振态在自由空间及大气传输过程中会发生变化,这种变化与光源的相干度密切相关,大气湍流对光的偏振度也会有影响,这些问题已经引起研究人员的关注.

人眼无法分辨光的偏振状态,但某些生物对偏振却很敏感。例如蜜蜂的复眼能根据太阳光的偏振状态确定太阳的方位,然后以太阳为定向来判断花丛的方向。再如沙漠中有一种蚂蚁,它能利用天空中的紫外偏振光"导航",因而不会迷路.

红外偏振治疗仪是偏振在医学上的一种应用,它是将最新光电技术与中医经络针灸原理及西医相关学科结合而研制出来的一种新产品,其中使用的近红外偏振光就是椭圆偏振光。

它利用偏振光的光学特性产生强烈的光针刺痛和温灸效应,对人体的神经系统、免疫系统以及其他系统进行调整,使之恢复生理平衡和维持内环境稳定,达到治病的目的。

它以治疗疼痛和伤骨科疾病为主,如各种骨关节退行性病变所致的疼痛,还可用于神经内科、口腔科、皮肤科、妇产科、耳鼻喉科相关的疾病,特别适用于对药物有不良反应的患者。

[例 5.8] 振幅为 A 的线偏振光正入射到一个由方解石制成的 1/4 波片上,其振动方向与波片光轴的夹角为 30°,试讨论经 1/4 波片后出射光的偏振态.

[解] 如例 5.8 图所示,设光的传播方向由纸面穿出,1/4 波片的光轴为 y 方向,则 e 光沿 y 方向振动,o 光沿 x 方向振动. 由于方解石是负晶体,$v_e > v_o$. 光从 1/4 波片出射时,e 光的相位比 o 光的超前 $\dfrac{\pi}{2}$,它们的振动方程分别为

$$E_x = A \sin 30° \cos \omega t$$

$$E_y = A \cos 30° \cos\left(\omega t + \frac{\pi}{2}\right)$$

这是右旋椭圆偏振光,该光矢量末端的轨迹方程为

$$\left(\frac{E_x}{A/2}\right)^2 + \left(\frac{E_y}{\sqrt{3}A/2}\right)^2 = 1$$

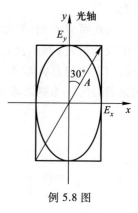

例 5.8 图

5.8 偏振态的实验检验

光可能具有不同的偏振态,而人眼是无法识别光的偏振态的. 因此,要鉴别自然光和其他各种不同的偏振光,必须借助于特定的实验手段.

5.8.1 线偏振光的检验

如果在一束线偏振光传播的路径上插入一片偏振片,并且绕传播方向转动它,就可以发现透射光的强度随着偏振片的取向不同而发生变化. 当偏振片处于某一位置时透射光的强度最大,由此位置转过 90° 后,透射光的强度为 0,这种现象称为消光. 若继续将偏振片转过 90°,透射光又变为最强,再转过 90°,又出现消光……

如果用一块偏振片来观察椭圆偏振光,那么当偏振片处于某一位置时透射光的强度最大. 由此位置转过 90° 后,透射光的强度最小,但不会出现消光现象. 这一特点与线偏振光不同,但与部分偏振光相似.

如果入射光是圆偏振光,转动检偏器时,透射光的强度不变,其特点与自然光相似.

由此可见,利用一块偏振片可以将线偏振光区分出来,但对于自然光和圆偏振光、部分偏振光和椭圆偏振光则不能区分. 为了判别这四种状态可以再加上一块 1/4 波片.

5.8.2 圆偏振光和椭圆偏振光的检验

首先单用偏振片进行观察,若光强随偏振片转动没有变化,那么这束光是自然光或是圆偏振光. 这时可在偏振片前放一块 1/4 波片,然后再转动偏振片. 如果强度仍然没有变化,那么入射光束就是自然光. 如果转动偏振片一圈出现两次消光,那么入射光束就是圆偏振光,因为 1/4 波片已把圆偏振光转换成线偏振光.

如果单用偏振片进行观察,光强随偏振片转动有变化但没有消光,那么这束光是部分偏振光或者椭圆偏振光. 这时可将偏振片停留在透射光强度最大的位置,在偏振片前插入 1/4 波片,使它的光轴与偏振片的透射方向(即椭圆主轴)平行,这样,椭圆偏振光就转变成线偏振光. 这是因为椭圆偏振光总可以认为是由相位差 $\Delta\varphi=\pi/2$ 的两束沿椭圆主轴振动的线偏振光合成的,当 1/4 波片的光轴和椭圆的一个主轴平行时,这两束光又产生了 $\Delta\varphi'=\pm\pi/2$ 的相位差,结果透射出来的这两束光之间相位差总共是 $\Delta\varphi+\Delta\varphi'=0$ 或 π,所以它们最后仍合成线偏振光. 因此,再转动偏振片,如果这时出现两次消光,那么原光束就是椭圆偏振光. 如果不出现消光,而且强度最大的方位同原先一样,那么原光束就为部分偏振光.

综上所述,把偏振片和 1/4 波片两者结合起来使用就可以把上述四种偏振光区分开来.

5.8.3 补偿器

用上述实验方法检验椭圆偏振光,必须事先知道 1/4 波片的光轴方向,而且在实验过程中,必须使 1/4 波片的光轴严格地平行于椭圆的主轴(主轴位置可用转动偏振片找到透射光最强处的方法来确定),但这是很难办到的. 为了克服这些困难,比较好的方法是采用补偿器. 因为任何位置的椭圆可认为是由两个互相垂直的振动在相位差 $\Delta\varphi\neq\pi/2$ 的情况下合成的. 要使这种椭圆偏振光变为线偏振光,则应另行设法引进可以任意变更的相位差 $\Delta\varphi'$ 作为补偿,目的是使 $\Delta\varphi'$ 与 $\Delta\varphi$ 的总和等于 0 或 π. 补偿器就是为此目的而设计的,用它可得到任意相位差.

最简单的一种补偿器称为巴俾涅(Babinet)补偿器. 它由两个劈形石英组成,两劈切割得使它们的光轴互相垂直(见图 5-25). 第一晶劈内的 o 光进入第二晶劈后变为 e 光,e 光进入第二晶劈后变为 o 光. 因此只有当光通过两晶劈厚度相同的部分时,两束光之间才不发生任何相位差. 通过其他部分时,在一个晶劈内经过的厚度 d_1 和在另一个晶劈内经过的厚度 d_2 不同,两束光之间便产生一定的相位差

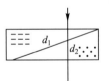

图 5-25 巴俾涅
补偿器示意图

$$\Delta\varphi = \frac{2\pi}{\lambda}\left[d_1(n_o-n_e)+d_2(n_e-n_o) \right]$$

$$= \frac{2\pi}{\lambda}(n_o-n_e)(d_1-d_2) \tag{5-24}$$

所以只要让光通过补偿器不同的地方,就能得到任意的相位差. 巴俾涅补偿器的缺点是必须用极窄的光束. 因为一束方位一定的椭圆偏振光的宽光束通过这种补偿器后,宽光束的不同部分会有不同的相位差,因而将出现不同方位的椭圆偏振光,仅在某些地点变成线偏振光. 索列尔(Soleil)设计了另一种补偿器来

弥补这种缺点(见图 5-26). 它由光轴平行的两个可调节石英劈和其下的一个石英薄片(两表面平行)组成. 薄片的光轴和两劈的光轴垂直. 上面的一个劈可用微动螺旋使之做平行移动. 当劈移动时,在它们互相接触的全部区域内,两劈的总厚度在增减,可以使这个厚度和下面薄片的厚度之间产生任意的差值,从而使两光束之间产生任何需要的相位差. 由于光垂直入射晶体表面,而两劈和薄片的光轴又平行于入射面或垂直于入射面,所以根据图 5-17,两光束透射出来时并不分开,而总是以一定的相位差叠加.

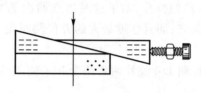

图 5-26　索列尔补偿器示意图

应该说,补偿器和波片都是相位延迟器,与电子学中移相器的作用类似.

视窗与链接　3D 电影

平时我们只有用两只眼睛看东西才能产生立体感. 3D 电影是利用光线有偏振态的原理来分解原始图像的. 如果用两个镜头如人眼那样从两个不同的方向同时摄下电影场景的像,制成正片. 放映时通过两个放映机前加偏振片,使振动方向相互垂直的两束线偏振光重叠地放映在银幕上,观众只要佩戴一副用偏振方向互相垂直的偏振片做镜片的眼镜,尽管每只眼睛只看到相应的一个图像,经过大脑的合成,就会像直接观看时那样产生立体的感觉.

早期的 3D 电影采用的是上述的线偏振技术,现在电影院放映的 3D 电影使用了圆偏振技术. 观众佩戴偏振眼镜的镜片一个是左旋偏振片,另一个是右旋偏振片. 观众的左右眼看到的是左旋偏振光和右旋偏振光带来的不同画面,通过人的视觉系统就同样能产生立体感.

另外,偏振式的 3D 电视也已经问世. 随着偏振式 3D 技术存在问题的逐步解决,未来偏振式 3D 技术会有更大的发展.

5.9　偏振光的干涉

5.9.1　偏振光干涉的实验装置

偏光显微镜的基本原理是利用偏振光的干涉. 与自然光的干涉相同,两束偏振光的干涉也必须满足频率相同、振动方向基本相同以及有恒定的相位差这几个基本条件. 典型的偏振光干涉装置是在两块共轴的偏振片 P_1 和 P_2 之间放一块厚度为 d 的波片,其光轴沿 y 轴,如图 5-27 所示. 在这一装置中,波片同时起分解光束和相位延迟的作用. 它将入射的线偏振光分解成振动方向互相垂直的两束线偏振光,这两束光射出波片时,具有一定的相位延迟. 干涉装置中的第

一块偏振片 P_1 的作用是把自然光转变为线偏振光. 第二块偏振片 P_2 的作用是把两束光的振动引导到相同方向上, 从而使经 P_2 出射的两束光满足产生干涉的条件. 在自然光入射的情况下, 第一块偏振片 P_1 是不可缺少的, 否则射出波片的光仍然是自然光. 它的两个互相垂直的分振动通过第二块偏振片后, 虽然满足"振动方向相同"这一干涉条件, 但没有固定的相位关系, 故仍不能发生干涉.

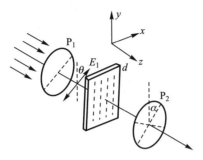

图 5-27　偏振光干涉装置示意图

5.9.2　线偏振光干涉的强度分布

现讨论上述干涉装置最后的出射光强. 设单色平行的自然光经偏振片 P_1 后, 变成沿其透振方向振动的线偏振光, 其振幅为 A_1, 与波片光轴 y 的夹角为 θ. 这束光在进入波片后就分解成 o 光和 e 光, 它们的振幅分别为

$$A_o = A_1 \sin\theta, \quad A_e = A_1 \cos\theta$$

这两束光从波片出射经过偏振片 P_2 后, 都只有在其透振方向上的分量才能通过. 设偏振片 P_2 的透振方向与波片光轴的夹角是 α, 则两束透射光的振幅分别为

$$\left.\begin{array}{l} A_{2o} = A_o \sin\alpha = A_1 \sin\theta\sin\alpha \\ A_{2e} = A_e \cos\alpha = A_1 \cos\theta\cos\alpha \end{array}\right\} \tag{5-25}$$

最后从偏振片 P_2 透射出来的光, 其强度是这两束同频率、同一直线上振动的、有固定相位差的相干光的叠加结果. 若两束光之间的相位差为 $\Delta\varphi'$, 则合强度就是

$$I = A^2 = A_{2o}^2 + A_{2e}^2 + 2A_{2o}A_{2e}\cos\Delta\varphi'$$

$$= (A_{2o} + A_{2e})^2 - 4A_{2o}A_{2e}\sin^2\frac{\Delta\varphi'}{2}$$

$$= A_1^2\left[\cos^2(\alpha-\theta) - \sin2\theta\sin2\alpha\sin^2\frac{\Delta\varphi'}{2}\right] \tag{5-26}$$

必须注意的是 (5-26) 式中的 $\Delta\varphi'$ 是指从偏振片 P_2 出射时两束光之间的相位差. 按图 5-27 所示装置, 入射在波片上的光是线偏振光, 因而可令刚进入波片表面时, o 光和 e 光的相位相等. 在这种情况下, $\Delta\varphi'$ 是由波片以及 P_2 相对于

P_1 的取向决定的,其中:

（1）波片引入的相位差

$$\Delta\varphi = \frac{2\pi}{\lambda}(n_o - n_e)d$$

式中 d 为波片的厚度.

（2）假如 P_2 和 P_1 的透振方向处在相同的象限内,如图 5-28(a) 所示. A_{2o} 和 A_{2e} 同向,这时不需要引入附加的相位差;假如 P_2 和 P_1 的透振方向处在不同象限内,如图 5-28(b) 所示,A_{2o} 和 A_{2e} 必然相反,这时就要引入大小为 π 的附加相位差.

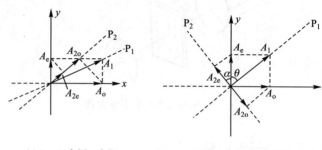

(a) P_1、P_2 在同一象限   (b) P_1、P_2 在不同象限

图 5-28　偏振光干涉的相位分析

综合上面两点可得(5-26)式中的相位差

$$\Delta\varphi' = \Delta\varphi + \begin{cases} 0 \\ \pi \end{cases} = \frac{2\pi}{\lambda}(n_o - n_e)d + \begin{cases} 0 \\ \pi \end{cases}$$

在两块偏振片的透振方向相互平行的特殊情况下,$\alpha = \theta$,$\Delta\varphi' = \Delta\varphi$,则

$$I_{/\!/} = A_1^2 \left[1 - \sin^2 2\theta \sin^2 \frac{\Delta\varphi}{2} \right] \tag{5-27}$$

若再令 $\theta = 45°$,便有

$$I_{/\!/} = A_1^2 \left[1 - \sin^2 \frac{\Delta\varphi}{2} \right] = \frac{A_1^2}{2} \left[1 + \cos\Delta\varphi \right] \tag{5-28}$$

当两块偏振片的透振方向相互垂直时,$\alpha + \theta = \frac{\pi}{2}$（注意 α、θ 均为锐角）,由此 (5-25)式可写成

$$A_{2o} = A_1 \sin\theta\cos\theta$$

$$A_{2e} = A_1 \cos\theta\sin\theta$$

这两式表示两束光在 P_2 振动方向上的振幅相等,因此叠加后的总强度为

$$I_\perp = 2A_1^2 \cos^2\theta\sin^2\theta(1 + \cos\Delta\varphi')$$

$$= A_1^2 \sin^2 2\theta \cos^2 \frac{\Delta\varphi'}{2}$$

把 $\Delta\varphi' = \Delta\varphi + \pi$ 代入上式,即得

$$I_\perp = A_1^2 \sin^2 2\theta \sin^2 \frac{\Delta\varphi}{2} \qquad (5\text{-}29)$$

若再令 $\theta = 45°$,可得

$$I_\perp = \frac{A_1^2}{2}(1 - \cos \Delta\varphi) \qquad (5\text{-}30)$$

现在用单色光照在厚度一定的波片上,因 $n_o - n_e$ 的值在可见光范围内变化很小,$\Delta\varphi$ 可看做是恒定的. 若以图 5-27 中光线前进方向为轴,转动波片的光轴,即改变图 5-27 中 y 相对于 P_1 和 P_2 的方向,则当 θ 为 0、$\pi/2$、π 和 $3\pi/2$ 中的任一值时,$I_\parallel$ 达最大值,$I_\perp = 0$.这是因为 θ 为 0 或 π 时,入射的线偏振光进入波片后成为 e 光;而当 θ 为 $\pi/2$ 或 $3\pi/2$ 时成为 o 光,它们从波片透射出来时,都是线偏振光,其振动面和强度都与未通过波片前相同的缘故. 当 θ 为 $\pi/4$、$3\pi/4$、$5\pi/4$ 和 $7\pi/4$ 中的任一值时,$I_\parallel$ 达最小值,$I_\perp$ 达最大值. 在任何情况下,按(5-27)式和(5-29)式,$I_\parallel + I_\perp \equiv A_1^2 =$ 常量. 如果波片厚度一定而用不同波长的光来照射,则透射光的强弱随波长的不同而变化.

用白光照射时,由于各种波长的光,不能同时满足干涉相长和相消的条件,所以不同波长的光有不同程度的加强或减弱,混合起来出现彩色,不同厚度的波片会出现不同的彩色. 对于给定的波片,转动偏振片 P_2(改变 α)时,彩色跟着变化. P_1 和 P_2 平行时某些波长加强到什么程度,P_1 和 P_2 正交时,这些波长就减弱到同样程度,总是符合 $I_\parallel + I_\perp =$ 常量的条件. 如果把正交时出现的混合彩色和平行时出现的混合彩色再混合起来,就将重新恢复为和入射光一样的白色. 任何两种彩色如果混合起来能够成为白色,则每一种都称为另一种的**互补色**. 对于同一块波片,在白光照射下,偏振片正交和平行时所见的彩色不同,但它们总是互补的. 把其中一块偏振片连续转动,则视场中的彩色也就跟着连续变化. 上述的结论都已在实际观察中获得证实.

偏振光干涉时出现彩色的现象称为**显色偏振**或**色偏振**. 显色偏振是检验双折射现象极为灵敏的方法. 当折射率差值 $n_o - n_e$ 很小时,用直接观察 o 光和 e 光的方法,很难确定是否有双折射存在. 但是只要把这种物质薄片放在两块偏振片之间,用白光照射,观察是否有彩色出现即可鉴定是否存在双折射现象,还可以根据不同晶体在两个偏振片之间形成不同的彩色干涉图像,精确地鉴别矿石的种类.

必须指出的是,图 5-27 所示装置中,在波片厚度均匀的情况下,随着偏振片 P_2 的转动,视场中只有均匀的亮暗变化(单色光入射)或色彩的变换(白光入射),若要在视场中出现干涉条纹,必须插入一块厚度不均匀的波片.

例如在图 5-27 中,将厚度均匀的波片换成一块上薄下厚的尖劈形波片,由于波片各处的厚度 d 不同,形成的相位差 $\Delta\varphi$ 也不同. 用透镜使波片的出射光成像于光屏上,屏上相应各点的强度也不同,形成平行于尖劈棱边的等厚干涉条纹.

当偏振片 P_1 和 P_2 正交时,波长为 λ 的单色光正射在放入尖劈形波片后的

彩色图片 5-6
偏振的应用

图 5-27 的装置上,在那些厚度 d 满足

$$\Delta\varphi = \frac{2\pi}{\lambda}(n_{\text{o}} - n_{\text{e}})d = 2j\pi \quad (j = 1,2,3,\cdots)$$

的地方,$\cos\Delta\varphi = 1$,出射光强为零,出现暗条纹;在那些厚度 d 满足

$$\Delta\varphi = \frac{2\pi}{\lambda}(n_{\text{o}} - n_{\text{e}})d = (2j + 1)\pi \quad (j = 1,2,3,\cdots)$$

的地方,$\cos\Delta\varphi = -1$,出射光强最大,出现亮条纹.

当偏振片 P_1 和 P_2 平行时,让白光通过该装置,由于各种波长光的干涉条纹不一致,在某种颜色的光出现暗纹的地方会显示出它的互补色来,于是屏上出现彩色条纹.

图 5-27 所示的偏振光干涉装置可作为一种双折射滤波器. 使 P_1 和 P_2 的透振方向正交并与波片的光轴成 45°,入射光经过 P_1 成为振动方向在 P_1 透振方向上的线偏振光,若没有波片存在,光不能通过与 P_1 正交的 P_2. 现放入对于指定波长的半波片,经过该波片后光的振动方向转至 P_2 的透振方向,因而可以通过 P_2. 若入射光中有其他波长的组分,对这些波长而言波片就不再是半波片,经过此波片后光将变成不同的椭圆偏振光,因而可以通过部分分量. 这种装置就成为对指定波长的带通滤波器.

若对某一波长,波片为全波片,光经过该波片后其振动方向与 P_2 的透振方向正交,因而不能通过,而其他波长的光则可能有部分分量通过 P_2,这种装置就成为对该波长的带阻滤波器.

带通和带阻滤波器都属于偏振光干涉仪,它是由一对正交的偏振片之间插入光学元件组成,可以根据使用目的来选取光源和光学元件.

*5.9.3　会聚的线偏振光的干涉

观察会聚的线偏振光干涉的装置如图 5-29(a)所示. 取一块光轴垂直于表面的波片,放置在两个正交的尼科耳棱镜之间,并使波片的光轴平行于透镜的主轴,用透镜 L_2 使由尼科耳棱镜 N_1 产生的线偏振光会聚在波片上,再用透镜 L_3 使通过波片后的光成平行光,并通过尼科耳棱镜 N_2,则经透镜 L_4 放大后,在光屏 M 上出现以透镜主轴为中心的明暗相间的同心圆环以及当 N_2 的主截面平行及垂直于 N_1 主截面时的暗十字形[见图 5-29(b)].

图 5-30 是波片的一个主截面. 竖直的虚线表示光轴,它平行于透镜组的主轴方向 PP'. o 光振动方向垂直于主截面(用小黑点表示);e 光振动方向平行于主截面(用短线段表示). 将波片绕 PP' 旋转时,其主截面随之转动.

一般来说对于同一入射角 i_1,在晶体内 o 光和 e 光的折射角 $i_{2\text{o}}$ 和 $i_{2\text{e}}$ 不等. 通过厚度 d 后,它们之间的相位差为

$$\Delta\varphi = \frac{2\pi}{\lambda}d\left(\frac{n_{\text{o}}}{\cos i_{2\text{o}}} - \frac{n'_{\text{e}}}{\cos i_{2\text{e}}}\right)$$

式中 n_{o} 为 o 光的折射率,n'_{e} 为 c/v' 的比值,e 光的速度 v' 是随着 e 光传播方向而变的,所以 n'_{e} 也将随着方向而变化. 但一般所用会聚光束的顶角不大,故 n'_{e} 也可近似地认为不变,而且和 e 光主折射率 n_{e} 相差不大. 这个方法主要用来检验折射率差值很小的晶体,$n_{\text{o}} \approx n_{\text{e}}$,所

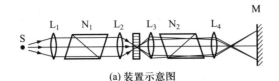

(a) 装置示意图

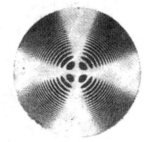

尼科耳棱镜正交　　　　　　尼科耳棱镜平行

(b) 干涉图样

图 5-29　会聚偏振光干涉

以在上式中可以近似地认为 i_{2o} 和 i_{2e} 相等,用 i_2 来表示.

于是上式可近似地写为

$$\Delta\varphi = \frac{2\pi}{\lambda} \frac{d}{\cos i_2}(n_o - n_e) \qquad (5-31)$$

由此可见,相位差完全由 i_2 来决定. 图 5-31 是波片的后表面. 光由 P 点到达这表面上某一圆周 $ACBD$ 上各点时,折射角 i_2 都相等,因此折射出来的 o 光和 e 光之间的相位差都相等. 对应于会聚光束中不同的入射角 i_1,也就是对应于晶体中不同的折射角 i_2,或者说对应于不同的圆周,$\Delta\varphi$ 各有不同的值. 根据(5-29)式,当

$$\Delta\varphi = 2j\pi \qquad (j = 0, \pm1, \pm2, \cdots)$$

时,通过检偏器 N_2 后的光强 $I_\perp = 0$,干涉条纹将是一组同心暗环. 当

$$\Delta\varphi = (2j+1)\pi \qquad (j = 0, \pm1, \pm2, \cdots)$$

时,$I_\perp = A_1^2 \sin^2 2\theta$,干涉条纹将是一组同心亮环.

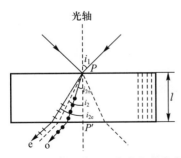
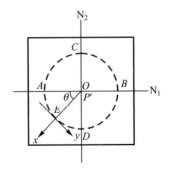

图 5-30　波片中的寻常光和非常光　　　图 5-31　波片的后表面

图 5-31 中的 N_1 和 N_2 表示两个尼科耳棱镜主截面的位置,它们是正交的. 在波片内任一折射光线的主截面和波片表面的交线用 $P'E$ 来表示,这是 e 光的振动面,相当于图 5-28 的 y 轴(但注意光矢量的振动方向并不沿着 $P'E$,因为光线并不垂直于表面). 而 o 光的振动

面则沿 x 轴. 现维持 N_1 与 N_2 正交 $\left(\text{即维持 } \alpha+\theta=\dfrac{\pi}{2} \text{ 不变}\right)$. 而 x、y 坐标轴则跟着 E 点沿圆周 $ABCD$ 而移动(见图 5-32, 图中 M 和 M′为波片的两个表面). 即相当于图 5-31 中的 θ 角随 E 点的位置而变化. 在 $\theta=0, \pi/2, \pi, 3\pi/2$ 四点处, 无论 $\Delta\varphi$ 为何值, $I_\perp=0$, 因而通过 N_2 观察时, 将看到暗十字形. 尼科耳棱镜平行时, 则上述讨论中明暗互易, 则将看到亮十字形[见图 5-29(b)]. 用白光照射时, 环是彩色的, 而十字形仍是暗的或白色的. 在指定一点出现的彩色, 当 N_1 和 N_2 平行时也与正交时的成互补色.

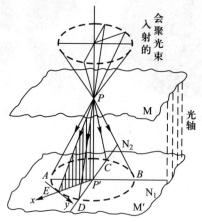

图 5-32 波片内部光线分布示意图

彩色图片 5-7 用偏振显微镜观察到的矿物晶体的干涉色

偏光显微镜就是根据显色偏振原理制成的. 在载物台上下分别装入起偏器和检偏器(检偏器装在显微镜物镜和目镜之间). 用以观察不同的物质时, 可以看到不同的彩色. 偏光显微镜在矿物学、化学、金相学和医药等方面的应用已日益重要.

除了前述的偏振光干涉仪和偏光显微镜以外, 偏振技术还有很多应用. 例如拍摄陈列在玻璃橱窗内的物品或是透过车窗玻璃拍摄外面的景色时, 由于玻璃或橱窗内陈列品上的反光, 甚至附近景物由玻璃产生的虚像的干扰, 使摄得的照片不很清晰. 为了避免反射光对摄影的影响, 可在照相机镜头上加一个偏振片, 旋转偏振片改变它的透振方向, 就可滤去反射光束的偏振光而摄得清晰的照片.

另外, 随着纳米技术的发展, 纳米颗粒粒径的测量成为研究的热点. 研究发现颗粒粒径与散射光的偏振度之间存在一定的关系. 因此, 测量纳米颗粒散射光的偏振度可作为制定颗粒粒径大小的一个依据.

还有, 光波经物体表面反射后, 根据物体表面的结构、纹理以及光波的入射角度, 反射光的偏振状态将发生改变, 会使物体表面的某些信息得到增强, 因此可以观测到物体更多的细节和现象, 从而可以更有效地鉴别物体. 这种方法可用于光电遥感技术中, 从复杂的自然环境中检测和分离出目标, 并有效地减少图像杂乱背景的影响.

*5.10 场致双折射现象及其应用

5.10.1 应力光学效应——光弹性效应

塑料、玻璃等非晶体在通常情况下是各向同性的, 不产生双折射现象. 但当它们处于应力场中时,就会变成各向异性而显示出双折射性质,这种现象称为<u>光弹性效应</u>.也称为应力双折射或机械双折射.

各向同性介质在某一方向受压力或拉力作用时,在这个方向上就形成介质的光轴.对于一定波长的光,若这时出现的 e 光和 o 光的折射率分别为 n_e 和 n_o,则它们通过厚度为 d 的物体后所产生的光程差

$$\delta = (n_o - n_e)d$$

实验表明,在一定的应力范围内 $n_o - n_e$ 与应力 σ 成正比,即

$$n_o - n_e = C\sigma$$

式中 C 为介质的材料系数,它和材料的性质有关.

这样,两束光经厚度为 d 的形变介质层后,所得的光程差

$$\delta = (n_o - n_e)d = C\sigma d$$

其相位差即为

$$\Delta\varphi = \frac{2\pi}{\lambda}(n_o - n_e)d = 2\pi\frac{C\sigma d}{\lambda} \qquad (5-32)$$

这两束光经形变介质后又射至检偏器,这时两束光都成为振动方向平行于偏振器起振方向的线偏振光,因而能够通过检偏器.由于它们频率相同,有固定的相位差,振动方向又相同,因而能产生干涉,应力分布决定了干涉条纹的分布情况:应力集中处的干涉条纹密集;应力分散处的干涉条纹稀疏,所以从干涉条纹的分布可以分析应力分布的情况.如果应力分布相当复杂,在白光照射下就会呈现出五彩缤纷的复杂图案.

利用这个方法可以研究介质应力的分布.例如,玻璃在制造过程中,由于冷却不均匀使内部受到不同程度的应力,常常会自行破裂.把玻璃放在两块偏振片之间观察应力引起的双折射现象,就可以检查出内部应力的分布情况.为了消除光学玻璃的内部应力,在磨制光学元件(例如天文望远镜的镜头等)之前,必须进行缓冷处理和偏振光检查.

彩色图片 5-8 材料在两个相互垂直偏振片中的干涉条纹

利用这个方法,还可以制成光测弹性仪用在制造业中.例如为了设计一个机械零件、桥梁或水坝,可用透明塑料板模拟它的形状,并根据该零件在实际工作中的受力情况按比例地加上它所受的力,然后用光测弹性仪就可显示出其中的应力分布情况.这种方法目前已发展成为一个专门的学科——光测弹性学,它为工程设计解决了极其复杂的应力分析问题.光测弹性学也可应用于地壳应力的研究,为地震预报工作提供必要的帮助.

在外界动力作用的影响下,液体也能发生光学的各向异性.举例来说,液体在两个同轴圆筒(一个固定,一个转动)间流动并出现速度梯度时,即表现出双折射性能.折射率差值可以相当大,液流方向和液体光轴之间的夹角也很大.被超声振动激发的液体中,也发现了双折射现象.这也是由于在声波场中存在液体速度梯度的缘故.以上这些,都是利用机械双折射的例子.

5.10.2 电光效应

在电场作用下,可以使某些各向同性的透明介质变为各向异性,从而使光产生双折射,这种现象称为<u>电光效应</u>.它是由克尔(J. Kerr,1824—1907)在 1875 年发现的,所以也称<u>克尔效应</u>.

如图 5-33 所示的实验装置,把某种液体(如硝基苯、三氯甲烷等)放在装有平行板电容器的玻璃盒内,再把玻璃盒放在正交的尼科耳棱镜或偏振片 N_1 和 N_2 之间.在电容器没有充电以前,

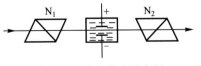

图 5-33 克尔效应示意图

光不能通过. 加电场 E 后, 电容器两极板之间的液体获得单轴晶体的性质, 其光轴沿电场方向. 实验指出, 对于垂直 E 传播的光, 折射率的差值正比于电场强度的平方, 即

$$n_o - n_e = kE^2$$

在通过厚度为 d_0 的液体以后, o 光和 e 光之间所产生的相位差

$$\Delta\varphi = \frac{2\pi}{\lambda}d_0(n_o - n_e) = \frac{2\pi}{\lambda}d_0 kE^2 \tag{5-33}$$

式中的 k 称为克尔常量, 它只与液体的种类有关, 对于许多材料, 例如硝基苯、二硫化碳等, 克尔常量是正的; 但有些材料(例如水)的克尔常量是负的. 装有平板电极并盛有特定液体的玻璃盒称为克尔盒. 如果平板间的距离为 d, 电势差为 V, 因 $E = \dfrac{V}{d}$, 故

$$\Delta\varphi = \frac{2\pi}{\lambda}kd_0\frac{V^2}{d^2} \tag{5-34}$$

式中 λ、d_0、d 以 m 为单位, V 以 V 为单位.

因此, 当加在克尔盒电极上的电势差发生变化时, $\Delta\varphi$ 随之发生相应的变化, 从而使透射光的强度亦随着 V^2 的变化而发生变化. 由于克尔效应与电场的二次方成正比, 称为二次电光效应, 也称为非线性电光效应. 因而, 利用克尔盒可以对偏振光进行调制, 也可以做成光开关. 由于克尔效应能随着电场的变化迅速响应, 所需的时间极短(约 10^{-9} s), 因此克尔盒已在高速摄影、激光通信、光速测距和激光电视等方面得到广泛的应用.

另一种电光效应称为泡克耳斯(Pockels, 1865—1913)效应, 用德国物理学家泡克耳斯的名字命名. 他在 1893 年对这种效应进行了深入的研究. 与克尔效应的非线性不同的是, 它是一种线性的电光效应. 泡克耳斯效应一般有两种: 一种是外加电场平行于光的传播方向, 称为纵向泡克耳斯效应; 另一种是外加电场垂直于光的传播方向, 称为横向泡克耳斯效应. 纵向泡克耳斯效应的实验装置如图 5-34 所示. 图中 P_1 和 P_2 是两块透振方向互相垂直的偏振片, 中间放一块磷酸二氢钾(KDP)晶体. 由于光束要通过电极, 所以电极通常用透明的金属氧化物镀层、网栅或环制成. 晶体本身在不加电场时通常是单轴晶体, 并且其光轴沿光束的传播方向.

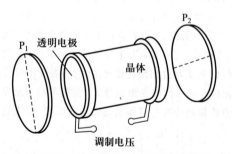

图 5-34　纵向泡克耳斯效应示意图

不加电场时, 光沿光轴方向传播不产生双折射. 沿光轴方向加电场后, 晶体光学理论指出, 在垂直于电场方向的平面上, 存在着两个互相垂直的主振动方向. 当一束线偏振光垂直入射到上述装置的晶体中时, 若光振动方向与晶体的主轴方向成 45° 夹角, 那么这束偏振光将可以分解为两个振幅相等、互相垂直的线偏振光. 它们在晶体内传播方向虽然相同, 但传播速度并不一样, 所以从厚度为 d_0 的晶体中出射后, 这两束线偏振光将有一个固定的相位差

$$\Delta\varphi = \frac{2\pi}{\lambda}(n_{max} - n_{min})d_0 \tag{5-35}$$

式中 λ 是光在真空中的波长，$n_{\max} - n_{\min}$ 称为感生折射率差，根据晶体光学理论，它们分别满足下面的公式

$$\left. \begin{array}{l} n_{\max} = n_{\mathrm{o}} + \dfrac{1}{2}n_{\mathrm{o}}^3 \gamma E \\[2mm] n_{\min} = n_{\mathrm{o}} - \dfrac{1}{2}n_{\mathrm{o}}^3 \gamma E \end{array} \right\} \qquad (5\text{-}36)$$

式中 n_{o} 是 KDP 中 o 光的折射率；E 是外加电场强度；γ 是电光系数，是一个与晶体的取向有关的量. 将(5-36)式代入(5-35)式，得

$$\Delta\varphi = \frac{2\pi}{\lambda}n_{\mathrm{o}}^3 \gamma d_0 E \qquad (5\text{-}37)$$

上式说明两垂直等幅的线偏振光通过一定厚度的 KDP 晶体，所产生的相位差与电场强度成正比，考虑到电场与电压的关系，即 $E = V/d_0$，可得相位差与电压的关系式为

$$\Delta\varphi = \frac{2\pi}{\lambda}n_{\mathrm{o}}^3 \gamma V \qquad (5\text{-}38)$$

(5-37)式或(5-38)式说明 KDP 晶体是一个在电场作用下的特殊波片，这种波片不是通过改变它的厚度来控制相位的变化，而是通过施加不同的外加电场，即改变外加电压来控制相位的变化.

电光效应显著的晶体称为电光晶体，常用的有 KDP(KH_2PO_4)、KD^*P(KD_2PO_4)、铌酸锂($LiNbO_3$)、钛酸钡($BaTiO_3$)等. 随着材料技术的迅猛发展，用于电光效应的材料还有电光陶瓷、掺有重金属的玻璃或碲化物玻璃等.

由此可见，原来一束光强不变的线偏振光，通过图 5-34 所示装置后，就可以用调节加在晶体上的电势差来调制光强的变化. 在通光孔径相等的情况下，加于晶体上的电势差要比相应的克尔盒低 1/10~1/5.并且从接通电源到建立电光效应所需的时间很短，一般小于 10^{-9} s，故可获得 2.5×10^{10} Hz 的调制频率. 因为用于克尔效应的液体如硝基苯有剧毒且易爆炸，因而，普克尔斯盒也常可作为高速开关和电光调制器等.

基于电光效应可以通过电场对光波的振幅、相位、频率、偏振状态以及传播方向进行控制，从而可实现光波的调制(纵向或横向电光调制、行波电光调制、双稳态调制)、光波的频移、光脉冲的压缩以及光束的偏转等方面的应用.

介于液态和晶态之间的物质——液晶，兼有液体和晶体的某种性质. 在电场作用下，液晶的光学特性也会发生变化而产生电光效应. 将内装液晶的液晶盒放在电场内，当场强超过某一阈值时，液晶产生双折射现象，可使装置由不透明变为透明. 把一种具有向列相分子排列的液晶注入带有透明电极的液晶盒内，未加电场时液晶盒透明，加以超过某一阈值的电场时，盒内的液晶分子产生紊乱运动而形成动态散射，液晶盒由透明变为不透明. 这种现象在液晶显示技术中有广泛的应用，目前应用非常普遍的 7 段液晶显示数码板，就是利用了向列相液晶的动态散射效应(详见"视窗与链接").

5.10.3 磁光克尔效应

磁光克尔效应是指各向同性介质在强磁场作用下出现的各向异性现象.

当光通过某些蒸气或液体时，若在垂直于介质中光束的传输方向上加以磁场时，则在光束的传播方向上介质中出现最大的 o 光和 e 光的折射率之差，其差值与磁场的平方成正比，即

$$n_{\mathrm{o}} - n_{\mathrm{e}} = \lambda_0 c H^2 \qquad (5\text{-}39)$$

式中 λ_0 为光在真空中的波长，c 是磁光克尔系数，H 为磁场强度.

利用物质的磁光克尔效应,可制成磁光调制器.若光的传播方向与磁场不正交,还同时存在法拉第旋光效应(见 5.11 节).

视窗与链接

液晶的电光效应及其应用

液晶于 1888 年由奥地利植物学家莱尼茨尔(F. Reinitzer)发现.翌年德国物理学家雷曼(O. Lehmann)用偏光显微镜观察这种黏稠混浊的液体时,发现存在双折射现象.于是他把这种具有光学各向异性、流动性的液体称为液晶.液晶可分为向列型、胆甾型和近晶型三种.它有许多独特的光学性质.有热光、电光和磁光等效应.另外,在许多生物组织中也存在液晶,如蛋白质、红血球、类脂、神经组织等都具有液晶结构.

1. 液晶的旋光显示

广泛用于手表、计算器、仪表显示屏的是利用液晶电光效应中的扭曲向列型效应.向列型液晶分子呈棒状,分子的长轴大致平行,长轴方向即光轴方向.有外加电场时,分子长轴沿电场方向排列的是正介电各向异性液晶,分子长轴垂直电场方向排列的是负介电各向异性液晶.

在内表面列有透明电极的两平板玻璃中间插入约 10 μm 的正介电液晶层就构成了液晶盒(见图 5-35).先用定向排列技术(如真空蒸镀等)处理两块电极板的内表面,使得加入的液晶分子的长轴自动平行于电极板的定向方向,当把两块定极板的定向方向互成 90° 放置时,盒内的液晶分子的长轴排列方向将逐渐扭转,使得从一个电极到另一个电极共扭转 90° [见图 5-35(a)].液晶盒的这种扭转结构具有旋光性,能使通过液晶盒的线偏振光的振动面旋转 90°.若在两个电极间加上一定的电压,液晶分子中除了少数贴近电极表面的分子外,其余都会迅速沿电场方向排列[见图 5-35(b)],此时扭转结构消失,液晶盒的旋光作用也就消失;撤去电场后,液晶又恢复扭曲结构,这种效应就称为扭曲向列型效应.

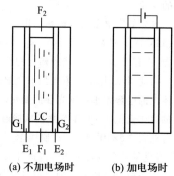

(a) 不加电场时   (b) 加电场时

图 5-35   液晶盒及液晶

分子排列示意图

G_1、G_2—玻璃板;E_1、E_2—透明电极;

F_1、F_2—封结薄膜;LC—液晶

现将液晶盒置于两正交偏振片之间,用自然光照射该装置.不加电场时,由起偏器产生的线偏振光通过液晶盒后振动面旋转了 90°,故能通过检偏器.可以看到液晶盒全是明亮的.若在需要显示的数字电极上加上电场,该数字部分中的液晶的扭曲结构消失,通过这部分的线偏振光就不能通过检偏器,所以能看到黑色的数字显示在明亮的背景上.

扭曲向列型用作显示时既可以用透射光照明,也可以用反射光照明.手表和计算器都是利用反射光显示的,这只要在液晶盒后面装上高效的反射板即可.

扭曲角度在 180°~270° 之间的称为超扭曲型,手提电脑上的显示屏就是超扭曲型液晶显示器.

2. 液晶的电控双折射效应

对液晶施加电场使液晶的排列方向发生变化,从而使入射光在液晶中产生双折射,称为电控双折射.垂直排列相畸变(DAP)就是一个典型的例子.用负介电各向异性的液晶材料,采用垂直排列方法使液晶分子垂直排列于基片表面,此时各向异性的液晶就具有双折射性质.由电场控制分子倾斜的程度,线偏振光通过这种液晶层后,就会变成不同偏振度的椭圆偏振光(见图 5-36).

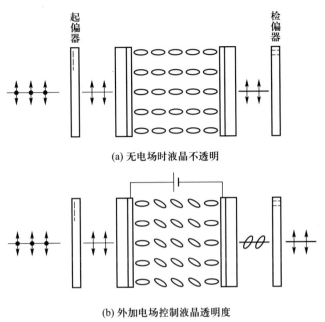

(a) 无电场时液晶不透明

(b) 外加电场控制液晶透明度

图 5-36　DAP 液晶电光效应示意图

3. 液晶电光效应的应用

液晶的电光效应主要应用于显示技术,在光电子技术方面也有一定的应用.

液晶显示器具有低压微功耗、平板显示结构、被动显示形式、高清晰度、大信息量、易于彩色化、无电磁辐射以及长寿命等显著优点,因此广泛用于电子手表、计算器、仪器仪表、电视、便携式计算机以及大屏幕广告等方面.

当入射光为白光时,不同波长的光通过液晶盒的光强随施加电压的变化而特性不同,可以实现电控变色显示或多色显示.

液晶在光电子技术方面的应用有光调制器、光偏转器、光开关、薄膜光波导以及空间调制器等.但这方面的应用会受液晶温度特性和响应时间等因素的限制.

*5.11　旋光效应

5.11.1　旋光现象

在晶体中沿光轴方向传播的光虽然并不发生双折射[见图 5-17(a)],但有其他现象发生.阿拉果首先发现单色的线偏振光垂直地入射到光轴垂直于入射界面的石英薄片时,透射出来的光虽然仍是线偏振光,但它的振动面相对于原入射光的振动面旋转了一个角度.对于不同厚度的石英薄片,这个角度随着晶片的厚度增加而变大.这说明线偏振光在石英内传播时,振动面是在不断旋转的,如图 5-37 所示.后来在许多其他晶体以及某些液体中也发现了这种现象.线偏振光通过物质后振动面发生旋转的现象称为 旋光现象,能够使线偏振光的振动面发生旋转的物质称为 旋光性物质.

研究物质旋光性的实验步骤是这样的:将石英切成表面平行的薄片,使其光轴垂直于薄

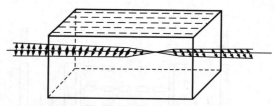

图 5-37　线偏振光在晶体内的旋转

片的表面. 把它放在正交的两个偏振片之间, 用单色光照射. 在未放入石英片之前, 视场原来是暗的; 放入后则变亮了. 必须将检偏器转过某一角度, 方可使视场仍旧恢复原来的暗度. 由此可知线偏振光在通过石英薄片以后振动面已旋转了一个角度. 晶片厚度为1 mm时转过的角度称为旋光度. 对于一定的波长, 振动面旋转的角度正比于晶片的厚度. 对于不同的波长, 旋光度不同. 对钠黄光($\lambda = 589$ nm)的旋光度为 21.7°, 对紫色光($\lambda = 405$ nm)的旋光度为48.9°, 对紫外线($\lambda = 215$ nm)可达 236°. 如果用白光照射, 则当石英薄片放在正交偏振片之间时, 就能看到有彩色, 转动任一个偏振片时彩色改变. 这种旋光度跟着波长而变的现象, 称为旋光色散.

迎面观察通过晶片的光, 振动面按顺时针方向旋转的称为右旋, 逆时针方向旋转的称为左旋. 当光的传播方向改变时, 旋光的方向也改变. 如果通过晶片的偏振光从镜面上反射回来再通过同一晶片, 则振动面就恢复到原来方位.

观察石英的旋光现象时, 发现石英有右旋的(正石英)和左旋的(负石英)两种, 它们的旋光度有相等的值. 其他具有旋光性的晶体也都有这种情况.

光不沿着晶体的光轴传播时, 也会发生旋光现象. 但此时旋光现象一部分被双折射现象掩盖了, 因而不易观察到. 此外, 还有某些立方晶系的晶体, 并不呈现双折射现象, 但却有旋光性质(如氯酸钠 $NaClO_3$ 和溴酸钠 $NaBrO_3$). 在这种情况下, 旋光度和晶体的取向无关.

旋光现象不仅可以在石英等晶体中出现, 而且还可能在某些液体中出现, 如松节油等纯液体、糖的水溶液和酒石酸溶液等. 包括许多非晶体在内的几十种物质都有旋光性. 大多数旋光物质的旋光性都有右旋和左旋两种, 其左、右旋的旋光度数值总是彼此相等, 只是符号(左、右)不同.

实验表明对于有旋光性的溶液, 振动面的旋转角度 ψ 正比于光在溶液中所经路程的长度 l 和旋光性溶质的浓度 C, 即

$$\psi = \alpha l C \tag{5-40}$$

系数 α 标志着溶质的特性, 它与波长和温度都有关, 并且当溶剂改变时, 它也会随之发生很复杂的变化.

测出给定溶剂的 α 值以及波长和温度的值, 就可以用(5-40)式来计算旋光性溶质的浓度. 在这种情况下, 系数 α 就称为旋光率. 溶液的旋光率 α 在数值上等于在单位长度内单位浓度的溶液所引起光振动面旋转的角度. 例如, 用黄色光(波长为 589 nm)可测得蔗糖水溶液在 20 ℃ 时的 $\alpha = 66.46°$. 这种测定旋光性溶质浓度的方法既迅速又可靠, 在制糖工业中早已采用的测量糖溶液浓度的量糖计就是根据这个原理制成的.

除糖溶液以外, 不少有机物质也具有旋光性, 有些物质还具有左、右旋两种同分异构体. 例如自然界和人体中的葡萄糖是右旋的; 不同的氨基酸、DNA 和某些药物均有左、右旋之分. 抗菌药物氯霉素, 若是从一种链丝菌培养液提取出来的天然产物, 则是左旋的; 若是人工合成的就是左、右旋各半的混合物, 称为"合霉素". 因此要分析和研究各种有机溶液的旋光性时, 就需要用量糖计. 相应的方法已发展为一种专门的技术——量糖术.

5.11.2 旋光现象的解释

物质的旋光性质可以用菲涅耳提出的唯象理论进行解释. 他认为线偏振光在旋光晶体中沿光轴传播时可分解成左旋和右旋圆偏振光, 这种现象称为圆双折射. 左旋和右旋圆偏振光的传播速度略有不同. 因而经过旋光物质时产生不同的相位滞后, 从而使合成线偏振光的电矢量有一定角度的旋转.

设沿 z 方向传播的单色左旋圆偏振光和右旋圆偏振光的表示式分别为

$$\left. \begin{array}{l} \boldsymbol{E}_{L} = A_0 [\boldsymbol{e}_x \cos(\omega t - k_L z) + \boldsymbol{e}_y \sin(\omega t - k_L z)] \\ \boldsymbol{E}_{R} = A_0 [\boldsymbol{e}_x \cos(\omega t - k_R z) - \boldsymbol{e}_y \sin(\omega t - k_R z)] \end{array} \right\} \tag{5-41}$$

则合成后的光波可表示为

$$\boldsymbol{E} = \boldsymbol{E}_L + \boldsymbol{E}_R = \boldsymbol{e}_x A_0 [\cos(\omega t - k_L z) + \cos(\omega t - k_R z)] +$$
$$\boldsymbol{e}_y A_0 [\sin(\omega t - k_L z) - \sin(\omega t - k_R z)]$$

利用三角函数可以得到

$$\boldsymbol{E} = 2A_0 \left[\boldsymbol{e}_x \cos\left(\frac{k_R - k_L}{2} \right) z + \boldsymbol{e}_y \sin\left(\frac{k_R - k_L}{2} \right) z \right] \cdot$$
$$\cos\left[\omega t - \left(\frac{k_R - k_L}{2} \right) z \right]$$
$$= 2A_0 (\boldsymbol{e}_x \cos\theta + \boldsymbol{e}_y \sin\theta) \cos(\omega t - \theta) \tag{5-42}$$

式中 $\theta = (k_R - k_L)z/2$. 由 (5-42) 式可知, 光路上任一点振动的 x 分量和 y 分量对时间有相同的依赖关系, 它们都取决于 $\cos(\omega t - \theta)$. 因此它们是同相位的. 这说明在 z 轴上的任一点, 其合成波仍然是线偏振波.

但是 (5-42) 式中的振幅因子 $2A_0 (\boldsymbol{e}_x \cos\theta + \boldsymbol{e}_y \sin\theta)$ 却表示出电矢量的振动方位是 z 的函数. 若令光波刚到达晶体表面处 ($z = 0$), 则该处的合成波的 $\boldsymbol{E}$ 矢量为

$$\boldsymbol{E} = \boldsymbol{e}_x 2A_0 \cos\omega t \tag{5-43}$$

说明光波在 $z = 0$ 处的合矢量 $\boldsymbol{E}$ 是沿 x 轴振动的.

当光进入晶体后, 一般来说 $\boldsymbol{E}$ 矢量的 x 分量和 y 分量都不等于零. 因此, 同一时刻在任一点 z 处的合矢量 $\boldsymbol{E}$ 的振动方位, 相对于 x 轴 ($z = 0$ 处的 $\boldsymbol{E}$ 矢量的振动方位) 要转过一个角度 ψ. 显然, 根据 (5-42) 式, 转过的角度满足

$$\tan\psi = \frac{\sin\theta}{\cos\theta} = \tan\theta$$

也就是转过的角度

$$\psi = \theta = (k_R - k_L)z/2 \tag{5-44}$$

习惯上规定 $\boldsymbol{E}$ 矢量沿逆时针方向旋转时转过的角度 ψ 为正值. 因为 (5-44) 式中的 z 值总是正的, 所以当 $k_R > k_L$ 时, $(k_R - k_L)z/2 > 0$. 这时 $\boldsymbol{E}$ 矢量的振动方位相对于 x 轴沿逆时针方向转过角度 ψ. 相反当 $k_R < k_L$ 时, $(k_R - k_L)z/2 < 0$, 这时 $\boldsymbol{E}$ 矢量的振动方位相对于 x 轴沿顺时针方向转过角度 ψ.

关于旋光晶体中 $\boldsymbol{E}$ 矢量振动方位的旋转方向, 也可以从左旋和右旋圆偏振光在晶体中产生不同的相位滞后来解释: 在 $k_R > k_L$ 的情况下, 由于 $v_R < v_L$, 光波到达晶体中某点 z 时, 左旋圆偏振光将比右旋圆偏振光超前, 因此在 z 点的合矢量 $\boldsymbol{E}$ 的振动方位相对于 x 轴将沿逆时针方向转过一个角度 ψ, 如图 5-38(a) 所示, 其值为

$$\psi = \frac{(\omega t - k_L z) - (\omega t - k_R z)}{2} = (k_R - k_L)z/2$$

在 $k_R < k_L$ 的情况下,由于 $v_R > v_L$,光波到达晶体中某点 z 时,右旋圆偏振光将比左旋圆偏振光超前,因此在 z 点的合矢量 E 的振动方位相对于 x 轴将沿顺时针方向转过一个角度 ψ,如图 5-38(b) 所示,其值为

$$\psi = \frac{-(\omega t - k_R z) + (\omega t - k_L z)}{2} = (k_R - k_L) z / 2$$

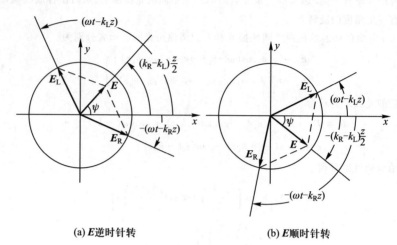

(a) E 逆时针转   (b) E 顺时针转

图 5-38   旋光现象示意图

如果晶体的厚度为 d,则出射波的 E 矢量振动方位相对于入射波的 E 矢量振动方位转过的角度

$$\psi = (k_R - k_L) d / 2$$

由于 ω 是常量,则 $k_R = k_0 n_R$,$k_L = k_0 n_L$,因此

$$\psi = \frac{\pi}{\lambda_0} (n_R - n_L) d \tag{5-45}$$

式中 n_R 和 n_L 是晶体对两束圆偏振光的折射率,λ_0 是光波在真空中的波长.

(5-45) 式表明,E 矢量转过的角度 ψ 与旋光晶体的厚度 d 成正比. 当 $n_R > n_L$ 时,$\psi > 0$,晶体是左旋的;当 $n_R < n_L$ 时,$\psi < 0$,晶体是右旋的.

为了证明圆双折射现象,菲涅耳用组合棱镜做了实验. 该棱镜由三块石英胶合而成,端面的两块为右旋石英,中间一块为左旋石英. 它们的光轴都垂直于第一块棱镜的表面(见图5-39). 线偏振光垂直入射第一棱镜时不产生折射,但分成右旋和左旋圆偏振光,以不同的速度传播. 棱镜 1 为右旋石英,$v_R > v_L$,棱镜 2 为左旋石英,$v_R < v_L$,光从棱镜 1 进入棱镜 2 时,右旋圆偏振光相当于由光疏介质进入光密介质,产生近法线折射,而左旋圆偏振光则相反,产生远法线折射,结果两束光被分开. 光从棱镜 2 进入棱镜 3 时,右旋光产生远法线折射;左旋光产生近法线折射,两束光进一步分开. 结果组合棱镜把线偏振光分成了两束旋转方向相反的圆偏振光,对两束透射光进行检验,证实了它们确是菲涅耳预言的两种圆偏振光.

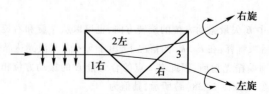

图 5-39   通过组合棱镜的圆偏振光

5.11.3 磁致旋光效应

当线偏振光通过处于通电螺旋管磁场中的物质(如玻璃、二硫化碳、汽油等)时,振动面也会产生旋转,这种性质称为磁致旋光性.这个现象称为法拉第旋光效应,是法拉第在 1846 年发现的.这个发现在物理学史上有特别重要的意义,它是人们发现光和电磁之间有内在联系的第一个现象.

图 5-40 是法拉第磁致旋光效应的示意图.在两个正交的尼科耳棱镜 N_1 和 N_2 之间放一个螺线管,管内放入某种物质.当电流 $I=0$,即磁感应强度 $B=0$ 时,线偏振光不能透过 N_2,表明线偏振光的振动面通过螺线管不发生旋转.当螺旋管通电后,则偏振光有一分量能通过 N_2,这表明偏振光的振动面发生了旋转,再把 N_2 旋转一定的角度使偏振光又不能通过,则 N_2 所转过的角度即等于偏振光的振动面所转过的角度.实验表明,振动面旋转的角度 φ 与偏振光在物质中所经路程的长度 l 和磁感应强度的大小 B 的乘积成正比,即

$$\varphi = VBl \tag{5-46}$$

式中系数 V 称为维尔德(Verder)系数,与物质的性质、温度及入射光波长有关,一般物质的维尔德系数都比较小.

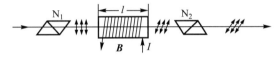

图 5-40　磁致旋光装置示意图

磁致旋光也有右旋和左旋两种.顺着磁场方向观察,振动面按顺时针方向旋转的称为右旋,按逆时针方向旋转的称为左旋.右旋物质的系数 V 规定为正的.对于每一种给定的物质,磁致旋光的方向仅由磁场方向决定,而和光线的传播方向无关.这是磁致旋光和天然旋光现象不同的地方.顺着光线方向和逆着光线方向观察,天然旋光现象中光的旋转方向是相反的.线偏振光若两次通过天然旋光物体,一次沿某一方向,另一次沿相反方向,结果振动面并不旋转.但偏振光沿相反的方向两次通过磁致旋光物质时,其旋转角加倍.

把具有天然旋光性的物体放在磁场中时,天然旋光本领与在磁场影响下所发生的旋光本领相加.铁磁物质的旋转角正比于磁化率.

所有的左旋物质都含有顺磁性原子,但是很多顺磁物质以及所有抗磁物质都是右旋的.

磁致旋光角度的数值随波长而变,即对不同波长而言,同一种物质的系数 V 的值略有不同.

利用磁致旋光性可制作光隔离器、磁光调制器、磁光传感器等.例如由于磁致旋光性产生的振动面旋转与光线传播方向无关,故经常应用于激光技术中作为光隔离器.例如在图 5-40 中,假定从激光器发出一束激光经 N_1 通过螺旋管磁场中含铅量很大的玻璃时,入射光的振动面会旋转 45°.若 N_2 与 N_1 的主截面成 45°角,则入射光振动面转过 45°之后即能通过 N_2.在 N_2 的后面如有一反射镜,则从反射镜反射回来的偏振光通过 N_2 和螺旋管中的玻璃后,又使振动面旋转 45°.这样来回两次共使振动面转过 90°,即反射光振动面与 N_1 的主截面垂直,故反射光不能通过 N_1,从而使反射光与激光器隔离,可以避免反射光返回到激光器的腔内对激光器的输出产生干扰.为了便于使用,商品隔离器的旋光介质中可掺入硬磁材料,使之具有永久磁场.

磁光调制器是使光波载荷信号的元件.在图 5-40 中,信号电流通过螺线管的线圈产生磁场,使光波的振动面旋转,转角正比于信号电流,这种调制称为偏振调制(调偏).若让光再

通过 N_2,则因偏振方向变化而导致输出光振幅(光强)随信号变化,这种调制称为振幅调制(调幅).

磁致旋光现象是由外磁场存在时物质的原子或分子中的电子进动造成的.这种进动的结果使物体对顺时针与逆时针的圆偏振光产生不同的折射率.因此,方向不同的圆偏振光的传播速度不同,引起了振动面的旋转.

*5.12 偏振态的矩阵表述简介

在光学中运用矩阵方法,可以使某些烦琐的光学问题(例如几何光学计算、薄膜干涉和偏振态)变得简洁明了,并便于用电子计算机来进行运算.因此这种方法日益得到重视.下面简单介绍偏振态的矩阵表示法,并说明如何用矩阵来描述偏振器件的物理特性.通过这样的矩阵运算就可以推断偏振光经由偏振器件构成的光学系统后的偏振态.

偏振光最一般的形态是椭圆偏振光,因为线偏振光和圆偏振光都可看做是椭圆偏振光的特例.因此,先从讨论椭圆偏振光的矩阵表示法着手.设沿 z 轴传播的椭圆偏振光的光矢量在 x、y 坐标轴上的投影分别为

$$\begin{cases} E_x = E_{0x}\,\mathrm{e}^{-\mathrm{i}(\omega t - kz + \varphi_{0x})} = E_{0x}\,\mathrm{e}^{-\mathrm{i}\omega t}\,\mathrm{e}^{\mathrm{i}\varphi_x} \\ E_y = E_{0y}\,\mathrm{e}^{-\mathrm{i}(\omega t - kz + \varphi_{0y})} = E_{0y}\,\mathrm{e}^{-\mathrm{i}\omega t}\,\mathrm{e}^{\mathrm{i}\varphi_y} \end{cases} \tag{5-47}$$

略去公因子 $\mathrm{e}^{-\mathrm{i}\omega t}$,用复振幅表示为

$$\begin{cases} \widetilde{E}_x = E_{0x}\,\mathrm{e}^{\mathrm{i}\varphi_x} \\ \widetilde{E}_y = E_{0y}\,\mathrm{e}^{\mathrm{i}\varphi_y} \end{cases} \tag{5-48}$$

正如普通二维矢量可用由它的两直角分量构成的一个列矩阵表示一样,任意偏振光可以由它的光矢量的两个分量构成的一个列矩阵来表示,这个列矩阵称为琼斯矢量.它是美国物理学家琼斯(R. C. Jones)在 1941 年首次提出的,记为

$$\boldsymbol{E} = \begin{pmatrix} \widetilde{E}_x \\ \widetilde{E}_y \end{pmatrix} = \begin{pmatrix} E_{0x}\,\mathrm{e}^{\mathrm{i}\varphi_x} \\ E_{0y}\,\mathrm{e}^{\mathrm{i}\varphi_y} \end{pmatrix} \tag{5-49}$$

这束偏振光的强度

$$I = \left|\widetilde{E}_x\right|^2 + \left|\widetilde{E}_y\right|^2 = \widetilde{E}_x\,\widetilde{E}_x^* + \widetilde{E}_y\,\widetilde{E}_y^* = E_{0x}^2 + E_{0y}^2$$

因为通常讨论的是光的相对强度,所以可以将(5-49)式除以 $\sqrt{E_{0x}^2 + E_{0y}^2}$,得到琼斯矢量的归一化形式,即

$$\boldsymbol{E} = \frac{1}{\sqrt{E_{0x}^2 + E_{0y}^2}} \begin{pmatrix} E_{0x}\,\mathrm{e}^{\mathrm{i}\varphi_x} \\ E_{0y}\,\mathrm{e}^{\mathrm{i}\varphi_y} \end{pmatrix} \tag{5-50}$$

因为我们感兴趣的是相位差和振幅比,因而通常还可将(5-49)式中所有公共因子提出来得到更简洁的表示式

$$\boldsymbol{E} = E_{0x}\,\mathrm{e}^{\mathrm{i}\varphi_x} \begin{pmatrix} 1 \\ \dfrac{E_{0y}}{E_{0x}}\,\mathrm{e}^{\mathrm{i}(\varphi_y - \varphi_x)} \end{pmatrix} = E_{0x}\,\mathrm{e}^{\mathrm{i}\varphi_x} \begin{pmatrix} 1 \\ E_0\,\mathrm{e}^{\mathrm{i}\varphi} \end{pmatrix} \tag{5-51}$$

式中 $E_0 = \dfrac{E_{0y}}{E_{0x}}$,$\varphi = \varphi_y - \varphi_x$.

略去公因子 $e^{i\varphi_x}$,各种偏振态的琼斯矢量,其结果见表 5-1,并可与表中图 5-41 做对比.

表 5-1 各种偏振态的琼斯矢量

偏振态		示意图(图 5-41)	琼斯矢量
线偏振光	光矢量沿 x 轴	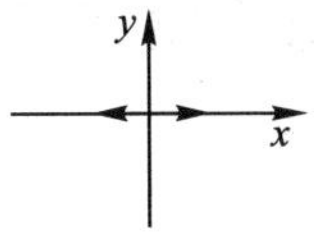	$E_h = \begin{pmatrix} 1 \\ 0 \end{pmatrix}$
	光矢量沿 y 轴	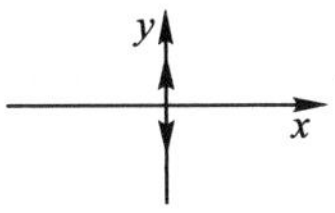	$E_v = \begin{pmatrix} 0 \\ 1 \end{pmatrix}$
	光矢量与 x 轴成 $\pm\dfrac{\pi}{4}$	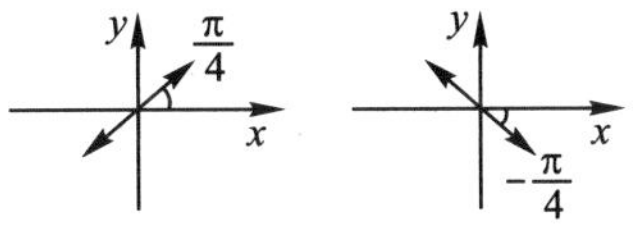	$E_{\pm\frac{\pi}{4}} = \dfrac{1}{\sqrt{2}} \begin{pmatrix} 1 \\ \pm 1 \end{pmatrix}$
	光矢量与 x 轴成 $\pm\theta$	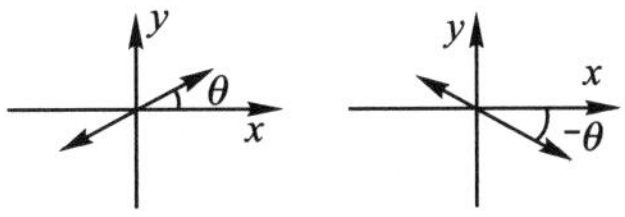	$E_\theta = \begin{pmatrix} \cos\theta \\ \pm\sin\theta \end{pmatrix}$
圆偏振光	右旋	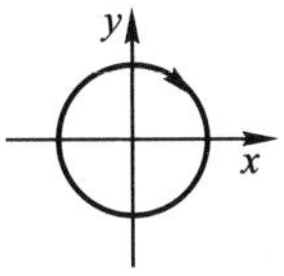	$E_R = \dfrac{1}{\sqrt{2}} \begin{pmatrix} 1 \\ -i \end{pmatrix}$
	左旋	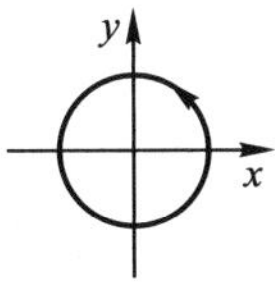	$E_L = \dfrac{1}{\sqrt{2}} \begin{pmatrix} 1 \\ i \end{pmatrix}$

　　琼斯表示法的应用之一,是用来计算几个给定的偏振波的合成结果.将琼斯矢量进行矩阵加法就可得到所要结果,这个方法远比三角运算简洁方便.例如两个旋转方向相反、振幅相等的圆偏振光波合成后是一个线偏振光,其琼斯矢量运算过程为

$$\begin{pmatrix} 1 \\ -i \end{pmatrix} + \begin{pmatrix} 1 \\ i \end{pmatrix} = \begin{pmatrix} 2 \\ 0 \end{pmatrix} = 2\begin{pmatrix} 1 \\ 0 \end{pmatrix}$$

结果表明合成波是线偏振光,其振动方向沿 x 轴,振幅是圆偏振光的两倍.

附录 5.1 从沃拉斯顿棱镜出射的两束线偏振光夹角公式(5-15)的推导

如图 5-20 所示,在 BD 面上折射的情况

$$n_o \sin \beta = n_e \sin(\beta + \alpha_1) = n_e(\sin \beta \cos \alpha_1 + \cos \beta \sin \alpha_1)$$
$$\approx n_e(\sin \beta + \cos \beta \sin \alpha_1)$$

即

$$(n_o - n_e)\sin \beta \approx n_e \cos \beta \sin \alpha_1$$

故

$$\alpha_1 \approx \sin \alpha_1 \approx \frac{n_o - n_e}{n_e} \tan \beta \qquad (5-52)$$

同理

$$n_e \sin \beta = n_o \sin(\beta - \alpha_2) = n_o(\sin \beta \cos \alpha_2 - \sin \alpha_2 \cos \beta)$$
$$\approx n_o(\sin \beta - \sin \alpha_2 \cos \beta)$$

即

$$\alpha_2 \approx \sin \alpha_2 \approx \frac{n_o - n_e}{n_o} \tan \beta \qquad (5-53)$$

在 CD 面上折射时,对电矢量振动方向垂直于入射面的线偏振光

$$n_e \sin \alpha_1 = \sin \varphi_1$$

将(5-52)式代入上式得

$$\sin \varphi_1 = (n_o - n_e)\tan \beta$$

电矢量振动方向平行于入射面的线偏振光

$$n_o \sin \alpha_2 = \sin \varphi_2$$

将(5-53)式代入上式得

$$\sin \varphi_2 = (n_o - n_e)\tan \beta$$

故 $\varphi_1 \approx \varphi_2$,两线偏振光的夹角

$$\varphi = \varphi_1 + \varphi_2 = 2\arcsin[(n_o - n_e)\tan \beta]$$

习　题

5.1　试确定下面两列光波

$$E_1 = A_0 \left[e_x \cos(\omega t - kz) + e_y \cos\left(\omega t - kz - \frac{\pi}{2}\right) \right]$$

$$E_2 = A_0 \left[e_x \sin(\omega t - kz) + e_y \sin\left(\omega t - kz - \frac{\pi}{2}\right) \right]$$

的偏振态.

5.2 为了比较两个被自然光照射的表面的亮度,对其中一个表面直接进行观察,另一个表面通过两块偏振片来观察.两偏振片的透振方向的夹角为 $60°$.若观察到两表面的亮度相同,试问两表面实际的亮度比是多少?已知光通过每一块偏振片后损失入射光能量的 10%.

5.3 两个尼科耳棱镜 N_1 和 N_2 主截面的夹角为 $60°$,在它们之间放置另一个尼科耳棱镜 N_3,让平行的自然光通过这个系统.假设各尼科耳棱镜对非常光均无吸收,试问 N_3 和 N_1 的主截面的夹角为何值时,通过系统的光强最大?设入射光强为 I_0,求此时所能通过的最大光强.

5.4 在两个正交的理想偏振片之间有一个偏振片以匀角速度 ω 绕光的传播方向旋转(见题 5.4 图),若入射的自然光为 I_0,试证明透射光强为

$$I = \frac{I_0}{16}(1 - \cos 4\omega t)$$

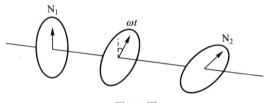

题 5.4 图

5.5 线偏振光入射到折射率为 1.732 的玻璃片上,入射角是 $60°$,入射光的电矢量与入射面成 $30°$ 角.试求由分界面上反射的光强占入射光强的百分比.

5.6 如题 5.6 图所示,自然光从空气入射到水面上,折射光再投向在水中倾斜放置的玻璃片上.若使从水面与玻璃片上的反射光均为线偏振光.试求玻璃片和水面的夹角 $\alpha(n_{玻} = 1.50)$.

5.7 一束理想的线偏振光垂直入射到一方解石晶体上,它的振动面和主截面成 $30°$ 角.两束折射光通过在方解石后面的一个尼科耳棱镜,其主截面与入射光的振动方向成 $50°$ 角.试计算两束透射光的相对强度.

5.8 线偏振光垂直入射到一块光轴平行于表面的方解石波片上,光的振动面和波片的主截面成 $30°$ 角.试求:(1)透射出来的寻常光和非常光的相对强度为多少?(2)用钠光入射时如果要产生 $90°$ 的相位差,波片的厚度至少应为多少?($\lambda = 589$ nm)

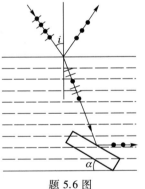

题 5.6 图

5.9 有一块平行石英片是沿平行于光轴方向切出的.要把它切成一块黄光的 1/4 波片,试问这块石英片应有多厚?石英的 $n_e = 1.552$,$n_o = 1.543$,$\lambda = 589.3$ nm.

5.10 (1)线偏振光垂直入射到一个表面和光轴平行的波片,透射出来的光中,原来在波片中的寻常光及非常光产生了大小为 π 的相位差,试问波片厚度为多少?已知 $n_o = 1.544\,2$,$n_e = 1.553\,3$,$\lambda = 500$ nm;(2)试问这块波片应怎样放置才能使透射出来的光是线偏振光,而且它的振动面和入射光的振动面成 $90°$ 角?

5.11 线偏振光垂直入射到一块表面平行于光轴的双折射晶片,光的振动面和晶片光轴成 $25°$ 角,试问波片中的寻常光和非常光透射出来后的相对强度如何?

5.12 在两个正交尼科耳棱镜 N_1 和 N_2 之间垂直插入一块波片,发现 N_2 后面有光射出.

但当 N_2 绕入射光向顺时针转过 20°后，N_2 的视场全暗．此时，把波片也绕入射光顺时针转过 20°，N_2 的视场又亮了．问：(1) 这是什么性质的波片；(2) N_2 要转过多大角度才能使 N_2 的视场又变为全暗．

5.13 一束圆偏振光，(1) 垂直入射到 1/4 波片上，求透射光的偏振状态；(2) 垂直入射到 1/8 波片上，试求透射光的偏振状态．

5.14 试证明一束左旋圆偏振光和一束右旋圆偏振光，当它们的振幅相等时，合成的光是线偏振光．

5.15 设一方解石晶片沿平行光轴方向切出，其厚度为 0.034 3 mm，放在两个正交的尼科耳棱镜间．平行光束经过第一个尼科耳棱镜后，垂直地射到波片上，对于钠光（589.3 nm）而言，晶体的折射率为 $n_o = 1.658$，$n_e = 1.486$．试问：(1) 通过第二个尼科耳棱镜后，光束发生的干涉是加强还是减弱？(2) 如果两个尼科耳棱镜的主截面是互相平行的，结果又如何？

5.16 单色光通过一尼科耳棱镜 N_1，然后射到杨氏干涉实验装置的两个细缝上，试问：(1) 尼科耳棱镜 N_1 的主截面与图面应成怎样的角度才能使光屏上的干涉图样中的暗条纹为最暗？(2) 在上述情况下，在一个细缝前放置一半波片，并将这半波片绕着光线方向继续旋转，问在光屏上的干涉图样有何改变？

5.17 单色平行自然光垂直入射在杨氏双缝上，屏幕上出现一组干涉条纹．已知屏上 A、C 两点分别对应零级亮纹和零级暗纹，B 是 AC 的中点，如题 5.17 图所示，试问：(1) 若在双缝后放一理想偏振片 P，屏上干涉条纹的位置、宽度会有何变化？A、C 两点的光强会有何变化？(2) 在一条缝的偏振片后放一片光轴与偏振片透光方向成 45°的半波片 H，屏上有无干涉条纹？A、B、C 各点的情况如何？

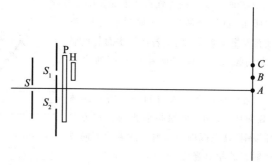

题 5.17 图

5.18 厚度为 0.025 mm 的方解石晶片，其表面平行于光轴，放在两个正交的尼科耳棱镜之间，光轴与两个尼科耳棱镜的主截面各成 45°．如果射入第一个尼科耳棱镜的光是波长为 400~760 nm 的可见光，试问透过第二个尼科耳棱镜的光中，少了哪些波长的光？

***5.19** 把一块切成长方体的 KDP 晶体放在两个正交的偏振片之间组成一个产生泡克耳斯效应的装置．已知电光常量 $\gamma = 1.06 \times 10^{-11}$ m/V，寻常光在该晶体中的折射率 $n_o = 1.51$，若入射光波长为 550 nm，试计算从晶体出射的两束线偏振光相位差为 π 时，所需加在晶体上的纵向电压（称为半波电压）．

***5.20** 将厚度为 1 mm 且垂直于光轴切出的石英片放在两个平行的尼科耳棱镜之间，使从第一个尼科耳棱镜出射的光垂直射到石英片上，某一波长的光波经此石英片后，振动面旋转了 20°．试问石英片厚度为多少时，该波长的光将完全不能通过？

***5.21** 试求使波长为 509 nm 的光的振动面旋转 150°的石英片厚度．已知石英对这种波长的旋光度为 29.7° mm^{-1}．

*5.22 将某种糖配制成浓度不同的 4 种溶液:100 cm³ 溶液中分别含有 30.5 g、22.76 g、29.4 g 和 17.53 g 的糖. 分别用旋光量糖计测出它们通过每分米溶液转过的角度依次是 49.5°、36.1°、30.3° 和 26.8°. 根据这些结果,试计算这几种糖的旋光率的平均值是多少?

*5.23 如图题 5.23 所示装置中,S 为单色光源,置于透镜 L 的焦点处,P 为起偏器,L_1 为此单色光的 1/4 波片,其光轴与偏振器的透振方向成 α 角,M 为平面反射镜. 已知入射到偏振器的光束强度为 I_0,试通过分析光束经过各元件后的光振动状态,求出光束返回后的光强 I. 各元件对光束的损耗可忽略不计.

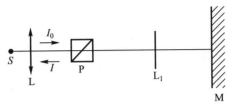

题 5.23 图

*5.24 一束椭圆偏振光沿 z 方向传播,通过一个线起偏器. 当起偏器透振方向沿 x 方向时,透射强度最大,其值为 $1.5I_0$;当透振方向沿 y 方向时,透射强度最小,其值为 I_0.(1)当透振方向与 x 轴成 θ 角时,透射强度为多少?(2)使原来的光束先通过一个 1/4 波片后再通过线起偏器,1/4 波片的轴沿 x 方向. 现在发现,当起偏器透光方向与 x 轴成 30°角时,透过两个元件的光强最大,试求光强的最大值,并确定入射光强中非偏振成分占多少?

*5.25 有下列几个未加标明的光学元件:(1)两个线偏振器;(2)一个 1/4 波片;(3)一个半波片;(4)一个圆偏振器. 除了一个光源和一个光屏外不借助其他光学仪器,如何鉴别上述各个元件.

*5.26 一束汞绿光以 60° 角入射到磷酸二氢钾(KDP)晶体表面,晶体的 $n_o = 1.512$,$n_e = 1.470$.设光轴与晶面平行,并垂直于入射面,试求晶体中 o 光与 e 光的夹角.

*5.27 通过尼科耳棱镜观察一束椭圆偏振光时,强度随尼科耳棱镜的旋转而改变. 当强度为极小值时,在尼科耳棱镜(检偏器)前插入一块 1/4 波片,转动 1/4 波片使它的光轴平行于检偏器的透振方向,再把检偏器沿顺时针方向转动 20°就完全消光. 试问(1)该椭圆偏振光是右旋还是左旋的?(2)椭圆长、短轴之比是多少?

*5.28 研究性课题:请查阅互联网,了解偏振式 3D 技术的新进展或偏振光在医学上的应用,并写成一篇小论文.

第 5 章拓展资源

MOOC 授课视频	授课视频 4.2 Circular and Elliptic Light 圆偏振光和 椭圆偏振光	授课视频 4.3 Malus'law 马吕斯定律	授课视频 4.9 Prism Polarizer 偏振棱镜	授课视频 4.13 Polarization Interference 偏振光的干涉

PPT	视频 PPT ch5.7 椭圆偏振光 和圆偏振光	PPT ch5.7 椭圆偏振光 和圆偏振光		
彩图	彩色图片 5-1 起偏器和检偏器	彩色图片 5-2 方解石晶体	彩色图片 5-3 云母晶体	彩色图片 5-4 硫黄晶体
彩图	彩色图片 5-5 观看立体电影 的观众戴的眼镜	彩色图片 5-6 偏振的应用	彩色图片 5-7 用偏振显微镜 观察到的矿物 晶体的干涉色	彩色图片 5-8 材料在两个 互相垂直偏振 片中的干涉条纹
物理学史	布儒斯特简介			
H5 动画	光的各种 偏振状态	左旋光和右旋光		

第6章 光的吸收、散射和色散

光通过物质时,它的传播情况就会发生变化.这种变化主要表现在两个方面:第一,光束愈深入物质,强度将愈减弱,这是由于一部分光的能量被物质吸收,一部分光向各个方向散射;第二,光在物质中传播的速度将小于真空中的速度,且随频率而变化,这就是光的色散现象.

光的吸收、散射和色散三种现象都是由光和物质的相互作用引起的,实质上是由光和原子中的电子相互作用引起的,它们是不同物质的光学性质的主要表现.对这些现象的讨论有助于提供原子和分子结构的信息.本章着重于对现象的描述和介绍,并通过洛伦兹于1896年创立的经典电子论对这些现象作初步的解释.至于光和物质相互作用的严格理论,涉及量子力学和量子电动力学,这里暂不作介绍.

6.1 电偶极辐射对反射和折射现象的解释

6.1.1 电偶极辐射

光通过物质时,物质中的原子、离子或分子中的电荷在入射光电矢量的作用下做受迫振动.在光学的经典理论中,这是光和物质相互作用时的一个重要问题.经典理论不能完全正确地反映原子、离子或分子在这方面的行为,应该用量子理论加以处理.但用经典模型可以简单而直观地说明有关物质光学性质的许多主要现象.为此,我们可用一组简谐振子来代替实际物质的分子.每一振子可认为是一个电偶极子,由两个电荷量相等、符号相反的带电粒子所组成.偶极子的正、负电荷原来有各自的平衡位置,但在外电场的影响下,它们离开了平衡位置,彼此间的距离有了改变.并且我们假定偶极子之间有准弹性力相互作用着,就是说偶极子在外来光波的交变电磁场作用下做受迫简谐振动.

在图 6-1 中,用球坐标来表示电偶极子向周围辐射的电磁波的矢量关系,电偶极子的电矩矢量 p 沿着 z 轴,沿任一方向(极角为 θ)的波的电矢量 E 沿着经线,磁矢量 H 沿着纬线,各处的波都是线偏振的.

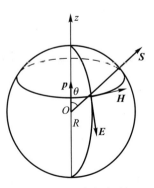

图 6-1 电偶极辐射

设 $p = ez$，$z = A\cos \omega t$，式中 e 为电子电荷量的值，z 为电子离开原点的距离，ω 为电子振动的圆频率，并设正电荷静止在坐标原点. 在电动力学中，可以证明电偶极子所辐射的电磁波的电矢量和磁矢量的值分别为

$$E = \frac{eA}{4\pi\varepsilon_0 c^2 R}\omega^2 \sin\theta\cos\omega\left(t - \frac{R}{c}\right)$$

$$H = \frac{E}{\mu_0 c} \qquad\qquad (6-1)$$

坡印廷矢量的绝对值为

$$|S| = |E \times H| = EH = \frac{1}{\mu_0 c}E^2$$

在介质中，

$$S = E \times H$$

因为

$$E \perp H, \sqrt{\varepsilon}\,E = \sqrt{\mu}\,H$$

故

$$|S| = |E \times H|$$

$$= \sqrt{\frac{\varepsilon_r \varepsilon_0}{\mu_r \mu_0}}E^2 = \sqrt{\frac{\varepsilon_0}{\mu_0}}nE^2 = \frac{n}{\mu_0 c}E^2$$

在真空中，坡印廷矢量的平均值（波的强度）等于

$$\bar{S} = \bar{I} = \frac{1}{\mu_0 c}\bar{E^2} = \frac{\mu_0 e^2 A^2 \omega^4}{32\pi^2 cR^2}\sin^2\theta \qquad (6-2)$$

上式中 R 表示观察者离偶极子的距离.

由(6-1)式可知，光在半径为 R 的球面上各点的相位都相等（球面波），且相位较原点处落后 R/c，但振幅则随 θ 角而变，这就引起波的强度 I（能流密度）在同一波面上的不均匀分布. 图 6-2 表示 I 和 θ 之间的关系：在赤道面上（$\theta = \pi/2$），I 最大；在两极，即偶极子轴线方向上（$\theta = 0$），$I = 0$.

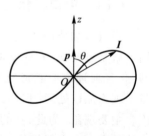

图 6-2　波的强度
与 θ 间的关系

6.1.2　电偶极辐射对反射和折射现象的初步解释

根据电偶极子模型，光在均匀物质中的直线传播以及在两种物质界面上的反射和折射的现象都可以得到初步说明. 这里应注意构成物质的原子或分子的线度的数量级为 10^{-8} cm，而可见光的波长的数量级为 10^{-5} cm. 因此在密度均匀的固态或液态物质中，可以认为在光的一个波长范围以内，分子的排列是非常有规律的，而且是非常密集的（甚至可以认为是连续的）. 光通过这种物质时，各分子将依次按入射光到达该分子时的相位做受迫振动. 做受迫振动的各分子将

依次发出次级电磁波,所有这些次级电磁波彼此间都保持一定的相位关系.

反射和折射是由于两种介质界面上分子性质的不连续性而引起的,也不难用上述模型来说明不同物质中为什么光的传播速度不同,同时结合惠更斯作图法,同样可以解释反射和折射定律.

借助于图6-2,还可用电偶极辐射的观点定性说明布儒斯特定律. 在图6-3(a)中,令 E_1 和 E_2 分别表示入射光和折射光中电矢量的振动方向. 图6-3(b)即图6-2的重绘. 它表示在折射率为 n_2 的介质中,一个分子电偶极子在 E_2 的作用下,沿着平行于 E_2 的 z 轴方向做受迫振动时所辐射的"次波". 当反射光方向垂直于折射光方向时,反射光方向恰和 z 轴平行,因而在这个方向上没有"次波",所以没有反射光,如果入射角不等于布儒斯特角,也就是图6-3(b)中的 z 轴不和反射光方向平行,其间的夹角为 θ(见图6-2),那么反射光的强度就不难用图6-2所示的矢量 I 的长度来确定. 该图仅画出一个偶极子,事实上我们应该考虑到第二介质中所有分子所发出的"次波"在该方向上的叠加,因此实际情况要复杂得多.

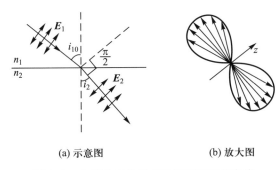

(a) 示意图   (b) 放大图

图6-3 电偶极子的观点说明布儒斯特定律

6.2 光 的 吸 收

6.2.1 一般吸收和选择吸收

一种物质总是对某一范围内的光呈透明状,而对另一些范围内的光却是不透明的. 譬如石英,它对可见光波段几乎都是透明的,而对波长 3.5~5.0 μm 的红外波段却是不透明的. 这说明石英对可见光的吸收甚微,而对上述红外光有强烈的吸收. 因此吸收光辐射或光能流是物质的一般属性,例如石英对可见光的吸收,称为<u>一般吸收</u>,它的特点是吸收很少,并且在某一给定波段内几乎是不变的;另一方面,石英对波长为 3.5~5.0 μm 的红外光却强烈地吸收,称为<u>选择吸收</u>,它的特点是吸收得很多,并且随波长而剧烈地变化. 任一物质对光的吸收都由这两种吸收组成.

由于物质的选择吸收,对于用来制作分光仪器的棱镜、透镜的材料,必须按

课外视频
光的反射和吸收

PPT ch6.2
光的吸收

视频 PPT ch6.2
光的吸收

所研究的波长范围进行选择. 例如在可见光区, 可用玻璃而不必选用石英, 但紫外线光谱仪中的棱镜, 则必须选用石英, 而在红外线光谱仪中的棱镜, 则常用岩盐或 CaF_2、LiF 等晶体制成.

6.2.2 朗伯定律

光通过物质时, 光波的电矢量使物质结构中的带电粒子做受迫振动, 光的一部分能量用来供给这种受迫振动所消耗的能量. 这时物质粒子若和其他原子或分子发生碰撞, 振动能量就可能转化成平动动能, 使分子热运动的能量增加, 因而物体发热. 在这种情况下这部分光能量转化为内能.

以下从实验角度来研究光的吸收现象. 如图 6-4, 设强度为 I_0 的平行光束进入均匀物质中一段距离 x 后, 强度已减弱到 I, 再通过一无限薄层 dx 时强度 I 又增加了 $dI(dI<0)$. 朗伯 (J. H. Lambert) 曾提出这样的假设: 光在同一吸收物质内通过同一距离后, 光能量中将有同样百分比的能量被该层物质所吸收. 可定义 $\alpha_a(\lambda)$ 为吸收系数,

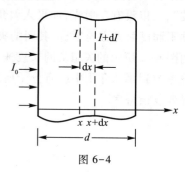

图 6-4

$$dI = -\alpha_a(\lambda)Idx$$

对于给定的波长 (用单色光照射时), $\alpha_a(\lambda)$ 可以认为是不变的, 右边的负号表示 x 增加 $(dx>0)$ 时, I 减弱 $(dI<0)$. 将上式积分, 即可求出在通过厚度为 d 的吸收层后的光强,

$$\int_{I_0}^{I} \frac{dI}{I} = -\alpha_a(\lambda)\int_0^d dx$$

或

$$\ln I - \ln I_0 = -\alpha_a(\lambda)d$$

由此得

$$I = I_0 e^{-\alpha_a(\lambda)d} \qquad (6-3)$$

上式为朗伯定律的数学表达式. 因为 (6-3) 式中 $\alpha_a(\lambda)$ 与 I 无关, 该式光强 I 是线性微分方程解, 故朗伯定律是线性规律. 在激光技术发明之前, 实验证明, 这定律是正确的. 然而激光的出现, 光和物质的非线性作用呈现出来. 在非线性光学领域里, 吸收系数依赖于光的强度, 朗伯定律不再成立.

物质的厚度按等差级数增加时, 光的强度按等比级数减弱. 厚度等于 $\alpha_a(\lambda)^{-1}$ 的薄层可使光的强度减少到原来的 $e^{-1} \approx 37\%$. 各种物质的 $\alpha_a(\lambda)$ 值可在一个很大的范围内变化: 对于可见光来讲, 压强为 101 325 Pa 的空气的 $\alpha_a(\lambda)$ 约等于 10^{-5} cm^{-1}; 玻璃的 $\alpha_a(\lambda)$ 约等于 10^{-2} cm^{-1}. 实验证明, 这个规律在光的强度变化非常大的范围 (约 10^{20} 倍) 内都是正确的. 实验又表明: 稀溶液的吸收系数与溶液浓度有关. 比尔 (A. Beer) 定律指出, 溶液的吸收系数 $\alpha_a(\lambda)$ 正比于溶液的浓度 C, 即 $\alpha_a(\lambda) = AC$, 式中 A 是一个与浓度无关的常量, 它表征吸收物质

的分子特性,因而(6-3)式可写成如下形式

$$I = I_0 e^{-ACd} \qquad (6-4)$$

上式为比尔定律的数学表达式. 该定律仅适用于物质分子的吸收本领不受其四周邻近分子的影响的情况. 当浓度很大时,分子间的相互影响不能忽略,此时比尔定律不成立. 因而朗伯定律始终成立,比尔定律有时不一定成立.

在比尔定律成立的情况下,根据(6-4)式,可以由光在溶液中被吸收的程度,来决定溶液的浓度,这就是吸收光谱分析的原理.

6.2.3 吸收光谱

彩色图片 6-2
吸收光谱

产生连续光谱的光源所发出的光,通过有选择吸收的介质后,用分光计可以看出某些线段或某些波长的光被吸收. 这就形成了吸收光谱. 当连续的发射光谱入射时,我们观察到被吸收的波长暗线. 稀薄的原子气体的吸收波段很窄(波长宽度约十分之几纳米),图 6-5 即为钠蒸气的吸收光谱. 气压增高时,吸收谱线变得模糊. 这是由于气体原子间距离减小,彼此间相互作用增强的缘故. 气体压强足够高时,吸收光谱中出现有一定宽度的吸收带,液体和固体的吸收区域相当宽,也是由于这个原因.

彩色图片 6-3
人眼感光细胞对光的吸收曲线

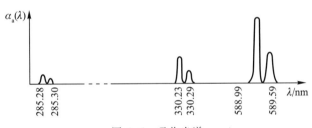

图 6-5 吸收光谱

吸收光谱的分析普遍应用于化学、航天、气象、环保、医学、食品安全等部门的研究工作中,例如极少量混合物或化合物中原子含量的变化,会在光谱中表现为吸收系数的很大变化. 所以在定量分析中,广泛地使用原子吸收光谱,例如检测蔬果的农药残余量. 地球大气对可见光、紫外线是很透明的,但对红外线的某些波段有吸收,而对其余一些红外波段则是透明的. 透明度高的波段,我们称为大气窗口. 在 $1 \sim 15\ \mu m$ 之间有 7 个窗口. 研究大气情况的变化与窗口的关系,对红外遥感、红外导航、红外跟踪、信息和航天等技术的发展有很大帮助. 此外,大气中主要的吸收气体为水蒸气、二氧化碳和臭氧,研究它们的含量变化,能为气象预报和环境污染监测提供必要的依据. 制作分光仪器中棱镜和透镜的材料必须对所研究的波长范围是透明的.

不同分子有显著不同的红外吸收光谱,即使是相对分子质量相同、其他物理化学性质也都相同的同质异构体,吸收光谱也明显不同,因此红外吸收光谱广泛用于化学研究及生产上. 例如从固体和液体分子的红外吸收光谱中了解分子的振动频率,有助于分析分子结构、分子力、化学动力学等问题.

第 6 章 光的吸收、散射和色散   253

6.3　光　的　散　射

在光学性质均匀的介质中或两种折射率不同的均匀介质的界面上,无论光的直射、反射或折射,都仅限于在特定的一些方向上,而在其他方向光强则等于零,我们沿光束的侧向观察就应当看不到光. 但当光束通过光学性质不均匀的物质时,从侧向却可以看到光,这种现象称为光的散射.

散射会使光在原来传播方向上的光强减弱,它遵从如下指数规律:

$$I = I_0 e^{-(\alpha_a + \alpha_s)d} = I_0 e^{-\alpha d} \qquad (6-5)$$

式中 α_a 是吸收系数, α_s 是散射系数. 两者之和 α 称为衰减系数,它表征光通过介质时因介质的吸收和散射的共同作用而使光强减弱的程度.

6.3.1　非均匀介质中散射的经典图像

光学性质的不均匀可能是由于均匀物质中散布着折射率与它不同的其他物质的大量微粒,也可能是由于物质本身的组成部分(粒子)的不规则的聚集;例如尘埃、烟(空气中散布着的固态微粒)、雾(空气中散布着的液态微滴)、悬浮液(液体中悬浮着固态微粒)、乳状液(一种液体中悬浮着另一种液体而不能相互溶解)以及毛玻璃等. 这种浑浊物质的特征是:这些杂质微粒的线度一般说来比光的波长小,它们彼此之间的距离比波长大,而且排列得毫无规则. 因此,它们在光作用下的振动彼此间没有固定的相位关系. 在任何观察点所看到的总是它们所发出的次级辐射的不相干叠加,各处均不会相消,从而形成了散射光.

6.3.2　散射和反射、漫反射和衍射现象的区别

光的散射现象之所以区别于直射、反射和折射现象,主要因为"次波"发射中心的排列不同:散射时是无规则的;而在直射、反射和折射时是有规则的,且物体的线度远大于波长. 不过应当注意,所谓规则,实际上仅有相对的意义,是相对于光的波长而言的. 以反射为例:反射定律仅在介质界面是理想光滑平面(镜面)的条件下才适用. 但任何物质的表面永远不可能是几何平面,而且由于分子的热运动,表面还在不断地变化着. 在一定的入射光波长范围内,只要界面上每一个不规则区域都非常小,即任何"凹"、"凸"部分的线度都远小于光的波长,就可以认为是理想的光滑平面. 天文学上曾用射电天文方法,将一束波长在1 m 以内的无线电波,用一个强大的雷达设备发往月球,然后在地面上接收从月球表面某一部分反射回来的电波. 发现反射波的方向严格遵从反射定律. 这说明月球表面的这部分对无线电波说来像镜子一样光滑平整. 然而从望远镜中观察,则看到月球表面部分是很粗糙的,说明月球表面在该处凹凸不平的线度最大不超过 1 m.

实际的镜面都不是理想的,因而会产生光的漫反射. 这时,可认为反射光束

是许多小镜面的反射光的叠加. 每一小镜面上不规则的凹凸部分的线度比光的波长小,因而衍射现象可以忽略不计,但每一小镜面的线度则远比光的波长大,因此光从这些小"镜面"反射时仍然可以认为遵循反射定律,只是这些小"镜面"的法线方向是杂乱无章的. 尽管如此,由于各次波中心的排列仍有某些不同的方向性,从侧面看,有些地方看不见光,所以漫反射和散射是不同的.

6.3.3　瑞利散射

图 6-6 所示为观察散射光的装置. 从强光源 S 发出的强烈的光束入射到装满水的玻璃容器,在水里加上几滴牛奶使之成为浑浊物质.

光通过上述一类物质后发生散射,垂直于入射光的传播方向(例如 z 方向)观察时,散射光呈青蓝色,即比入射光含有较多的短波;迎着入射光的方向(x 方向)观察,可看到通过容器的光显得比较红. 定量的光谱分析表明,如果入射光强度按波长的分布可用函数 $f(\lambda)$ 来表示,则散射光的强度的分布为 $f(\lambda)\lambda^{-4}$ 的形式. 这是瑞利(Rayleigh)对微粒

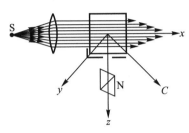

图 6-6　观察散射光的装置

散射所作精密研究的结论. 这种线度小于光的波长的微粒对入射光的散射现象通常称为**瑞利散射**. 这种散射光强度与波长的负四次方之间的关系称为**瑞利定律**. 它可用散射中心在入射光作用下发生受迫振动而发射次波的强度公式(6-2)式来作初步的解释. 沿和 x 轴成 θ 角的方向观察时,散射光强度和振子振动圆频率 ω 的四次方成正比,由于受迫振动的频率和入射光的频率相同,故次波(叠加起来就成为散射光)的强度与入射光波长的四次方成反比. 瑞利定律说明了散射光中短波占优势,所以白光散射后呈青蓝色,而直接通过散射物质的光,由于缺少了短波的成分,便显得比较红. 例如红光的波长($\lambda = 720$ nm)是紫光波长($\lambda = 400$ nm)的 1.8 倍,根据瑞利定律,在入射的紫光的光强与红光的光强相等的条件下,紫光的散射大约是红光的 1.8^4 倍约等于 10 倍. 但只有在微粒线度比光波的波长小的情况下,才能够观察到这种符合瑞利定律的散射. 若微粒线度超过了波长,那么,在微粒内各点入射光相位的差别便不可忽略,因而强度与波长之间就没有这种简单的关系了,这时 λ 的幂次将低于 4.

红光通过薄雾时比蓝光的穿透力强,正是由于红光散射较弱的缘故. 因此信号旗和信号灯常采用红色. 由于红外线的穿透力比红色的可见光更强,因而更适用于远距离照相或卫星遥感技术.

6.3.4　散射光的偏振性

虽然原来从光源发出的光是自然光,但从正侧方(图 6-6 中 z 方向)用尼科耳棱镜来观察时,可以看到散射光是线偏振的;沿斜方向 C 观察时,看到的是部分偏振光. 只有对着 x 方向观察时,才能看到仍旧是自然光. 这一点可说明如下:

先假定入射光是线偏振的,传播方向沿着 x 轴[见图 6-7(a)],电矢量 E 沿平行于 y 轴的方向振动.让我们考虑在各向同性介质中有某种微粒 P,光遇到它时发生散射.在 P 处由受迫振动所形成的电矩矢量 p 也平行于 y 轴,由此产生的次级电磁波是球面波,向各个方向传播时,波的电矢量 E' 都是在电偶极子轴线 DD' 所在的平面内.由于光是横波,矢量 E' 还必须垂直于波的传播方向.按(6-2)式,在赤道平面 $ABA'B'$ 上各点的振幅最大;在两极 D、D' 处,振幅等于零.沿任一方向 PF 来看,愈靠近 PA 或 PA' 时振幅就愈大;愈靠近 PD 或 PD' 时振幅就愈小.

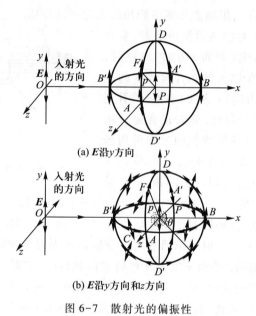

(a) E 沿 y 方向

(b) E 沿 y 方向和 z 方向

图 6-7　散射光的偏振性

如果上述入射光的矢量 E 改为在平行于 z 轴[见图 6-7(b)]的直线上振动,则只要将图 6-7(a)绕 x 轴转过 90°,即得各个方向上振幅的情况.但此时 A 和 A' 分别是两极,$BDB'D'$ 是赤道平面.

自然光的矢量在 Oyz 平面内沿着一切可能的方向振动,可平均地分解成 y 和 z 两个相等的分量.被微粒散射时,各个方向上的振幅可看做是以上两个分振动的合成.不难从图 6-7(b)看出从正侧面方向(例如 AP、$A'P$、DP、$D'P$、FP)观察时,散射光都是线偏振的,振动面垂直于入射光束的传播方向;纵向(即沿着 xP 方向)观察时,仍旧是自然光;从其他方向(例如 CP)观察时,散射光是部分偏振光.蜜蜂的眼睛能够感知光的偏振性,它利用散射光的偏振特性,并配合体内的生物钟来辨别方向,故蜜蜂能到远离蜂巢的地方采蜜并准确地返回自己的蜂巢.

以上讨论的散射介质,它的分子本身是各向同性的.如果介质分子本身就是各向异性的,则情况要复杂得多.例如当线偏振光照射某些气体或液体,从侧向观察时,散射光变成部分偏振的.这种现象称为退偏振.以 I_x 和 I_y 分别表示散射光沿着 x 轴和 y 轴振动的强度(仍用图 6-7 来表示),入射的偏振光沿 x 轴

传播,我们沿 z 轴观察. 此时观察到的部分偏振光的偏振度由下式表示:

$$P = \left| \frac{I_y - I_x}{I_y + I_x} \right|$$

通常又用下式来计算<u>退偏振度</u>:

$$\Delta = 1 - P$$

($H_2 : \Delta = 1\%$;$N_2 : \Delta = 4\%$;CS_2 蒸气:$\Delta = 14\%$;$CO_2 : \Delta = 7\%$)

对这一现象的解释也是瑞利提出的. 他认为退偏振度与散射分子的光学性质各向异性有关. 在这种分子里电极化的方向一般不与光波的电场矢量方向相同. 测量退偏振度可以判定分子的各向异性,因此也可以用来判断分子的结构. 克尔效应也是由于物质的各向异性. 这就使我们有可能确定克尔常量与退偏振度之间的关系,并且这一关系已被实验证实.

6.3.5 散射光的强度

从各个方向观察时,所看到的散射光的强度,对于入射光传播方向来说是对称的.

令任意选取的观察方向 CO 与入射光束的传播方向 x 轴之间的夹角为 α(见图 6-8). 选取 CO 与 x 轴共同确定的平面作为 Oxz 平面. 如果分子振子沿着 z 轴振动,则在分子间相互作用可略去不计的情况下,按(6-2)式,它们发出的次级波在 CO 方向上的强度为

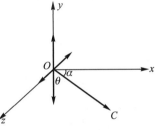

图 6-8　散射光强度的计算

$$I_z = \frac{1}{\mu_0 c} \overline{E_z^2} = \frac{\mu_0 e^2 A^2 \omega^4}{32 \pi^2 c R^2} \sin^2 \theta$$

$$= \frac{\mu_0 e^2 A^2 \omega^4}{32 \pi^2 c R^2} \cos^2 \alpha = I_0 \cos^2 \alpha$$

式中 I_0 为沿入射光方向($\alpha = 0$)散射光的强度. 如果分子振子沿 y 轴振动,则 CO 位于赤道平面(Oxz 面)内,此时(6-2)式中的 θ 应是图 6-8 中的 y 轴与 OC 的夹角,不论角 α 大小如何,θ 总是为 $\pi/2$,故

$$I_y = \frac{1}{\mu_0 c} \overline{E_y^2}$$

$$= \frac{\mu_0 e^2 A^2 \omega^4}{32 \pi^2 c R^2} \sin^2 \frac{\pi}{2} = I_0$$

如果入射光是自然光,则从 CO 方向观察到的散射光强度为

$$I_\alpha = \frac{1}{\mu_0 c} (\overline{E_z^2} + \overline{E_y^2}) = I_0 (1 + \cos^2 \alpha) \tag{6-6}$$

图 6-9 表示散射光强度在 Oxz 平面内按方向分布的曲线. 把图绕 x 轴旋转

180°,便可得自然光散射强度的空间分布图.

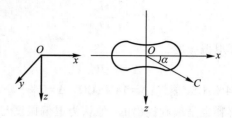

图 6-9　散射光强度的分布曲线

6.3.6　分子散射

　　在光学性质完全均匀的物质中,由于物质的原子性结构而存在着的不均匀性的线度远小于光波的波长,可略去不计,故光的散射作用不应该发生.但实际上即使用最精细的方法除去气体或液体中所有尘埃和一切其他悬浮微粒,也还可以通过某种方式观察到散射光.这是由于物质分子密度的涨落而引起的.因为密度的涨落取决于分子的无规则运动(有统计的意义),所以这种散射称为分子散射.

　　晴朗的天空所以呈浅蓝色,是由于大气的散射.大气散射一部分来自悬浮的尘埃,大部分则是密度涨落引起的分子散射.由于后者的尺度比前者小得多,所以瑞利定律的作用更明显.根据瑞利定律,浅蓝色和蓝色光比黄色和红色的光散射得更厉害,故散射光中波长较短的蓝光占优势.白昼的天空之所以是亮的,除了有阳光照射,还要靠大气散射.要是没有大气层,即使在白昼,人们仰望天空,也只能看到光芒炫目的太阳悬挂在漆黑的背景中,这是宇航员在太空中常见的景象.

　　清晨日出或傍晚日落时,看到太阳呈红色.这是因为此时太阳光几乎平行于地平面,穿过的大气层最厚(见图 6-10),所有波长较短的蓝光、黄光等几乎

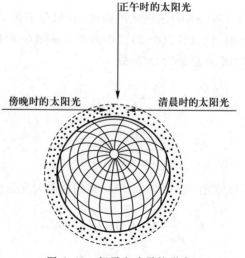

图 6-10　朝霞和晚霞的形成

都朝侧向散射,仅剩下波长较长的红光到达观察者(接近地面的空气中有尘埃,更增强了散射作用).但此时仰观天空时看到的仍是浅蓝色.而云块为阳光所照射,亦呈红色(朝霞、晚霞).正午时太阳光所穿过的大气层最薄,散射不多,故太阳仍呈白色.

云是由大气中的水滴组成的.由于这些水滴的半径与可见光的波长相比已不算很小,因而它们引起的光散射不属于瑞利散射,而属于米氏(Mie)散射.由于水滴产生的散射与波长的关系不大,所以云雾呈现白色.米氏散射理论在大气光学中占重要地位,它是人工降雨的理论基础.

通过深入研究散射光的性质,还能获得胶体溶液、浑浊介质和高分子物质的物理化学性质,测定微粒的大小和运动速率等,还可以通过测定激光在大气中的散射来测量大气中悬浮微粒的密度和其他特性,以确定大气污染的情况.

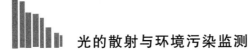

视窗与链接 　光的散射与环境污染监测

当今社会,空气中的污染物通常是悬浮的微粒,它们的直径从 0.01 mm 到 1 mm 不等.瑞利理论不能解释由这种微粒引起的散射.后来米氏证明较大微粒的散射取决于微粒线度与波长的比值.米氏指出,如果空气中有足够大的颗粒,它们将决定散射的情况.米氏散射理论可以解释我们看到的城市天空的景象.微粒越大,散射越多,同时散射效果还取决于波长.散射不仅在光谱的蓝色区域强烈,而且在绿到黄色部分也很强.所以穿过了较多受过污染的空气层的太阳光强度会削弱许多,同时看上去更红一些,因为它已经失去了它的蓝色、黄色和绿色成分.除了散射外,如 O_3 和水蒸气还会额外吸收光能.结果圆圆的太阳呈现黯淡、橘红的颜色,那么在受污染的空气中天空本身的颜色又如何呢?悬浮在空中的污染物时间一长便会聚集成层,较大的微粒在地面附近形成了较浓密层.当太阳光穿透该层时,会逐渐褪色,呈现出橘红色.散射的光失去了大量波长较短的光波,结果主要是红光得以穿透,使天空呈现暗红色.因为散射的光要穿过愈来愈浓密的空气层,所以在地球表面附近红色越来越重.污染物微粒通过绚丽多彩的天空颜色的微妙变化显示了它们的存在.其实,焰火表演就是局域的污染与微妙变化的产物.差分光学吸收光谱系统和激光雷达系统用于环境污染监测.

[**例 6.1**]　一个长为 30 cm 的玻璃管中有含烟的空气,它能透过约 60% 的光.若将烟粒完全除去后,则 92% 的光能透过.如果烟粒对光只有散射而无吸收,试计算吸收系数和散射系数.

[**解**]　若同时考虑吸收和散射的情况,则有

$$I = I_0 e^{-(\alpha_a + \alpha_s)d}$$

式中 α_a、α_s 分别为吸收系数和散射系数.

当烟粒完全除去时,仅需考虑吸收效应,则有

$$I = I_0 e^{-\alpha_a d}$$

$$\ln \frac{I}{I_0} = -\alpha_a d$$

故

$$\alpha_a = -\frac{1}{d} \ln 0.92 = -\frac{1}{30} (\ln 0.92) \quad cm^{-1}$$

$$= 2.78 \times 10^{-3} \quad cm^{-1}$$

当吸收和散射同时存在时,则有

$$\ln \frac{I}{I_0} = \ln 0.6 = -(\alpha_a + \alpha_s)d$$

故

$$\alpha_s = -\frac{\ln 0.6}{d} - \alpha_a$$

$$= -\frac{1}{d}(\ln 0.6 - \ln 0.92)$$

$$= -\frac{1}{30}\left(\ln \frac{15}{23}\right) \text{ cm}^{-1} = 1.42 \times 10^{-2} \text{ cm}^{-1}$$

[**例 6.2**]　若在白光中波长为 400 nm 的紫光与 720 nm 的红光具有相同的强度,试求在散射光中两者的比例是多少?

[**解**]　根据瑞利散射定律,散射光的强度与波长的四次方成反比,则

$$I_{紫} : I_{红} = \lambda_{红}^4 : \lambda_{紫}^4 = 720^4 : 400^4 \approx 10 : 1$$

这表明若入射的紫光和红光的强度相等,则紫光的散射约是红光的 10 倍. 因此观察白光的散射光时,总是偏蓝紫色的.

6.4　光 的 色 散

课外视频
光的色散

在星际空间(真空)里,光以恒定的速度传播,并且速度与光的频率无关. 这一事实在航天观测中被认为是相当可靠的. 在通过任何物质时,光的速度都发生变化,而且不同频率的光在同一物质中的传播速度不同. 这一事实在折射现象中明显地反映出来. 例如,白光通过棱镜或水晶时出现的色散现象是众所周知的. 早在公元 11 世纪,我国已有关于天然晶体的色散现象的记载. 北宋初年,杨亿(974—1020)著的《杨文公谈苑》一书中说:"嘉州峨眉山有菩萨石,人多收之,色莹白如玉,如上饶水晶之类,日射之有五色……",物质的折射率和光的频率有关,而折射率取决于真空中光速和物质中光速之比.

6.4.1　色散的特点

首先讨论一些色散现象的重要特点. 牛顿最早通过棱镜折射来观察色散现象,这个方法至今仍然很有价值. 在第 3 章中曾讲过利用最小偏向角来测定棱镜物质的折射率,那里用的光是单色的,所以并不显示色散现象. 在第 4 章中讲到棱镜摄谱仪的角色散率 $D = \mathrm{d}\theta/\mathrm{d}\lambda$,色散现象的主要特点就可用这个物理量来表示. 不同物质有不同的角色散率. 在同一物质的光谱中,在不同的波长区内,D 的值也是不同的. 图 6-11(a)和(b)分别表示用火石玻璃棱镜和冕牌玻璃棱镜摄取的氦的光谱. 从中可以看出紫色一端的角色散率要比红色一端的大,即谱线排列得稀疏不一. 这种由棱镜折射产生的色散光谱和由光栅所产生的衍射光谱[见图 6-11(d)]在谱线排列上有显著不同:后者是匀排的,前者是非匀排的. 比较图 6-11(a)和(b)还可看到,物质的折射率越大(火石玻璃),光谱展开得越宽,也就是角色散率越大. 图(c)为(b)的放大,使波长分别为 388.8 nm 和 667.8 nm 的谱线间的距离(两虚线间)和图(a)中的相等. 这样就可看到(a)和

（c）中对应的谱线位置并不完全一致,各种物质的色散没有简单的关系.

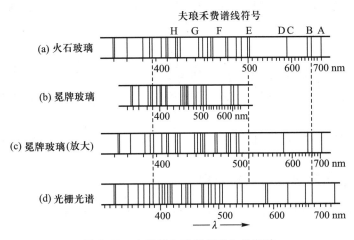

图 6-11　由棱镜和光栅所产生的光谱

同一种物质在不同波长区的角色散率有不同的值. 这表示折射率与波长之间有比较复杂的关系. 按（4-22）式,棱镜的角色散率为

$$D = \frac{2\sin(A/2)}{\sqrt{1-n^2\sin^2(A/2)}}\frac{dn}{d\lambda}$$

它是两个因数的乘积:第一个因数主要和棱镜的折射棱角 A 有关,第二个因数有关棱镜物质的色散特性,要研究色散,重要的是找出 $dn/d\lambda$ 在各波长区的值,或者找出 $n=f(\lambda)$ 的函数形式.

6.4.2　正交棱镜观察法

最清楚的显示色散方法是牛顿在他第一次研究工作中用过的所谓正交棱镜法,其实验装置如图 6-12 所示. 三棱镜 P_1 和 P_2 的折射棱 C_1 和 C_2 互相垂直,狭缝 S 平行于 C_1. 通过狭缝的白光经过透镜 L_1 后,成为平行光束,最后又经过透镜 L_2 而会聚于光屏 D 上. 如果棱镜 P_2 不存在,则光屏上得到水平方向（垂直于 C_1）的连续光谱 AH. 由于 P_2 的存在,使通过 P_1 以后的每一条谱线向上移动（移动方向垂直于 C_2）. 如果两棱镜的材料相同,则它们对于任一种给定波长的谱线产生相同的偏向,因而红色的一端（A′）向上移动得最少,而紫色的一端（H′）向上移动得最多. 结果,整个光谱 A′H′ 仍旧是直的,但和 AH 间有一倾斜角. 如果两个棱镜是不同材料制成的,那么光谱 A′H′ 变成了弯曲的,如图 6-13 所示. 弯曲光谱 A′H′ 是棱镜 P_2 使不同波长谱线移动而成的,移动的距离随着 P_2 材料对各波长的折射率 n 的增大而增加. 这是因为按（3-8）式最小偏向角 $\theta_0 = 2i_1 - A$,对应的折射角 $i_2 = A/2$,当 i_1 不大时,折射定律可写成 $i_1 = ni_2$,故 $\theta_0 = (n-1)A$. 偏向角的大小相当于这里谱线移动的距离,而最小偏向角 θ_0 又随 n 线性递增,故弯曲光谱的形状大致表示出 $n=f(\lambda)$ 的图形. 要正确地测定这一函数关系,可利用最小偏向角,由实验方法测出棱镜物质分别对不同的已知单色光的折射率(也可用全反射、干涉仪等方法). 例如对重火石玻璃所作这种测定的结果:当 $\lambda = 760$ nm 时,$n = 1.375$;当 $\lambda = 480.8$ nm 时,$n = 1.792$;等等.

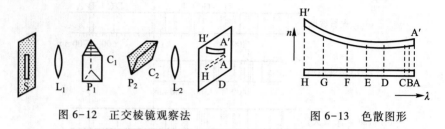

图 6-12　正交棱镜观察法　　　　　图 6-13　色散图形

6.4.3　正常色散与反常色散

在可见光区域附近,用上述方法测得的色散曲线如图 6-14 所示,用函数表示色散曲线为

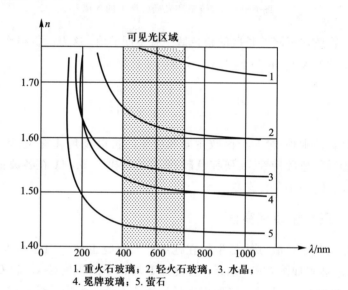

1. 重火石玻璃;2. 轻火石玻璃;3. 水晶;
4. 冕牌玻璃;5. 萤石

图 6-14　色散曲线

$$n = a + \frac{b}{\lambda^2} + \frac{c}{\lambda^4} \tag{6-7}$$

这一经验公式称为柯西(A. L. Cauchy,1789—1857)方程. 式中 a、b 和 c 均为正的常量,它们是由材料的性质决定的. 在大多数情况下,若精度要求不很高,波长变化的范围不大,只要取柯西公式的前两项就足够了,即

$$n = a + \frac{b}{\lambda^2}$$

对上式求导数,得到材料的色散关系:

$$\frac{\mathrm{d}n}{\mathrm{d}\lambda} = -\frac{2b}{\lambda^3} \tag{6-8}$$

这表明色散近似地与波长的三次方成反比,说明棱镜光谱是非匀排光谱.式中负号表示随着 λ 变化折射率减小.

色散曲线具有下列几个特点:

(1)波长愈短,折射率愈大;

(2)波长愈短,$dn/d\lambda$ 愈大,因而角色散率也愈大;

(3)在波长一定时,不同物质的折射率愈大,$dn/d\lambda$ 也愈大;

(4)不同物质的色散曲线没有简单的相似关系.

折射率和波长之间还有更复杂的关系,鲁氏(Le Roux)在 1862 年用充满碘蒸气的三棱柱形容器观察光在通过它时的折射,发现青色光的折射比红色光的小,两者之间的其他波长的光几乎全被碘蒸气吸收了,所以没有观察到.这是和上述的特点(1)相反的.鲁氏把这种现象称为反常色散,以区别于如图 6-14 所示的波长愈短、折射率愈大的正常色散.

在液体中也会出现反常色散的情况.研究充满了三棱柱形容器中的品红溶液的光谱,也可以看到在吸收带两边紫色光的偏转比红色光的小.

孔脱(Kundt)用正交棱镜法对反常色散进行的系统研究,发现了一个重要的定律:即反常色散总是与光的吸收有密切联系.任何物质在光谱某一区域内如有反常色散,则在这个区域内光被强烈地吸收.在靠近吸收区处,折射率的变化非常快,而且在波长较长的一边(图 6-15,右上方 M 点)的折射率比在波长较短的一边(图中 N 点)的折射率大得多.折射率变化的这种反常情况(即波长减小时,折射率也减小)出现在从 M 到 N 的区域内,在这里由于光被吸收,进行观察是相当困难的.曾经有人用待测物质做成一个顶角很小的棱镜,或者用待测物质做成薄膜并使用迈克耳孙干涉仪,精密地测量过几种染料(例如氰苷)的折射率.这些染料在可见光谱区域中有一吸收带.在吸收带内的折射率也可用这种方法很小心地测出来.图 6-16 表示在吸收区域内观察氰苷溶液色散所得出的实验曲线.在曲线上从 M 点到 N 点,折射率随着波长的减小而减小,即反常情况,在吸收区域外,折射率和波长的关系仍然相当于正常色散的情况,即折射率随着波长的减小而增加.近代观察微波在固体中的折射,用灵敏的检验器不难精密测定固体对各种频率电磁波的折射率.选择具有很宽吸收带的固体,在吸收带内作这种测定时,也能精密地得到类似图 6-16 所示的曲线.

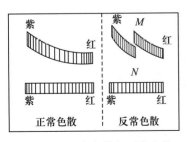

图 6-15　正常色散与反常色散

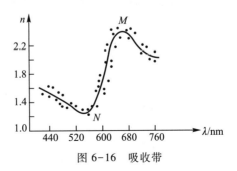

图 6-16　吸收带

伍德(R. W. Wood)在 1904 年曾设计一个实验来观察光在钠蒸气中的色

散,巧妙地显示出可见光范围内反常色散. 如图 6-17(a)所示,白光会聚到水平狭缝 S_1 上,通过透镜 L_1 而成平行光束,经光阑 S_2 而进入抽成真空的容器 V,容器中装有金属钠. 光从容器射出后,又通过透镜 L_2 而会聚到竖直的狭缝 S_3 上,然后再经棱镜 P_2(折射棱沿竖直方向)的折射展成水平方向的光谱. 由于有水平狭缝 S_1 的缘故,这光谱是很窄的. 在容器下面加热,同时冷却其上部,使容器内得到密度不均匀的钠蒸气,下面密度较大,上面较小. 这种密度递减的蒸气对于透射的光来说,V 是一个类棱镜,上面较薄(光程较短),下面较厚. 它的折射棱是水平的(垂直于图面),且与 P_2 正交. 实验结果证明,光谱移动后不是单纯地弯曲,而是在波长 589 nm 和 589.6 nm 附近再次表现出特殊的弯曲,并在这里呈现出两条暗的吸收谱线,图 6-17(b)显示了通过不同密度的蒸气形成的光谱. 当钠蒸气的密度大到使两条吸收线重叠为一带时,观察到的图中最上面的光谱;当钠蒸气的密度很小时,可观察到与两吸收线相对应的两个反常色散区域,如图中下面两个光谱所示。

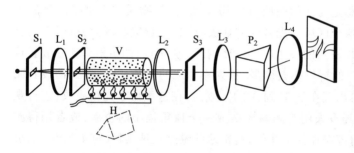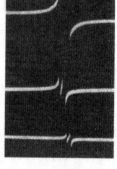

(a) 实验装置　　　　　　　　　　　　　　　　(b) 反常色散图样

图 6-17　反常色散实验装置及实验结果

　　如果将对一般物质(在可见光范围内是透明的)的折射率的测定扩展到红外光谱区域(只要物质仍是透明的),色散曲线也会显著地不同于正常情况,表现出图 6-18 所示的形状. 在可见光区域(曲线的 P 和 Q 之间),n 是和图 6-14 符合的. 当波长增加时,在红外区域内(曲线的 R 点),曲线下降开始变快. 到达红外区域的某一波段时,光不能透过. 这是一个选择吸收区域,它的位置取决于

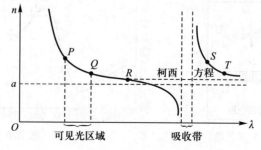

图 6-18　正常色散与反常色散曲线

各种物质的特性. 越过了吸收区域,到长波的一边,折射率数值突然增加到很大. 当波长继续增加时,折射率起初下降得很快,当离开吸收区域渐远时,曲线又渐渐变得平坦,从 S 到 T 的区域内,实验曲线又变为正常色散曲线.

后来人们发现任何物质在红外或紫外光谱中只要有选择吸收存在,在这些区域中就表现出反常色散(普遍的孔脱定律). 这就是说,"反常"色散实际上也是很普遍的,"反常"并不反常,当波长在两个吸收带中间并且远离它们时,所谓"正常"色散才发生. "反常"色散和"正常"色散仅是历史上的名词,由于沿用已久,所以就一直保存了下来.

除用光进行关于色散的观察外,人们还对无线电微波区波长较长的波段(数量级为 10^{-1} cm 以上)作了类似的测定,发现这段的折射率几乎已与波长无关. 另一方面也对波长极短(数量级为 10^{-8} cm)的 X 射线做了实验,发现折射率略小于1.赛班恩(K.M.Siegbahn)曾用棱镜使 X 射线折射,发现折射光线通过棱镜后向离开棱镜底面的方向偏折,这正是波在棱镜物质中的传播速度比真空中快的情况. 也可用这样的实验来证明:X 射线以近乎 $90°$ 的入射角(临界角很接近 $90°$,因为它的折射率只比 1 小百分之几)从真空射到固体平面时,发生全反射. 康普顿(A. H. Compton)曾利用这一特性把 X 射线掠射到一个普通的光栅上,在全反射光中形成衍射光谱,从而测定了它的波长.

[**例 6.3**]　由 $a = 1.539\ 74$ 和 $b = 4.562\ 8 \times 10^3\ \text{nm}^2$ 的玻璃构成的折射棱角为 $50°$ 的棱镜. 当棱镜的位置放得使它对 550 nm 的波长处于最小偏向角时,试计算这棱镜的角色散率?

[**解**]　根据角色散率的定义和棱镜的性质,得

$$D = \frac{d\theta}{d\lambda} = \frac{2\sin\dfrac{A}{2}}{\sqrt{1 - n^2\sin^2\dfrac{A}{2}}}\frac{dn}{d\lambda}$$

由柯西公式得折射率为

$$n = a + \frac{b}{\lambda^2} = 1.554\ 82$$

$$\frac{dn}{d\lambda} = -\frac{2b}{\lambda^3} = -5.484\ 9 \times 10^{-5}\ \text{nm}^{-1}$$

将 n 和 $\dfrac{dn}{d\lambda}$ 的数值代入前式,得

$$D = \frac{d\theta}{d\lambda} = \frac{2\sin\dfrac{50°}{2}}{\sqrt{1 - 1.554\ 82^2\sin^2\dfrac{50°}{2}}} \times (-5.484\ 9 \times 10^{-5}\ \text{nm}^{-1})$$

$$= -6.150\ 2 \times 10^{-5}\ \text{rad/nm}$$

*6.5　色散的经典理论

介质的色散表示介质对于波长不同的入射光有不同的折射率,即不同频率的光波在介

质中的传播速度不同.这一点曾经使麦克斯韦的光的电磁理论遇到过暂时的困难.因为按照麦克斯韦理论,折射率是只与电容率联系的一个常量而与光波频率无关.后来1896年洛伦兹创立的经典电子论解释了电容率,找到了电磁场的频率与电容率的关系,由此得到与折射率的关系,从而解决了麦克斯韦理论所遇到的困难,阐明了色散现象.

如果认为介质相对电容率 ε_r 不是常量,而是随着频率变化,并且能找出 ε_r 和频率的函数关系,那么仍可用麦克斯韦关系式 $n=\sqrt{\varepsilon_r}$ 推得色散方程 $n=f(\lambda)$.由于引用麦克斯韦这一关系式,不免仍是形式地、唯象地来考虑问题.考虑 ε_r 和频率的关系将从电偶极子模型的观点出发,ε_r 和电极化强度 P 以及外电场强度 E 之间有联系,即

$$P=\chi\varepsilon_0 E, \quad \varepsilon_r=1+\chi=1+\frac{P}{\varepsilon_0 E} \tag{6-9}$$

式中 P 是介质单位体积内电偶极矩的矢量和,即 $\sum_i \boldsymbol{p}_i/\Delta V$,$\boldsymbol{p}_i$ 是一个电偶极矩.在6.1节中已指出在任意一个分子或原子中可以认为正电荷是不动的,负电荷的位置用 r 来表示,这就是正、负电荷($\pm q$)之间的距离,它的方向从正电荷指向负电荷.电偶极矩为 $\boldsymbol{p}=q r$.假定所有电偶极子都有量值相等的电偶极矩,且每单位体积内共有 N 个这样的电偶极子,那么在同一外电场(入射光的电矢量)的作用下,它们的指向都相同.电极化强度的大小为 $P=Nqr$.因为振动总是沿着同一直线的,所以在以下的讨论中,只要考虑 r 和 P 的代数值的变化就可以了.

首先来计算一个电荷 q 在外电场 E 作用下相对于另一个静止电荷的振动.作用在这个电荷 q 上的有三个力,即(1)外电场的强迫力 qE;(2)准弹性力 $-\beta r$(见6.1节),这里 β 为劲度系数;(3)阻尼力 $-\gamma\dfrac{\mathrm{d}r}{\mathrm{d}t}$,这里 γ 为阻尼系数.β 和 γ 这两个系数都是常量,和频率无关,而且都是指单位质量的.这两个力的方向分别和 r 及 $\dfrac{\mathrm{d}r}{\mathrm{d}t}$ 相反,所以都用负号.设运动粒子的质量为 m.于是它的受迫振动方程可写为

$$qE-m\beta r-m\gamma\frac{\mathrm{d}r}{\mathrm{d}t}=m\frac{\mathrm{d}^2 r}{\mathrm{d}t^2}$$

假设入射光的电矢量(用复数表示)为 $E=E_0\mathrm{e}^{\mathrm{i}\omega t}$,且令 $\omega_0^2=\beta$,则上式变成如下形式:

$$\frac{\mathrm{d}^2 r}{\mathrm{d}t^2}+\gamma\frac{\mathrm{d}r}{\mathrm{d}t}+\omega_0^2 r=\frac{qE_0}{m}\mathrm{e}^{\mathrm{i}\omega t}$$

这式的稳态解为

$$r=\frac{\dfrac{qE_0}{m}\mathrm{e}^{\mathrm{i}\omega t}}{(\omega_0^2-\omega^2)+\mathrm{i}\gamma\omega}$$

于是电极化强度 P 为

$$P=Nqr=\frac{\dfrac{Nq^2}{m}E_0\mathrm{e}^{\mathrm{i}\omega t}}{(\omega_0^2-\omega^2)+\mathrm{i}\gamma\omega}=\frac{\dfrac{Nq^2}{m}}{(\omega_0^2-\omega^2)+\mathrm{i}\gamma\omega}E$$

代入(6-9)式,得

$$n^2=\varepsilon_r=1+\frac{P}{\varepsilon_0 E}=1+\frac{\dfrac{Nq^2}{m}}{\varepsilon_0 m[(\omega_0^2-\omega^2)+\mathrm{i}\gamma\omega]}$$

$$=1+\frac{Nq^2}{\varepsilon_0 m}\left[\frac{(\omega_0^2-\omega^2)-\mathrm{i}\gamma\omega}{(\omega_0^2-\omega^2)^2+\gamma^2\omega^2}\right]$$

或

$$n^2-1 = \frac{A(\omega_0^2-\omega^2)}{(\omega_0^2-\omega^2)^2+\gamma^2\omega^2}-\mathrm{i}\frac{A\gamma\omega}{(\omega_0^2-\omega^2)^2+\gamma^2\omega^2} \tag{6-10}$$

式中 $A=\dfrac{Nq^2}{\varepsilon_0 m}$. 如果 n 为实数,则要求上式右方的虚部等于零,即 $\gamma=0$.但这和原来假设的阻尼力不等于零不符. 发生这一矛盾是由于我们既然考虑了振子的阻尼力,就不应该不考虑入射光能量被吸收. 也就是说对入射光电矢量 $\boldsymbol{E}=\boldsymbol{E}_0\mathrm{e}^{\mathrm{i}\omega t}$ 的假设是错误的,E_0 不应该是常量. 设光在介质中沿着 x 方向传播,等幅波的表达式为

$$E = E_0\exp\left[\mathrm{i}\omega\left(t-\frac{x}{v}\right)\right]$$

$$= E_0\exp\left[\mathrm{i}\omega\left(t-\frac{nx}{c}\right)\right] \tag{6-11}$$

式中 v 为入射光在介质中的相速,c 为真空中的相速,n 为介质的折射率. 考虑到物质的吸收,入射光的振幅将随着 x 的增加而减小,衰减波的表达式可参照(6-3)式而写作

$$E = E_0\exp\left[-\sqrt{\alpha_a}\,x+\mathrm{i}\omega\left(t-\frac{x}{v}\right)\right]$$

$$= E_0\exp\left\{\mathrm{i}\omega\left[t-\frac{nx}{c}\left(1-\mathrm{i}\frac{c}{n\omega}\sqrt{\alpha_a}\right)\right]\right\}$$

式中 α_a 为吸收系数(所以用 α_a 的平方根,是因为强度正比于振幅的平方).

令

$$\frac{c}{n\omega}\sqrt{\alpha_a}=k, \quad n(1-\mathrm{i}k)=n' \tag{6-12}$$

衰减波的表达式可写作:

$$E = E_0\exp[\mathrm{i}\omega(t-n'x/c)] \tag{6-13}$$

比较(6-11)式和(6-13)式,可见只要以 n' 代替 n,等幅波的表达式即变为衰减波的表达式,$n'=n(1-\mathrm{i}k)$ 称为<u>复折射率</u>. 于是(6-10)式中的 n 也应该代之以 n',即

$$n'^2-1 = n^2(1-\mathrm{i}k)^2-1 = [n^2(1-k^2)-1]-2\mathrm{i}n^2k$$

$$= \frac{A(\omega_0^2-\omega^2)}{(\omega_0^2-\omega^2)^2+\gamma^2\omega^2}-\mathrm{i}\frac{A\gamma\omega}{(\omega_0^2-\omega^2)^2+\gamma^2\omega^2}$$

分开实部和虚部,得

$$2n^2k = \frac{A\gamma\omega}{(\omega_0^2-\omega^2)^2+\gamma^2\omega^2}$$

$$n^2(1-k^2) = 1+\frac{A(\omega_0^2-\omega^2)}{(\omega_0^2-\omega^2)^2+\gamma^2\omega^2} \tag{6-14}$$

如果不用圆频率 ω 而改用真空中的波长 λ,固有圆频率 ω_0 也改用 λ_0,因 $\omega=2\pi\nu=2\pi c/\lambda$,那么上式就变为

$$n^2(1-k^2) = 1+\frac{b\lambda^2}{(\lambda^2-\lambda_0^2)+\dfrac{g\lambda^2}{(\lambda^2-\lambda_0^2)}} \tag{6-15}$$

式中 $b = A\lambda_0^2 = \dfrac{1}{\varepsilon_0 m} N q^2 \lambda_0^2$，$g = \gamma^2 \lambda_0^4$，都是与 λ 无关的常量.

如果物质中有好几种带电粒子，它们的质量为 m_i，电荷量为 $q_i(i=1,2,\cdots)$，它们都能以各种固有频率 ω_i（对应于波长 λ_i）振动，则上式就变成

$$n^2(1-k^2) = 1 + \sum_i \cfrac{b_i\lambda^2}{(\lambda^2 - \lambda_i^2) + \cfrac{g_i\lambda^2}{(\lambda^2 - \lambda_i^2)}} \tag{6-16}$$

为了导出正常色散区域的柯西公式，可认为在吸收区以外入射光几乎不被吸收，即 $k \approx 0$，$g_i \approx 0$. 当 λ 远大于 λ_i 时，上式可展开成如下形式：

$$n^2 = 1 + \cfrac{b_i}{1 - \cfrac{\lambda_i^2}{\lambda^2}} \approx (1+b_i) + b_i\frac{\lambda_i^2}{\lambda^2} + \cdots$$

由于 $\lambda_i^2/\lambda^2 \ll 1$，故在这个展开式中，$\lambda_i^4/\lambda^4$ 以上高次幂各项都可略去. 若引入常量 $M = 1+b_i$ 及 $N = b_i\lambda_i^2$，则得

$$n = (M + N\lambda^{-2})^{1/2}$$

再度展开

$$n = M^{1/2} + \frac{N}{2M^{1/2}\lambda^2} + \frac{N^2}{8M^{3/2}\lambda^4} + \cdots$$

$$= a + \frac{b}{\lambda^2} + \frac{c}{\lambda^4} + \cdots$$

这就是（6-7）式.

习　题

6.1　一固体有两个吸收带，宽度都是 30 nm. 一带处在蓝光区（450 nm 附近），另一带处在黄光区（580 nm 附近）. 设第一带吸收系数为 50 cm^{-1}，第二带的为 250 cm^{-1}. 试绘出白光分别透过 0.1 mm 及 5 mm 的该物质后在吸收带附近光强分布的概况.

6.2　某种介质的吸收系数 α_a 为 0.32 cm^{-1}. 试求透射光强为入射光强的 0.1、0.2、0.5 及 0.8 倍时，该介质的厚度各为多少？

6.3　如果同时考虑到吸收和散射都将使透射光强度减弱，则透射光表达式中的 α 可看做是由两部分合成，一部分 α_a 是由于真正的吸收（变为物质分子的热运动），另一部分 α_s（称为散射系数）是由于散射，于是该式可写作 $I = I_0 e^{-(\alpha_a + \alpha_s)d}$. 如果光通过一定厚度的某种物质后，只有 20% 的光强通过. 已知该物质的散射系数等于吸收系数的 1/2. 假定不考虑散射，则透射光强可增加多少？

6.4　试计算波长为 253.6 nm 和 546.1 nm 的两条谱线瑞利散射的强度之比.

6.5　太阳光束由小孔射入暗室，室内的人沿着与光束垂直及与之成 45° 的方向观察这光束时，见到瑞利散射的散射光强度之比等于多少？

6.6　一束光通过液体，用尼科耳棱镜正对这束光进行观察. 当尼科耳棱镜主截面竖直时，光强达最大值；当尼科耳棱镜主截面水平时，光强为零. 再从侧面观察其散射光，在尼科耳棱镜主截面为竖直和水平两个位置时，光强之比为 20∶1，计算散射光的退偏振度.

6.7　一种光学玻璃对于波长 435.8 nm 和 546.1 nm 的折射率分别为 1.613 0 和 1.602 6,

试应用柯西公式来计算这种玻璃对波长 600 nm 的光的色散 $\dfrac{\mathrm{d}n}{\mathrm{d}\lambda}$.

6.8 一种光学玻璃对汞蓝光 435.8 nm 和汞绿光 546.1 nm 的折射率分别为 1.652 50 和 1.624 50.(1)试用柯西公式计算公式中的常量 a 和 b;(2)并求它对 589 nm 钠黄光的折射率 n 和色散 $\dfrac{\mathrm{d}n}{\mathrm{d}\lambda}$.

6.9 一个顶角为 60° 的棱镜由某种玻璃制成,它的色散特性可用柯西公式中的常量 $a = 1.416, b = 1.72 \times 10^{-10}$ cm² 来表示.将棱镜的位置放置得使它对 600 nm 的波长产生最小偏向角.试计算这个棱镜的角色散率为多少.

6.10 波长为 0.67 nm 的 X 射线,由真空入射到某种玻璃时,在掠射角不超过 0.1° 的条件下发生全反射.试计算玻璃对这波长的折射率,并解释所得的结果.

***6.11** 波长为 0.07 nm 的 X 射线,其折射率比 1 小 1.60×10^{-6},试求全反射时,X 射线的掠射角为多大?

***6.12** 对于波长 $\lambda = 400$ nm 的光,某种玻璃的折射率 $n = 1.63$,对 $\lambda' = 500$ nm 的光,其折射率 $n' = 1.58$.假如柯西公式的近似形式 $n = a + \dfrac{b}{\lambda^2}$ 适用,试求此种玻璃对波长为 600 nm 的光的色散 $\dfrac{\mathrm{d}n}{\mathrm{d}\lambda}$ 值.

***6.13** 研究性课题:PM2.5 与大气环境污染检测.

第6章拓展资源

MOOC 授课视频	授课视频 5.3a Scattering of Light-Theory 光的散射理论	授课视频 5.3b Scattering of Light-Examples 光的散射范例	
PPT	视频 PPT ch6.2 光的吸收	PPT ch6.2 光的吸收	
彩图	彩色图片 6-1 水的选择吸收 a	彩色图片 6-1 水的选择吸收 b	彩色图片 6-2 吸收光谱

彩色图片 6-3
人眼感光细胞对
光的吸收曲线

课外视频				
	课外视频 光的反射和吸收	课外视频 光的散射	课外视频 光的色散	课外视频 全彩虹

第7章 光的量子性

光的干涉和衍射现象说明光具有波动性,光的偏振现象说明光是横波. 麦克斯韦电磁场理论进而揭示了光的电磁本质,并很好地解释了光的干涉、衍射和偏振等波动现象. 光以有限速度传播以及光速的精确测定在建立光的电磁波学说方面起了重要的作用. 然而进一步研究辐射和物质的相互作用,发现了用光的电磁波理论无法解释的现象. 通过对这些现象的研究,建立了量子概念. 本章讨论光速测定,引出光的相速度和群速度的概念;介绍长度单位"米"的定义;然后讨论黑体辐射、光电效应和康普顿效应,阐述光具有波粒二象性的含义.

7.1 光速 "米"的定义

7.1.1 光速的实验室测定

测定光速势必要测量光所通过的距离和所需的时间. 由于光速很大,所以待测的距离极大而时间极短,这给实验室测定光速带来了困难. 历史上各种测量方法都试图在这两方面作改进,以期达到足够高的精确度. 较早的实验室测定有 1849 年斐索(H.Fizeau,1819.9—1896.9)的齿轮法和 1851 年傅科(Jean Foucault,1819.9—1868.12)的旋转镜法. 1926 年,迈克耳孙(Albert Micheison,1852.12—1931.5)在前人的基础上提出旋转棱镜法,改进了以前的方法. 他选择相距 35 373.21 m 的两个山峰,在山峰上各装一镜 A 和 B. 从光源 S 发出的光在钢质正八面棱镜 R 的 a 面上反射(见图 7-1),借助于平面镜 c 和 c′射向凹面镜 A,并且以平行光束反射到装置在附近山头上的另一个凹面镜 B 上,然后会聚到平面镜 B′,再沿原来的光路反射回去,到达 A 镜,最后又借助于平面镜 d′和 d,射向棱镜的 b 面,经平面镜 p 最后成像于 S′点. 当棱镜不动时,b 面和 a 面相对,当棱镜转动时,可以选择这样的角速度,使在光来回一次所经历的时间内,棱镜恰好转过 1/8 周,当 b′面转到 b 面的位置上时,光在 b′面再一次发生反射. 在这样的条件下,像仍然在原来的位置 S′处. 这样可以比以往的实验更精确地测定光来回反射所需的时间. 在迈克耳孙的实验中,棱镜的旋转速度为 528 r/s. 但是在距离这样远的情况下,不能不考虑到空气的不均匀性,而这种不均匀性是无法测量的,因而换算为真空中的光速时有困难. 为此,迈克耳孙曾设法使光在抽去空气的管子里来回反射. 不幸的是,他却在 1931 年去世了. 皮尔逊(F.Pearson)和皮斯(F.G.Pease)两人于 1935 年完成了这项工作. 在他们的实验中,管长等于 1.6 km,光在里面往返 10 次,光程的总长度差不多达到 16 km,这样测得真空中的光速为 $c=(299\ 774\pm2)\ \text{km/s}$.

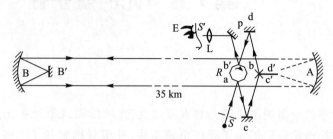

图 7-1　旋转棱镜法测光速

现代对光速的测定有了更为完善的遮断法. 其中最好的是采用克尔盒的遮断法. 克尔盒为盛有介质的两端透光的容器,内有平行板电容器,其两极板作为电极. 将一频率固定的交流电压同步地接在两个克尔盒 K_1 和 K_2 上. K_1 放在如图 7-2 所示的正交的尼科耳棱镜之间,仅当电压加在盒上时,光才能通过克尔盒及尼科耳棱镜所组成的系统. 光通过有克尔盒 K_1 的第一个系统到达 M 镜,反射后再射入有克尔盒 K_2 的第二个系统. 在光由 K_1 盒传播到 M 镜并且反射到 K_2 盒的时间 t 内,若盒上电压降到零,则放在 K_2 后的尼科耳棱镜 N_3 中将没有光通过. 由交流电压的已知频率测定时间 t,再测定光所经过的距离,即可求出光速. 应用高频电场,能在 1 s 内进行 10^7 次的遮断. 由于克尔效应的弛豫时间极短,使光被遮断和重现的过程可以迅速交替,从而大大提高了测量的精确度. 1941 年安德孙(P.W.Anderson)改进了这个实验,只用了一个克尔盒,并使整个实验装置能安装在实验桌上. 他所测得的结果为 $c=(299\ 776\pm6)\ \text{km/s}$. 贝格斯特兰(E.Bergstrand)在 1951 年进一步改进了这一实验装置,他所测得的结果为 $c=(299\ 793.1\ \pm0.3)\ \text{km/s}$.

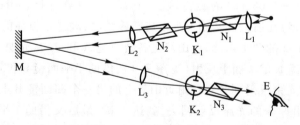

图 7-2　遮断法测光速

激光器的问世把光速的测定推向一个新阶段. 1970 年美国国家标准局和美国国家物理实验室最先运用激光测定光速. 这个方法的原理是同时测定激光的波长和频率来确定光速($c=\nu\lambda$). 由于激光的频率和波长的测量精确度已大大提高,所以用激光测速法的测量精度可达 10^{-9},比以前最精密的实验方法的精度高了约 100 倍. 1975 年第 15 届国际计量大会通过决议:现代真空中光速的最可靠值是

$$c=299\ 792\ 458\ \text{m/s}$$

7.1.2 长度单位"米"的定义

天文学家是以光年作为长度单位的,因此期望有一个不变的光速值.为此国际计量局长度咨询委员会(CCL)确认,不管长度和时间单位的定义将来是否改变,光速值将维持不变.1983年10月20日,在巴黎举行的第17届国际计量大会通过:

"米是光在真空中(1/ 299 792 458) s 时间间隔内所经路径的长度."

重新定义米的意义在于:把真空光速值规定为(c=299 792 458 m/s)一个固定的常量,真空光速值在物理学中不再作为一个可以测量的量,而是一个常量,并把它作为物理学中的一个基本常量规定下来.由于重新定义"米"使真空中的光速值保持不变,能够提高测量其他基本物理常量的精度.另外,也有可能在真空光速值的基础上,使其他物理量的基本单位也用基本常量来定义.由于光速已成为定义值,它的不确定度为零,不需要再进行任何测量,从而结束了历时三百多年精确测量光速的历史.

在使用米原器作为标准的时代,对米原器的保存做了很多具体的规定,以免一旦损坏,会对整个世界的计量带来困难.1907年迈克耳孙因发明干涉仪并用光波干涉实现米的定义,被授予诺贝尔物理学奖.1960年第十一届国际计量大会规定:"米的长度等于氪86原子的$2p_{10}$和$5d_5$能级之间跃迁的辐射光波在真空中波长的1 650 763.73倍."从此各个国家和国际组织摆脱了不同米尺间的直接比对,而可以采用另一套完全不同的设备来复现米的定义.1997年又有7种标准激光波长被推荐来复现标准长度,代替了原先基于非相干光波长的比对.于是在进行国际长度比对时,可以利用不同的激光频率进行拍频比对,而不是根据同一波长激光得到的长度进行对比.从而大大提高了长度标准的准确度.

物理学史
国际单位制
SI迎来历史
性变革

1983年以来的米的定义中,引入光在真空中的传播速度这一物理常量来复现长度标准,从而把长度标准和时间标准联系起来.

时间是最基本最重要的物理量.但时间是流逝的过程,时间标准不能像长度或质量标准那样固定地保存起来.对时间标准的要求是它的周期均匀性或稳定性.以地球自转或以地球公转的周期所导出的时间单位,其稳定性分别是10^{-8}和10^{-9}数量级.

物理学史
国际单位制
"大修"通过
历史性表决

在国际单位制中,时间标准"秒"的定义是,铯133原子基态的两个超精细能级之间跃迁所对应的辐射的9 192 631 770个周期的持续时间,即频率为9.193 GHz.这个时间标准的精确度约为10^{-15},是国际单位制的其他物理量中精确度最高的.但这个辐射是在频率$10^8 \sim 10^9$ Hz的微波波段,与光频10^{14} Hz相差5个数量级.光频只有通过微波才能被间接测量,过程相当繁复.20多年来只被测量过两次.

物理学史
第 26 届国
际计量大会
(CGPM)关
于 国际 单位
制 SI 的修订
的 1 号决议

2018年11月16日,法国巴黎举行的第26届国际计量大会(CGPM)经60个成员国表决,通过了关于"修订国际单位制"的决议.根据决议,国际单位制基本单位中的4个,即千克、安培、开尔文、摩尔分别改由普朗克常量、元电荷、玻耳兹曼常量、阿伏伽德罗常量定义.决议将于2019年5月20日正式生效.此次国际单位制的修订,第一次使所有的基本单位和导出单位都建立在恒定不变、全球通用的常量上，国际测量界多年的夙愿成为了现实.

2005 年的诺贝尔物理学奖被授予给亨施(T. W. Hansch, 1941—　)和霍尔(J. L. Hall, 1934—　)，由于他们在精密激光光谱和光梳方面的开创性研究工作. 1999 年，德国马普研究所的亨施小组利用飞秒(10^{-15} s)锁模脉冲激光器产生的光学频率梳(简称"光梳")实现了对铯原子两超精细能级结构间跃迁谱线的绝对频率测量. 紧接着，美国国家标准与技术研究所和美国科罗拉多大学联合研究所的霍尔小组利用光子晶体光纤将光梳的频谱展宽，得到从绿光(约530 nm)到近红外(约 1.06 μm)的彩色连续光波输出，使光频谱基本覆盖整个可见光及近红外区域. 然后采用自参考相位控制技术，对光梳的频率实现了高精度的控制，能把光频和微波频率直接连接起来，再通过发展成熟的微波频率记录设备显示出来. 也就是将光频直接与国际标准"秒"定义相联系. 2003 年进行了首次国际光梳比对研究，由国际计量局(BIPM)、美国国家标准与技术研究所(NIST)和华东师范大学参加的四台光梳装置进行. 结果表明，用光梳实现频率合成的不确定度为 10^{-19}. 这将为未来的时间标准(即光钟)和更精确的长度标准的建立奠定扎实的基础.

2009 年霍尔教授受聘为华东师范大学客座教授.

2012 年 5 月有报道说，光频梳的创造者研发了新激光频率梳器件，用于回答最关键的科学问题：是否存在像地球一样可以支持生命存在的行星. 新激光频率梳器件有几个特点：第一，首次用于测量太阳以外星球发射的红外光频率. 所用的频率梳的膜间距为 30 GHz，比典型的 100 MHz~1 GHz 大很多，覆盖了 1 000~1 200 nm 光谱范围；第二，整个装置是可提携式的，便于从实验室搬到 McDonald 观测站，与直径为 9.2 m 的 Hobby-Eberly 望远镜一起运转；第三，天文学观察都在可见光频谱区，新激光频率梳器件运转在近红外区.

在地球附近有许多 M 星，它们距离地球 30 l. y.，是探测生命迹象的主要对象. M 星的核熔融发射白光，其中某些色带被大气吸收. 而且，M 星也会受轨道行星引力的吸引而晃动，使其产生的特征指纹光谱发生周期性变化. 因此，天文学家要精确测定它们，必须寻找 M 星所发的随时间变化的视色谱. 新激光频率梳将对此获得积极成果.

7.1.3　光的相速度和群速度

授课视频
相速度和群速度 1

折射率是光在真空中和介质中传播速度的比值，即 $n=c/v$，通常可以通过测定光线方向的改变并应用折射定律($n = \sin i_1/\sin i_2$)来求它. 但原则上也可分别实测 c 和 v 来求它们的比值. 用近代实验室方法，不难对任何介质中的光速进行精确的测定，例如水的折射率为 1.33. 用这两种方法测得的结果是相符的，但对二硫化碳，通过测量光线方向的改变的折射法测得的折射率为 1.64；而 1885 年迈克耳孙用实测光速求得的比值则为 1.75，其间差别很大. 这绝不是由实验误差所造成的. 瑞利找到了这种差别的原因，他对光速概念的复杂性进行了说明，从而引出了相速度和群速度的概念.

波的表达式总是 t 和 r 的函数，可以写成以下形式：

$$E = A\cos(\omega t - kr) \tag{7-1}$$

式中 r 是光传播距离，$\omega = 2\pi\nu$ 和 $k = 2\pi/\lambda$ 都是不随 t 和 r 而改变的量. 故相位

不变的条件为

$$\omega t - kr = 常量$$

由此得

$$\omega \mathrm{d}t - k\mathrm{d}r = 0$$

或

$$\frac{\mathrm{d}r}{\mathrm{d}t} = v = \frac{\omega}{k} = \nu\lambda \tag{7-2}$$

(7-2)式表示的相位速度乃是严格的单色波(ω 有单一的确定值)所特有的一种速度,单色波以 t 和 r 的余弦函数表达,ω 为常量. 这种严格的单色波的空间延续和时间延续都是无穷无尽的余弦(或正弦)波,但是这种波仅是理想的极限情况. 实际遇到的永远是形式不同的脉动,这种脉动仅在空间某一有限范围内、在一定的时间间隔内发生,在时间和空间上都是有起点和终点的. 任何形式的脉动都可看成是由无限多个不同频率、不同振幅的单色正弦波或余弦波叠加而成的,即可将任何脉动写成傅里叶级数或傅里叶积分的形式. 在无色散介质中所有这些组成脉动的单色平面波都以同一相速度传播,那么该脉动在传播过程中将永远保持形状不变,整个脉动也永远以这一速度向前传播. 但是除真空以外,任何介质通常都具有色散的特征. 也就是说,各个单色平面波分别以不同的相速传播,其大小随频率而变,所以由它们叠加而成的脉动在传播过程中将不断改变其形状. 在这种情况下,关于脉动的传播速度问题就变得比较复杂了. 观察这种脉动时,可以先认定它上面的某一特殊点,例如振幅最大的一点,而把这一点在空间的传播速度看做是代表整个脉动的传播速度. 但是由于脉动形状的改变,所选定的这一特殊点在脉动范围内也将不断改变其位置,因而该点的传播速度和任何一个作为组成部分的单色平面波的相速都将有所不同. 按照瑞利的说法,这个脉动称为波群. 因而脉动的传播速度称为群速度,简称群速. 现在仅就一个简化的例子来讨论两种速度的关系.

授课视频
相速度与群
速度2

假设脉动由两个频率相近且振幅相等的单色简谐波叠加而成. 在这个简化的例子中,现象的主要特征仍然保留无遗,这两个单色余弦波可用下列两式表示:

$$\left.\begin{array}{l} E_1 = A\cos(\omega_1 t - k_1 r) \\ E_2 = A\cos(\omega_2 t - k_2 r) \end{array}\right\} \tag{7-3}$$

这里假设两个单色波的频率和波长彼此相差很小,可以认为

$$\omega_1 = \omega_0 + \delta\omega, \quad \omega_2 = \omega_0 - \delta\omega$$
$$k_1 = k_0 + \delta k, \quad k_2 = k_0 - \delta k$$

脉动为 E_1 和 E_2 之和,即

$$E = E_1 + E_2 = A\cos(\omega_1 t - k_1 r) + A\cos(\omega_2 t - k_2 r)$$

$$= 2A\cos\left(\frac{\omega_1 - \omega_2}{2}t - \frac{k_1 - k_2}{2}r\right) \times$$

$$\cos\left(\frac{\omega_1 + \omega_2}{2}t - \frac{k_1 + k_2}{2}r\right)$$

$$= 2A\cos(t\delta\omega - r\delta k)\cos(\omega_0 t - k_0 r)$$

引入符号

$$A_0 = 2A\cos(t\delta\omega - r\delta k) \tag{7-4}$$

将该脉动的形式仍旧写为

$$E = A_0\cos(\omega_0 t - k_0 r) \tag{7-5}$$

应当注意现在 A_0 不是常量,而是随时间和空间改变,但改变得很缓慢,因为 $\delta\omega$ 和 δk 比起 ω_0 和 k_0 来都是很小的量(这和频率相近的两个振动叠加时形成的拍相类似). 因此,如果不用严格的措辞,则可认为该脉动是一个振幅变化缓慢的简谐波. 图 7-3(a)表示两个简谐波(一个用实线,一个用虚线表示)的叠加,图 7-3(b)中虚线表示合振动缓慢的变化,形成一个脉动.

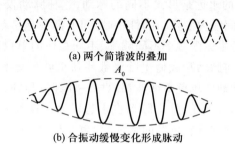

(a) 两个简谐波的叠加

A_0

(b) 合振动缓慢变化形成脉动

图 7-3　脉动波

设在该脉动上选定一个具有一定数值的 A_0 点(例如最大值)计算这一点向前移动的速度. 这个速度就代表脉动的传播速度(群速). 它既是波的一定振幅向前推进的速度,也是在一定的条件下运动着的脉动所具有的能量的传播速度[1]. 按(7-4)式,A_0 不变的条件为

$$t\delta\omega - r\delta k = 常量$$

注意 $\delta\omega$ 和 δk 是不随 t 和 r 而变的,故在不同时刻和不同地点 A_0 保持不变的条件为

$$\delta\omega \mathrm{d}t - \delta k \mathrm{d}r = 0 \quad 或 \quad \frac{\mathrm{d}r}{\mathrm{d}t} = \frac{\delta\omega}{\delta k}$$

而这里的 $\mathrm{d}r/\mathrm{d}t$ 是指群速度,于是

$$u = \frac{\delta\omega}{\delta k} \tag{7-6}$$

由此可见,单色波的特征在于用相速 $v = \omega/k$ 表示一定相位的推进速度,而任何脉动的一般特征在于用群速 $u = \delta\omega/\delta k$ 表示一定振幅的推进速度.

对于任何脉动,u 和 v 之间的一般关系式也不难找到. (7-2)式表示任何一个严格单色波的相速度 v 与 ω 及 k 之间的关系. 在考虑群速度 u 时,必须注意各个成分波(严格单色波)的相速度是随波长而变的,即 v 是 k 的函数. 按(7-2)式,$v = \omega/k$ 或 $\omega = vk$. 于是

---

① 在脉动形变不大和正常色散介质的条件下,群速代表脉动所具有的能量传播速度.

$$u = \frac{\delta \omega}{\delta k} = \frac{\delta(vk)}{\delta k} = v + k\frac{\delta v}{\delta k}$$

又因
$$k = \frac{2\pi}{\lambda}$$

故
$$\delta k = -\frac{2\pi}{\lambda^2}\delta\lambda$$

$$\frac{\delta v}{\delta k} = \frac{\delta v}{\delta\lambda}\frac{\delta\lambda}{\delta k} = -\frac{\lambda^2}{2\pi}\frac{\delta v}{\delta\lambda}$$

于是
$$k\frac{\delta v}{\delta k} = -\frac{2\pi}{\lambda}\frac{\lambda^2}{2\pi}\frac{\delta v}{\delta\lambda} = -\lambda\frac{\delta v}{\delta\lambda}$$

最后得任何脉动的一般瑞利公式

$$u = v - \lambda\frac{\delta v}{\delta\lambda} \tag{7-7}$$

上式给出群速 u 和相速 v 之间的关系. 由此可以看出, 群速与相速大小的差值与 λ 和 $dv/d\lambda$ 有关. $dv/d\lambda$ 表示相速随波长的变化率. 由于折射率的定义为 $n = c/v$, 是相速之比, 并随入射波长不同而不同, 所以 $\delta v/\delta\lambda$ 和 $dn/d\lambda$ 有密切关系. 只有在有色散介质中, 才必须区分群速和相速, 在真空中二者是没有区别的.

瑞利指出, 在测定光速的各种实验方法中, 就实质来看, 所用的都不是一列绵延不断的波, 而是把波分割成许多小脉动. 实际在色散物质中测量到的都是群速而不是相速. 光只有在真空中才没有色散, 即 $\delta v/\delta\lambda = 0$, 因而其群速和相速相等.

迈克耳孙在水和二硫化碳的实验中所测量到的是群速的比值, 不是相速的比值. 但在他的测定范围内水的 $\delta v/\delta\lambda$ 非常小, 以致实际上 $u = v$. 所以

$$\frac{c}{u} = \frac{c}{v} = n$$

在二硫化碳中, 则 $\delta v/\delta\lambda$ 较大, 因而 $u < v$. 他直接测得二硫化碳的折射率 1.64 是相速的比值 c/v, 用测量速度间接计算出来的 1.75 是群速的比值 c/u. 精确测量二硫化碳的色散值 $\delta v/\delta\lambda$, 证明迈克耳孙所测得的速度比值相当于瑞利公式所给出的群速的比值.

7.2 经典辐射定律

7.2.1 热辐射、基尔霍夫定律

物体向外辐射时将消耗本身的能量. 要长期维持这种辐射, 就必须不断地从外界补充能量. 在辐射过程中物质内部发生化学变化(如燃烧)的, 称为<u>化学</u>

发光. 用外来的光或任何其他辐射不断地或预先地照射物质而使之发光的过程称为光致发光(如荧光、磷光等). 由电场作用引起的辐射过程称为场致发光(如电弧放电、火花放电和辉光放电等). 通过电子轰击也可以引起固体(例如某些矿物)产生辐射,这称为阴极发光. 所有这些发光可统称为非热辐射. 物体处于一定温度的热平衡状态下的辐射称为热辐射. 太阳、白炽灯中光的发射即属此类. 用实验来观察热辐射现象,可以发现热辐射的光谱是连续光谱,并且辐射谱的性质与温度有关. 在室温下,大多数物体辐射不可见的红外光. 但当物体被加热到 500 ℃ 左右时,开始发出暗红色的可见光. 随着温度的不断上升,辉光逐渐亮起来,而且波长较短的辐射越来越多. 大约在 1 500 ℃ 时就变成明亮的白炽光. 这说明同一物体在一定温度下所辐射的能量,在不同光谱区域的分布是不均匀的,而且温度越高,光谱中与能量最大的辐射相对应的频率也越高. 此外,在实验中还发现在一定温度下,不同物体所辐射的光谱成分有显著的不同. 例如,将钢加热到约 800 ℃ 时,就可观察到明亮的红色光,但在同一温度下,熔化的水晶却不辐射可见光. 必须注意,热辐射不一定需要高温,任何温度的物体都发出一定的热辐射.

从实验结果可知:在单位时间内从物体单位面积向各个方向所发射的、频率在 ν 到 $\nu+\Delta\nu$ 范围内的辐射能 $\mathrm{d}W$ 与 ν 和 T 有关,而且当 $\mathrm{d}\nu$ 取得足够小时,可认为与 $\mathrm{d}\nu$ 成正比,即

$$\mathrm{d}W = M(\nu, T)\,\mathrm{d}\nu \tag{7-8}$$

式中 $M(\nu, T)$ 是 ν 和 T 的函数,称为该物体在温度 T 时发射频率为 ν 的单色辐射出射度(简称单色辐出度). 它的物理意义是从物体表面单位面积发出的、频率在 ν 附近的单位频率间隔内的辐射功率. 它反映了在不同温度下,辐射能量按频率分布的情况. $M(\nu, T)$ 的单位为 $\mathrm{W/m^2}$.

从物体表面单位面积上发出的各种频率的总辐射功率称为物体的辐射出射度(简称辐出度),用 $M_0(T)$ 表示. 在一定温度 T 时,这个量

$$M_0(T) = \int_0^\infty \mathrm{d}W = \int_0^\infty M(\nu, T)\,\mathrm{d}\nu \tag{7-9}$$

显然,$M_0(T)$ 只是温度的函数,它的单位是 $\mathrm{W/m^2}$. 对于各种不同的物体,特别在表面的情况(如光滑程度等)不同时,单色辐出度 $M(\nu, T)$ 是不同的,相应地 M_0 也是不同的.

另一方面,当辐射照射到某一不透明物体表面时,其中一部分能量将被物体散射或反射(对于透明物体,则还有一部分能量透过物体),另一部分能量则被物体吸收. 如以 $\mathrm{d}W$ 表示频率在 ν 到 $\nu+\mathrm{d}\nu$ 范围内,照射到温度为 T 的物体的单位面积上的辐射能,$\mathrm{d}W'$ 表示物体单位面积上所吸收的辐射能量,那么这二者的比值

$$A(\nu, T) = \mathrm{d}W'/\mathrm{d}W \tag{7-10}$$

称为该物体的吸收比. 按定义吸收比总是满足 $0 \leqslant A(\nu, T) \leqslant 1$,并且是一个量纲为 1 的量. 一切物体的吸收比都是随物体的温度和入射的辐射频率而改变的,

不同物体特别是各种不同的表面,吸收比也是不同的.

将温度不同的物体 P_1、P_2、P_3 放在一个密闭的理想绝热容器里(见图 7-4),如果容器内部是真空的,则物体与容器之间以及物体与物体之间只能通过辐射和吸收来交换能量. 当单位时间内辐射体发出的能量比吸收的能量多时,它的温度就下降,这时辐射就会减弱. 反之,辐射体的温度将升高,辐射也将增强. 这样,经过一段时间后,所有物体包括容器在内都会达到相同的温度,建立热平衡,此时各物体在单位时间内发出的能量恰好等于吸收的能量. 由此可见,在热平衡的情况下,单色辐出度较大的物体,其吸收比也一定较大;单色辐出度

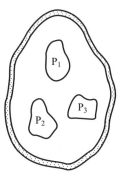

图 7-4　理想绝热容器

较小的物体,其吸收比也一定较小. 1859 年,基尔霍夫(G. R. Kirchhoff,1824.3—1887.10)根据热平衡原理得出这样一个定律[①]:物体的单色辐出度 $M(\nu,T)$ 和吸收比 $A(\nu,T)$ 的比值与物体的性质无关,而只是频率和温度的普适函数,即

$$\frac{M(\nu,T)}{A(\nu,T)}=f(\nu,T) \tag{7-11}$$

授课视频
黑体辐射

显然,对于一定的频率和一定的温度,$f(\nu,T)$ 是与物体性质无关的普适函数.

7.2.2　黑体辐射

我们知道,各种物体由于结构不同,对外来辐射的吸收以及它本身对外的辐射都不相同. 但是有一类物体的表面几乎不反射光,它们能够在任何温度下吸收射来的一切电磁辐射,这类物体曾经称为绝对黑体,现在简称黑体. 处于热平衡时,黑体具有最大的吸收比,因而它也就有最大的单色辐出度.

黑体的吸收比与频率和温度无关,是大小等于 1 的常量. 基尔霍夫定律可写成

$$\frac{M_b(\nu,T)}{A_b(\nu,T)}=M_b(\nu,T)=f(\nu,T) \tag{7-12}$$

其中下标 b 表示黑体,可见普适函数就是黑体的单色辐出度.

实际上黑体只是一种理想情况,但如果做一个闭合的空腔,在空腔表面开一个小孔,小孔表面就可以模拟黑体表面,如图 7-5(a). 这是因为从外面射来的辐射,经小孔射入空腔,要在腔壁上经过多次反射,才可能有机会射出小孔. 因此在多次反射过程中,外面射来的辐射几乎全部被腔壁吸收. 在实验中,可在绕有电热丝的空腔上开一个小孔来实现,如图 7-5(b)所示.

19 世纪末,物理学家从实验和理论两方面研究了各种温度下的黑体辐射,测量了它们的单色辐出度按波长分布的情况,得出像图 7-6 那样的实验曲线.

物理学史
黑体辐射规律的探索

---

①　基尔霍夫提出的是辐射本领与吸收本领的比值.

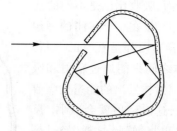

(a) 闭合空腔表面上的小孔，可模拟黑体表面

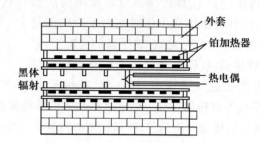

(b) 绕有电热丝的空腔上开一小孔，做实验用黑体

图 7-5　黑体

可以看出:每一条曲线都有一个极大值;随着温度的升高,黑体的单色辐出度迅速增大,并且曲线的极大值逐渐向短波方向移动.

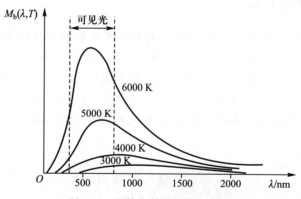

图 7-6　黑体辐射谱按波长分布

从(7-12)式可以看出,研究 $M_b(\nu, T)$ 就是研究 $f(\nu, T)$. 找出这个函数的形式,也就是从理论上解释实验所得的黑体辐射能量的分布曲线,这是热辐射理论的基本问题. 这个问题的解决,在历史上是有一个发展过程的. 1879 年斯特藩(J. Stefan,1835—1893)在实验中发现黑体的辐出度与热力学温度 T 的四次方成正比,即

$$M_0(T) = \int_0^\infty M_b(\nu, T) \, \mathrm{d}\nu = \sigma T^4 \qquad (7-13)$$

1884 年玻耳兹曼(L. E. Boltzmann,1844.2—1906.9)从理论上给出这个关系式,其中

$$\sigma = 5.670\ 51 \times 10^{-8}\ \text{W}/(\text{m}^2 \cdot \text{K}^4)$$

是一个普适常量,称为斯特藩–玻耳兹曼常量,这个规律称为斯特藩–玻耳兹曼定律.

7.2.3　黑体的经典辐射定律及其困难

斯特藩–玻耳兹曼定律只给出黑体所发射的包括一切频率在内的辐射总能量,而没有涉及单色辐出度 $M_b(\nu, T)$ 的函数形式. 在寻找这个函数的具体形式方面,1893 年维恩(W. Wien,1864.1—1928.8)取得了重大的进展. 他假设并研究了内壁具有理想反射面的密闭容器内的辐射,得到了黑体单色辐出度的公式:

$$M_b(\nu, T) = c\nu^3 f\left(\frac{\nu}{T}\right) \tag{7-14}$$

式中 c 是真空中的光速,f 是一个函数,维恩仅确定了这个函数的宗量为 ν/T,没有完全确定这个函数的形式. 但这已经预示了函数的某些性质,通常还把维恩公式表示成 λ、T 的函数:

$$M_b(\lambda, T) = \frac{c^5}{\lambda^5} f\left(\frac{c}{\lambda T}\right) \tag{7-15}$$

从该式可以看出,对于每一给定的温度,$M_b(\lambda, T)$ 都有一个最大值,这个最大值在光谱中的位置由波长 λ_m 决定,λ_m 的值可由 $\dfrac{\mathrm{d}M_b(\lambda, T)}{\mathrm{d}\lambda} = 0$ 的条件算出,结果是

$$T\lambda_m = b \tag{7-16}$$

式中 $b = 2.897\ 8 \times 10^{-3}\,\text{m} \cdot \text{K}$,是一个和温度无关的量.(7-16)式称为维恩位移定律. 它指出:当绝对温度增高时,λ_m 向短波方向移动. 当炽热物体的温度不够高时,辐射能量主要集中在长波区域,物体发出红外线和红赫色的光;当温度较高时,辐射能量的主要部分在短波区域,物体发出白光和紫外线. 这可算是维恩位移定律的粗略的实验依据.

图 7-7 说明了在 1 600 K 下的实验曲线与维恩公式符合的情况.

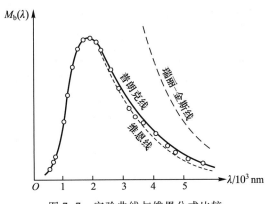

图 7-7　实验曲线与维恩公式比较

1900年瑞利(L.Rayleigh,1842.11-1919.6)与金斯(J.H.Jeans,1877.9-1946.9)试图把能量均分定理应用到电磁辐射能量密度按频率分布的情况中. 他们假设空腔处于热平衡时的辐射场将是一些驻波,根据能量均分定理,每一列驻波的平均能量都为kT,与频率无关,这样可以算出

$$M_\mathrm{b}(\nu,T)=\frac{2\pi}{c^2}\nu^2 kT \qquad\qquad (7-17)$$

式中c为真空中的光速,k为玻耳兹曼常量,$k=1.38\times10^{-23}$ J/K. 由关系式$\nu=\frac{c}{\lambda}$,$|\mathrm{d}\nu|=\frac{c}{\lambda^2}\mathrm{d}\lambda$ 及 $M_\mathrm{b}(\nu,T)\mathrm{d}\nu=M_\mathrm{b}(\lambda,T)\mathrm{d}\lambda$,可将单色辐出度从按频率的分布函数变换到按波长的分布函数,即

$$M_\mathrm{b}(\lambda,T)=\frac{2\pi c}{\lambda^4}kT \qquad\qquad (7-18)$$

(7-17)式和(7-18)式就是瑞利-金斯公式. 图7-7表示这个函数在长波区域和实验曲线很好地符合,但随着频率的增大,与实验的差距越来越大. 由(7-17)式可见,当$\nu\to\infty$(即$\lambda\to0$)时,$M_\mathrm{b}(\nu,T)\to\infty$,亦即频率最大的辐射(光谱的紫外部分)能量趋于无穷. 这显然是荒谬的,因为实验结果表示(见图7-7),随着波长的减小,$M_\mathrm{b}(\nu,T)$应趋向于零. 经典理论在短波端的这种失败被称为"发散困难"或"紫外灾难".

7.3　普朗克辐射公式

授课视频
普朗克辐射
公式

7.3.1　能量子假说

1900年,普朗克(Max Planck,1858.4—1947.10)在对黑体辐射的研究中推导出一个完全与实验相符合的理论结果. 他首先分析了瑞利-金斯公式所揭露的矛盾,指出"荒谬"是由认为每一个驻波的平均能量等于kT引起的,从而认为能量均分定理在空腔辐射的情况下可能不再成立. 然而经典辐射定律所给出的结果,在频率趋向零时与实验相符合,这就是说,能量均分定理所指出的驻波平均能量等于kT这一点,在频率趋向于零时是正确的,但在频率趋向无穷大(波长趋向于零)时,要使理论与实验相符合,平均能量应当趋于零. 因此要摆脱上述困难,在黑体辐射中必须抛弃能量均分定理. 导致能量按频率均分的结果是因为在经典理论中认为振子能量可连续变化的缘故. 因此普朗克提出一个新的想法:器壁振子的能量不能连续变化,而只能够处于某些特殊的状态. 这些状态的能量分立值为

物理学史
量子概念的
提出

$$0,E_0,2E_0,3E_0,\cdots,nE_0$$

其中n是整数.(后来人们发现这些可以允许的能量值为<u>能级</u>,而能量的不连续

变化就称为**能量量子化**. 在发射能量的时候, 振子只能从这些状态之一飞跃地过渡到其他的任何一个, 而不能停留在不符合这些能量的任何中间状态. 因而发射的能量也只能是 E_0 的整数倍. 这个允许变化的最小能量单位 E_0 称为**能量子**, 或简称**量子**.) 为了得到与实验相一致的理论公式, 普朗克还认为能量子的能量必须与频率 ν 成正比, 即

$$E_0 = h\nu \qquad (7-19)$$

h 是一个与频率无关, 也与辐射性质无关的普适常量, 称为**普朗克常量**. 现在精确测定的

$$h = 6.626 \times 10^{-34} \text{ J} \cdot \text{s}$$

根据玻耳兹曼分布, 一个振子在一定温度 T 时, 处于能量为 $E = nE_0$ 的一个状态的概率正比于 $\mathrm{e}^{-\frac{E}{kT}}$, 每个振子的平均能量为

$$
\overline{E}_\nu = \frac{\displaystyle\sum_{n=0}^{\infty} E \mathrm{e}^{-\frac{E}{kT}}}{\displaystyle\sum_{n=0}^{\infty} \mathrm{e}^{-\frac{E}{kT}}}
$$

$$
= \frac{\displaystyle\sum_{n=0}^{\infty} nh\nu \, \mathrm{e}^{-\frac{nh\nu}{kT}}}{\displaystyle\sum_{n=0}^{\infty} \mathrm{e}^{-\frac{nh\nu}{kT}}}
$$

$$
= \frac{h\nu}{\mathrm{e}^{\frac{h\nu}{kT}} - 1}
$$

由此可见, 当谐振子的能量取量子化值时, 能量均分定理不再适用. 当 $\nu \to 0$ 时,

$$
\mathrm{e}^{h\nu/kT} \to 1 + \frac{h\nu}{kT} + \cdots
$$

这时, $\overline{E}_\nu \to kT$; 当 $\nu \to \infty$ 时, $\mathrm{e}^{h\nu/kT} \to \infty$, 则 $\overline{E}_\nu \to 0$. 在图 7-8 中, 我们将能量平均值 $\overline{E}_\nu$ 对 ν 的函数的普朗克结果和经典结果作了比较. 显然, 普朗克结果表明随着

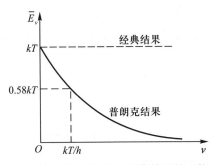

图 7-8 普朗克结果与经典结果的比较

频率的增加, $\overline{E}_\nu$ 从 kT 连续地降到零. 因此, 用普朗克所得的 $\overline{E}_\nu$ 值代替 (7-17) 式中的 kT, 就得到

$$M_b(\nu, T) = \frac{2\pi h\nu^3}{c^2} \cdot \frac{1}{e^{\frac{h\nu}{kT}} - 1} \qquad (7-20)$$

单色能量密度 $\omega(\nu)$ 与 $M(\nu, T)$ 存在如下关系: $\omega(\nu) = (4/c) M(\nu, T)$. 故上式又可写成

$$\omega(\nu) = \frac{8\pi h\nu^3}{c^3} \frac{1}{e^{h\nu/kT} - 1} \qquad (7-20')$$

将 (7-18) 式中的 kT 值用 $\overline{E}_\nu$ 代替, 并考虑到, $\nu = \dfrac{c}{\lambda}$, 则可写成

$$M_b(\lambda, T) = 2\pi h c^2 \lambda^{-5} \frac{1}{e^{\frac{hc}{\lambda kT}} - 1} \qquad (7-21)$$

(7-20) 式和 (7-21) 式就是普朗克的黑体辐射公式. 普朗克公式与实验结果的完全符合, 不仅解决了黑体辐射理论的基本问题, 而且揭示了有关辐射能量的量子性.

当 $h\nu \ll kT$ 时, 展开 $e^{h\nu/kT}$ 的幂级数, 并略去一次以上的项, 即得到

$$M_b(\nu, T) = \frac{2\pi h\nu^3}{c^2} \frac{1}{(1 + h\nu/kT + \cdots) - 1} \approx \frac{2\pi \nu^2}{c^2} kT$$

这就是瑞利-金斯公式. 因为 k 的数量级为 10^{-23} J/K, 所以当 $T \approx 10^3$ K 时, kT 的数量级为 10^{-20} J. h 的数量级为 10^{-34} J·s, 所以 $h\nu \ll kT$ 这个条件表示 $\nu \ll 10^{14}$ Hz, 也就是说, 在辐射的红外部分. 因此我们说, 普朗克公式在长波辐射中过渡到经典公式.

在 $h\nu \gg kT$ 的情况下, 其中指数项远大于 1, 所以 (7-20) 式中分母中的 1 可以略去, 因此我们得到

$$M_b(\nu, T) \approx \frac{2\pi h\nu^3}{c^2} e^{-h\nu/kT}$$

普朗克的这一短波极限, 实际上与维恩公式是同一形式. 维恩公式在低频部分 (远红外) 失败了, 而瑞利-金斯公式在高频部分 (紫外) 引发灾难. 只有普朗克公式在各个频段都与实验相符合.

普朗克假定线谐振子只能存在于一系列不连续的能态中, 最小的状态能量为零. 但实际上振子在最小的能量状态中, 也还具有能量 $\dfrac{1}{2}h\nu$, 这表明普朗克的推导尚未完善, 有待于用量子统计法来代替. 玻色和爱因斯坦应用一种量子统计形式, 导出了普朗克的辐射公式, 并在推导过程中, 从根本上消除了普朗克推导中存在的最后的经典痕迹, 即经典的玻耳兹曼分布.

普朗克公式也包含了斯特藩-玻耳兹曼定律(7-13)式和维恩位移定律(7-16)式,从它不仅可以推导出这两个定律的形式,还可从普适常量 h、k 和 c 算出这两定律中的常量 σ 和 b;或者反过来,从辐射实验中测得 σ 和 b,再计算出 h 和 k 的值来(见附录7.1和7.2),结果都和以不同的物理现象为根据的其他实验所测得的结果一致.

根据以上的讨论,已从理论上研究清楚黑体的辐射能与温度之间的关系,并得到一系列的黑体辐射定律.因此,利用黑体辐射定律可以确定黑体或近似黑体的物体(如熔铁炉)的温度.根据黑体辐射定律来测定温度的方法称为<u>光测高温法</u>.根据斯特藩-玻耳兹曼定律,辐射体的温度 T 可由直接测量单位时间内单位面积所发出的辐射总能量 $M_0(T)$,并按照(7-13)式计算出来,图7-9所示的辐射高温计就是根据这一原理制造的,将仪器对准远处的辐射源 S,由透镜 L 成像于 S'(在图上 ab 处),这里装置放着温差电偶或其他接收器.像的照度正比于辐射源的亮度,所以必须很精密地测量达到接收器的总辐射能量,并考虑到进入仪器的光束立体角大小(例如,可通过像面大小及仪器长度计算)以及在仪器里因反射和吸收等作用所产生的损失.由于较小的温度改变对应于 $M_0(T)$ 很大的改变,所以这种测量方法的准确度相当高.但是斯特藩-玻耳兹曼定律只适用于黑体,而实际的物体都不是黑体,因而用辐射高温计所测得的不是物体的实际温度,而仅是所谓<u>辐射温度</u>.辐射温度总是低于实际温度,必要时应加以校正.

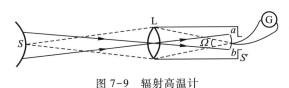

图 7-9　辐射高温计

7.3.2　宇宙辐射背景

大爆炸宇宙学被称为是当前的标准宇宙模型,而宇宙微波背景辐射的发现和测量对大爆炸理论的确立,起了极其重要的作用.

20世纪40年代,伽莫夫(George Gamow,1904.3—1968.8)提出宇宙起源的热大爆炸理论,认为宇宙起源于一百几十亿年前的一次大爆炸.宇宙诞生时温度很高,同物质处于热平衡的辐射应该是黑体谱.宇宙随后就膨胀和冷却,辐射同物质脱离热平衡.

课外视频
大爆炸

彭齐亚斯(A. Penzias,1933—　)和威耳孙(R. Wilson,1936—　)由于1964年发现宇宙微波背景辐射,获得了1978年的诺贝尔物理学奖.他们用一台卫星通信天线,在7.35 cm波长发现了来自宇宙的,强度相当于热力学温度3 K的辐射.大家认为这是大爆炸的余烬.瑞典科学院在颁奖决定中指出,他们的发现是"一项带有根本意义的发现,使我们能够获得很久以前在宇宙创生时期发生的过程信息."

根据大爆炸理论,初创时期的宇宙是高度热平衡的一团气体,背景辐射的亮度随频率的分布应该是普朗克的黑体辐射谱. 因宇宙背景辐射的温度很低, 辐射处于微波段, 强度也很低. 在 1964 年的发现后, 核心的问题就是要作更精细的测量, 证实微波背景辐射确实具有普朗克的黑体辐射谱的特征.

1989 年, 美国发射了宇宙背景探索者卫星 COBE(cosmic background explorer). 它在 30 多个波长上作测量, 结果与黑体辐射谱完全相符合. 背景辐射的温度也在很高精度上确定为 (2.728 ± 0.004) K, 从而对热大爆炸理论作出了精确而关键的验证.

视窗与链接　2006 年诺贝尔物理学奖

2006 年 10 月 3 日瑞典皇家科学院宣布, 将 2006 年诺贝尔物理学奖授予两位美国科学家约翰·马瑟(John C. Mather, 1945.8—　)和乔治·斯穆特(George F. Smoot, 1945.2—　), 以表彰他们发现了宇宙微波背景辐射的黑体形式和各向异性.

1989 年 11 月, 搭载着马瑟和斯穆特梦想的宇宙背景探索者卫星(COBE)升空, 9 min 后, COBE 卫星探测到完美的黑体辐射谱, 印证了 20 世纪 40 年代伽莫夫(Gamow)提出的大爆炸理论, 令大家欣喜若狂.

马瑟是该卫星远红外线绝对分光光度计首席研究员, 他记录的温度是 2.735 K, 误差不超过 0.005 K, 这证明微波背景辐射完全符合黑体辐射的特征. 他在 1990 年 1 月的天文学会议上, 展示这条曲线(见图 7-10)时, 与会人员全体起立欢呼.

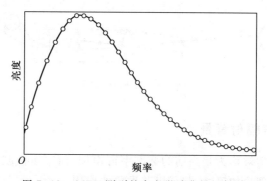

图 7-10　COBE 测到的宇宙微波背景辐射谱

在 COBE 项目中, 斯穆特负责用微波辐射计测量宇宙背景辐射在不同方向的微小温差, 即各向异性. 这种微小温差能够提供宇宙中的物质如何聚集的线索, 揭示星系和生命的起源和形成过程. 1992 年, 斯穆特在美国物理学会会议上宣布, 这个微小温差为十万分之一. 这是对宇宙大爆炸理论提供的最强有力的证据.

授课视频
光电效应

7.4　光电效应

普朗克提出了能量子概念以后, 许多物理学家都想从经典物理学中求得解释, 但始终无法成功. 为了尽量缩小与经典物理学之间的差距, 普朗克把能量子的概念局限于振子辐射能量的过程,而认为辐射场本身仍然是连续的电磁波. 直到 1905 年爱因斯坦(Albert Einstein,1879.3—1955.4)在光电效应的研究中, 才突破了普朗克的认识,看到了电磁波能量普遍都以能量子的形式存在. 从光 和微观粒子相互作用的角度来看,各种频率的电磁波都是能量为 $h\nu$ 的光粒子 (称为光子)体系. 这就是说,光不仅有波的性质,而且有粒子的性质.

7.4.1 光电效应及其实验规律

1886—1887 年,赫兹(Heinrich Rudolf Hertz,1857.2—1894.1)在证实电磁波 的存在和光的麦克斯韦电磁理论的实验过程中,已经注意到:当两个电极之一 受到紫外线照射时,两电极之间的放电现象就比较容易发生. 然而,当时赫兹对 这个现象并没有继续研究下去. 直到发现电子后,人们才知道这是由于紫外线 的照射使大量电子从金属表面逸出的缘故. 这种电子在光的作用下从金属表面 发射出来的现象称为光电效应,逸出来的电子称为光电子.

研究光电效应的实验装置如图 7-11 所示. 阴 极 K 和阳极 A 被封闭在真空管内,在两极之间加一 可变电压,用来加速或阻挡释放出来的电子. 光通 过石英小窗 W 照到阴极 K 上,在光的作用下,电子 从阴极 K 逸出,并受电场加速而形成电流. 这种电 流称为光电流.

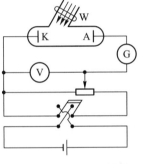

图 7-11 光电效应实验装置

实验结果发现,光和光电流之间有一定的依存 关系.

首先在入射光的强度与频率不变的情况下,当 加速电压 V 增加到一定值时,光电流达到饱和值 I_m. 这是因为单位时间内从阴极 K 射出的光电子全部到达阳极 A. 若单位时间内从 阴极 K 上逸出的光电子数目为 n,则饱和电流 $I_m=ne$. 式中 e 为电子电荷量.

另一方面,当电压 V 减小到零,并开始反向时,光电流并没降为零,这就表 明从阴极 K 逸出的光电子具有初动能. 所以尽管有电场阻碍它运动,仍有部分 光电子到达阳极 A. 但是当反向电压等于 $-V_g$ 时,就能阻止所有的光电子飞向阳 极 A,使光电流降为零,这个电压称为遏止电压,它使具有最大初速度的电子也 不能到达阳极 A. 如果不考虑在测量遏止电压时回路中的接触电势差,那么我 们就能根据遏止电压 $-V_g$ 来确定电子的最大速度 v_m 和最大动能,即

$$\frac{1}{2}mv_m^2=eV_g \tag{7-22}$$

在用相同频率不同强度的光去照射阴极 K 时,得到的 I-V 曲线如图 7-12 所示. 它显示出对于不同强度的光,V_g 是相同的. 这说明同频率、不同强度的光 所产生的光电子的最大初动能是相同的.

此外,用不同频率的光去照射阴极 K 时,实验结果是:频率越高,V_g 越大,并 且 ν 与 V_g 呈线性关系,如图 7-13. 频率低于 ν_0 的光,不论强度多大,都不能产生

光电子,因此,ν_0 称为截止频率或频率的红限,表示长波或低频一端的界限. 对于不同的材料,截止频率不同.

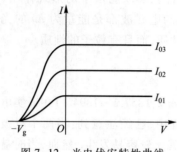

图 7-12　光电伏安特性曲线　　　　图 7-13　光电效应中的截止频率

总结所有的实验结果,光电效应的规律可归纳为如下几点:

(1) 饱和电流 I_m 的大小与入射光的强度成正比,也就是单位时间内逸出的光电子数目与入射光的强度成正比(参见图 7-12).

(2) 光电子的最大初动能(或遏止电压)与入射光的强度无关(见图 7-12,图中 I_{01}、I_{02}、I_{03} 表示入射光强度),而只与入射光的频率有关. 频率越高,光电子的能量就越大.

(3) 频率低于 ν_0 的入射光,无论光的强度多大,照射时间多长,都不能使光电子逸出.

(4) 光的照射和光电子的逸出几乎是同时的,在测量的精度范围内($<10^{-9}$ s)观察不出这两者间存在滞后现象.

7.4.2　光电效应与波动理论的矛盾

光能使金属中的电子释放,用经典理论是不难理解的. 我们知道金属里面有大量的自由电子,这些电子通常受到正电荷的引力作用,而被束缚在金属表面以内,它们没有足够的能量逸出金属表面. 但因光是电磁波,在它的照射下,光波中的电场作用于电子,迫使电子振动,给电子以能量,使电子有足够的能力挣脱金属的束缚而逸出表面. 因此按照光的电磁理论,可以预测:① 光越强,电子接收的能量越多,释放出去的电子的动能也越大. ② 释放电子主要决定于光强,应当与频率没有关系. 但是实验测量的结果却并不如此.

关于光照的时间问题,波动观点更是陷于困境. 从波动观点来看,光能量是均匀分布在它传播的空间的,由于电子截面很小,积累足够能量而释放出来必须要经过较长的时间(几十秒甚至几分钟),而实验事实却完全不是这样.

授课视频
爱因斯坦的
光电方程

7.5　爱因斯坦的量子解释

7.5.1　爱因斯坦的光子假设及其光电方程

为了解释光电效应的所有实验结果,1905 年爱因斯坦推广了普朗克关于能量子的概念. 前面已经指出普朗克在处理黑体辐射问题时, 只是把腔壁的振子能量量子化, 腔壁内部的辐射场仍然看做是电磁波. 然而爱因斯坦在光电效应的研究中指出: 光在传播过程中具有波动的特性, 而在光和物质相互作用的过程中, 光能量是集中在一些叫做光量子(或称光子)的粒子上. 从光子的观点来看, 产生光电效应的光是光子流, 单个光子的能量与频率 ν 成正比, 即

$$E = h\nu$$

式中 h 是普朗克常量.

把光子的概念应用于光电效应时, 爱因斯坦还认为一个光子的能量是传递给金属中的单个电子的. 电子吸收一个光子后, 把能量的一部分用来挣脱金属对它的束缚, 余下的一部分就变成电子离开金属表面后的动能, 按能量守恒定律应有

$$h\nu = \frac{1}{2}mv^2 + W \tag{7-23}$$

PPT ch7.5 爱因斯坦的量子解释

上式称为爱因斯坦光电效应方程. 其中 $\frac{1}{2}mv^2$ 为光电子的最大动能, W 为光电子逸出金属表面所需的最小能量, 称为逸出功.

7.5.2 对光电效应的量子解释

光子理论成功地解释了光电效应的规律.

第一, 因为入射光的强度是由单位时间到达金属表面的光子数目决定的, 而逸出的光电子(亦即吸收了光子能量的电子)数又与光子数目成正比, 这些逸出的光电子全部到达阳极 A 便形成了饱和电流. 因此饱和电流就与逸出的光电子数成正比, 也就是与达到金属表面的光子数成正比, 即与入射光的强度成正比.

第二, 由爱因斯坦方程 $h\nu = \frac{1}{2}mv^2 + W$ 可见, 对于给定的金属来说(其逸出功 W 为常量), 光子的频率 ν 越高, 光电子的最大动能 $\frac{1}{2}mv^2$ 就越大.

视频 PPT ch7.5 爱因斯坦的量子解释

第三, 如果入射光的频率过低, 以致 $h\nu < W$, 那么电子根本就不可能脱离金属表面. 即使入射光很强, 也就是这种频率的光子数很多, 但仍不会产生光电效应. 只有当入射光的频率 $\nu > \nu_0 = \frac{W}{h}$ 时, 电子才能脱离金属, 这个极限频率 $\nu_0 = \frac{W}{h}$ 所对应的波长称为光电效应的红限. 不同物质的红限各有不同, 如表 7-1 所示:

表 7-1

金 属	铯	钾	钠	钨	银	铂
红限 λ_0/nm	652	550	540	270	260	196

对于容易失去电子的金属(如碱金属), 其红限在可见光区域内, 而其他大多数金属的极限频率则在紫外区域.

第四,因为金属中的电子能够一次全部吸收入射的光子,因此光电效应的产生无需积累能量的时间.

至于饱和电流与入射光强度成正比的关系可这样来解释. 按照光子的假设,光通量 Φ 取决于单位时间内通过给定面积的光子个数 N,即

$$\Phi = Nh\nu \qquad (7-24)$$

金属表面的一个电子同时吸收两个光子的概率是非常小的. 入射光的强度越强,N 就越大,因而能飞离金属表面的电子数 n 也越多(n 正比于 N),从而饱和电流就越大.

[**例 7.1**] 有一功率为 1 W 的光源,发出波长为 589 nm 的单色光. 在距光源 3 m 处有一金属板,试求单位时间内打到金属板单位面积上的光子数.

[**解**] 单位时间内打在离光源 3 m 处的板上单位面积的能量为

$$P = \frac{1 \text{ W}}{4\pi \times (3 \text{ m})^2} = 8.8 \times 10^{-3} \text{ J}/(\text{m}^2 \cdot \text{s})$$

$$= \frac{8.8 \times 10^{-3} \text{ J}/(\text{m}^2 \cdot \text{s})}{1.6 \times 10^{-19} \text{ C}} = 5.5 \times 10^{16} \text{ eV}/(\text{m}^2 \cdot \text{s})$$

每一光子的能量为

$$E = h\nu = \frac{hc}{\lambda} = \frac{6.63 \times 10^{-34} \text{ J} \cdot \text{s} \times 3 \times 10^8 \text{ m} \cdot \text{s}^{-1}}{5.89 \times 10^{-7} \text{ m}} = 3.4 \times 10^{-19} \text{ J}$$

$$= \frac{3.4 \times 10^{-19} \text{ J}}{1.6 \times 10^{-19} \text{ C}} = 2.1 \text{ eV}$$

故打在板上的光子数为

$$N = \frac{P}{E} = \frac{5.5 \times 10^{16} \text{ eV}/(\text{m}^2 \cdot \text{s})}{2.1 \text{ eV}} = 2.6 \times 10^{16} \text{个}/(\text{m}^2 \cdot \text{s})$$

可见在光强相当弱的情况下,光子数 N 仍很大,因此,每个光子的能量是很小的,辐射的粒子性在通常情况下不会明显地表现出来.

7.5.3 遏止电压与入射光频率的关系

爱因斯坦曾经说过:"倘若光电方程正确无误,取直角坐标系将遏止电压表征为入射光频率的函数,则遏止电压必定是一条直线,它的斜率与金属材料性质无关."

但是,这个实验在当时的条件下,是很难实现的. 一直到 1913 年还不能确定频率 ν 究竟是正比于 V_g 还是正比于 $\sqrt{V_g}$. 直到 1916 年密立根(Robert Andrews Millikan,1868.3—1953.12)经过非常仔细的实验,证实了爱因斯坦光电效应方程是正确的.

图 7-14 中的实验数据是由密立根在 1914 年测得的,这图中实验直线的斜率应当是普朗克常量与电子电荷量之比,即

$$\frac{h}{e} = \frac{AB}{BC}$$

$$= \frac{(2.20-0.65)\,V}{(10.0\times10^{14}-6.0\times10^{14})\,Hz}$$

$$= 3.9\times10^{-15}\,V\cdot s$$

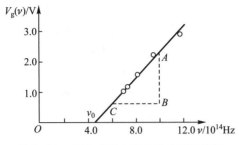

图 7-14　1914 年密立根测得的实验数据

从而可得

$$h = 3.9\times10^{-15}\,V\cdot s\times1.6\times10^{-19}\,C = 6.2\times10^{-34}\,J\cdot s$$

通过对这个数据和其他数据(例如从锂表面取得的数据)的更仔细的分析,密立根求得的 h 为 $6.57\times10^{-34}\,J\cdot s$. 它和从普朗克的黑体辐射公式导出的 h 值符合得很好. 利用完全不同的现象和理论测定的 h 值符合得很好是非常惊人的. 目前从各个不同的实验测得的

$$h = 6.626\times10^{-34}\,J\cdot s$$

这里必须指出的是:在一般情况下,阴极 K 和阳极 A 都是由金属制成的,但所用材料并不一定相同. 因此阴极和阳极的逸出功也就不同,当两个不同的电极用导线连接时,有接触电势差存在. 在电磁学中我们已经知道,回路中的总接触电势差只决定于两端的金属电极,若以 V_{ka} 表示阴极 K 和阳极 A 之间的接触电势差,那么

$$V_{ka} = \frac{W_a - W_k}{e}$$

式中 W_a 和 W_k 分别为阳极和阴极的逸出功,e 是电子的电荷量.

显然,当两极上外加上遏止电压 V_g 后,回路中的总电压应该是

$$V = V_g + V_{ka} = V_g + \frac{W_a - W_k}{e}$$

因此要使光电流为零,必须使总电压和电子电荷量的乘积正好等于电子的最大初动能,即

$$\frac{1}{2}mv_m^2 = e(V_g + V_{ka}) = eV_g + W_a - W_k \qquad (7-25)$$

把上式与爱因斯坦光电效应方程(7-23)式进行比较,可得遏止电压与入射光频率的函数关系:

$$eV_g + W_a - W_k = h\nu - W_k$$

也就是

$$eV_g = h\nu - W_a \qquad (7\text{-}26)$$

这解释了光电效应中遏止电压与频率呈线性关系的实验现象. 另一方面, (7-26)式又告诉我们,密立根所得的实验曲线图 7-14 中,直线的截距并不是阴极的逸出功,而是阳极的逸出功. 这一点密立根后来利用相同的阳极和不同的阴极做了一系列实验,已证明是正确的. 尽管如此,密立根从 $V_g\text{-}\nu$ 直线的斜率来确定 h/e 值的主要成果并不受影响,因为斜率与逸出功的值是否正确无关.

[例 7.2] 用波长为 λ 的光照射金属的表面,当遏止电压取某个值时,光电流便被截止. 当光的波长改变为原波长的 $1/n$ 后,已查明使电流截止的遏止电压必须增大到原值的 η 倍. 试计算原入射光的波长 λ.

[解] 利用(7-26)式,按题意可写出两个方程:

$$eV_g = h\frac{c}{\lambda} - W_a$$

以及

$$e\eta V_g = h\frac{nc}{\lambda} - W_a$$

两式相减得

$$(\eta - 1)eV_g = h\frac{c}{\lambda}(n-1)$$

再将上述第一式代入,便有

$$(\eta - 1)\left(h\frac{c}{\lambda} - W_a\right) = h\frac{c}{\lambda}(n-1)$$

从而解得

$$\lambda = \frac{hc}{W_a}\frac{\eta - n}{\eta - 1}$$

式中 W_a 是阳极的逸出功.

[例 7.3] 用波长为 200 nm 的紫外线照射铝表明,已知对铝移去一个电子所需的能量为 4.2 eV,问:

(1) 出射的最快光电子的能量为多少?

(2) 遏止电压为多少?

(3) 铝的截止频率对应的截止波长为多少?

(4) 如果入射光强为 2.0 W/m², 单位时间打到单位面积上的平均光子数为多少?

[解] 波长为 $\lambda = 200$ nm 的光子能量为

$$E = h\nu = hc/\lambda$$

$$= \frac{(6.626 \times 10^{-34}) \times (3 \times 10^8)}{(200 \times 10^{-9}) \times (1.602 \times 10^{-19})} \text{ eV}$$

$$\approx 6.2 \text{ eV}$$

(1) 出射的最快光电子的能量为

$$W = h\nu - A = 6.2 \text{ eV} - 4.2 \text{ eV} = 2.0 \text{ eV}$$

(2) 遏止电压为 2.0 V.

(3) 铝的截止波长(红限)为

$$\lambda_0 = \frac{hc}{A} = \frac{E}{A}\lambda$$

$$= \frac{6.2}{4.2} \times 200 \times 10^{-9} \text{ m} = 295.2 \text{ nm}$$

（4）光强 I 与光子流平均密度 N 的关系为

$$I = Nh\nu$$

故

$$N = \frac{I}{h\nu} = \frac{2.0}{6.2 \times 1.602 \times 10^{-19}} \text{ m}^{-2} \cdot \text{s}^{-1}$$

$$\approx 2.0 \times 10^{-18} \text{ m}^{-2} \cdot \text{s}^{-1}$$

顺便指出：光电效应把光转换为电是较常见的现象．由于转换关系较简单，利用它制成的器件在测光、计数、自动控制、录音中有较广泛的应用．光电效应直接产生的电流很小，通常采用的光电器件常在内部附加一些放大装置．光电倍增管就是其中的一种，它是在阴极之外添加一系列倍增极，从阴极到各个倍增极再到阳极上，依次加上递增的电压．光电子在这些电极间的电压加速下，不断释放更多的次级电子，从而起到放大的作用．通常用 $10 \sim 13$ 个电极，放大可达 $10^5 \sim 10^6$ 倍．

7.5.4　光子的质量和动量

光子既然具有一定的能量，就必须具有质量．但是光子以光速运动，牛顿力学便不适用．按照狭义相对论质量和能量的关系式 $E = mc^2$，就可以确定一个光子的质量：

$$m_\varphi = \frac{E}{c^2} = \frac{h\nu}{c^2} \tag{7-27}$$

在狭义相对论中，质量和速度的关系为

$$m = \frac{m_0}{\sqrt{1 - v^2/c^2}} \tag{7-28}$$

m_0 为静质量．光子永远以不变的速度 c 运动，因而光子的静质量必然等于零，否则 m 将为无穷大．因为相对于光子静止的参考系是不存在的，所以光子的静质量等于零也是合理的．而由原子组成的一般物质的速度总是远小于光速的，故它们的静质量不等于零．在 m_0 是否等于零这一点上光子和普通的物质有显著的区别．在狭义相对论中，任何物体的能量和动量的关系为

$$E^2 = p^2 c^2 + m_0^2 c^4 \tag{7-29}$$

光子的静质量 $m_0 = 0$，故光子的动量为

$$p_\varphi = \frac{E}{c} = \frac{h\nu}{c} \tag{7-30}$$

这是和光子的质量为 $\frac{h\nu}{c^2}$、速度为 c、动量为 $\frac{h\nu}{c^2} \cdot c = \frac{h\nu}{c}$ 的结论一致的．

[**例 7.4**] 若一个光子的能量等于一个电子的静能量,试问该光子的动量和波长是多少? 在电磁波谱中它属于何种射线?

[**解**] 一个电子静能量为 m_0c^2,按题意

$$h\nu = m_0c^2$$

光子的动量为

$$p = \frac{E}{c} = \frac{m_0c^2}{c} = m_0c$$

$$= 9.11\times10^{-31}\,\mathrm{kg}\times3\times10^8\,\mathrm{m\cdot s^{-1}} = 2.73\times10^{-22}\,\mathrm{kg\cdot m\cdot s^{-1}}$$

光子的波长为

$$\lambda = \frac{h}{p} = \frac{6.63\times10^{-34}\,\mathrm{J\cdot s}}{2.73\times10^{-22}\,\mathrm{kg\cdot m\cdot s^{-1}}} = 0.002\ 4\ \mathrm{nm}$$

因电磁波谱中 γ 射线的波长在 1 nm 以下,所以该光子在电磁波谱中属于 γ 射线.

*7.5.5 光压

从光子具有动量这一假设出发,除了能解释康普顿效应外,还可以直接说明光压的作用. 即当光子流遇到任何障碍物时,应当在障碍物上施加机械压力,好像气体分子在容器壁上的碰撞形成气体的压力一样. 光压就是光子流产生的压强. 列别捷夫(П. Н. Лебедев,1866.3—1912.3)首先于 1900 年做了光压的实验,证实了光压的存在.

光压存在这一事实本身有十分重大的意义. 这个事实证明,光不但有能量,而且确实还有动量. 这有力地直接证明了光的物质性,证明了光和电子、原子、分子等实物一样,是物质的不同形式.

从光子的观点来看,光压的产生是光子把它的动量传给物体的结果. 设单色电磁波的强度 I 是 $Nh\nu$,其中 N 是单位时间内通过单位面积的光子数. 光子的动量为

$$mv = \frac{h\nu}{c}$$

动量流密度为

$$p = Nmv = N\frac{h\nu}{c}$$

如该单色光垂直入射到全反射镜面上,则动量流密度的改变量为

$$\Delta p = 2p = 2N\frac{h\nu}{c}$$

按动量定理,镜面的辐射压强,即平均光压为

$$F = \Delta p = 2N\frac{h\nu}{c} = 2\frac{I}{c}$$

麦克斯韦也曾用电磁波的观点论证了光压的存在,并且从理论上计算出光压的值. 但光压可更直接地用光子具有动量来解释.

7.5.6 光镊(或光捕获)

21 世纪是生物学世纪,活物质和生命现象将成为自然科学界研究的重点领域. 一种探测活体生物单分子纳米量级的运动幅度和 pN(皮牛,10^{-12} N)量级相互作用的仪器已经开发成功并投入使用,这就是光镊. 它以灵巧精细的探测和

彩色图片 7-1
单原子操纵
和控制

操控功能在生物单分子探测上发挥了巨大的作用.

激光是 20 世纪 60 年代发明的一种新型光源,它有很多特点,其中之一是光束截面上光强分布不均匀,中心强,四周依次减弱. 如有一个透明球形微粒,折射率比周围介质折射率大,位于激光焦点 F 的右下方,如图 7-15 所示.

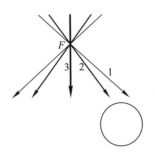

图 7-15　微粒在不均匀
光强照射下

根据波粒二象性,光线可理解为由光子组成. 激光的光束截面上光强分布呈中心强四周依次减弱,可以这样理解:如图 7-15 中的一束激光,经焦点 F 会聚后向下照射,光线 1 由单个光子 $h\nu$ 构成;光线 2 由双光子 $2h\nu$ 构成;光线 3 由三光子 $3h\nu$ 构成,能量最大.

微粒在激光照射下如图 7-16 所示. 微粒右边的入射光线为 ab,根据几何光学中的折射定律,可求出出射光线 cd 的方向. 从光的微粒性观点看,ab 光线由单光子组成,单光子路径 abcd 中,光子在 b 点和 c 点都给微粒一个冲量,入射矢量 ab 减去出射矢量 cd,可得施于微粒的总冲量,即为矢量 pq 所示. 同样的理由可解释左边的情况. 左边光线由双光子组成,双光子路径 ABCD 中,光子在 B 点和 C 点给微粒的总冲量为矢量 PQ. 矢量 PQ 和 pq 相比,方向可认为以微粒对称,而大小相差一倍. 故在 PQ 和 pq 的作用下,微粒被迫向强光区移动.

图 7-17 表示三力平衡,使微粒在光传播的方向上稳定. 图中左右二力已在图 7-16 说明. 微粒存放在液体中时,第三个力使微粒悬浮在液体(如水)中,而不是空气中. 微粒与液体的折射率的差值,比微粒与空气的折射率的差值要小,造成向前方向的力分量的大小减小,使微粒不能从被捕获中脱离. 所以微粒会首先向左移动,再向焦点靠近,被激光捕获.

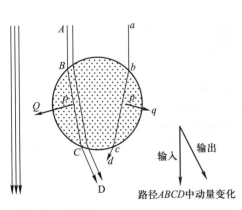

输入　输出

路径 ABCD 中动量变化

图 7-16　微粒左右二端受光子冲量不相同

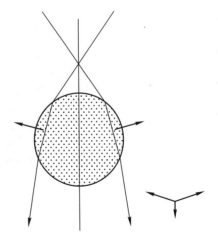

图 7-17　微粒受到三力平衡

科学的发展已经到了在单分子层面上对生命活动进行研究. 光镊是纳米级的光学技术。17 世纪时,开普勒(Johannes Kepler,1571.12—1630.11)用太阳光的辐射压力解释彗星的彗尾,但是光对物体的作用力非常小,直到发明激光后的 1987 年才将光镊应用于生物学. 激光光镊的优点很明显,首先,对被操控的生物分子没有伤害;其次,皮牛量级的作用力和纳米量级的探测灵敏度,非常适用于生物分子;最后,对于大小与波长相当的微粒,光镊力产生的加速度大约有 $10^5 g$(g 为重力加速度),可快速灵敏地捕获微粒. 近年来,光镊在探测 DNA 弹性、区别 DNA 的单链或双链、研究 DNA 结构改变和弯曲特性等方面,都取得了令人瞩目的新发现.

视窗与链接　　　**双激光束光捕获**

癌细胞的早期探测是至关重要的,但是人们越想知道肿瘤发展的早期表现,细胞组分及其在细胞质中的排列,越是看不出有变化. 各种光谱学都在为识别细胞内的蛋白质和其他物质而努力,以便有助于发现细胞成分在健康细胞癌变时的作用. 为此光谱技术必须洞察细胞中的全部分子,而不仅仅扫描细胞的表面.

分别用定位在细胞的顶部和底部的两条激光束,组成的光捕获法,可以使细胞绕两个轴自旋,于是可以对肿瘤细胞作二维光谱扫描. 激光束在细胞的重心两边约 10 μm 的范围内,施以光压. 调节光强可以改变光压,从而可以控制细胞的转速. 研究者已成功获得对细胞内的全部组成点的二维数据,继而又通过数学转换成细胞蛋白质的三维图. 按专家称,与光学相干层析和共聚焦荧光显微镜等细胞成像技术相比,此项技术是更高分辨率的扫描技术. 图 7-18 中所示是活体乳癌细胞在双激光束光捕获下的转动.

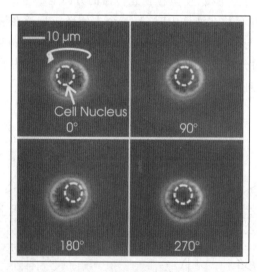

图 7-18　活体乳癌细胞在光捕获下的转动

授课视频
康普顿散射
效应 1

7.6　康普顿效应

光的量子的、微粒的性质,尤其是光子具有能量、质量、动量以及光在和物质发生作用时上述量的守恒性,在康普顿(A. H. Compton,1892.9—1962.3)于1922年观察的X射线散射现象中,更明显地表现出来.由于X射线的波长很短,所以即使通过不含杂质的均匀物质时,也可观察到散射现象.康普顿在研究碳、石蜡等物质中的这种散射时,发现散射谱线中除了波长和原射线相同的成分以外,还有一些波长较长的成分,两者的波长差随着散射角的大小而变.这种波长改变的散射称为<u>康普顿效应</u>.从波动理论来看,散射光是由电子受到入射光的作用做受迫振动并向各个方向发出的次波所引起的.受迫振动的频率和散射光的频率都应与入射光频率相同.显然散射光波长发生改变的康普顿效应又是难以用波动观点来解释的.

把波长 $\lambda_0 = 0.070\ 78$ nm 的钼的特征X射线射到石墨上,被石墨散射在各个方向上的X射线可用X射线分光计或摄谱仪来测定(见图7-19).这时除有波长不变的散射光外,还有一些波长较长的散射光出现.波长的改变 $\Delta\lambda = \lambda - \lambda_0$ 与入射X射线的波长 λ_0 以及散射物质都无关,而与散射方向有关.若用 θ 表示入射线方向与散射方向之间的夹角,k 表示散射角为90°时波长的改变值,则波长的改变与角 θ 的关系可用下式表示:

$$\Delta\lambda = \lambda - \lambda_0 = 2k\sin^2\frac{\theta}{2} \tag{7-31}$$

式中 $k = (2.426\ 308\ 9 \pm 0.000\ 004\ 0) \times 10^{-12}$ m 是由实验测出的常量.

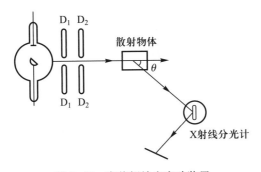

图7-19　康普顿效应实验装置

图7-20表示散射角 $\theta = 45°, 90°, 135°$ 时,散射X射线的强度随波长分布的情况.$\theta = 0°$ 代表在入射X射线中强度的分布.图7-21表示散射角 $\theta = 90°$ 时,改变散射物质时的测定结果.

在康普顿效应中涉及的又是光和个别电子的相互作用,和以上所讲的光电效应一样,简单的波动理论是很难解释这种微观世界中的作用的,必须用量子概念来解释.

在轻原子里,电子和原子核的联系相当弱(电离能量约为几个电子伏),其电离能量和X射线光子的能量($10^4 \sim 10^5$ eV)比起来,几乎可以略去不计.因此对于所有的轻原子,都可以假设散射过程仅是光子和电子的相互作用.作为一级近似,可以认为电子是自由的,而且在受到光子作用之前是静止的.只要假设在作用过程中动量和能量都守恒,并引用经典力学中粒子弹性碰撞的概念,认

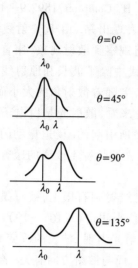

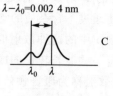

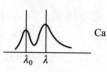

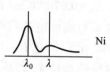

图 7-20　康普顿散射与角度的关系　　图 7-21　康普顿散射与原子序数的关系

为光子运动方向的改变(散射)是由于电子获得了一部分动量和能量,同时光子本身也因此减少了能量(频率变小,即波长变大),那么康普顿效应就得到了解释.

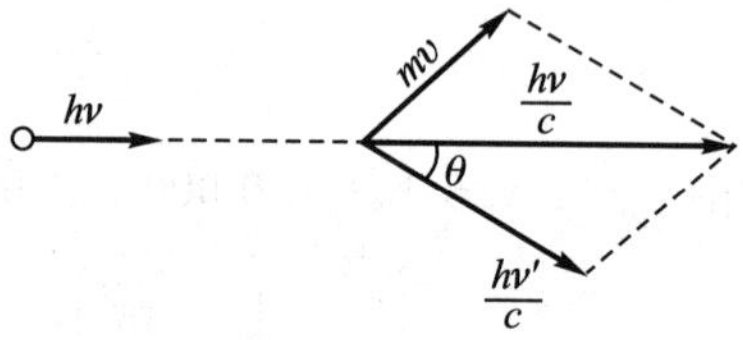

图 7-22 表示入射光子的动量 $\dfrac{h\nu}{c}$、散射光子的动量 $\dfrac{h\nu'}{c}$ 和碰撞后电子的动量 mv 三个矢量之间的关系. 动量守恒的条件为

图 7-22　康普顿散射中动量守恒

$$(mv)^2=\left(\frac{h\nu}{c}\right)^2+\left(\frac{h\nu'}{c}\right)^2-\frac{2h^2}{c^2}\nu\nu'\cos\theta \qquad (7-32)$$

考虑到电子在散射后可能有很大的反冲速度,所以在列出能量守恒方程式时应当注意电子质量与速度的关系. 电子原来是静止的,能量为 m_0c^2;碰撞后,能量为 mc^2. 光子的能量原来为 $h\nu$,碰撞后为 $h\nu'$,所以能量守恒的条件为

$$h\nu+m_0c^2=h\nu'+mc^2 \qquad (7-33)$$

即

$$mc^2=h(\nu-\nu')+m_0c^2$$

取其平方,得

$$m^2c^4=h^2\nu^2+h^2\nu'^2-2h^2\nu\nu'+m_0^2c^4+2hm_0c^2(\nu-\nu')$$

将(7-32)式各项乘以 c^2,得

$$m^2v^2c^2=h^2\nu^2+h^2\nu'^2-2h^2\nu\nu'\cos\theta$$

把这两式相减,得

$$m^2c^2(c^2-v^2)=m_0^2c^4-2h^2\nu\nu'(1-\cos\theta)+2hm_0c^2(\nu-\nu')$$

按(7-28)式,$m_0^2c^4=m^2c^2(c^2-v^2)$ 即得

$$h\nu\nu'(1-\cos\theta)=m_0c^2(\nu-\nu') \qquad (7-34)$$

利用关系式 $\nu=\dfrac{c}{\lambda}$，$\nu'=\dfrac{c}{\lambda'}$，上式可写为

$$\frac{hc^2}{\lambda\lambda'}(1-\cos\theta)=m_0c^2\frac{c(\lambda'-\lambda)}{\lambda\lambda'}$$

最后得
$$\Delta\lambda=\lambda'-\lambda=\frac{h}{m_0c}(1-\cos\theta)$$

$$=\frac{2h}{m_0c}\sin^2\frac{\theta}{2} \qquad (7-35)$$

h、c 和 m_0 都是已知的，则可算出

$$\frac{h}{m_0c}=0.002\ 41\ \text{nm}$$

这和观察结果(7-31)式符合.

这种理论计算和实验结果的符合，说明了能量守恒和动量守恒两个定律在微观现象中也严格地适用. 大量的其他实验也都证实了这个结论.

(7-35)式中系数 $h/(m_0c)$ 的量纲是 L，称为<u>康普顿波长</u>. 其物理意义是入射光子的能量与电子的静能量相等时所对应的光子的波长.

由(7-35)式可知，康普顿波长又可理解为散射角 $\theta=\dfrac{\pi}{2}$ 时的康普顿位移.

对实验来说，有重要意义的是相对比值 $\Delta\lambda/\lambda$. 如果入射光是可见光、微波或无线电波，那么波长位移 $\Delta\lambda$ 与原波长相比就很小，在实验限度内，所测到的散射光的频率与入射光的频率相同. 例如对微波来说，$\lambda=10$ cm，$\Delta\lambda/\lambda\approx10^{-11}$，即波长的改变是原波长的 $1/10^{11}$. 这种变化难以观察，结果与经典的一样. 但如果 λ 很小，相对变化就可观了，如 X 射线 $\lambda\sim0.1$ nm，$\Delta\lambda/\lambda=10^{-2}$；对于更短的 γ 射线改变值和波长本身可达同一数量级，辐射的量子性在短波范围内就显示出来了.

所谓电子的"自由"与"静止"都是相对的，在康普顿散射中是指电子在原子中所受的束缚能量同入射光子的能量相比可忽略而言. 如果电子获得的动能远大于电子被束缚的能量，那么即使电子最初被束缚，"自由电子"的假设也近似正确. 但是如果电子被原子紧密地束缚或者入射光子能量很小，碰撞后整个原子发生反冲，而不是个别电子的反冲，那么公式(7-35)中就应该用原子质量 m_a 来代替电子质量 m_0，因为 $m_a\gg m_0$(对于碳原子 $m_a\approx22\ 000m_0$)康普顿位移就非常小(对碳原子，为 10^{-3} nm)，所以波长的变化可以略去不计. 于是在康普顿散射中，有些光子是和所谓的"自由电子"碰撞的，这些光子波长是变化的，另一些光子是同紧密束缚的电子及原子核碰撞的，这些光子的波长不变.

其次，在康普顿效应中，仅考虑了光子和电子之间的能量和动量守恒，而未考虑到原子核的运动. 实际上这只有在电子和原子核之间的束缚能量远小于入射光子能量的条件下才是正确的. 而在光电效应中，入射光是可见光和紫外线，

授课视频
光子

这些光子的能量不过几个电子伏,和金属中电子的束缚能量(逸出功)有相同的数量级.所以在光电效应中,光子与物质相互作用时,我们必须考虑光子、电子和原子核三者的能量和动量的变化.但是由于原子核的质量比电子质量大几千倍以上,因此核的能量变化是很小的,可以略去不计.爱因斯坦方程只表示出光子和电子之间的能量守恒,而没有相应的光子和电子的动量守恒关系式,就是由于这个缘故.由此可见,光子能量和电子所受束缚能量相差不大时,主要出现光电效应;光子能量大大地超过电子所受的束缚能量时,主要出现的是康普顿效应.

[例 7.5] 现有① 波长为 400 nm 的可见光;② 波长为 0.1 nm 的 X 射线束;③ 波长为 1.88×10^{-3} nm 的 γ 射线束与自由电子碰撞,如从和入射角成 90° 的方向去观察散射辐射,问每种情况下:(1)康普顿波长改变多少?(2)该波长的改变量与原波长的比值为多少?

[解] (1)根据康普顿效应的波长改变表达式

$$\Delta \lambda = \lambda' - \lambda = \frac{2h}{m_0 c} \sin^2 \frac{\theta}{2}$$

当 $\theta = 90°$,则

$$\Delta \lambda = \frac{2 \times 6.63 \times 10^{-34} \text{ J} \cdot \text{s}}{9.11 \times 10^{-31} \text{ kg} \times 3 \times 10^8 \text{m/s}} \times \left(\frac{\sqrt{2}}{2}\right)^2$$

$$= 2.43 \times 10^{-12} \text{ m}$$

上述结果与入射波长无关.

(2)波长改变量 $\Delta \lambda$ 与原波长的比值分别为

可见光: $\dfrac{\Delta \lambda}{\lambda_1} = \dfrac{0.002\ 43 \text{ nm}}{400 \text{ nm}} = 6.1 \times 10^{-6}$

X 射线: $\dfrac{\Delta \lambda}{\lambda_2} = \dfrac{0.002\ 43 \text{ nm}}{0.1 \text{ nm}} = 2.4 \times 10^{-2}$

γ 射线: $\dfrac{\Delta \lambda}{\lambda_3} = \dfrac{0.002\ 43 \text{ nm}}{1.88 \times 10^{-3} \text{ nm}} = 1.3$

因此,对于波长越短的射线,越容易观察到康普顿效应.

*7.7 德布罗意波

光的干涉、衍射、偏振等现象只能用波动说来解释;而黑体辐射、光电效应和康普顿效应等现象则显示出微粒流图像.光的粒子性质,可用光子能量 E 和动量 p 来表征;光的波动性质,则用频率 ν 和波长 λ 来描述.并且两者有

$$E = mc^2 = h\nu, \qquad p = \frac{h\nu}{c} = \frac{h}{\lambda}$$

物理学史
物质波假设
的实验检验

的关系.

1924 年,德布罗意(Louis De Broglie, 1892.8—1987.3)推想:自然界在许多方面是对称的,"波粒共存的观念可以推广到所有粒子".既然光具有波粒二象性,则实物粒子或许也有这种二象性.在这样的推想下,德布罗意提出假设:实物粒子和光一样,也具有波粒二象性.如果用能量 E 和动量 p 来表征实物粒子的粒子性,用频率 ν 和波长 λ 来表征实物粒子的波

动性. 那么,上述对光适用的关系式也适用于实物粒子. 不过光子的静质量等于零,在真空中的速度永远等于 c;但电子等粒子的静质量不等于零,速度可以任意改变. 设它们在没有力场的空间内运动,速度为 v,质量为 m,动量为 mv. 因而与实物粒子联系着的波应该具有波长

$$\lambda = \frac{h}{p} = \frac{h}{mv} \tag{7-36}$$

这种波,既不是机械波,也不是电磁波,称为德布罗意波或物质波.

对于光,先有波动图像(即 ν 和 λ),其后在量子理论中引入光子的能量 E 和动量 p 来补充它的粒子性. 反之,对于实物粒子,则先有粒子概念(即 E 和 p),再引用德布罗意波(即 ν 和 λ)的概念来补充它的波动性. 不过要注意这里所谓波动和粒子,实际上仍然都是经典物理学的概念,所谓补充仅是形式上的. 综上所述,德布罗意的推想基本上是爱因斯坦 1905 年关于光子的波粒二象性理论(光粒子由波伴随着)的一种推广,使之包括了所有的物质微观粒子.

德布罗意的假设在当时是一个大胆的设想. 是否正确,还要由实践进行检验. 人们知道,干涉、衍射是波动性质特有的表现. 如果实物粒子具有波动性的话,在一定条件下,也该发生衍射现象. 为了证实粒子具有波动性质,我们先估计一下实物粒子波长的数量级,看看它实现衍射所需要的条件. 对质量为 1 g、速度为 1 cm/s 的物体来说,它的波长为

$$\lambda = \frac{h}{1 \text{ g} \times 1 \text{ cm/s}} = 6.6 \times 10^{-27} \text{ cm}$$

质量越大或运动速度越大,波长就越短. 因此,可能正是由于这种运动物体的波长是如此之小,因而以往在力学中即使把它完全略去不计,也没有什么显著的影响. 正好像几何光学所研究的是波长趋近于零的极限情况一样,忽略了波动性质不会引起重大的偏差. 但对于微观粒子(电子、质子等),质量是如此之小,情况应该有所不同. 拿电子射线来说,它们的运动速度通常是用电场来控制的. 在加速电压 V 不大、质量还可认为不随速度而变的情况下,电子的速度可由下式决定:

$$\frac{1}{2}mv^2 = eV$$

$$v = \sqrt{\frac{2eV}{m}}$$

代入(7-36)式,可得

$$\lambda = \frac{h}{mv} = \frac{h}{\sqrt{2emV}}$$

$$= \frac{6.6 \times 10^{-34} \text{ J} \cdot \text{s}}{\sqrt{2 \times (1.6 \times 10^{-19} \text{ C}) \times (9 \times 10^{-31} \text{ kg})}} \sqrt{\frac{1}{V}}$$

$$\approx 10^{-8} \times \sqrt{\frac{150}{V}} \text{ cm} \tag{7-37}$$

由上式可见,加速电压为 150 V 时,$\lambda = 0.1$ nm 和 X 射线的波长有相同的数量级. 如果电子速度很大,则上式不能应用,还必须考虑到狭义相对论中质量与速度的关系.

X 射线的晶体衍射实验原来是 X 射线波动本性最直接最有力的证据. 1927 年戴维孙(Davisson,1881.10—1958.2)和革末(Germer,1896.10—1971.10)进行了类似的实验,用电子射线代替了 X 射线,证实了德布罗意的假设,其实验装置如图 7-23 所示. 电子从灯丝 K 飞

出,经过电压为 V 的加速电场,再经过一组小孔,成为一束平行的电子射线,射到单晶体 M 上,反射后进入接收器 B,由电流计 G 测出电流. 如果电子射线确实具有波动性,有如德布罗意所提出的假设那样,那么也应该有干涉最大值和最小值出现. 晶格常量 d、波长 λ 和掠射角 α_0 之间也应符合布拉格公式

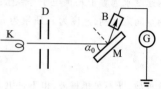

图 7-23 电子射线的晶体衍射实验装置

$$2d\sin \alpha_0 = j\lambda$$

实验时首先应该决定的是电子射线的能量,也就是加速电压应该是多少. 因为按上式,λ 必须小于 $2d$;另一方面,λ 又不宜过小于 d. 如果晶体是镍,镍的晶格常量 $d = 2.05 \times 10^{-8}$ cm,则按(7-37)式,加速电压应该在 $10 \sim 500$ V 之间. 电子射线必须在真空中行进,而在真空中转动晶体是比较困难的,故实验时维持掠射角 α_0 不变,而连续改变加速电压,即改变波长. 这样做实验要容易得多. 图 7-24 所示的是用镍的单晶体在一定掠射角下得到的电流 I 随加速电压的平方根 $V^{1/2}$(反比于波长)而变化的实验曲线,最大值的周期性很明显. 箭头指示由布拉格公式计算的最大值位置,相当于 $j=1$ 到 $j=8$. j 值越大,符合得越好.

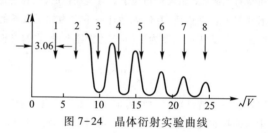

图 7-24 晶体衍射实验曲线

　　X 射线穿过细晶体粉末或很薄的金属箔(小晶体的集合)时,可以观察到衍射条纹. 用电子射线来代替 X 射线进行同样的实验,也得到了典型的衍射图样.

　　按照德布罗意假设,不仅是电子,而且任何实物粒子(不论带电的离子或中性的原子分子)也都应该有波动性质. 因为德布罗意波长反比于质量,所以即使是最轻的原子,波长也是很小的. 因此要在实验上观察原子的衍射现象有很大的困难. 由于分子射线实验技术的显著改进,德布罗意的假设最终也得到了实验验证. 德布罗意关系式现在已成为表示所有微观粒子波动性(λ)和粒子性(p)之间关系的普遍公式了.

　　德布罗意波的运动和实物粒子运动的力学规律有没有任何联系呢?关于这个问题,可以首先来计算德布罗意波的传播速度,对于严格的单色波,相速度为

$$v_0 = \frac{\omega}{k} = \frac{2\pi\nu}{2\pi/\lambda} = \frac{h\nu}{h/\lambda} = \frac{E}{p}$$

因为实物粒子的静质量不等于零,且考虑到电子射线的速度也可能很大,故能量 E 和动量 p 之间的关系应该用相对论的关系式(7-29),即

$$E = c\sqrt{p^2 + m_0^2 c^2} \tag{7-38}$$

由此得德布罗意波的相速度

$$v_0 = c\sqrt{1 + \frac{m_0^2 c^2}{p^2}} \tag{7-39}$$

事实上严格的单色波是不存在的. 按上式具有不同动量(波长)的德布罗意波的相速度,即使在真空中也不相等. 这就是说德布罗意波在真空中也将发生色散,这是它和机械波电磁波有显著区别的地方. 群速度为

$$u_0 = \frac{\delta\omega}{\delta k} = \frac{\delta(h\nu)}{\delta(h/\lambda)} = \frac{\delta E}{\delta p}$$

$$= \frac{c}{\sqrt{1 + \dfrac{m_0^2 c^2}{p^2}}} \qquad (7\text{-}40)$$

从(7-39)式和(7-40)式,可见

$$u_0 = \frac{c^2}{v_0} \qquad (7\text{-}41)$$

事实上,实物粒子在外力 F 作用下发生位移 ds 时,能量的变化等于 $dE = F_s \cdot ds$,式中 F_s 为 F 在 ds 上的分力. 但

$$F_s = \frac{dp}{dt}$$

所以,

$$dE = \frac{dp}{dt}ds = dp\frac{ds}{dt} = dp \cdot v$$

式中

$$v = \frac{ds}{dt}$$

是实物粒子运动的速度. 由此得

$$\frac{dE}{dp} = v$$

和(7-40)式比较,可见

$$v = u_0 \qquad (7\text{-}42)$$

即实物粒子的力学运动速度等于它的德布罗意波的群速度. 按照相对论, $v < c$,故从(7-41)式可知 $v_0 > c$,即德布罗意波的相速度永远比真空中的光速大.

[例7.6] 试计算氦原子在 0 ℃时,与其热运动的平均能量相对应的德布罗意波长.

[解] 按题意氦原子的平均动能 $E_k = \frac{3}{2}kT$. 在非相对论的情况下,氦原子的动能 E_k 与动量 p 的关系为 $E_k = \frac{p^2}{2m}$,将此式代入(7-36)式,就能给出氦原子的德布罗意波长与动能的关系为

$$\lambda = \frac{h}{\sqrt{2mE_k}} = \frac{h}{\sqrt{3mkT}}$$

其中 m 是氦原子的质量,它约等于 2 个中子的质量和 2 个质子的质量之和. 由于中子和质子的静质量近似相等,所以氦原子的质量近似等于质子(或中子)质量 m_p(或 m_n)的 4 倍,这样,上式可写成

$$\lambda = \frac{hc}{\sqrt{12m_p c^2 kT}}$$

把已知组合常量

$$hc = 1.24 \times 10^{-6} \text{ eV} \cdot \text{m}$$

$$m_p c^2 = 938.30 \times 10^6 \text{ eV}$$

$$kT = 2.35 \times 10^{-2} \text{ eV} \quad (T = 273 \text{ K})$$

代入即得

$$\lambda = \frac{1.24 \times 10^{-6}\,eV \cdot m}{\sqrt{12 \times 938.30 \times 10^{6}\,eV \times 2.35 \times 10^{-2}\,eV}}$$

$$= 0.076\ nm$$

在计算过程中,能巧妙地利用一些组合常量是很方便的.

7.8 波粒二象性

由理论和实验所得到的结果表明,无论是静质量为零的光子,还是静质量不为零的电子、质子、原子等实物粒子,都同时具有波动性和粒子性,也就是波粒二象性. 描述粒子特征的物理量——能量 E 和动量 p,与描述波动特征的物理量——频率 ν 及波长 λ 之间存在如下的关系:

$$E = h\nu, \qquad p = \frac{h}{\lambda}$$

事实上,这种二象性是一切物质所共有的特性.

关于粒子和波的统一性,可以通过电子和光子的衍射实验来认识. 在电子衍射实验中,如果入射电子流的强度很大,即单位时间内有许多电子穿过晶体,则照相底片上立即出现衍射图样. 如果入射电子流的强度很小,在整个衍射过程中,电子几乎是一个一个地穿过晶体,则照相底片上就出现了一个一个的感光点. 这些感光点在照相底片上的位置并不都是重合在一起的. 开始时,它们毫无规则地散布着,但随着时间的延长,感光点数目逐渐增多,它们在照相底片上的分布最终形成了衍射图样.

同样,在光子衍射实验中,如果入射光子流的强度很大,则照相底片上立即出现光子衍射图样. 如果入射光子流的强度很小,则照相底片上记录了无规则分布的感光点,但当照相底片受长时间照射后,就会有完全相同的衍射图样出现.

由此可见,每一个电子或光子被晶体衍射的现象和其他电子或光子无关. 也就是说,衍射图样不是电子或光子之间的相互作用而形成的,而是电子或光子具有波动性的结果,这种波动性反映了电子或光子运动轨迹的不确定性. 它表明,当我们考察每个电子或光子的运动时,电子或光子是没有确定的轨迹的. 它经过什么途径,出现在什么地方是不确定的. 然而当我们考察组成电子或光子束的全部电子或光子的运动时,电子或光子的运动就表现出规律性,这种规律与用经典波动理论计算的结果相一致.

电子或光子的波动性和粒子性可以用统计的观点来建立联系. 在实验中电子或光子的衍射表现为许多电子或光子在同一实验中的统计结果,或者表现为一个电子或光子在许多次相同实验中的统计结果. 因此从统计的观点来看,大量电子或光子被晶体衍射与它的一个一个地被晶体衍射之间的差别,仅在于前一实验是对空间的统计平均;后一实验是对时间的统计平均. 在前一种情况下,如果说电子或光子在某些地方从空间上看出现得稠密些,那么在后一种情况下，就是在这些地方电子或光子从时间上看出现得频繁些．因此，我们可以从统计的观点把波粒二象性联系起来，从而得出：波在某一时刻，在空间某点的强度（振幅绝对值的平方）就是该时刻在该点找到粒子的概率．波的强度大的地方，每一个电子或光子在这里出现的概率也大，因而在这里出现的电子或光子也多；波的强度很小或等于零的地方，电子出现在这里的概率也很小或等于零，因而出现在这里的电子或光子很少或者没有．

这种统计的观点，统一了粒子概念和波动概念．一方面光和实物粒子具有集中的能量、质量、动量，也就是具有微粒性；另一方面，它们在各处出现，各有一定的概率，由这个概率可以算出它们在空间的分布，这种空间分布又与波动的概念一致．

以上所述表明了物质波粒二象性的统计关系．但必须注意，电子或光子等微观客体既不是经典的波，也不是经典的粒子．当我们用某种物质与微观客体的相互作用去探测该微观客体时，就它被集中的意义来说，它是粒子；当它在运动时，就观察到衍射现象的意义来说，它是波动．或者说这些微观客体有时像粒子，有时像波．但它们究竟是什么，很难用经典物理学的概念来完全描述．要描述它们的行为需要一个更普遍的、对经典概念来说是更新的模型．

其次还应该注意，和光子相联系的波是电磁波，和电子相联系的波是物质波，这两种波都可以决定它们在空间分布的概率．从波动的观点来看，它们同样是波，但是不能因此就忽略光子和电子等实物粒子之间的差别．例如，在速度方面，光在真空中的传播速度只有一个速度，即光速 c，而电子可以有小于光速的任何速度；在质量方面，电子有静质量，而光子的静质量等于零；等等．

尽管如此，也不是说光子和电子之间完全没有内在联系．因为近代实验已发现了波长约为千分之一纳米的光子（γ射线）在强电场中可转化为电子和正电子对的现象（正电子有和电子相同的质量和电荷量，但电荷是正的），这一现象揭示了光子和电子之间存在着深刻的联系，但这种联系用经典理论无法作出解释，有些问题还需要进一步去探讨．

彩色图片
量子隐形传态实验原理图

彩色图片
未来的空－地量子通信网络构想

课外视频
费米国家加速器实验室

附录 7.1　从普朗克公式推导斯特藩-玻耳兹曼定律

在 (7-20) 式中，令 $\dfrac{h\nu}{kT}=x$，则 $\mathrm{d}\nu=\dfrac{kT}{h}\mathrm{d}x$

$$M_{\mathrm{b}}(T)=\int_0^\infty M_{\mathrm{b}}\mathrm{d}\nu=\frac{2\pi k^4}{c^2 h^3}T^4\int_0^\infty\frac{x^3\mathrm{d}x}{\mathrm{e}^x-1}$$

式中积分项是一纯数，不难计算 $\displaystyle\int_0^\infty\frac{x^3\mathrm{d}x}{\mathrm{e}^x-1}=\frac{\pi^4}{15}\approx6.49\cdots$．前式表示的就是斯特藩-玻耳兹曼定律．和 (7-13) 式比较，即得

$$\sigma=\frac{2\pi^5}{15}\cdot\frac{k^4}{c^2 h^3}$$

附录7.2 从普朗克公式推导维恩位移定律

在普朗克公式(7-21)中,令 $x = \dfrac{hc}{\lambda kT}$,得

$$M_b(T) = f(x) = 2\pi hc^2 \left(\frac{kTx}{hc}\right)^5 \frac{1}{e^x - 1}$$

将上式对 x 求导,并令 $f(x)$ 的导数等于零,则得

$$f'(x) = \frac{2\pi k^5 T^5}{h^4 c^5} \frac{5x^4(e^x - 1) - x^5 e^x}{(e^x - 1)^2} = 0$$

由此得

$$5(e^x - 1) - xe^x = 0$$

这是 x 的超越方程. 可用作图法求解. 该式可写成

$$5 - x = 5e^{-x}$$

作直线

$$y = 5 - x$$

和曲线

$$y = 5e^{-x}$$

求它们的交点,即得

$$x_m = 4.965$$

之所以写成 x_m,是因为当 $x = x_m$ 时相当于指定温度下 $f(x) = M$ 的最大值,但

$$x_m = \frac{hc}{kT\lambda_m}$$

或

$$T\lambda_m = \frac{hc}{kx_m} = \frac{1}{4.965} \frac{hc}{k}$$

$$\lambda_m = \frac{2.898 \times 10^{-3}}{T} \text{m}$$

这就是维恩位移定律,和(7-16)式比较,即得

$$b = \frac{1}{4.965} \frac{hc}{k} = 2.898 \times 10^{-3} \text{m} \cdot \text{K}$$

习　题

7.1 在深度远大于表面波波长的液体中,表面波的传播速度满足如下规律:

$$v = \sqrt{\frac{\lambda}{2\pi}\left(g + \frac{4\pi^2 F}{\lambda^2 \rho}\right)}$$

式中 g 为重力加速度,ρ 为液体密度,F 为表面张力,λ 为表面波的波长. 试计算表面波的群速度.

7.2 测量二硫化碳的折射率的实验数据为:当 $\lambda' = 589$ nm,$n' = 1.629$;当 $\lambda'' = 656$ nm时,$n'' = 1.620$.试求波长 589 nm 的光在二硫化碳中的相速、群速和群速折射率.

7.3 在测定光速的迈克耳孙旋转棱镜法中,设所用棱镜为正 n 面棱柱体. 试导出:根据

棱镜的转速、反射镜距离等数据计算光速的公式.

7.4 试用光的相速度 v 和 $\dfrac{\mathrm{d}v}{\mathrm{d}\lambda}$ 来表示群速度 $u=\dfrac{\mathrm{d}\omega}{\mathrm{d}k}$，再用 v 和 $\dfrac{\mathrm{d}n}{\mathrm{d}\lambda}$ 表示群速度 $u=\dfrac{\mathrm{d}\omega}{\mathrm{d}k}$.

7.5 试计算在下列各种色散介质中传播的各种不同性质的波的群速度：（1）$v=$ 常量（无色散介质，如空气中的声波）；（2）$v=a\sqrt{\lambda}$，a 为常量（重力在水面上所引起的波）；
（3）$v=\dfrac{a}{\sqrt{\lambda}}$（在水面上的表面张力波）；（4）$v=\dfrac{a}{\lambda}$（弹性薄片在弯曲时所产生的波）；
（5）$v=\sqrt{c^2+b^2\lambda^2}$（电离层中的电磁波，其中 c 是真空中的光速，λ 是介质中的波长）；
（6）$v=c\omega/\sqrt{\omega^2\varepsilon\mu-c^2a^2}$ [在充满色散介质的直波导管中的电磁波，式中 c 是真空中的光速，a 是与波导管横截面的形状及大小有关的常量，$\varepsilon=\varepsilon(\omega)$ 是介质的电容率，$\mu=\mu(\omega)$ 是介质的磁导率].

7.6 利用维恩公式，试求：辐射的最概然频率 ν_m、辐射的最概然波长 λ_m、辐射的最大光谱密度 $(\varepsilon_\lambda)_m$、辐射出射度 $M_0(T)$ 与温度 T 的关系.

7.7 太阳光谱非常接近于 $\lambda_m=480$ nm 的绝对黑体的光谱. 试求：（1）在 1 s 内太阳由于辐射而损失的质量；（2）并估计太阳的质量减少 1%（由于热辐射）所经历的时间. 太阳的质量 m_0 为 2.0×10^{30} kg，太阳的半径 r 是 7.0×10^8 m.

7.8 地球表面每平方厘米每分钟由于辐射而损失的能量平均值为 0.546 J. 如有一个黑体，它在辐射相同的能量时，温度应为多少？

7.9 若有一黑体的辐出度等于 5.70 W/cm^2，试求与该辐射最大光谱强度相对应的波长.

7.10 用交流供电的灯丝温度是变动的. 一电灯白炽时钨丝的平均温度为 2 300 K，其最高和最低温度之差约为 80 K. 试问热辐射的总功率的最大值和最小值之比为多少？钨丝的辐射可当做黑体.

7.11 若将恒星表面的辐射近似地看做是黑体辐射，则可以用测量 λ_{max} 的办法来估计恒星表面的温度. 现测得太阳的 λ_{max} 为 510 nm，北极星的 λ_{max} 为 350 nm，试求它们的表面温度.

7.12 小灯泡所耗的功率为 1 W，均匀地向各个方向辐射能量. 设辐射的平均波长为 500 nm，试求在 10 km 处每秒钟落在垂直于光线方向上每平方厘米面积上的光子数.

7.13 已知铯的逸出功为 1.88 eV. 现用波长为 300 nm 的紫外线照射，试求光电子的初动能和初速.

7.14 用波长为 253 nm 的光照射钨的表面时，在光电管的电路中产生的光电流，由于外加 1 V 的遏止电压而截止. 已知钨的逸出功为 4.5 eV，试确定接触电势差.

7.15 波长为 320 nm 的紫外线入射到逸出功为 2.2 eV 的金属表面上，试求光电子从金属表面逸出时的最大速度. 若入射光的波长为原来的一半，出射光电子的最大动能是否增至两倍？

7.16 波长为 0.1 nm 的 X 射线被碳块散射，在散射角为 90° 的方向上进行观察. 试求：（1）康普顿位移 $\Delta\lambda$；（2）反冲电子的动能.

7.17 已知入射光子的波长为 0.003 nm，而反冲电子的速度为光速的 β 倍（$\beta=0.6$），试确定康普顿位移 $\Delta\lambda$.

7.18 在电子显微镜中，电子受到 90 kV 的电压加速，如要观察到物质的分子结构（其大小为 10^{-9} cm 数量级），试问显微镜的数值孔径应该多大？

*7.19 （1）一只 100 W 灯泡，5% 的功率辐射是可见光，假定可见光平均波长为 500 nm，则每秒可辐射的可见光光子的能量为多少？（2）假设灯泡为点光源，可以向空间各个方向发光，试求在距离 2 m 处每秒垂直通过单位面积的光子数.

*7.20 人在黑暗中，眼睛的视网膜如能接收到波长为 550 nm 的最大有效辐射为 2×10^{-18}

J,就能感知这一点光源.试求眼睛这一观察阈值相当于多少个光子?

*7.21 一电子束被电压为 V 的电场加速.(1)求电子在被加速后的德布罗意波长;(2)求此德布罗意波的相速和群速;(3)把此德布罗意波射到一块单晶上,如入射方向与晶面成 θ 角,观察到散射波第一级强度极大值,试求晶格常量 d.

*7.22 在热核爆炸的火球中,测得瞬时温度为 10^7 K.(1)估算辐射最强的波长;(2)这种辐射最强波长的能量子是多少焦耳?

*7.23 用关键词光镊(optical tweezer)或激光捕获(laser trapping),在互联网(如学术搜索引擎)上查阅光镊技术在生物细胞检测和医学诊断方面的应用和进展,写一篇介绍报告.

第7章拓展资源

MOOC 授课视频	授课视频 相速与群速 1	授课视频 相速与群速 2	授课视频 黑体辐射	授课视频 普朗克辐射 公式
MOOC 授课视频	授课视频 光电效应	授课视频 爱因斯坦的 光电方程	授课视频 康普顿散色 效应 1	授课视频 康普顿散色 效应 2
MOOC 授课视频	授课视频 光子	授课视频 波粒二象性		
PPT	视频 PPT ch7.5 爱因斯坦的 量子解释	PPT ch7.5 爱因斯坦的 量子解释		

彩图	彩色图片 7-1 单原子操纵 和控制	彩色图片 7-2 量子隐形传态 实验原理图	彩色图片 7-3 未来的空-地量子 通信网络构想图	
课外视频	课外视频 大爆炸	课外视频 费米国家 加速器实验室		
物理学史	物理学史 国际单位制 SI 迎来历史性变革	物理学史 国际单位制 "大修"通过 历史性表决	物理学史 第 26 届国际 计量大会(CGPM) 关于国际单位制 SI 的修订的 1 号决议	
物理学史	物理学史 黑体辐射 规律的探索	物理学史 量子概念 的提出	物理学史 康普顿效应 的发现	物理学史 物质波假设 的实验检验

第8章 现代光学基础

"激光"是光受激辐射放大的简称,它通过辐射的受激发射而实现光放大.激光是一种单色性佳、亮度高、相干性强、方向性好的光束.在历史上,激光器是从微波量子放大器发展而来的.第一个微波量子放大器是汤斯(Charies Hard Townes,1915.1—2015.1)和他的同事们于1951年到1954年间制成的.1958年肖洛(Arthur Schawlow,1921.5—1999.4)和汤斯把微波量子放大器的原理推广到了光频中.1960年梅曼(Theodore Harold Maiman,1927.7—2007.5)成功地研制出第一台红宝石激光器.此后,激光的发展突飞猛进,在激光理论、激光技术、激光应用等各个方面,都取得了巨大的进展,而且目前还带动着一些新兴的学科,如非线性光学、变换光学、信息存储技术和激光生物物理学;等等.限于本课程性质,我们只能就最基础的内容作扼要的介绍.

8.1 光与物质相互作用

8.1.1 原子发光机理

我们知道,当固体和气体被加热到很高温度时,就会发光,它们是主要的人造光源.太阳和遥远的星球,处在高温等离子状态,是宇宙中最卓越的光源.但是有些物质,并非因温度升高而发射可见光.从气体分子、液体和固体内部发出的光,在许多方面和单个原子发光似.因此,我们先简要地介绍一下原子的发光机理,然后再讨论激光方面的问题.

按照玻尔(Niels Bohr,1885.10—1962.11)理论,氢和类氢原子是由质量为m、带有负电荷$-e$的单个电子和质量为m_0、带有电荷$+Ze$的原子核组成的.电子围绕着原子核做圆周运动(见图8-1),Z是原子序数.对氢原子来说$Z=1$.电子与原子核之间的静电吸引力等于电子围绕原子核转动的向心力,因此

$$m\frac{v^2}{r}=k\frac{Ze^2}{r^2} \qquad (8-1)$$

式中r为电子与原子核间的距离,即原子半径.v为电子绕核转动的速度.在国际单位制中$k=\dfrac{1}{4\pi\varepsilon_0}$.

玻尔引用量子论,提出了一个假设:电子的角动

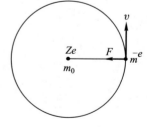

图8-1 玻尔模型

量 mvr 只能等于 $\dfrac{h}{2\pi}$ 的整数倍,即

$$mvr = n\frac{h}{2\pi} \qquad (8-2)$$

式中 h 为普朗克常量,等于 6.626 069 57×10^{-34} J·s,n 称为主量子数,可取正整数 1,2,3,….

玻尔的这个假设意味着电子运动的轨道不是任意的,而只能是一些量子化的轨道. 把(8-1)式和(8-2)式联立起来,可以解出玻尔模型中的氢和类氢原子中电子的轨道半径为

$$r = n^2\frac{h^2}{4\pi^2 me^2 Zk} \qquad (8-3)$$

并可得出电子的轨道速度为

$$v = \frac{2\pi e^2 Zk}{nh} \qquad (8-4)$$

式中 $n=1,2,3,\cdots$. 图 8-2 定性地描出了 $n=1,2,3,4,5$ 这 5 个圆轨道的相对大小. 玻尔从理论上成功地算出了氢原子轨道的大小并得出轨道之间的跃迁频率. 这些理论计算值与已知的实验结果在一定程度上是符合的.

我们可以根据玻尔的这个假设算出电子在每一个玻尔轨道上的总能量,从经典的观点来讲,这个总能量是电子势能与动能之和. 电子势能为

$$E_{\mathrm{p}} = -k\frac{Ze^2}{r}$$

由(8-1)式得电子动能为

$$E_{\mathrm{k}} = \frac{1}{2}mv^2 = k\frac{Ze^2}{2r}$$

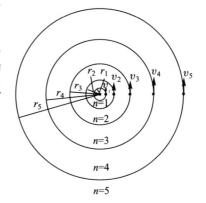

图 8-2 玻尔轨道

所以电子总能量为

$$E_n = E_{\mathrm{p}} + E_{\mathrm{k}} = -2\pi^2\frac{me^4 Z^2 k^2}{n^2 h^2} \qquad (8-5)$$

总能量是负的,表示要把电子从原子中移开必须对电子做功. 这正是我们所预期的. (8-5)式是原子结构的一个重要方程,它给出了氢原子的能量. 只要知道电子处于第几个轨道,即知道 n 等于几,就可以根据(8-5)式求出它的总能量. 也就是说,n 可用来表征能量的大小,n 越大,能量就越大. 而 n 大,表示电子所在的轨道半径大;n 小,表示电子所在的轨道半径小(见图 8-2). 习惯上,也可以画一条条水平线,用它的高低来代表能量的大小,这样的图形就称为能级图(见图 8-3). 能量单位一般采用电子伏(1 eV = 1.602×10^{-19} J).

为了说明发光的机制,玻尔又作了另一个假设.他认为当电子在某一个固定的允许轨道上运动时,并不发射光子.当电子从一个能量较大的状态跃迁到一个能量较小的状态时,电子的总能量发生变化.这部分能量的改变值就以光子的形式辐射出来.反之,当电子从一个能量较小的状态跃迁到能量较大的状态时,它吸收光子.

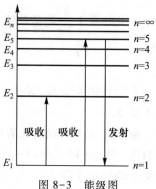

图 8-3 能级图

例如图 8-3,E_1、E_2、E_3、E_4、E_5 分别代表 $n=1,2,3,4,5$ 时的能量.当电子从 E_1 跃迁到 E_2 时,它的能量增加了 E_2-E_1.因此它必须吸收能量,若该能量是光子提供的,则相应的光子的能量为 $h\nu_{21}=E_2-E_1$.又如,如果电子从 E_5 跳回到 E_1,它的能量减少了 E_5-E_1.因此它辐射出能量为 $h\nu_{51}$ 的光子,且 $h\nu_{51}=E_5-E_1$.

用量子力学处理的结果说明,一个原子、分子或离子可能具有的状态是很多的,每一个状态都具有特定的能量.在许多可能状态中,总有一个状态的能量最低,这个状态称为<u>基态</u>.其他的状态,都具有比基态高的能量,称为<u>激发态</u>.仍以图 8-3 为例,我们可以看到 E_1 为基态,E_2、E_3、E_4、E_5 为激发态.

8.1.2 爱因斯坦关于受激辐射的预言

光与物质的相互作用,可以归结为光子被原子吸收,或者原子辐射光子.

如果有一个原子,开始时处于基态 E_1.若没有任何外来光子接近它,则它将保持不变[见图 8-4(a)].如果有一个能量为 $h\nu_{21}$ 的光子接近这个原子,则它就有可能吸收这个光子,从而提高它的能量[见图 8-4(b)].本来处于基态 E_1 的原子,在吸收 $h\nu_{21}$ 的能量以后,就跃迁到激发态 E_2[见图 8-4(c)].整个图 8-4 表示原子对光的吸收过程.在吸收过程中,不是任何能量的光子都能被一个原子吸收,只有能量正好等于原子的能级间隔 E_2-E_1 的光子才能被吸收.

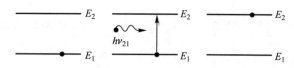

(a) 没有外来光子 (b) 有一个外来光子 (c) 吸收外来光子后

图 8-4 跃迁过程

设处于基态 E_1 的原子数密度为 n_1,光的辐射能密度为 $u(\nu)$,则单位体积单位时间内吸收光子而跃迁到激发态 E_2 去的原子数 n_{12} 应该与 n_1 和 $u(\nu)$ 成正比,因而有

$$n_{12} \propto n_1 u(\nu)$$

即

$$n_{12} = B_{12} n_1 u(\nu) \tag{8-6}$$

其中 B_{12} 为比例系数,称为<u>受激吸收爱因斯坦系数</u>.$B_{12}u(\nu)$ 称为<u>吸收速率</u>,用

w_{12}表示. 于是(8-6)式可写成

$$n_{12} = n_1 w_{12}$$

从经典力学的观点来讲,一个物体如果势能很高,它将是不稳定的. 与此相类似,处于激发态的原子也是不稳定的. 它们在激发态停留的时间一般都非常短,大约在 10^{-8} s 的数量级. 所以我们常常说,激发态的寿命约为 10^{-8} s. 在不受外界的影响时,它们会自发地返回到基态去,从而放出光子. 这种自发地从激发态返回较低能态而放出光子的过程称为<u>自发辐射过程</u>. 显然,如果处于激发态 E_2 的原子数密度为 n_2,则自发辐射光子数为

$$n_{21} = n_2 A_{21} \qquad (8-7)$$

其中 A_{21} 为<u>自发辐射爱因斯坦系数</u>. 图 8-5 表示了自发辐射的全部过程.

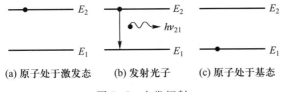

(a) 原子处于激发态　　(b) 发射光子　　(c) 原子处于基态

图 8-5　自发辐射

自发辐射的特点是这种过程与外界作用无关. 各个原子的辐射都是自发地、独立地进行的,因而各个原子发出的光子在发射方向和初相位上都是不相同的. 除激光器光源以外,普通光源的发光都属于自发辐射. 例如氖虹灯,当灯管内的低气压氖原子,由于加上了高电压而放电时,部分氖原子被激发到各个激发态. 当它们从激发态跃迁回到基态时,便发出多种频率的单色光. 从这里可以看出,普通光源发出来的光,其频率成分极为复杂,发射方向分散在 4π 球面度的立体角内,各成分的初相位也各不相同,因而不是相干光.

爱因斯坦于 1905 年推广了普朗克的能量子概念,提出了光量子的假设,因而成功地解释了光电效应. 1917 年,爱因斯坦又从纯粹的热力学出发,用具有分立能级的原子模型来推导普朗克辐射公式. 在这一工作中,爱因斯坦预言了受激辐射的存在. 40 年以后,由于第一台激光器开始运转,爱因斯坦的这一预言得到了有力的证实.

处于激发态的原子,如果在外来光子(即外来电磁场)的影响下,引起从高能态向低能态的跃迁,并把两个状态之间的能量差以辐射光子的形式发射出去,那么这种过程就称为<u>受激发射</u>. 图 8-6表示了这一过程.

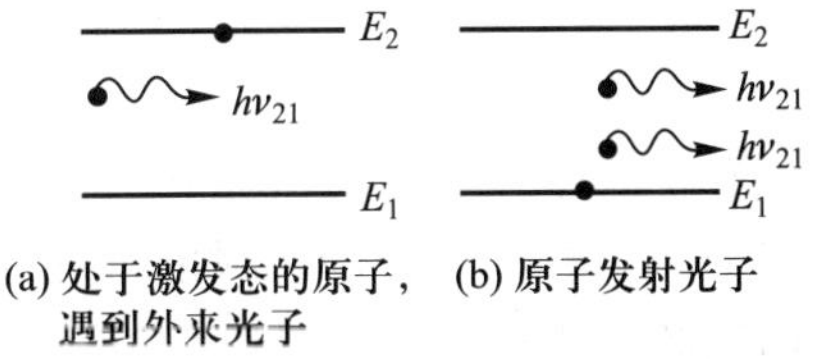

(a) 处于激发态的原子,　(b) 原子发射光子
遇到外来光子

图 8-6　受激发射

单位体积单位时间内受激发射原子数可以写为

$$n'_{21} = B_{21} n_2 u(\nu) \qquad (8-8)$$

式中 B_{21} 为比例系数,称为<u>受激辐射爱因斯坦系数</u>. $B_{21}u(\nu)$ 称为<u>受激辐射速率</u>,用 w_{21} 表示. 它表征原子体系在外来光辐射作用下,产生 E_2 到 E_1 受激跃迁的本

领. 于是(8-8)式便可写为

$$n'_{21} = n_2 w_{21}$$

这里,应特别注意自发辐射和受激辐射的区别. 同时要注意,只有当外来光子的能量 $h\nu_{21}$ 正好满足关系式 $h\nu_{21} = E_2 - E_1$ 时,才能引起受激辐射. 而且受激辐射发出来的光子与外来光子具有相同的频率,相同的发射方向,相同的偏振态和相同的相位.

当光和原子相互作用时,必然同时存在着吸收、自发辐射和受激辐射三种过程. 达到平衡时,单位体积单位时间内通过吸收过程从基态跃迁到激发态去的原子数,等于从激发态通过自发辐射和受激辐射跃迁回基态的原子数. 所以在平衡条件下,以下等式应该成立.

$$n_{12} = n_{21} + n'_{21}$$

引用(8-6)式、(8-7)式和(8-8)式,可得

$$n_1 B_{12} u(\nu) = n_2 A_{21} + n_2 B_{21} u(\nu)$$

或

$$u(\nu) = \frac{A_{21}}{\dfrac{n_1}{n_2} B_{12} - B_{21}} \tag{8-9}$$

在热平衡状态下,粒子数密度按能量的分布遵从玻耳兹曼定律,即 n_1、n_2 满足如下关系式:

$$\frac{n_2}{n_1} = \exp\left(-\frac{E_2 - E_1}{kT}\right) = \exp\left(-\frac{h\nu}{kT}\right) \tag{8-10}$$

式中 $k = 1.38 \times 10^{-23}$ J·K^{-1},称为玻耳兹曼常量,T 为热力学温度. 把(8-10)式代入(8-9)式,可得光的辐射能密度

$$u(\nu) = \frac{A_{21}}{B_{12} e^{h\nu/kT} - B_{21}} \tag{8-11}$$

对于黑体辐射来说,在热平衡状态下,腔内的辐射场应是不随时间变化的稳定分布. 这时,腔内的辐射能密度 $u(\nu)$ 可以认为就是腔内中心附近单位体积从周围腔壁所获得的辐射能量,根据热平衡辐射的普朗克公式(7-20')

$$u(\nu) = \frac{8\pi h\nu^3}{c^3} \cdot \frac{1}{e^{h\nu/kT} - 1} \tag{8-12}$$

比较(8-11)式和(8-12)式,可以得到吸收、自发辐射和受激辐射三个系数之间的关系为

$$B_{12} = B_{21} = B \tag{8-13}$$

$$\frac{A_{21}}{B_{21}} = \frac{8\pi h\nu^3}{c^3} \qquad (8-14)$$

[例 8.1] 氖原子的某一激发态和基态能级的能量差 ΔE 为 16.9 eV ($= 27.04 \times 10^{-19}$ J). 若该原子体系处于室温($T = 300$ K), 它处于激发态的原子数与处于基态的原子数之比是多少?

[解] 根据玻耳兹曼分布定律, 在热平衡状态下, 处于该激发态能级的原子密度 n_2 与处在基态上的原子密度 n_1 之比为

$$\frac{n_2}{n_1} = \exp\left(-\frac{\Delta E}{kT}\right) = \exp\left(-\frac{27.04 \times 10^{-19}}{1.38 \times 10^{-23} \times 300}\right) = e^{-653} = 1/e^{653} \ll 1$$

即 $n_2 < n_1$. 所以在正常情况下, 处于基态的原子数总是最多的; 能级越高, 处于该能级的原子数就越少.

8.2 激 光 原 理

8.2.1 粒子数(布居)反转

激光是通过辐射的受激发射来实现光放大的. 什么是光放大呢? 一个光子 $h\nu$ 射入一个原子体系以后, 在离开该原子体系时, 成了两个或更多个光子, 而且这些光子的特征是完全相同的. 这就是光放大. 但是光与原子体系相互作用时, 总是同时存在着吸收、自发辐射与受激辐射三种过程, 不可能要求只存在受激辐射过程. 问题在于在什么样的特定条件下, 受激辐射可能胜过吸收和自发辐射, 而在三个过程中占主导地位.

根据(8-6)式与(8-8)式可以写出单位时间、单位体积内原子体系吸收的光能量为 $n_1 u(\nu) B h\nu$(为简化起见, 我们用 ν 代替 ν_{12} 和 ν_{21}, 以下同). 受激辐射产生的光能量为 $n_2 u(\nu) B h\nu$, 所以在单位体积单位时间内产生的净光能量为 $(n_2 - n_1) u(\nu) B h\nu$. 设此原子体系的体积元为 $\mathrm{d}V$, 截面积为 S, t 为辐射作用时间, 长度方向沿 z 轴, $\mathrm{d}E$ 表示光能量的变化, 则单位体积单位时间内产生的净光能量可表示为

$$\frac{\mathrm{d}E}{t\mathrm{d}V} = \frac{\mathrm{d}E}{tS\mathrm{d}z} = (n_2 - n_1) u(\nu) B h\nu \qquad (8-15)$$

若引入光强 I, 则有

$$I(\nu) = \frac{E}{tS} = cu(\nu)$$

式中 c 表示光速, 则(8-15)式可以写成

$$\frac{\mathrm{d}I}{\mathrm{d}z} = (n_2 - n_1) \frac{I(\nu)}{c} B h\nu$$

将(8-14)式代入, 得

$$\frac{\mathrm{d}I(\nu)}{\mathrm{d}z} = (n_2 - n_1) I(\nu) \frac{c^2 A_{21}}{8\pi\nu^2} \qquad (8\text{-}16)$$

令

$$\alpha(\nu) \equiv (n_2 - n_1) \frac{c^2 A_{21}}{8\pi\nu^2}$$

则(8-16)式可写成

$$\frac{\mathrm{d}I(\nu)}{\mathrm{d}z} = \alpha(\nu) I(\nu)$$

上式的解为

$$I(\nu, z) = I_0(\nu) \mathrm{e}^{\alpha(\nu)z} \qquad (8\text{-}17)$$

当 $\alpha(\nu)>0$ 时,光强将按(8-17)式所示指数规律增强;当 $\alpha(\nu)<0$ 时,光强将按(8-17)式所示指数规律衰减. 当 $n_2>n_1$ 时, $\alpha(\nu)>0$;而当 $n_2<n_1$ 时, $\alpha(\nu)<0$.在实际的原子体系中,根据玻耳兹曼的平衡态分布定律(8-10)式,处于高能级的原子数总比处于低能级的原子数少. 在通常情况下,原子体系总是处于热平衡状态的. 所以 n_2 总是小于 n_1.亦即 $\alpha(\nu)$ 总是负的,吸收的能量总是大于受激辐射的能量. 也就是说,吸收过程总是胜过受激辐射过程. 如果我们能够通过某种方法破坏粒子数的热平衡分布,使 $n_2>n_1$,那么 $\alpha(\nu)>0$,受激辐射能量将大于吸收的能量,受激辐射过程将胜过吸收过程. 这时的粒子数分布已经不是平衡态分布了,我们把这种分布称为粒子数反转.

从以上的分析中可以看出,受激辐射过程和吸收过程是矛盾的. 在通常的情况下,吸收过程总是主要的,受激辐射过程是次要的. 但是在特定的条件下,在破坏了原子体系的平衡态分布后,就有可能使受激辐射过程处于绝对优势. 这样一个特定的状态,就是粒子数反转.

8.2.2 实现粒子数反转的物质

并非各种物质都能实现粒子数反转. 在能实现粒子数反转的物质中,也不是在该物质的任意两个能级间都能实现粒子数反转. 要实现粒子数反转,必须具备一定的条件. 首先要看这种物质是否具有合适的能级结构;其次要看是否具备必要的能量输入系统,以便不断地从外界供给能量,使该物质中有尽可能多的粒子吸收能量后,从低能级不断跃迁到高能级上去. 这一能量供应过程,叫做"激励"、"激发"或者称为"抽运"、"泵浦". 现在假定,抽运过程确能保证满足,那么我们来看原子应该具有什么样的能级结构才有可能实现粒子数反转.

如果某种物质只具有两个能级,用有效的抽运手段不断地向这个二能级体系提供能量,使处于基态 E_1 的原子尽可能多、尽可能快地激发到激发态 E_2 去,那么是否有可能造成 $n_2>n_1$ 的局面呢?图 8-7 为一个二能级体系的示意图. 根据(8-13)式, $B_{12}=B_{21}=B$,所以原子的吸收速率 w_{12} 和受激辐射速率 w_{21} 也应相等,即 $w_{12}=w_{21}=w$. A_{21} 为 E_2 向 E_1 进行自发辐射的系数,也就是自发辐射的速率. 令 E_1 和 E_2 能级上单位体积内的原子数分别为 n_1 和 n_2,

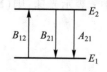

图 8-7　二能级系统

则 n_2 的变化率为

$$\frac{\mathrm{d}n_2}{\mathrm{d}t} = w(n_1 - n_2) - n_2 A_{21} \tag{8-18}$$

在达到稳定时,粒子数 n_2 不再变化. 即

$$\frac{\mathrm{d}n_2}{\mathrm{d}t} = 0$$

因此(8-18)式变为

$$\frac{n_2}{n_1} = \frac{w}{A_{21} + w}$$

从上式可以看出,不管使用的激励手段多么好, $A_{21}+w$ 总是大于 w 的. 就是说, n_2 总是小于 n_1,只有当 w 十分大时, $\dfrac{n_2}{n_1}$ 才接近于1.从数学上看

$$\lim_{w \to \infty} \frac{w}{A_{21} + w} = \lim_{w \to \infty} \frac{1}{\dfrac{A_{21}}{w} + 1} = 1$$

所以,对二能级物质来讲,不能实现粒子数反转.

在三能级系统中,是否能在其中的某两个能级之间形成粒子数反转呢?理论分析和实验结果都表明:三能级系统是有可能实现粒子数反转的. 红宝石激光器就是一个三能级系统的激光器.

图8-8为三能级系统的示意图. 其中 w 和 A 的含义同前. 如果抽运过程使三能级系统的原子从基态 E_1 迅速地以很大的速率 w 抽运到 E_3,处于 E_3 的原子可以通过自发辐射回到 E_2 或 E_1.假定从 E_3 回到 E_2 的速率 A_{32} 很大,大大超过从 E_3 回到 E_1 的速率 A_{31} 和从 E_2 回到 E_1 的速率 A_{21},则当泵浦抽运速率 w 大大

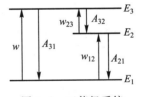

图 8-8 三能级系统

超过 w_{23} 或 w_{12} 时,能级 E_2 和能级 E_1 之间就有可能形成粒子数反转. 用数学公式来表示时,可先写出能级 E_3 和 E_2 上的粒子数变化率的方程:

$$\frac{\mathrm{d}n_3}{\mathrm{d}t} = wn_1 - A_{31}n_3 + w_{23}n_2 - A_{32}n_3 \tag{8-19}$$

$$\frac{\mathrm{d}n_2}{\mathrm{d}t} = w_{12}n_1 - A_{21}n_2 - w_{23}n_2 + A_{32}n_3 \tag{8-20}$$

在达到稳定时,

$$\frac{\mathrm{d}n_3}{\mathrm{d}t} = \frac{\mathrm{d}n_2}{\mathrm{d}t} = 0$$

则由(8-19)式、(8-20)式可得

$$n_3 = \frac{wn_1 + w_{23}n_2}{A_{31} + A_{32}}$$

$$\frac{n_2}{n_1} = \frac{w_{12} + \dfrac{wA_{32}}{A_{31} + A_{32}}}{-\dfrac{w_{23}A_{32}}{A_{31} + A_{32}} + A_{21} + w_{23}} \tag{8-21}$$

因为已经假定 $A_{32} \gg A_{31}$、$w \gg w_{12}$，所以(8-21)式的分子、分母可以化为

$$w_{12} + \frac{wA_{32}}{A_{31} + A_{32}} = w_{12} + \frac{w}{\dfrac{A_{31}}{A_{32}} + 1} = w_{12} + w = w$$

$$-\frac{w_{23}A_{32}}{A_{31} + A_{32}} + A_{21} + w_{23} = \frac{-w_{23}}{\dfrac{A_{31}}{A_{32}} + 1} + A_{21} + w_{23} = A_{21} \tag{8-22}$$

把(8-22)式代入(8-21)式,得

$$\frac{n_2}{n_1} = \frac{w}{A_{21}}$$

可见,使外界抽运速率足够大时,就有可能使 $w > A_{21}$,从而使 $n_2 > n_1$. 这样就可能实现 E_2 和 E_1 两能级间的粒子数反转.

我们常用的红宝石激光器就是以红宝石作为激光物质的. 它是一个三能级系统的激光器. 它的 E_3 能级的寿命很短,约为 5×10^{-8} s;而 E_2 能级寿命较长,约为 3 ms,称为亚稳态. 这就是说,当原子被外界激励到 E_3 能级后,由于 E_3 能级寿命短,很快就转移到 E_2 能级上去. 而 E_2 是亚稳态,能级寿命较长. 于是就在 E_2 和 E_1 这一对能级间形成了粒子数反转.

从上面的分析可以看出,三能级系统能实现粒子数反转的上能级是 E_2 能级,下能级是 E_1 能级,且 E_2 为亚稳态能级,E_1 为基态能级. 由于基态能级上总是集聚着大量的粒子,因此要实现 $n_2 > n_1$,外界抽运就需要相当强. 这是三能级系统的一个显著缺点.

为了克服三能级系统的缺点,人们找到了四能级系统的工作物质.含钕的钇铝石榴石(简称 YAG)激光器、钕玻璃激光器、氦氖激光器和二氧化碳激光器都是四能级系统激光器.

图 8-9 所示为一个四能级系统的示意图. 在外界激励的条件下,基态 E_1 的粒子大量地跃迁到 E_4,又迅速地转移到 E_3. E_3 能级为亚稳态,寿命较长. 而 E_2 能级寿命很短,到了 E_2 能级上的粒子很快便回到基态. 所以在四能级系统中,粒子数反转是在 E_3 和 E_2 之间实现的. 就是说,能实现粒子数反转的下能级是 E_2,不是像三能级系统那样,为基态 E_1.因为 E_2 不是

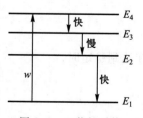

图 8-9　四能级系统

基态,所以在室温下,E_2 能级上的粒子数非常少,因而粒子数反转在四能级系统比在三能级系统容易实现.

以上讨论的二能级系统、三能级系统和四能级系统都是指与激光器运转过程直接有关的能级而言,不是说某种物质只具有两个能级、三个能级或四个能级.

[例 8.2] 有一种三能级工作物质,基态能级为 E_g,激光跃迁对应的上、下能级为 E_a 和 E_b. 如能级 E_a、E_b 的激励速率分别为 λ_a 和 λ_b,粒子从能级 E_a 以速率 r_a 衰减到能级 E_b,从能级 E_b 以速率 r_b 衰减到基态 E_g,而受激辐射速率为 R. 试求出激光稳态振荡时的粒子反转数表示式.

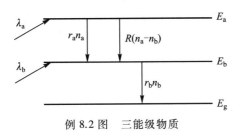

例 8.2 图 三能级物质

[解] 根据图示,可得 E_a 能级上粒子数密度的变化率为

$$\frac{dn_a}{dt} = \lambda_a - r_a n_a - R(n_a - n_b)$$

E_b 能级上粒子数密度的变化率为

$$\frac{dn_b}{dt} = \lambda_b - r_b n_b + r_a n_a + R(n_a - n_b)$$

达到稳态时,

$$\frac{dn_a}{dt} = \frac{dn_b}{dt} = 0$$

两式相加得

$$n_b = \frac{\lambda_a + \lambda_b}{r_b}$$

代入第一个方程,得

$$n_a = \frac{\lambda_a + R\dfrac{\lambda_a + \lambda_b}{r_b}}{r_a + R}$$

所以 E_a、E_b 两个能级上粒子数密度之差为

$$n_a - n_b = \left(\frac{\lambda_a}{r_a} - \frac{\lambda_a + \lambda_b}{r_b}\right) \Big/ \left(1 + \frac{R}{r_a}\right)$$

若

$$\frac{\lambda_a}{r_a} > \frac{\lambda_a + \lambda_b}{r_b}$$

则实现了粒子数反转.

8.2.3　光学谐振腔

受激辐射除了与吸收过程相矛盾外,还与自发辐射相矛盾. 处于激发态能级的原子,可以通过自发辐射或受激辐射回到基态. 在这两种过程中,自发辐射往往是主要的. 设高、低能级的粒子数密度分别为 n_2 和 n_1,根据(8-7)式和(8-8)式,可得到受激辐射和自发辐射光子数之比

$$R = \frac{u(\nu)B}{A_{21}} \qquad (8-23)$$

如果要使 $R \gg 1$,则能量密度 $u(\nu)$ 必须很大. 而在普通光源中,能量密度 $u(\nu)$ 通常是很小的,例如在热平衡条件下,对于发射 $\lambda = 1\ \mu m$ 的热光源来讲,当温度为 300 K 时 $R = 10^{-12}$. 由(8-23)式可知,在此情况下,受激辐射光子数比自发辐射光子数少得多,如果要使受激辐射光子数等于自发辐射光子数,即 $R = 1$,则此热光源温度就需高达 50 000 K. 可见在一般光源中,自发辐射大大超过了受激辐射.

但是我们可以设计一种装置,使在某一方向上的受激辐射不断得到放大和加强. 就是说,使受激辐射在某一方向上产生振荡,而其他方向传播的光很容易逸出腔外,以致在这一特定方向上超过自发辐射. 这样,我们就能在这一方向上实现受激辐射占主导地位的情况. 这种装置称为光学谐振腔.

像电子技术中的振荡器一样,要实现光振荡,除了有放大元件以外,还必须具备正反馈系统、谐振系统和输出系统. 在激光器中,可实现粒子数反转的工作物质就是放大元件,而光学谐振腔就起着正反馈、谐振和输出的作用. 图8-10就是光学谐振腔的示意图. 在作为放大元件的工作物质两端,分别放置一块全反射镜和一块部分反射镜,它们互相平行,且垂直于工作物质的轴线. 这样的装置就能起到光学谐振腔的作用.

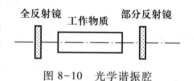

图 8-10　光学谐振腔

当能实现粒子数反转的工作物质受到外界的激励后,就有许多粒子跃迁到激发态上. 激发态的粒子是不稳定的,会纷纷跳回到基态,并发射出自发辐射光子. 这些光子射向四面八方,其中偏离轴向的光子很快就逸出谐振腔. 只有沿着轴向的光子,在谐振腔内由于两端两块反射镜的反射而不至于逸出腔外. 这些光子就成为引起受激辐射的外界感应因素,以致产生了轴向的受激辐射. 受激辐射发射出来的光子和引起受激辐射的光子有相同的频率、发射方向、偏振状态和相位. 它们沿轴线方向不断地往复通过已实现了粒子数反转的工作物质,因而不断地引起受激辐射,使轴向行进的光子不断得到放大和振荡,这是一种雪崩式的放大过程,使谐振腔内沿轴向的光骤然增加,而在部分反射镜中输出. 这便是激光.

光学谐振腔由两块反射镜组成,这两块反射镜的曲率半径、焦距以及反射镜之间的距离都有一定的限制. 例如,在由两块凸球面镜组成的谐振腔中,一条平行于轴线的光线,经凸球面镜反射后,就会不再与腔轴平行(见图8-11). 这

样的谐振腔称为不稳定谐振腔. 因为一条光线经过几次反射后,就会逸出腔外. 稳定谐振腔的结构就不同,它主要有以下四种形式:

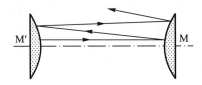

图 8-11　不稳定谐振腔

（1）法布里-珀罗谐振腔（又叫平行平面腔）

法布里-珀罗谐振腔由两个平行平面反射镜组成（见图 8-12）. 根据几何光学中的反射定律,一条平行于谐振腔轴线的光线,经平行平面反射镜来回反射后,它的传播方向仍平行于轴线,始终不会逸出腔外. 但是当这两块平行平面反射镜不能做到绝对平行并完全垂直于轴线时,就会使光线在腔内来回反射多次后逸出腔外. 显然对这种谐振腔的结构有很高的工艺要求.

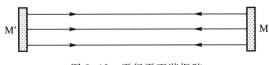

图 8-12　平行平面谐振腔

（2）同心谐振腔

它由两个相同的凹球面镜组成. 反射镜的曲率中心相重合（见图 8-13）. 通过球心的光线经反射后,仍从原路返回. 这样来回反射的光线始终不会逸出腔外.

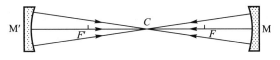

图 8-13　同心谐振腔

（3）共焦谐振腔

它由两个相同的凹球面镜组成,其焦点相重合（见图 8-14）. 平行于谐振腔轴线的光线自 A 发出后,循着 A—B—C—D—A 的路线,经 4 次反射后,又与起始光线重合. 这样,平行于轴向的光线将始终不会逸出腔外.

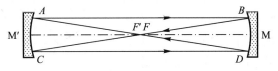

图 8-14　共焦谐振腔

（4）广义共焦式谐振腔

在两个反射镜中,当某一反射镜与其曲率中心间的距离能包含第二个反射镜的曲率中心或包含第二个反射镜本身时,就可能构成稳定的广义共焦式谐振腔,如图 8-15 和图 8-16 所示. 在图 8-15 中,两球面镜曲率中心之间的距离等于各镜的焦距(假定两球面镜焦距相同),即一球面镜中心落在另一球面镜的焦点处. 当平行于轴线的光线经 A—B—D—B—A—E—A 循环后又与原来光线方向重合. 在图 8-16 中,两球面镜顶点间距离等于焦距. 平行于轴向的光线经 A—B—C—D—E—G—A 循环后,又与原来光线方向重合. 当然,在这样的结构中,平行于轴向的光线始终不会逸出腔外.

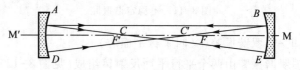

图 8-15　广义共焦谐振腔之一

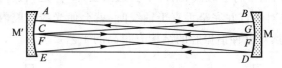

图 8-16　广义共焦谐振腔之二

根据上面的分析可以发现,由两个球面反射镜(平面镜可看做是曲率半径趋于无穷大的球面镜)构成谐振腔是很好的方法. 从几何光学的观点来看,如果光线在谐振腔内来回反射时能维持在腔轴附近而不逸出腔外,就能得到稳定谐振腔结构. 理论分析表明,稳定谐振腔的条件可写成

$$0 \leqslant \left(1-\frac{l}{R_1}\right)\left(1-\frac{l}{R_2}\right) \leqslant 1 \qquad (8-24)$$

式中 R_1 和 R_2 分别为两反射镜的曲率半径,对凹镜 R 取正值,对凸镜 R 取负值,l 是腔长. 稳定谐振腔条件也可以用图 8-17 表示. 横轴和纵轴分别为两面反射镜的 $1-\frac{l}{R}$. 图上画有阴影的区域是满足稳定性条件的区域.

有了稳定的光学谐振腔,有了能实现粒子数反转的工作物质,还不一定能引起受激辐射的光振荡而产生激光. 因为工作物质在光谐振腔内虽然能够引起光放大,但是在光谐振腔内还存在着许多损耗因素. 如反射镜的吸收、透射和衍射,工作物质不均匀所造成的折射或散射;等等. 所有这些都使谐振腔内的光子数目减少. 在这些损耗中,只有通过部分反射镜而透射输出的才是我们所需要的,其他一切损耗都应尽量避免. 如果由于种种损耗的结果,使得工作物质的放大作用抵偿不了这些损耗,那就不可能在光谐振腔内形成雪崩

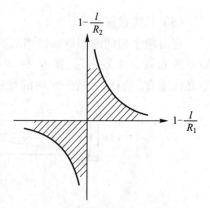

图 8-17　稳定谐振腔条件

式的光放大过程,也就不可能得到激光输出. 这就是说,要产生激光振荡,对于光的放大来讲,必须满足一定的条件,这个条件叫做阈值条件.

图 8-18 表示光在谐振腔内来回反射时光强的变化. 用 M_1、M_2 表示两块反射镜,其间距为 l,透射率和反射率分别为 T_1、R_1 和 T_2、R_2. 假设腔内所有的损耗都包含在透射率 T_1、T_2 中,则可以简化对问题的讨论而不会影响问题的实质.

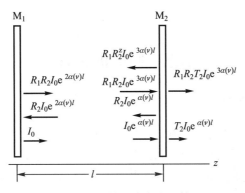

图 8-18 谐振腔内光反射

由(8-17)式知道,$I(\nu,z)=I_0(\nu)\mathrm{e}^{\alpha(\nu)z}$. 当 $z=0$ 时,光强为 $I_0(\nu)$. 当 I_0 经过整个长度为 l 的工作物质到达第二块反射镜 M_2 时,光强为 $I(\nu,l)=I_0\mathrm{e}^{\alpha(\nu)l}$. 其中 $\alpha(\nu)$ 称为工作物质的增益系数,它的意义可以从下式看出:

$$I(\nu,l)=I_0(\nu)\mathrm{e}^{\alpha(\nu)l}$$

$$\alpha(\nu)=\frac{1}{l}\ln\frac{I(\nu,l)}{I_0(\nu)}$$

也就是说,$\alpha(\nu)$ 是光经过单位长度后光强增加倍数的对数.

光到达第二块镜面 M_2 时的光强为 $I_0\mathrm{e}^{\alpha(\nu)l}$,因此反射光强为 $R_2I_0\mathrm{e}^{\alpha(\nu)l}$. 这一反射光强经过整个工作物质后,又得到 $\mathrm{e}^{\alpha(\nu)l}$ 倍的放大,因此在回到第一块镜面 M_1 时,光强为 $R_2I_0\mathrm{e}^{2\alpha(\nu)l}$. 被 M_1 反射后,光强变为 $R_1R_2I_0\mathrm{e}^{2\alpha(\nu)l}$. 这个过程不断地进行下去. 当然,每经过一次反射镜,总有一部分光透射出腔外. 可以看到,光每经过一次往返,即经过两次反射,光强要改变 $R_1R_2\mathrm{e}^{2\alpha(\nu)l}$ 倍. 如果 $R_1R_2\mathrm{e}^{2\alpha(\nu)l}$ 小于1,往返一次后,光强减小. 来回反射多次后,它将越来越弱,不可能建立起激光振荡. 因此,要能够实现激光振荡,必要条件为

$$R_1R_2\mathrm{e}^{2\alpha(\nu)l}\geqslant 1 \tag{8-25}$$

所以满足激光振荡的最起码的条件,即阈值条件为

$$R_1R_2\mathrm{e}^{2\alpha(\nu)l}=1$$

即

$$\alpha(\nu)l=\ln\frac{1}{\sqrt{R_1R_2}}$$

一台激光器的实际增益取决于激励能源的强弱和激活介质的状态. 由(8-16)式的 $\alpha(\nu)\equiv(n_2-n_1)\dfrac{c^2A_{21}}{8\pi\nu^2}$ 知道,$\alpha(\nu)$ 正比于激光上下能级粒子数之差 n_2-n_1. 由

此可见,只有当粒子反转数达到一定数值时,光的增益系数才足够大,以致有可能抵偿光的损耗,从而使光振荡的产生成为可能. 因此,为了实现光振荡而输出激光,除了具备能实现粒子数反转的工作物质和一个稳定的光学谐振腔外,还必须减少损耗,加快泵浦抽运速率,从而使粒子反转数达到产生激光的阈值条件.

8.3 激光的特性

8.3.1 谱线宽度

我们知道,原子发光是间歇的,这一次发光和下一次发光之间没有任何联系. 由傅里叶变换可知,原子发光的(即持续发光)时间 Δt 和所发光的频率宽度 $\Delta \nu$ 是成反比的. 发光时间越长,则频率宽度越窄. 频率宽度越窄,光波的单色性就越好(见图 8-19). 现将此关系推导如下:

设原子发光时间为 Δt,发光的频率宽度为 $\Delta \nu$,ν_0 为该频宽的中心频率,根据第 1 章附录 1.1 振动叠加的三种计算方法,光振动可以写成

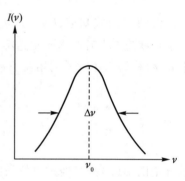

图 8-19 谱线宽度

$$A(t) = \begin{cases} A_0 e^{i2\pi\nu_0 t} & \left(\text{当} -\dfrac{\Delta t}{2} < t < \dfrac{\Delta t}{2} \right) \\ 0 & (\text{当 } t \text{ 为其他时间}) \end{cases}$$

$A(t)$ 中所含频率为 ν 的简谐振动的振幅可以根据傅里叶变换算出,为

$$A(\nu) = \int_{-\infty}^{\infty} A(t) e^{-i2\pi\nu t} dt$$

$$= \int_{-\frac{\Delta t}{2}}^{\frac{\Delta t}{2}} A_0 e^{i2\pi\nu_0 t - i2\pi\nu t} dt$$

$$= A_0 \Delta t \frac{\sin \pi[(\nu - \nu_0)\Delta t]}{\pi(\nu - \nu_0)\Delta t}$$

对于函数 $\dfrac{\sin x}{x}$ 来说,第一个零点位于 $x = \pm\pi$ 处. 在 $x > \pi$ 或 $x < -\pi$ 时,$\dfrac{\sin x}{x}$ 的值很小,可以略去(见图 8-19). 故可认为频谱限于 $\pi(\nu - \nu_0)\Delta t = \pm\pi$ 内,即频宽 $\Delta \nu$ 满足下列关系:

$$\Delta \nu = \frac{1}{\Delta t} \tag{8-26}$$

从(8-26)式可以看出,只有发光时间 $\Delta t \to \infty$ 的光波,它的 $\Delta \nu \to 0$,才是真正单色

而无频宽的光. 既然发光时间 $\Delta t \to \infty$ 是不可能的,因此 $\Delta \nu \to 0$ 的光也是不存在的. 任何光源,它的发光时间 Δt 总有一定大小,它的频率也就有一定大小的频宽 $\Delta \nu$. 根据关系式 $c = \lambda \nu$,也就有一定大小的谱线宽度 $\Delta \lambda$. 这样形成的谱线宽度称为自然线宽.

谱线宽度(或频率宽度)的成因是很多的,除了上面说的发光原子有一定大小的发光时间所引起的自然线宽外,另外一个主要原因是分子、原子热运动所引起的多普勒效应. 进站火车鸣叫声的频率比出站火车鸣叫声的频率高,这种日常生活中的声学多普勒效应是为大家熟知的,如果发光原子面向光接收器运动,则接收到的波长变短. 反之,如发光原子离开光接收器运动,则接收到的波长变长.

在图 8-20 中,光源以速度 u 接近光接收器运动. 设静止光源所发出的光波在一周期时间 T_0 内,向前传播一个波长 λ_0 的距离. 当光源以速度 u 接近接收器时,在 T_0 时间内,光源在光波传播方向上走了一段距离 uT_0,光波向前传播的实际距离仅为 $\lambda_0 - uT_0$. 这就是说,光接收器所接收到的光波波长变为 λ,而

$$\lambda = \lambda_0 - uT_0 = cT_0 - uT_0 = (c - u)T_0$$

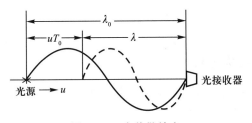

图 8-20 多普勒效应

这时光波的频率 ν 为

$$\nu = \frac{c}{\lambda} = \frac{c}{(c - u)T_0} = \frac{c}{c - u}\nu_0 = \nu_0 \frac{1}{1 - \dfrac{u}{c}}$$

因为 $u \ll c$,利用级数展开,上式可写成

$$\nu = \nu_0 \left[1 + \frac{u}{c} + \left(\frac{u}{c} \right)^2 + \cdots \right] \approx \nu_0 \left(1 + \frac{u}{c} \right) \qquad (8-27)$$

当 $u > 0$,即光源向光接收器运动时,$\nu > \nu_0$;当 $u < 0$,即光源离开光接收器运动时,$\nu < \nu_0$.

在气体放电中,发光原子总在做无规则热运动. 原子运动速度的大小,可以在零到某个数值之间变化,运动方向相对光接收器来说也是有正有负. 于是就会在发光中心频率 ν_0 值附近,引起一个变化值,也就是说引起了谱线在一定范围内的增宽,这个宽度称为多普勒宽度.

由此可见,当原子由高能态 E_2 向低能态 E_1 跃迁时,发出的光辐射 $h\nu_{21} = E_2 - E_1$ 乍看起来似乎是单一频率的,实际上由于上述原因,光谱线总有一定的宽

度 $\Delta\nu$, 而 ν_{21} 是指中心频率. 对氖的波长为 632.8 nm 的红线来说, 实际的中心频率是 4.7×10^{14} Hz, 其频率宽度 $\Delta\nu$ 为 1.5×10^{9} Hz. 用图来表示它是以 ν_{21} 为中心具有频率展宽的连续分布. 图 8-21 即为氖红线线宽的示意图. 在 $\Delta\nu$ 范围内都是氖所发射的光谱线的频率. 因此, 一般光源发出的光绝不是单色的, 而是包含无数个连续分布的频率. 谱线宽度 $\Delta\nu$ 定义为光谱线最大强度的一半所对应的两个频率之差 $\nu_2-\nu_1$.

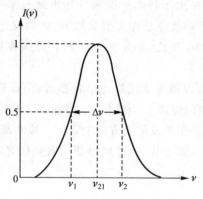

图 8-21　氖红线线宽示意图

8.3.2　激光的单色性

假设有一个单一频率的平面波沿谐振腔的轴线来回反射, 经过镜面多次反射后的光波之间, 就会产生多光束干涉. 某一点上干涉的结果是相长还是相消, 要由干涉条件来决定. 设谐振腔长度为 l, 光波波长为 λ. 若每束光在腔内沿轴线来回反射一次的相位差为 $2j\pi$(j 为整数), 则根据干涉条件可知强度为极大值. 此时, 光在腔内来回一次的光程 $2l$ 应是波长 λ 的整数倍, 即

$$2l=j\lambda \quad (j \text{ 为整数}) \tag{8-28}$$

若用 ν 代替 λ, (8-28)式可写为

$$\nu=j\frac{c}{2l} \tag{8-29}$$

可以看出, 当腔长与光波频率满足(8-29)式时, 多光束干涉的结果得到极大值, 我们称这种情况为共振. 符合共振条件的光波频率称为共振频率. 在谐振腔内, 只有符合共振条件的那些光波才能存在. 其他波长的光波, 因不符合共振条件而干涉相消, 不能在谐振腔内存在. 当然, 对同一谐振腔来说, 可同时存在的共振频率不止一个. 图 8-22 表示两种频率的光波在谐振腔内同时产生共振的情况. 一种波长较短, 它的半波长的 8 倍等于腔长; 另一种波长较长, 它的半波长的 4 倍等于腔长.

一般来说, 谐振腔的腔长要比光波大许多倍. 于是满足共振条件(8-28)式或(8-29)式的光波频率有许多个. 我们可以根据谐振的频率公式, 计算出相邻两个共振频率的差值 $\Delta\nu'$. 根据

图 8-22　共振频率

$$\nu_1 = j\frac{c}{2l}$$

$$\nu_2 = (j + 1)\frac{c}{2l}$$

可得

$$\Delta\nu' = \nu_2 - \nu_1 = (j+1)\frac{c}{2l} - j\frac{c}{2l} = \frac{c}{2l} \qquad (8\text{-}30)$$

如用 $\Delta\lambda'$ 表示两个相邻共振波长之差,则

$$\Delta\lambda' = \frac{\Delta\nu'}{\nu}\lambda = \frac{\lambda^2}{2l} \qquad (8\text{-}31)$$

从(8-30)式或(8-31)式可以看到,谐振腔越长,相邻两个共振频率的间隔 $\Delta\nu'$ 就越小,腔内能够满足共振条件的频率数目就越多,从谐振腔发射出去的光波中所包含的频率数目也就越多.

如上所述,气体放电管发射的光波,由于多种原因而存在一个谱线宽度.就是说,发射的光波不是单色的,而是有一定的频率范围.在这频率宽度范围内的所有频率,都可以在放电管所发射的光波中找到.但是如果把放电管放在光学谐振腔内,由于谐振腔的干涉作用,在发射出来的光波中,频率数目就不是原来那样多了.只有那些满足谐振腔共振条件而又落在工作物质的谱线宽度内的频率才能形成激光输出.不满足共振条件的频率,都在谐振腔内干涉相消了.例如,氖放电管所发射的光波有如图 8-21 所示的形状,它的中心频率为 4.7×10^{14} Hz,频率宽度 $\Delta\nu = 1.5\times10^9$ Hz.而谐振腔相邻两共振频率之差 $\Delta\nu'$ 为 1.5×10^8 Hz,则对氦氖激光器来说,从谐振腔发射出来的光波频率数目,可由 $\Delta\nu$ 和 $\Delta\nu'$ 这两个数值的比值来决定:

$$\frac{\Delta\nu}{\Delta\nu'} = \frac{1.5 \times 10^9 \text{ Hz}}{1.5 \times 10^8 \text{ Hz}} = 10$$

所以,对于这个长为 100 cm 的氦氖放电管,通过谐振腔后射出的光波,只存在 10 个不同的频率.从这里,可以初步看到光学谐振腔对激光单色性所起的作用.

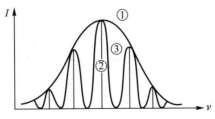

图 8-23　频率轮廓、共振频率和共振轮廓

在图 8-23 中,纵坐标表示光强,横坐标表示频率.曲线①代表放电管所发光波的频率轮廓,这也就是图 8-21 所示的曲线.直线②的横坐标代表谐振腔的共振频率,也就是从谐振腔中射出的光波频率.这些共振频率也有一个频率宽

度,因为谐振腔内产生多光束干涉时,在干涉相长时光强为极大,相消时光强为极小.从光强极大到极小,总有一个逐渐变化过程.这个变化过程就是图 8-23 中曲线③所表示的,称为共振轮廓.

可见,一般气体放电管发出来的光波的频率宽度比较大,经过谐振腔选择后,发射出来的光波的频率宽度就比较窄了.何况谐振腔内总存在工作物质,它对出射光波的频率宽度也起着限制的作用.所以,激光的单色性比较好.激光的单色性定义为 $\Delta \nu / \nu_0$ 或 $\Delta \lambda / \lambda_0$,其中 ν_0、λ_0 为激光谱线的中心频率和中心波长,$\Delta \nu$ 和 $\Delta \lambda$ 为相应的频率宽度和谱线宽度.

在激光器的输出光束中,如果只存在一个共振频率,则称为一个纵向模式或称为纵向单模,简称单纵模.在激光技术中,如同时存在几个共振频率,则称为纵向多模.如果我们希望从激光器出来的激光,只有一个频率,则可以缩短谐振腔的长度,使得共振频率的间隔变宽,以致在原来的谱线宽度范围内,只可能存在一个共振频率.如仍以氦氖激光器为例,当腔长 $l = 10$ cm 时,共振频率间隔为

$$\Delta \nu' = \frac{c}{2l} = \frac{3 \times 10^8 \text{ m/s}}{2 \times 0.1 \text{ m}} = 1.5 \times 10^9 \text{ Hz}$$

而谱线宽度仍为 $\Delta \nu = 1.5 \times 10^9$ Hz,所以腔内能够满足共振条件的频率数目只有一个.也就是说,只有一个单一的频率输出.当然,这里所说的单一的频率,并不意味着在频率坐标轴上只有一条几何线,这里仍旧有一定的频率分布,只是这一个频率分布十分狭窄.目前激光的频率宽度可由 1 到 10^5 Hz.

缩短腔长,显然会降低激光输出的功率,并会使激光输出频率不稳定.因此,要得到稳定的单模输出,可以采用其他方法来选取单模.采用法布里-珀罗标准具就是一种常用的选取单模的方法.

图 8-24 表示在激光器的腔内插入一块法布里-珀罗标准具.虽然它的两面镀有高反射膜,但由于多光束干涉,它对满足下述频率条件的光有极高的透射率(接近 100%).这个条件是

$$\nu_k = k \frac{c}{2nd\cos i_2}$$

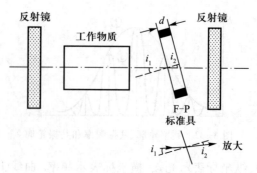

图 8-24 标准具选模

式中 c 是真空中的光速, n 是标准具材料的折射率, d 是标准具厚度, i_2 是平板中的折射角, k 是正整数. 如取 $d \ll l$(l 为谐振腔腔长), 且适当调整 i_1 角, 则有图 8-25 所示结果. 图 8-25(a) 表示激光器不选模时有 5 个纵模; 图 8-25(b) 表示法布里-珀罗标准具的透射曲线, 在 ν_{k-1}、ν_k、ν_{k+1}、…处有高透射率, 而 ν_k 与 ν_{k-1} 及 ν_k 与 ν_{k+1} 的间距远大于激光器的纵模的间隔. 所以激光腔的 5 个纵模中只有一个纵模能通过法布里-珀罗标准具, 因而可以形成振荡而输出激光. 标准具对 ν'_{02}、ν'_{01}、ν_{01}、ν_{02} 的透过率很低, 相当于损耗很大, 不能形成振荡, 也就没有这些频率的输出. 因此, 最后从激光器输出的频率只有一种纵模[见图 8-25(c)].

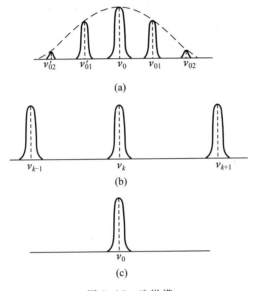

图 8-25　选纵模

这种方法需要在腔内插入元件, 从而增加了腔内的损耗. 所以对增益小的激光器不宜采用.

8.3.3　激光的相干性

在第 1 章里已讲过了光的干涉. 光源的相干性是一个很重要的问题. 所谓相干性, 也就是指空间任意两点光振动之间相互关联的程度. 在图 8-26 中, 如果 P_1 和 P_2 两点处的光振动之间的相位差是恒定的, 那么当 P_1 和 P_2 处的光振动向前传播并在 Q 点相遇时, 这两个振动之间的相位差当然也是恒定的, 于是在 Q 点将得到稳定的干涉条纹. 这时, 我们就称 P_1 和 P_2 处的光振动为关联的, 也就是相干光. 如果 P_1、P_2 处的光振动之间的相位差是任意的, 并随时间做无规则的变化, 那么在 Q 点相遇时, 根本不能出现干涉条纹. 这时我们称 P_1、P_2 处的光振动是没有关联的, 也就是非相干光.

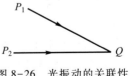

图 8-26　光振动的关联性

由于原子的发光不是无限制地持续的, 每一次发光有一定的寿命, 因此它总是有一个平均发光时间间隔. 从干涉的角度来讨论问题, 可以很明显地看到,只有在同一光源同一个发光时间间隔内发出的光,经过不同的光程后再在某点相遇时,才能给出干涉图样.所以我们把原子的平均发光时间间隔称为相干时间.在这里,把这一个相干时间记为 Δt_H.如果光的速度为 c,则 $c\Delta t_H$ 表示在相干时间内光经过的路程,我们称它为相干长度.记之为 Δl_H,于是有

$$\Delta l_H = c\Delta t_H$$

在迈克耳孙干涉仪中,如图 1-22 所示,引起干涉的两束光为 a_1b_1 和 a_2b_2,这两束光的光程差即为平面反射镜 M_1 和 M_2' 之间的空气薄层的厚度.现在令这个厚度为 Δl.只有当 $\Delta l < \Delta l_H$ 时,才能清楚地看到干涉条纹.这时 a_1b_1 和 a_2b_2 这两束光才是相干光.当 $\Delta l > \Delta l_H$ 时,a_1b_1 和 a_2b_2 这两束光已经不是发光原子同一次发光中发出的了.它们之间已无恒定的相位差,因而干涉条纹非常模糊.Δl 比 Δl_H 大得越多,干涉条纹越模糊,甚至完全看不到,这时 a_1b_1 和 a_2b_2 是不相干光.在这个例子中,我们可以看到,虽然在处理问题时,还是考虑两束光之间的光程差,但这个光程差是和相干时间联系着的.因此在迈克耳孙干涉仪中讨论光的相干性问题,实质上讨论的是光的时间相干性.

在 1.3 节杨氏实验的装置中可以看到,光源前放置一块开有小孔 S 的光阑.在光阑的前面,再另外放置一块开有两个小孔 S_1 和 S_2 的光阑.只有这样的装置,才能使通过 S_1 和 S_2 两个小孔的光,成为相干光.如果光源发出的光直接照射到 S_1 和 S_2,则通过 S_1 和 S_2 后再出射的光不可能是相干光.这是因为普通光源本身发光表面上任意两点之间是没有空间相干性.因此可以用杨氏实验来研究光源的空间相干性.

在普通光源中,受激辐射过程总是小于自发辐射过程.由于后者总是占主导地位,因而普通光源所发射的光相干性是很差的.但是这并不是说绝对不能从普通光源中得到时间和空间相干性都很好的光.只要通过一定的方法,还是可以从普通光源中得到时间和空间相干性较好的光.例如,用单色仪分光后,通过狭缝所得到的光的单色性就很好,因而它的时间相干性也很好.用杨氏实验装置来遮蔽大部分普通光源的发光表面,只留下一个极小的开孔使光通过.这样得到的光的空间相干性也可以是很好的.但是,用这样的办法以取得相干性很好的光时,光强几乎已减弱到实际上不能利用的程度.

如果让可见波段的激光入射到光屏上,仔细观察激光光斑的光强分布,就会发现它是不均匀的.不同激光器射出来的光斑中的光强分布也是各不相同的.这就是说,激光在谐振腔内振荡的过程中,在光束横截面上形成具有各种不同形式的稳定分布.在光束横截面上的这种稳定分布称为激光束的横向模式,简称横模.

激光束在横截面上呈现各种光强的不同图样的稳定分布而不呈现均匀光强的稳定分布,主要原因就是激光器中有衍射现象.因为谐振腔两端有两块反射镜,它们的大小是有限的,镜面除了对光波起反射作用外,镜面的边缘还起着光阑的作用.任何光束通过光阑时,都会引起衍射现象.因此,激光束在反射镜上反射时,反射镜也引起了衍射现象.每反射一次,就要产生一次圆孔衍射.假

设有一个平行平面腔,两反射镜之间距离为 d,衍射孔径的直径为 $2a$,当光束在两反射镜面间来回反射时,可以等效地把它看做是光束通过一孔径为 $2a$、间隔为 d 的光阑系列. 光束在反射镜面上每反射一次,就相当于通过光阑系列中的一个光阑(见图 8-27).

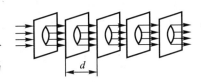

图 8-27 系列光阑

假如有一个平面波在腔内沿轴向传播,在到达第一个光阑时,光强分布为长方形. 通过第一个光阑后,光被衍射,这时光强分布就不再保持长方形,边缘部分的光强减弱了. 这样依次经过一系列的光阑,由于衍射效应而使光强分布不断改变(见图 8-28). 可以看到,当光束通过一系列光阑后,其振幅和相位的空间分布不可避免地逐次发生畸变,并于最后趋向一定的稳定分布状态,只有振幅和相位的空间分布达到稳定状态的光波才是最后输出的激光. 现在我们取激光器的轴向作为直角坐标系的 z 轴,以谐振腔的中心点为原点,并在与主轴 z 垂直的平面上取 x 轴和 y 轴,我们用符号 TEM_{mn} 来表示各种横向模式. 这里 m、n 均为正整数,分别表示在 x 轴和 y 轴方向上光强为零的那些零点的序数,称为模式序数. 图 8-29 表示了横模的光斑图. 从图中可以看到,基模是光斑中间没有光强为零的光斑. 称为 TEM_{00} 模;而 TEM_{10} 模则表示在 x 方向有一个光强为零的光斑;TEM_{01} 模表示在 y 方向有一个光强为零的光斑;以此类推. 模式序数 m、n 越大,光斑图形中光强为零的数目就越多. TEM_{00},称为低次模式;其他的模式皆称为高次模式.

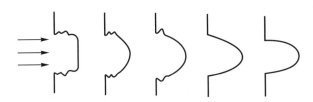

图 8-28 衍射效应改变光强分布

TEM_{00} TEM_{10} TEM_{01} TEM_{20} TEM_{11} TEM_{22} TEM_{33}

图 8-29 横模光斑图

和普通光一样,激光的相干性也包括时间相干性和空间相干性. 如前所述,原子发光时间 Δt 和所发光的频率宽度 $\Delta \nu$ 是成反比的[见(8-26)式],对激光器来说,它所发射的激光的单色性是很好的,即激光的 $\Delta \nu$ 非常小,比普通光的 $\Delta \nu$ 要小得多. 这样就可以很自然地得到结论,激光的相干时间 Δt 很大,即激光的时间相干性是很好的.

那么,为什么激光的空间相干性也很好呢? 上面已经讲了激光器的衍射现象. 正是由于这个衍射作用,使激光的空间相干性提高了. 让我们先来计算一下由于衍射而损耗的能量. 在图 8-30 中,激光从直径为 $2a$ 的小孔 AB 射入,如没有衍射,则能量集中在面积为 πa^2 的小孔 CD 中. 现在因有衍射,能量不可能集中在 πa^2 这块面积上,即通过小孔边缘的光必然向外扩展. 对于圆孔衍射,第一极小值在 $\theta = 0.61 \dfrac{\lambda}{a}$ 处. 于是,因为衍射的缘故,能

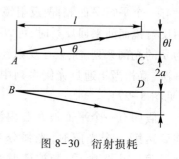

图 8-30 衍射损耗

量分布的面积的增量为 $2\pi a\theta l$ (l 为腔长). 衍射能量损耗的百分比为

$$\frac{2\pi a\theta l}{\pi a^2} = \frac{2\theta l}{a} = 1.22\,\frac{\lambda l}{a^2} = 1.22\,\frac{1}{N}$$

式中 N 为菲涅耳数,定义为 $a^2/\lambda l$. N 愈大,衍射损耗愈小,所以菲涅耳数 N 是描述衍射损耗特性的一个参数.

衍射使激光的能量受到损失,但却为激光的空间相干性创造了条件. 如开始时光波是空间不相干的,那么由于衍射的结果,在多次来回反射后的衍射孔边缘处,由于光的衍射扩散,不仅向外并且也向内发射光束. 就是说,衍射孔使从光束截面上各点射出的光线互相混合. 所以在许多次衍射后,光束截面上一个点的光,不再仅与原光束的一点有联系,而是和整个截面有联系. 因此截面上各点是相关联的,在这种情况下,就建立了光束的空间相干性,光波就成为空间相干的了.

衍射损耗除了与菲涅耳数 N 有关外,还与谐振腔的振荡模式有关,不同模式的衍射损耗是不同的. 理论计算结果表明,高次模式比低次模式的衍射损耗大. 这样,对一定的谐振腔来说,有些模式还没有达到阈值条件时,另一些模式已达到了阈值条件. 也就是说,由于衍射损耗的缘故,谐振腔选择了某一种模式,并使它最后稳定下来作为输出激光的模式,而许多其他模式则始终不能达到阈值条件,当然也就不能形成雪崩式的激光输出. 输出激光的振荡模式乃是能够在谐振腔内存在的激光振荡的稳定模式. 所谓稳定,是指光波的振幅和相位在空间的分布是不随时间变化的(当然频率也是确定的). 因此当激光器以一定的振荡模式输出激光时,显而易见,这种激光具有很好的空间相干性. 反之,如果没有衍射,当然也就没有对不同模式的不同的衍射损耗,就会有许多模式同时达到阈值条件,同时形成激光输出. 那就不可能有光波的振幅和相位在空间分布的稳定性,当然就不具备好的空间相干性.

*8.4　激光器的种类

目前激光器的种类很多,如按激光器工作物质性质分类,可分为气体激光器、固体激光器、液体激光器和半导体激光器等. 如按激光器工作方式来分类,可分为连续的、脉冲的、调 Q 的与超短脉冲的等等. 不管怎样分类,每一类都包括许多激光器. 如气体激光器可以是原

子气体激光器,也可以是分子气体或离子气体激光器. 其他如固体激光器和液体激光器的情况也类似. 这里只选择几个有代表性的激光器作一些介绍.

8.4.1 气体激光器

我们以氦氖激光器为代表来介绍气体激光器的一般情况. 因为氦氖激光器的工作原理和特性具有典型性,它是连续运转气体激光器中最早被研制成功的. 它的输出功率虽不大,但输出的是可见的红光($\lambda = 632.8$ nm).

氦氖激光器的工作物质为氖,辅助物质为氦. 输出波长很多,主要有 632.8 nm、1.15 μm 和 3.39 μm 三个波长. 它在激光导向、准直、测距、测长和全息照相等许多方面都有应用. 它的组成包括放电管、储气套、电极、反射镜和工作物质等. 图 8-31 为氦氖激光器的简图,图(a)为全外腔式;图(b)为半外腔式;图(c)为内腔式.

视频 PPT ch8.4 激光器的种类

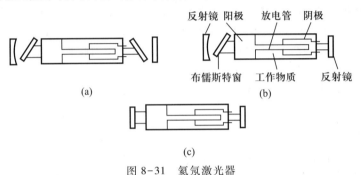

图 8-31 氦氖激光器

一般实验室使用的氦氖激光器,它的谐振腔长度有 250 mm ~ 1 m 多种. 放电管直径为 1 mm 左右,储气套直径约为 45 mm,正电极用钨棒,负电极用铝皮圆筒. 反射镜镀有多层介质膜,其中一块反射率为 99.8%,另一块为 98%. 工作物质总气压为 266 Pa. 氦氖气压比为 5:1~7:1.氦氖的能级结构由图 8-32 表示. 2^3S、2^1S、3S、2P 等等表示能级的名称,其中氦原子能级用罗索-桑德斯符号表示,而氖原子能级用帕邢符号表示. 图中画出的只是和产生激光有关的能级. 氦氖激光器是用气体放电的方式来激励氖原子的. 当放电管加上几千伏高压后,从阴极上发射出大量的自由电子,它们在轴向电场的作用下,向阳极做加速运动. 这些电子所具有的能量不一,在加速运动过程中,与氦氖原子相碰撞,从而把能量传递给它们,使它们从基态激发到不同的激发态. 氦的激发态为 2^3S、2^1S,氖的激发态为 3S、3P、2S、2P,但是高能量自由电子与基态氦原子碰撞的概率大,与基态氖原子碰撞的概率小. 因此,可以认为自由电子只能向基态氦原子传递能量. 由于氦的 2^1S 和氖的 3S 能级很接近,氦的 2^3S 与氖的 2S 也很接近. 处于 2^3S、2^1S 能级的氦原子与基态氖原子碰撞后,便把能量传递给了氖,使它们从基态跃迁到 3S 和 2S. 这样,对氖来讲,在 3S 对 3P、3S 对 2P、2S 对 2P 三对能级之间形成了粒子数反转. 从这三对能级中,就分别发射出 3.39 μm、632.8 nm 和 1.15 μm 三种波长的激光. 从理论上讲,这三种波长的激光都是可能发射的,但我们可

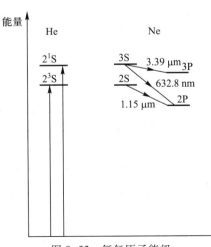

图 8-32 氦氖原子能级

以采取一系列措施去抑制其中的两种,使我们所需要的一种波长得到输出.

氦氖激光器虽有许多优点,但是也有缺点,那就是这种激光器效率较低.这里说的效率是指输出的激光功率和输入的电功率的比值.氦氖激光器的效率约为千分之一,所以它是效率较低的一类激光器.管长 250 mm 左右的氦氖激光器,输出激光功率约为 2~3 mW.

8.4.2　固体激光器

固体激光器的种类很多,主要有红宝石激光器、掺钕的钇铝石榴石激光器(即 YAG 激光器)、钕玻璃激光器等.固体激光器的优点是输出功率高,器件本身小巧坚固.缺点是所发激光的相干性和频率稳定性都不如气体激光器.下面以红宝石激光器为例,来了解固体激光器的一般性能.

固体激光器的工作物质都是在一定的基质材料中掺入激活剂后形成的.红宝石晶体的基质是三氧化二铝(Al_2O_3),激活剂为氧化铬(Cr_2O_3).图 8-33 是与激光过程有关的红宝石总能级图.在光泵作用下,Cr_2O_3 中的 Cr^{3+} 吸收了辐射能量,跃迁到激发态的高能级 $^4T_1$ 和 $^4T_2$.从基态到 $^4T_1$ 的跃迁,便形成以 410 nm 为中心位置的 U 吸收带.从基态到 $^4T_2$ 的跃迁,则形成以 550 nm 为中心位置的 Y 吸收带,带宽约为 100 nm.图 8-34 便是红宝石的吸收光谱.处于激发态 $^4T_1$、$^4T_2$ 的粒子无辐射地跃迁到 ^2E 能级,这是一个亚稳态,寿命较长,因此在 ^2E 和基态能级之间便形成了粒子数反转.^2E 由 $2\overline{A}$ 和 $\overline{E}$ 能级组成.从 $\overline{E}$ 到基态称 R_1 跃迁,发射波长为 694.3 nm 的激光.从 $2\overline{A}$ 到基态称 R_2 跃迁,发射波长为 693.4 nm 的激光.但 R_1 线的阈值比 R_2 线的小,故 R_1 首先产生激光,而 $2\overline{A}$ 上的粒子因热运动不断补充到 $\overline{E}$ 上去,使 R_2 线始终达不到阈值.所以红宝石激光器通常只发射波长为 694.3 nm 的红色激光.

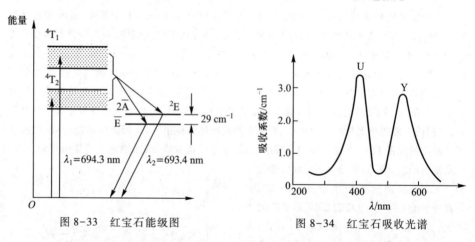

图 8-33　红宝石能级图　　　　图 8-34　红宝石吸收光谱

红宝石激光器一般用氙灯作光泵激励.氙灯以脉冲方式工作,脉冲持续时间是几毫秒,单脉冲输出能量为几千焦耳,激光效率为 0.2% 左右,所以激光输出能量为几焦耳,而功率可达 10^3 W 的数量级.如果采用调 Q[①] 装置,把激光脉冲时间压缩到毫微秒级,则可得数量级

---

① 在激光理论和技术中,通常用 Q 值(即谐振腔的品质因数),来表示腔损耗的大小,其定义是 $Q = 2\pi\nu\dfrac{E_{内}}{E_0}$,其中 ν 为激光的频率,$E_{内}$ 为腔内储存的能量,E_0 为每秒损耗的能量.如果有意地在腔内加一个可以变化的损耗,在光激发初期把它调得很大,即 Q 值很低,使激光振荡不致形成,这样就能造成较大的粒子数反转.当粒子数反转达到最大值时,突然减小损耗,增加 Q 值.这样,积累的能量便以极快的速度在很短的时间内释放出来,从而得到很大的激光功率.这就是调 Q 的基本原理.

达 10^9 W 的输出峰值功率.

红宝石晶体中铬离子浓度的大小和激光器运转的工作温度对红宝石脉冲激光器的阈值条件有很大影响.图 8-35 定性地表示了这些特性.从图中可以看到,在同一工作温度下,存在一个 Cr^{3+} 最佳浓度值.温度下降,阈值也降低.一般认为最佳的浓度是 0.05%.

红宝石激光器对光泵的要求是:首先应该使光泵的输出光谱落在激光工作物质的吸收带内;其次要考虑光泵光源的使用寿命.同时,为了使光泵光源发出的光均匀有效地照射到

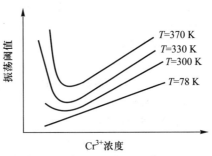

图 8-35　铬离子浓度与阈值条件

红宝石晶体棒上,必须把光源和晶体棒放置在一个聚光腔内.聚光腔可以是圆柱形或椭圆柱形.对圆柱形聚光腔,光泵光源和红宝石棒很靠近地放在轴心位置上[见图 8-36(a)].对椭圆柱形聚光腔,光泵光源和红宝石晶体棒放在截面椭圆的焦点上[见图 8-36(b)].无论哪一种形状的聚光腔,腔体内壁必须高度抛光,并镀有高反射率的膜层,常用的为铝、银或金等反射膜.图 8-37 为红宝石激光器的基本结构图.

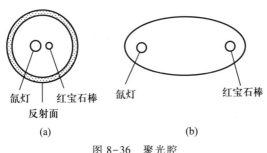

(a)　　　　　　(b)

图 8-36　聚光腔

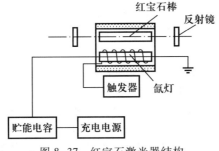

图 8-37　红宝石激光器结构

上面讲过,对红宝石激光器来说,激光效率约为 0.2%.这就是说,光泵光源提供的能量中,绝大部分要转化为热能.如果不及时地使这些热量散发掉,必然影响激光器的正常运转,甚至会造成光源爆裂、晶体光谱特性破坏或晶体爆裂等严重后果.为解决这个问题,一般采用流水方式冷却.

8.4.3　液体激光器

液体激光器的种类很多,这里介绍一种目前常用的染料激光器.染料是单键和双键交替出现的共轭双键有机化合物,其结构式如图 8-38 所示.这种结构的化合物在可见光谱区及

近紫外和近红外区有明显的吸收特征. 因为染料分子由大量原子组成, 如果不考虑电子的运动, 那么含有 N 个原子的分子, 其运动状态应由 $3N$ 个坐标来描写, 因为每个原子有 x、y、z 三个坐标. 这 $3N$ 个坐标所描写的运动状态可以归结为分子质心的三个平移运动、整个分子绕着三个轴的转动运动, 以及 $(3N-6)$ 个基本的振动运动. 这 $(3N-6)$ 个基本的振动运动称为简正振动, 简正振动的频率称为简正振动频率. 另外, 由于有机分子的转动, 在每一振动态上又耦合着许多转动态. 在能级图上表现为在每一个电子态能级上叠置着许多振动能级, 在每一个振动能级上又叠置着许多转动能级. 这样就使染料分子的振转能级接近于连续分布, 称为能带. 从图 8-39 中可以看到, 当染料分子吸收来自光泵光源的激励能量后, 从基态 S_0 跃迁到激发态 S_1 中的各个振转能级上. 由于与周围溶剂分子的碰撞, 染料分子的 S_1 振转能级的寿命很短, 大约只有 10^{-12} s, 就无辐射地弛豫到 S_1 的最低振转能级上. 再通过自发辐射或受激辐射回到 S_0 的较高振转能级. 最后弛豫到基态的最低能级. 所以染料分子属于四能级系统, 它的能量转换效率较高. 由于染料的吸收谱带很宽, 从 S_1 到 S_0 发射的光谱谱带也很宽. 当改变染料的浓度、溶液温度、液槽长度或溶液 pH 时, 发射光谱的峰值发生移动, 因而所产生激光的波长也发生变化. 所以可以通过选择不同的染料、溶剂、谐振腔的 Q 值、浓度、温度等来粗略地选择染料激光的波长. 当需要窄线宽激光时, 可以用波长选择装置来精细地调谐谐振腔. 可调谐是染料激光器的最大优点, 而常用的波长选择装置有光栅、棱镜、标准具、双折射滤光片、电控调谐元件等等.

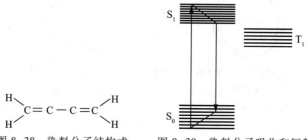

图 8-38　染料分子结构式　　　　图 8-39　染料分子吸收和辐射

　　染料激光器的波长调节范围可从紫外的 300 nm 到近红外的 1.2 μm. 在各种染料系列中, 经常使用的是若丹明. 这是一种红色染料, 输出激光能量最高, 转换效率也较高, 调谐范围在 500 nm 到 700 nm 之间.

　　上面所谈的染料分子的能级结构, 是染料激光器成为可调谐激光器的一个有利条件. 但它的能级结构中也存在一个不利的因素, 那就是它还有三重态存在. 也就是说, 电子态的能级可以分为两类. 一类是单态能级, 一类是三重态能级. 与单态能级对应的电子运动只有一种方式. 与三重态能级对应的电子运动可以有三种不同的方式. 对于染料分子来说, 基态都是单态能级, 而激发态除了激发单态外, 都存在着另一个三重态, 其能量较单态低, 如图 8-39 中的 T_1 所示. 从激发单态 S_1 可以通过不同态之间的交叉跃迁到三重态 T_1 上去, 这是一种无辐射跃迁过程. 由于三重态 T_1 的寿命很长, 约为 10^{-3} s 数量级, 因而在抽运过程中, 染料分子将聚集在三重态上, 减少了粒子反转数. 而且处于三重态上的分子又能够吸收从 S_1 态上发射的激光, 因此它形成了染料激光器中的重大损耗. 改进的办法是把某种淬灭分子加进染料溶液, 例如充以氧气. 因为氧的加入, 可以增加从 T_1 到 S_0 跃迁的概率, 把三重态上的能量移走, 起到了淬灭三重态的作用.

　　常用的染料激光器的激励泵源是氮分子激光器或固体激光器, 也可以用闪光灯作泵源. 不管用什么泵源, 染料激光器可分为横向激励和纵向激励两种. 前者的激励脉冲的传播方向与染料激光器的谐振腔垂直 [见图 8-40(a)]; 后者同向 [见图 8-40(b)].

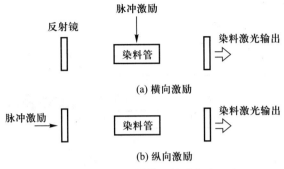

(a) 横向激励

(b) 纵向激励

图 8-40　染料激光器谐振腔

8.4.4　半导体激光器

本征半导体的能带结构由图 8-41(a)表示,价带被电子完全充满,导带完全没有电子,二者之间是禁带 E_g.图中的 E_F 称为费米能级.它是一个特征参量,并非实在的能级.本征半导体的 E_F 在禁带的中间.当半导体掺杂时,E_F 的位置就发生改变.在禁带中出现杂质原子的能级,称为杂质能级.n 型半导体的杂质能级靠近导带,杂质能级上的电子很容易跃迁到导带上去,增加导带中的电子数,使费米能级升高.n 型杂质浓度愈高,E_F 也愈高,甚至进入导带,如图 8-41(b)所示.p 型半导体的杂质能级则相反,它靠近价带,使价带中的电子很容易跃迁到杂质能级上去,增加价带中的空穴数,使费米能级降低,甚至进入价带,如图 8-41(c)所示.在同一块半导体晶体中一边是 p 型,另一边是 n 型,其分界面附近的区域,称为 pn结.它是双简并半导体,有两个费米能级,分别用 E_F^- 和 E_F^+ 表示,如图 8-41(d)所示.当这两个费米能级之差大于禁带宽度 E_g 时,导带底能级被电子占据的概率大于价带顶部能级被电子占据的概率.用电子数密度表示时,即在 pn 结作用区实现了粒子数反转.

彩色图片 8-5
半导体激光器

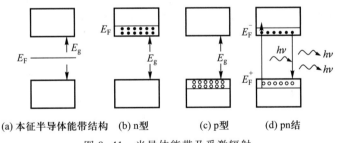

(a) 本征半导体能带结构　(b) n型　　(c) p型　　(d) pn结

图 8-41　半导体能带及受激辐射

当有频率为 ν 的光波通过图 8-41 中所列各种半导体时,只能使电子向没有被电子占据的空态跃迁,所以在图(a)、(b)、(c)中,只能从外界光波中吸收光子.在图(d)中,当满足

$$E_F^- - E_F^+ > h\nu > E_g$$

的光波通过时,能使导带中的电子向价带中的空穴跃迁,发出一个与外来光子频率相同的光子,从而使这种频率的光得到放大.这样就可实现光的受激辐射.

图 8-42 表示砷化镓激光器的结构.激光器的腔长为 L.pn 结宽度为 b,可达 2~500 μm.在结区附近形成的载流子反转分布区称为激活层,厚度 d 可达 1~2 μm.与 pn 结平面相垂直的晶体自然解理面,如图中所示的 a、a′面,构成法布里-珀罗谐振腔,以形成光振荡.

半导体激光器的优点除了质量轻、体积小、电能消耗小外,在作扫描光源时,不需要电光或声光调制器,因为它有很好的时间响应特性.而且可以通过调制注入电流来调制输出激光

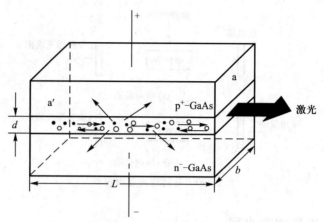

图 8-42 砷化镓激光器结构

强度.室温下的响应时间在毫微秒量级,标志着内调制频率可达千兆赫.它们的光功率在 5~35 mW 之间.砷化镓激光器工作波长为 840 nm,镓铝砷激光器为 780 nm.后者的阈值电流低,只有 100 mA,且可在室温下连续工作.半导体激光器的缺点是单色性较差.

8.4.5 自由电子激光器

彩色图片 8-6
多波长合束
激光器

创新实验
激光切割伦
敦塔桥

X 射线的波长范围是 0.01~70 nm,然而在这个区域实现激光发射的技术要求很高,因为增益随波长变短而迅速下降,谐振腔反射镜效率极低而所需泵浦功率极高.获得相干 X 射线的方法有:谐波混频法、γ 射线激光、高温等离子体激光和自由电子激光.无论哪一种方法,目前都还处于实验室研究阶段.

用同步回旋加速器加速电子,可以提供极强的连续辐射,其波长也已经扩展到 X 射线区.图 8-43 是自由电子激光器示意图.从加速器输出的相对论性电子束横穿过周期性变化的波振器静磁场.磁场方向与电子束垂直,故穿过的电子束被迫进行横向振荡,并向前方发射磁轫致辐射.在高能电子和光子的散射过程中,电子运动方向上的散射光子的频率可由能量和动量守恒定律决定.波振器使聚焦的电子束在与光子束相互作用的整个过程中,始终保持在直线方向上.当电子束和光子束密度都足够大时,便形成受激散射,产生自由电子激光.它的波长 λ_L 可表示为

$$\lambda_L = 0.13 \frac{\lambda_W}{E_e^2}$$

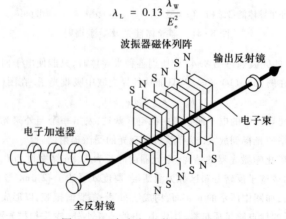

图 8-43 自由电子激光器示意图

式中 λ_W 为波振器的空间周期,E_e 为电子能量(以 MeV 为单位).一般的波振器的 λ_W 为 3 cm,当 E_e 为 400 MeV 和 1 GeV 时,对应的 λ_L 分别为 30 nm 和 3 nm.所以,自由电子激光器的输出激光波长与电子能量有关,改变电子束的加速电压就可以改变激光波长,这称为电压调谐.其调谐的范围很宽,原则上可以获得任意波长的激光.激光输出功率与电子束能量、电流密度以及磁感应强度有关.

自由电子激光器不存在使用寿命问题,也可避免一般激光器的某些工艺上的麻烦,如激光工作物质稀缺或有毒.当然,整套激光设备庞大昂贵,还无法广泛应用.

 **超辐射激光器**

据《自然》杂志 2012 年 4 月 5 日报道,一种比传统最好的可见光激光器更稳定 100 到 1 000 倍的超辐射激光器,已由美国国家标准与技术研究所和科罗拉多大学的科学家们建成.

科学家把铷原子冷却到 20 μK,用一维的驻波光把铷原子提升到相隔 2 cm 的精细反射镜之间,再用一组波长为 780 nm 的激光器把这些原子光泵至非常稳定的特殊量子态.这时导入另一束激光,把铷原子从稳定量子态衰减到低态,并辐射光子.这些光子自然具有反射镜形成的光学共振腔模式.

它可使最先进的原子钟的稳定性和准确性再提高几个数量级,也可用于很长距离的精密测量,为通信与导航系统、空间天文仪器提高运转性能.

*8.5　非线性光学

8.5.1　线性光学与非线性光学

当光束通过物体时,构成物体的原子中的电子就一定会受到光波电场的作用.假设无光波作用时,电子云的负电荷中心与原子核的正电荷中心重合.在光波作用下,因为受到电场的作用,负电荷中心与正电荷中心势必产生偏离.我们把这种偏离状态称为原子的电极化.图 8-44 说明了这种极化现象.图中以 ⊕ 表示带正电荷的原子核;周围的虚线表示带负电的电子云,⊖ 表示负电荷中心.图 8-44(a)表示无光波作用时的情况,正负电荷中心重合.图 8-44(b)表示在光波的作用下,原子产生了极化现象,从图中可以看到,极化原子实际上就是一个电偶极子.

假设光波随时间 t 做正弦变化,也就是说它的电场强度沿着两个相反方向不断地交替变化.那么可以想象电偶极子的负电荷中心将绕正电荷中心做周期振荡.我们知道,表征电偶极子的物理量是偶极矩,即 $p = Qr$,其中 Q 代表负电荷,r 代表负电荷中心相对于正电荷中心的位移.假设单位体积内有 N 个电偶极子,则这 N 个偶极矩的矢量和便称为电极化强度,以 P 表示.电极化强度和电荷一样,也是一种场源.电极化强度所产生的场称为极化场.这种极化场也能产生相应频率的光波,称为次级辐射.

(a) 无光波作用　　(b) 在光波作用下

图 8-44　原子的电极化

总的来说,当光与物质相互作用时,光场中的电场强度使物质原子产生电偶极矩.由于原子总是大量地存在,因此把单位体积内感应电偶极矩加起来,便形成了电极化强度矢量.电极化强度是一种场源,它产生极化场.极化场发射出次级电磁辐射.这就是光场与物质相互作用过程的微观机理.

当光与物质相互作用时,如果外界入射光场中的电场强度比物质原子的内场强小得多,则电极化强度与外界电场强度成正比,即

$$P = \varepsilon_0 \chi E = \chi^{(1)} E$$

式中 $\chi^{(1)}$ 为一阶电极化率,与外界电场 E 无关.如果 E 是以频率 ω 做简谐振动,则 P 及其产生的次级电磁辐射也以同样的频率 ω 做简谐振动.次级辐射与入射光波相互叠加的结果,决定物质对入射光场的反射、折射和散射等现象.这里,由于次级辐射和入射光波的频率相同,所以光波的单色性不会改变.当有几种不同频率的光波同时与该物质作用时,各种频率的光都线性独立地反射、折射和散射,不会产生新的频率.这就是一般所说的光的独立性原理.

光学的发展有着悠久的历史,在 20 世纪 60 年代激光出现以前,经典光学通常只研究线性光学现象.所谓线性光学,就是指物质对光场的响应与光的场强呈线性关系.此时表征物质性质的许多光学参数如吸收系数、折射率、散射截面等等都是与场强无关的常量,因而上述光的独立性原理和叠加原理都是成立的.

非线性光学现象指出,物质对光场的响应与光的场强的关系为非线性的,即

$$P = \chi^{(1)} E + \chi^{(2)} E^2 + \chi^{(3)} E^3 + \cdots$$

$$= P^{(1)} + P^{(2)} + P^{(3)} + \cdots \tag{8-32}$$

式中 $P^{(1)}$、$P^{(2)}$、$P^{(3)}$、$\cdots$ 分别为线性、二阶、三阶电极化强度,而 $\chi^{(1)}$、$\chi^{(2)}$、$\chi^{(3)}$、$\cdots$ 都是与物质有关的系数,分别称为一阶、二阶、三阶……电极化率.一般来说,在这些系数中,相邻的后一系数要比前一系数小得多.可以一般地证明

$$\left| \frac{P^{(n+1)}}{P^{(n)}} \right| \sim \left| \frac{E}{E_{\text{at}}} \right| \tag{8-33}$$

式中 E_{at} 表示原子内平均场强,典型的情况有 $E_{\text{at}} \sim 3 \times 10^8$ V/cm.对于 2.5 W/cm² 的激光束,$E = 30$ V/cm.所以 $|E/E_{\text{at}}| \sim 10^{-7}$.这表明非线性极化强度远比线性极化强度弱.在一般光强度下,非线性项不起作用而只要考虑线性项就够了.但当外界光场可与原子内平均场强相比拟时,非线性项就起作用了.激光技术出现后,为光学研究提供了具有高度时间空间相干性的高强度光源,这就为开展非线性光学研究创造了条件.所以,在激光器问世后的第二年,就有人用红宝石激光观察到晶体中的光学倍频现象.这就是光学中的一门新兴的学科分支——非线性光学的开始.

非线性光学是一门新兴的光学分支.它有许多问题亟待研究解决,如非线性光学的理论问题、非线性光学材料、非线性光学实验技术以及在非线性光学的应用中如何提高转换效率等等.

非线性光学材料是一个极为重要的问题.近年来,人们十分重视非线性光学材料的发展,目前已经在晶体、液体和气体中发现许多有实用价值的材料,其中最重要的材料是非线性光学晶体.对非线性光学材料的要求是:有较高的非线性极化系数;可使用的频宽、透明性好;能承受强光照射而不易导致光学损伤;能实现相位匹配;光学质量好等等.

8.5.2　二阶非线性光学过程

当入射到介质中的光波 $E = E_0 \cos \omega t$ 很强时,如非线性晶体的极化系数很大,则晶体中产生的电极化强度

$$P = \chi^{(1)} E + \chi^{(2)} E^2 = \chi^{(1)} E_0 \cos \omega t + \chi^{(2)} E_0^2 \cos^2 \omega t$$

根据三角公式,上式可写成

$$P = \chi^{(1)} E_0 \cos \omega t + \frac{1}{2} \chi^{(2)} E_0^2 (1 + \cos 2\omega t)$$

$$= \frac{1}{2} \chi^{(2)} E_0^2 + \chi^{(1)} E_0 \cos \omega t + \frac{1}{2} \chi^{(2)} E_0^2 \cos 2\omega t$$

从上式可以看到,电极化强度除了有直流成分外,还有频率为 ω 的基频成分以及频率为 2ω 的倍频成分. 由于这些电极化强度的存在,就相应地产生了基频极化波 $P(\omega)$ 和倍频极化波 $P(2\omega)$. 而 $P(\omega)$ 和 $P(2\omega)$ 又产生相应的基频次波辐射 $E'(\omega)$ 和倍频次波辐射 $E'(2\omega)$. 这就是倍频光产生的机理. 图 8-45 为倍频光发生器的示意图. 频率为 ω 的激光以某一特定的方向通过一块非线性晶体. 透射光中有两种频率成分 ω 和 2ω. 通过滤光片后,滤光片吸收了频率为 ω 的光,而让频率为 2ω 的光输出,并由光电倍增管接收.

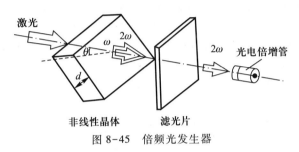

图 8-45 倍频光发生器

图 8-45 中的 θ 为入射激光和非线性晶体光轴之间的夹角,称为匹配角. 当 θ 满足相位匹配时,才能输出倍频光. 所以相位匹配是一项很重要的关键技术. 我们知道,基频激光在非线性晶体中产生倍频极化波,倍频极化波在厚度为 d 的晶体中一边前进,一边产生倍频次波辐射. 倍频次波辐射与倍频极化波相位差 $\pi/2$. 而且因为倍频次波辐射与倍频极化波相速度不同,所以在晶体各处所产生的倍频次波辐射之间还产生了附加的相位差. 它们叠加的结果便形成了最后从晶体中射出的倍频光. 当满足相位匹配时,这些倍频次波辐射就因干涉相长而得到最强的倍频光. 当相位匹配不满足时,倍频次波辐射就因干涉相消而使倍频光为零.

在图 8-46 中,入射激光的电场为 $E_0 \cos \omega t$,且在晶体表面 $x=0$ 处垂直入射,晶体厚度为 d. 在 x 处,入射激光变为 $E_0 \cos(\omega t - k_1 x)$,其中 $k_1 = 2\pi/\lambda$ 为入射激光的波数. 在 x 处,入射激光所产生的倍频极化波正比于 $\cos 2(\omega t - k_1 x)$.

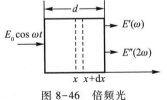

图 8-46 倍频光

倍频极化波产生倍频次波辐射. 它的波长为 λ_2,波数为 k_2,与倍频极化波有相位差 $\pi/2$,且速度不同. 因此,在晶体内部 dx 距离内,倍频次波辐射为

$$dE'(2\omega) \propto \cos\left(2\omega t - 2k_1 x + \frac{\pi}{2}\right) dx$$

$dE'(2\omega)$ 在 x 处的 dx 内形成后,传播到 $x=d$ 处的晶体出射面时应为

$$dE'(2\omega) \propto \cos\left[2\omega t - 2k_1 x + \frac{\pi}{2} - k_2(d-x)\right] dx \qquad (8\text{-}34)$$

其中 $k_2 = 2\pi/\lambda_2$. 这里倍频次波辐射从 x 传到 $x = d$ 处，因为倍频次波辐射的相速与倍频极化波相速不同，相位改变是 $-k_2(d-x)$，而不是 $-k_1(d-x)$. 所以，在 $x = d$ 面上，整个出射的倍频光为 (8-34) 式在 0 到 d 上积分，即

$$E'(2\omega) \propto \frac{2}{\Delta k} \sin \frac{d \Delta k}{2} \cos\left(2\omega t - \frac{2k_1 + k_2}{2} d + \frac{\pi}{2}\right)$$

式中 $\Delta k = 2k_1 - k_2$. 出射倍频光的光强应正比于 $E'(2\omega)$ 的振幅的平方，即

$$I'(2\omega) \propto \left(\frac{2}{\Delta k} \sin \frac{d \Delta k}{2}\right)^2 = d^2 \left(\frac{\sin \dfrac{d \Delta k}{2}}{\dfrac{d \Delta k}{2}}\right)^2 \tag{8-35}$$

从 (8-35) 式可以看到，当 $\Delta k = 0$ 时，$I'(2\omega)$ 为极大. 当 $\Delta k \neq 0$ 时，$I'(2\omega)$ 随 d 减弱，甚至可以为 0.这里的证明是近似的，要严格证明相位匹配条件，应该包括方向，$\Delta k = 2k_1 - k_2 = 0$. 就是说，基频光与倍频光的波矢方向要相同，而且相速度也要相同，就是要求倍频光的折射率 $n(2\omega)$ 和基频光的折射率 $n(\omega)$ 相等. 对于一般光学介质来说，由于存在正常色散效应 $n(2\omega) > n(\omega)$，因此在一般情况下 $\Delta k \neq 0$.但对于大多数的光学各向异性晶体来说，都有双折射性，即不同振动方向的线偏振光，在沿晶体内不同的方向传播时，具有不同的折射率. 因此，我们可使入射基频光为晶体的寻常光，而使倍频光为非常光. 这样，我们就可以选择某一个特定方向，使 $n(2\omega) = n(\omega)$，从而实现 $\Delta k = 0$ 的相位匹配条件. 所以在实验时，首先应该根据晶体光学的理论和有关的折射率数据，计算好切割晶体的方向，磨制成平片，使正交入射的基频光和倍频光满足相位匹配条件.

目前，产生二次谐波的倍频技术是研究得最多、最成熟的非线性光学基本技术，转换效率也日益提高. 如用波长为 1.06 μm 的钕玻璃激光作输入基频光，当脉宽为毫微秒级时，得到的谐波波长为 0.53 μm. 如使用称为 KDP 的非线性晶体，转换效率可达 80%.

当入射光波为两种频率不同的光 $E = E_{01} \cos \omega_1 t + E_{02} \cos \omega_2 t$ 时，电极化强度的二次项便为

$$\chi^{(2)}(E_{01}^2 \cos^2 \omega_1 t + E_{02}^2 \cos^2 \omega_2 t + 2E_{01}E_{02} \cos \omega_1 t \cos \omega_2 t)$$

上式又可改写成

$$\chi^{(2)}\left\{\frac{E_{01}^2}{2}(\cos 2\omega_1 t + 1) + \frac{E_{02}^2}{2}(\cos 2\omega_2 t + 1) + E_{01}E_{02}[\cos(\omega_1 + \omega_2)t + \cos(\omega_1 - \omega_2)t]\right\}$$

式中前两项表示频率为 $2\omega_1$、$2\omega_2$ 的极化强度，后一项表示频率为和频 $(\omega_1 + \omega_2)$ 和差频 $(\omega_1 - \omega_2)$ 的极化波. 这样就相应地将产生 $2\omega_1$、$2\omega_2$、$(\omega_1 + \omega_2)$、$(\omega_1 - \omega_2)$ 等频率的倍频光、和频光以及差频光.

8.5.3 三阶非线性光学过程

对于三阶非线性光学介质，由于存在 $\chi^{(3)}$，在强激光作用下会导致新的光频产生. 三阶非线性光学过程有很多种，如三次谐波发生，简写 THG；受激拉曼散射，简写 SRS；相干反斯托克斯拉曼散射，简写 CARS.

三次谐波发生如图 8-47 所示. 在这一过程中，入射光子频率为 ν，在 $\chi^{(3)}$ 介质中三个入射光子混合产生频率为 3ν 的新光子. 如波长为 1 064 nm 的激光，会产生 355 nm 的紫外线.和倍频技术一样，这也是一个相干过程.

当讨论强光与激活介质相互作用的非线性光学现象时，遇到的另

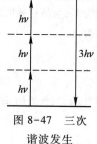

图 8-47 三次谐波发生

一类现象是受激散射. 在第 6 章已经讨论过, 光束通过光学性质不均匀的物质时, 从它的侧面也可以看到光, 这种现象称为光的散射. 在通常的情况下, 散射光的频率与入射光相同, 这种散射现象称为瑞利散射. 在各向异性物质中, 瑞利散射的频率也稍有变化. 在一些特殊情况下, 在散射光中, 除了含有与入射光频率 ν_0 相同的光外, 还有频率为 $\nu_0 \pm \Delta\nu$ 的光存在. 这里 $\Delta\nu$ 与物质的性质有关, 而与入射光的频率 ν_0 无关. 这种散射现象称为拉曼散射.

散射过程的原理是这样的: 在入射光的作用下, 物质分子吸收一个入射光子后便跃迁到一个特殊的能级上. 当这个分子从该能级跃迁回到原来的能级时, 将发射出一个与入射光频率相同的散射光子. 这就是瑞利散射. 当该能级上的分子跃迁到比原来能级低或高的能级时, 将发射出与入射光频率不同的散射光子 $\nu_0 \pm \Delta\nu$ (见图 8-48). 向低频方向移动的散射光谱线 $\nu_0 - \Delta\nu$ 称为斯托克斯线; 向高频方向移动的散射光谱线 $\nu_0 + \Delta\nu$ 称为反托克斯线, 这里的 $\Delta\nu$ 只与物质的结构有关. 当以强激光入射时, 可使某些介质的散射过程具有受激发射的性质, 即散射光突然变强, 超过原来的几百倍以上千倍, 光谱线变窄, 并且显示出与激光同样的方向性, 此种现象称为受激散射.

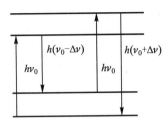

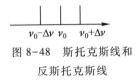

图 8-48　斯托克斯线和反托克斯线

8.5.4　激光自聚焦

在激光的横模光斑图中, 光强分布是不均匀的. 即使基模光斑中不存在光强为零的场点, 能量也集中在中心, 且按高斯函数规律由中心向外平滑地减小. 这种在截面内光强分布不均匀的光束, 在通过非线性介质时, 会引起介质折射率感应变化不均匀, 从而导致激光自聚焦. 所以激光自聚焦是一种感应透镜效应.

设有一单模激光束, 它具有高斯函数型的横向分布. 在非线性介质中传播时的折射率 n 由两部分组成:

$$n = n_0 + \Delta n(\,|\,E\,|^2)$$

式中前一项 n_0 为普通的折射率; 后一项与 $|E|^2$ 成正比, 是非线性折射率, Δn 为光场感应引起的折射率变化. 如果 Δn 是正的, 则对高斯横向分布的激光束来说, 中心部分折射率比边缘部分折射率大. 于是激光束好像通过一个正透镜一样, 产生会聚作用.

强激光的自聚焦会导致光学元件破损. 防止的办法是尽量设法使横向光强分布均匀. 通常采用发散光或准平行光入射, 以减小介质折射率的不均匀程度.

*8.6　激光在生物学中的应用

在生命科学领域中, 生物样品的发光或荧光十分微弱, 弛豫过程大多在 $10^{-9}-10^{-15}$ s 范围内. 利用 10^{-12} s (皮秒) 至 10^{-15} s (飞秒) 的激光脉冲, 采用超快时间分辨激光光谱技术, 研究生物基因、蛋白质等有机物大分子结构与信息传递或能量变化关系, 以及生物化学动力学过程, 是目前生物物理学研究的热门领域. 本节介绍原子力显微镜、X 射线激光纳米分辨率成像显微镜和生物光子探测三部分内容.

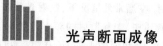

视 窗 与 链 接　　　　光声断面成像

《科学》杂志 2012 年 3 月 23 日发表文章,宣称美国华盛顿大学王博士(Dr. Lihong V. Wang)发明了一种新光声技术,可实施皮肤表面下 7 cm 处的光声断面成像(Optoacoustic tomography,简称 OAT),为乳腺癌、黑瘤、胃肠道癌等病变的治疗提供了关键手段. 这种 OAT 的最大优点在于能够探测组织的耗氧水平,而差不多各种病变,尤其是癌变和糖尿病,都有超新陈代谢现象,即过量的氧消耗. OAT 的原理是,把在组织深处吸收的光,转变成声波,传送回组织表面. 而声波的散射损耗只为光波的散射损耗的千分之一. 在技术上,用适当波长的纳秒级的脉冲激光射入目标组织,引起该组织的热弹性膨胀,使光子转换成声波,取得断面成像. 传统的光断面成像使用的是非散射光,在皮肤内行进 1 mm 就到达光漫射极限,实际已被全部衰减殆尽. 声波散射比光波散射弱一千倍,通过光声效应探测光感应的声波,组织的透明度就相应提高了一千倍. 目前该项技术在生物学中的应用正等待 FDA(美国食品和药物管理局)的批准.

8.6.1　原子力显微镜

彩色图片 8-7
原子力显微
镜

1982 年,IBM 公司研制出第一台扫描隧穿显微镜. 它主要包括一个用压电陶瓷驱动的针尖 T,和放置样品的平台. 针尖尖端可以小到原子尺度,针尖上加 1 V 左右的电压. 针尖与样品表面之间的距离 s 很小,可达到纳米级,因此有很强的电场. 由于量子效应,电场使尖端发射隧道电流 I. 而 I 与 s 呈负指数关系,即距离愈小,电流愈急剧增长. 尖端在样品表面扫描时,测量电流就可得到样品形貌的显微图像,可达到原子级的分辨率,所以是可看到原子的显微镜. 如图 8-49 是扫描隧穿显微镜的示意图.

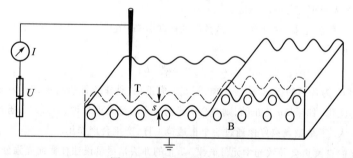

图 8-49　扫描隧穿显微镜

扫描隧穿显微镜适用于研究电子性导体,而 DNA 等生物大分子为非导体,用扫描隧穿显微镜进行观察时,要把样品用薄金属层包裹起来,或制成样品的金属复制物,因此图像分辨率受到限制. 其他的补救措施也不太有效. 1986 年,扫描隧穿显微镜的原发明者研制了原子力显微镜.

在扫描隧穿显微镜的基础上产生的原子力显微镜,其基本成像原理由图 8-50 表示. 激光源 L 发出的激光,射到由针尖 T 和悬臂 C 组成的探针上,以 α 角反射. 探针悬臂随样品 S 的高度变化而发生弯曲,引起激光反射角的改变. 反射光被光探测器 D 接收,作为信号输入计算机,S 即在屏幕上成像,分辨率可达 0.1 nm. 可以满足 DNA 和 RNA 等生物大分子成像的需要.

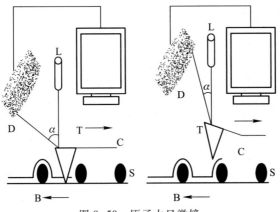

图 8-50　原子力显微镜

8.6.2　X 射线激光纳米分辨率成像显微镜

纳米科学需要纳米级空间分辨率的成像工具. 用激光器输出的 13 nm 软 X 射线激光, 结合波带片, 获得了 38 nm 分辨率成像, 曝光时间短到几秒. 优点是高亮度, 高单色性, 它可对不同环境的物体成像. 图 8-51 所示的是美国科罗拉多州立大学于 2006 年研制的 X 射线成像显微镜的示意图.

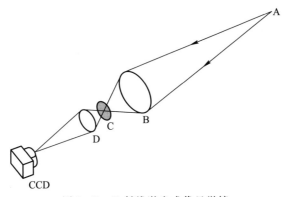

图 8-51　X 射线激光成像显微镜

照明源是 5 Hz 重复率软 X 射线激光 A, 可产生波长为 13 nm 的紫外高单色光, $\Delta\lambda/\lambda < 10^{-4}$, 平均功率为 μW 级. 聚光波带片 B 会聚激光, 聚焦试验样品 C, 它的像由物镜波带片 D 形成, 投射到 CCD 摄像装置上.

聚光波带片和物镜波带片是在 120 nm 厚的镍膜上用电子束印刷技术制成. 该膜受 100 nm 的 Si_3N_4 膜支持, 对 13 nm 入射光有 40% 的透明度. 聚光波带片直径 5 mm, 包含 12 500 个宽度逐渐减小到 100 nm 的波带. 数值孔径 N. A. = 0.07, 对波长 13.2 nm 的焦距为 38 mm. 用两个不同的物镜波带片, 一个为直径 0.2 mm, 有 625 个波带, 最外层的带宽 Δr 为 80 nm. 另一个为直径 0.1 mm, $\Delta r = 50$ nm. 由于紫外激光内在的高单色性, 色差是不必考虑的. 记录像的是热电冷却 CCD 摄像装置, 具有 13.5 μm×13.5 μm 像素的 2 048×2 048 阵列. 物镜波带片与 CCD 摄像装置的距离在 0.335～0.635 m 的范围内, 当选择物镜工作距离非常接近它的焦距时, 可得显微镜放大率在 290～1 750 倍数之间.

8.6.3　生物光子探测

近 40 年的研究表明:生物超微弱发光与生物的氧化代谢、细胞的分裂和死亡、光合作用、癌变以及生长的调控等许多基本的生命过程都有着内在的联系,而且正是由于它与活的生物体内发生的生化过程、生物机体的生理和病理状态等有着密切的联系,因此才使其在医学、农业、环境等众多方面都有潜在的诊断价值.

生物系统的超弱光子辐射是否携带信息、是否构成生物系统之间及其内部细胞之间通信联系的一种途径? 这些都是引人关注的重要问题.深入认识生物超弱发光的本质,开发其应用潜力,是生物光子与光谱学的基本任务之一.

一般认为,细胞间的"通信"总是借助一些特殊的"信使分子"来实现的."信使分子"包括激素、抗体、生长因子和神经递质,也包括某些无机离子.这种通信从本质上讲都是通过分子间的相互作用(如信使与细胞膜上受体蛋白的相互作用)实现的"化学通信".细胞间是否存在"物理通信"? 即细胞之间是否存在着通过电磁场或光子相互作用来实现的信息传递? 目前已有实验证据表明:细胞、组织甚至生物体之间有可能通过光子的发射和接收传递信息.细胞之间光通信的研究将会揭示生命现象的一个鲜为人知的方面,并可能在医学、健身和农业等诸多方面得到重要的应用.

生物光子的主要特性可归纳为

(1) 辐射强度低,说明生物光子辐射是量子物理现象;

(2) 非线性,说明子系统之间有复杂的相互作用;

(3) 光谱强度分布平坦无特殊峰值,说明生物体是远离热平衡的开放体系;

(4) 生物体经照射激发后的再发光衰减动态过程不遵循指数方程,而符合双曲线过程;

(5) 在给定时间 Δt 内记录到 n 个光子($n=0,1,2,\cdots$)的概率 $P(n,\Delta t)$ 服从泊松分布;

(6) 对环境如温度或其他影响极为敏感,常表现为光子的增加.

视窗与链接　原子 X 射线激光器

《自然》杂志 2012 年 1 月 26 日报道,斯坦福直线加速器中心(SLAC)的线性相干光源(LCLS),用比以前强十亿倍的强 X 射线脉冲轰击氖原子内层,使 50 个氖原子中大约发射 1 个光子,该光子的波长在非常短的硬 X 射线波段内.这些光子又激发临近氖原子发射更多 X 射线光子,终因多米诺效应把激光放大 2 亿倍,成功实现第一个原子 X 射线激光器.

授课视频
阿贝成像原理

*8.7　信　息　光　学

光学是信息科学技术的重要组成部分.所谓光学信息,实际上就是指光的波长(颜色),强度(振幅),相位和偏振态.而对光学信息作处理,就是在光学频谱分析的基础上,利用傅里叶(Baron Fourier,1768.3—1830.5)变换,通过空域或频域调制,在空间滤波技术的帮助下,对光学信息进行处理的技术.本节要对光学信息技术及应用问题,择要进行介绍.

8.7.1　阿贝成像原理

1873 年阿贝(E. Abbe,1840.1—1905.1)在显微镜成像原理的论述中,首次提出了<u>频谱</u>和两次衍射成像的概念,并用傅里叶变换这一数学工具来阐明显微镜成像的机制.波特(A. B. Porter)进一步于1906年用一系列实验证实了阿贝成像原理,这些都是傅里叶光学的萌芽.激光问世后,尽管重复这些实验变得容易多了,我们仍可以清楚地看到阿贝成像原理对于傅里叶光学应用的重要意义.

如图8-52所示的光学成像系统,用平行于光轴的单色相干光(例如激光)照明,O 和 I 分别为物平面和像平面,如果在物平面上放置一透射光栅,透镜 L 的后焦面 F' 上放一有效光阑 AB.从几何光学的观点来看,光栅 O 经透镜 L 成像于像平面处.在图8-53中,物面上的 G_1 和 G_2 分别成像于像平面的 P_1 和 P_2 点,像和物共轭.

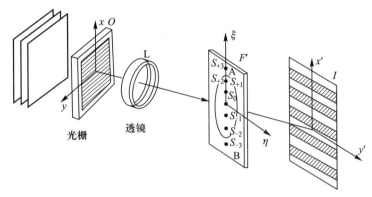

图 8-52　光学成像系统

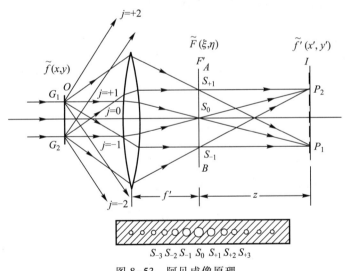

图 8-53　阿贝成像原理

如何用波动光学的观点来理解成像的过程呢?根据阿贝成像原理,入射的平行光束经光栅发生衍射而分解成沿各个衍射方向传播的平面波.每一衍射方向(用第2章中所讲述过的衍射角 θ 表征)和衍射级 $j=0$、± 1、± 2、± 3、…或空间频率对应.如果透镜的孔径足以容纳所有由光栅衍射的光波,各个衍射方向的光波在透镜的后焦面(又称变换平面或频谱面)上将叠加形成夫琅禾费衍射图样.这个衍射图样的各个主最大如图8-53所示分别用…、S_{-3}、S_{-2}、S_{-1}、S_0、S_{+1}、S_{+2}、S_{+3}、…表示,其位置可由光栅方程(2-30)来确定,即

$$d\sin\theta = j\lambda \quad (j = 0, \ \pm 1, \ \pm 2, \cdots)$$

零级位于中央,正负各级依次对称分布于两侧.这就是光栅频谱,傅里叶光学中称之为光栅(物)的空间频谱或简称频谱,它体现了光栅的信息特征.中央亮斑($j=0$)是直流成分,相当于空间频率为零,其他各主最大的空间频率,由($2-30$)式可知,

$$u = \sin\theta / \lambda = j/d$$

因此,空间频率随着衍射级次的增加而增加.换句话说,衍射角越大,相应的空间频率也越高,即信息的空间频率与衍射角之间有一一对应关系.后焦面的各亮斑 $\cdots$、S_{-3}、S_{-2}、S_{-1}、S_0、S_{+1}、S_{+2}、S_{+3}、$\cdots$又可以看做次波波源,这些次波波源发出的次波在像平面 I 上重新叠加形成光栅的实像.

综上所述,物经光学系统的成像过程可以看做是经过两次衍射形成的.第一次是物面的衍射,第二次是由于光阑限制而形成的衍射,最后构成原物(光栅)的实像.一般说来,像和物不可能完全一样,这是由于透镜的孔径总是有限的,总有一部分衍射角较大的高频信息因不能进入透镜而被丢失(例如图 8-53 所绘的 $j=\pm 2$ 以上的高频成分).因此像的信息总是少于物的信息.而高频信息主要是反映物体的精细结构的,高频信息若因丢失而不能到达像平面,则无论像放大多少倍,都不可能在像平面上分辨这些细节.这就是从信息或频谱角度看光学仪器的分辨本领和放大本领受到限制的根本原因.特别是当物结构非常精细(例如条纹很密的光栅),或者透镜的孔径十分小时,可能只有空间频率为零的中央零级衍射光能通过透镜,这时像平面上就完全不能成像,出现的是均匀照明.反之,如果透镜的孔径足够大,以致频谱中被丢失的那些高频成分所具有的能量可以忽略不计,则物像相似,这就是从信息或频谱来理解理想成像的近似性.

8.7.2 傅里叶变换在光学成像中的应用

授课视频
傅里叶变换

从傅里叶分析来说,两次衍射的成像过程实质上就是对二维光场的复振幅分布进行两次傅里叶变换的过程(关于傅里叶变换参见附录 8.1).第一次傅里叶变换的作用是把光场的空间分布变成空间频率分布,第二次傅里叶变换的作用是将空间频率分布重新组合还原到光场的空间分布.在透镜的孔径足够大的情况下,经过两次傅里叶变换得到像的分布和物的分布可以看做是准确对应的.

下面进一步讨论两次傅里叶变换的成像过程.如图 8-53 所示,设 (x,y)、(x',y') 分别是物面和像面上点的坐标,(ξ,η) 是透镜后焦面上点的坐标,(u,v) 为相应的空间频率的坐标,坐标原点在焦点上.设物面的复振幅分布为 $\tilde{f}(x,y)$,根据惠更斯-菲涅耳原理,在透镜后焦面上的复振幅分布 $\tilde{F}(\xi,\eta)$ 是 $\tilde{f}(x,y)$ 的傅里叶变换(参见附录 8.2)

$$\tilde{F}(u,v) = \int_{-\infty}^{\infty} \int_{-\infty}^{\infty} \tilde{f}(x,y) e^{-i2\pi(ux+vy)} \mathrm{d}x\mathrm{d}y \tag{8-36}$$

也可写成

$$\tilde{F}(\xi,\eta) = \int_{-\infty}^{\infty} \int_{-\infty}^{\infty} \tilde{f}(x,y) e^{-i\frac{2\pi}{f'\lambda}(\xi x+\eta y)} \mathrm{d}x\mathrm{d}y$$

其中

$$\tilde{f}(x,y) = \int_{-\infty}^{\infty} \int_{-\infty}^{\infty} \tilde{F}(u,v) e^{i2\pi(ux+vy)} \mathrm{d}u\mathrm{d}v \tag{8-37}$$

$\tilde{f}(x,y)$ 和 $\tilde{F}(\xi,\eta)$ [或 $\tilde{F}(u,v)$]实际上构成了傅里叶变换对,它们是对同一光场分布的两种本质上等效的描述,$\tilde{f}(x,y)$ 是空间域的函数,$\tilde{F}(u,v)$ 为频率域的谱函数.式中

$$u = \frac{\xi}{f'\lambda}, \quad v = \frac{\eta}{f'\lambda} \tag{8-38}$$

为 ξ、η 方向的空间频率,f' 为透镜的焦距,λ 为光波的波长. $\tilde{F}(u,v)$ 或 $\tilde{F}(\xi,\eta)$ 也称为光场的谱频函数.

若 $\tilde{f}(x,y)$ 是一个空间的周期函数,其空间频率将是不连续的. 例如,空间频率为基频 u_0(即 $u_0 = 1/d$,d 为光栅常量)的一维光栅,其复振幅分布可展开成级数

$$\tilde{f}(x) = \sum_{j=-\infty}^{\infty} \tilde{F}_j e^{i2\pi j u_0}$$

相应的空间频率为谐频 $u = ju_0(j = 0,1,2,\cdots)$. 它相当于后焦面衍射图样中的零级、一级、二级……衍射主大,衍射级数愈高,相应的空间频率愈高.

下面用一个具体的例子来说明:设一束波长为 λ 的单色平行相干光入射到缝宽为 $d/2$、光栅常量为 d 的光栅面上,光栅平面上的复振幅分布为 $\tilde{f}(x)$ 如图 8-54(a) 所示. $\tilde{f}(x)$ 可展开成如下形式的级数:

$$\tilde{f}(x) = \frac{1}{2} + \frac{2}{\pi}\left(\cos\frac{2\pi}{d}x - \frac{1}{3}\cos\frac{2\pi}{d}3x + \frac{1}{5}\cos\frac{2\pi}{d}5x - \cdots\right)$$

透镜后焦面上的频谱函数 $\tilde{F}_j$ 如图 8-54(b) 所示. 由该图可知该光栅的频谱是不连续的分裂谱. 它由空间基频 $u_0 = 1/d$ 的谐频 $u = j/d$ 构成,并且所有偶数空间谐频都为零,频谱每经过一次偶数空间频率就恰好变号.

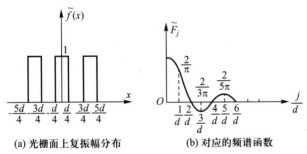

(a) 光栅面上复振幅分布　　(b) 对应的频谱函数

图 8-54

其次,我们再考虑后焦面和像面的第二次衍射变换. 如图 8-53 所示,设孔径光阑直径为 D,焦面到像面的距离为 z. 在 $D/z \ll 1$ 的条件下,由孔径光阑到像面所产生的衍射可近似按夫琅禾费衍射处理,因此,像面 I 上的复振幅分布(参见附录 8.2)为

$$\tilde{f}'(x',y') = \int_{-\infty}^{\infty}\int_{-\infty}^{\infty} \tilde{F}(\xi,\eta) e^{-i2\pi(u'\xi + v'\eta)} d\xi d\eta \tag{8-39}$$

式中

$$u' = \frac{x'}{z\lambda}, \quad v' = \frac{y'}{z\lambda} \tag{8-40}$$

又根据(8-38)式得

$$\xi = uf'\lambda$$

$$\eta = vf'\lambda$$

代入(8-39)式,得

$$\tilde{f}'(x',y') = (f'\lambda)^2 \int_{-\infty}^{\infty}\int_{-\infty}^{\infty} \tilde{F}(\xi,\eta) e^{-\frac{i2\pi f'}{z}(ux' + vy')} du dv \tag{8-41}$$

(x,y) 和 (x',y') 分别为物点和像点坐标,由简单几何关系得

$$x' = -\frac{z}{f'}x, \quad y' = -\frac{z}{f'}y$$

所以

$$\tilde{f}'(x', y') = (f'\lambda)^2 \int_{-\infty}^{\infty}\int_{-\infty}^{\infty} \tilde{F}(u, v)e^{i2\pi(ux+vy)}dudv \qquad (8\text{-}42)$$

比较(8-42)与(8-37)式可以得

$$\tilde{f}'(x', y') = (f'\lambda)^2\tilde{f}(x, y)$$

即物面与像面的复振幅之比是个常数. 也就是说,像面上的实振幅和相位分布规律完全与物面相同,即物与像几何相似.

阿贝成像原理最后归结为(8-36)式与(8-42)式,(8-36)式表示第一次衍射就是物面复振幅 $\tilde{f}(x, y)$ 的分解,并在后焦面得到空间频谱 $F(\xi, \eta)$. (8-42)式表示第二次衍射并成像,它是空间频谱的综合. 如果物面上所有频谱都能参与综合成像,则像面的复振幅分布与物面完全相同,即得到与原物几何相似的放大像. 当频谱有所丢失或改变时,像就不完全与物相似. 正是由于成像过程中这种对频谱的分解和综合作用,我们说现代光学中十分活跃的空间滤波技术和光学信息处理,就其概念而言,正是源于阿贝成像原理.

*8.7.3 阿贝-波特实验和空间滤波

阿贝和波特分别于1893年和1906年用实验验证阿贝的成像原理,实际上也就是给傅里叶分析的基本原理提供了有力的证明. 这种实验装置如图8-55(a)所示. 以单色相干光源(如激光)照明一细丝网格 O. 在透镜 L 的后焦面 F' 上将出现周期性网格的傅里叶空间频谱,最后这些频谱在像平面 I 上重新组合,再现网格的像.

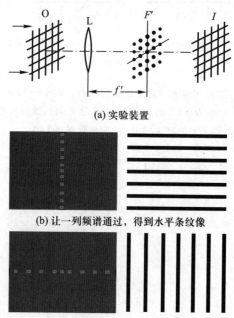

(a) 实验装置

(b) 让一列频谱通过,得到水平条纹像

(c) 让一行频谱通过,得到垂直条纹像

图 8-55 阿贝-波特实验

按照阿贝成像理论,相干光照明网格物时,网格对光波进行<u>第一次衍射</u>,衍射光在透镜后焦面上形成网格的傅里叶频谱,即图8-55(a)上看到的光斑阵列,这也就是对物进行了一次傅里叶变换,其实质是将网格分解为一系列分立的频谱分量,在频谱面(即透镜后焦面)上可接收到频谱分量的光场分布. 在焦平面和像平面之间,进行了第二次衍射,即频谱面与像平面上的光场分布满足傅里叶变换关系. 两次傅里叶变换(即两次衍射)的结果,得到了网格的像.

值得指出的是,如果在频谱面(后焦面)上,放置一些拦截物,如圆孔、狭缝或光栅等,就将以各种形式改变频谱,从而使像发生相应的改变. 改变像的频谱的物理过程,称为空间滤波. 这些拦截物或其他有相同性能的光学元件,称为空间滤波器. 这和电通信系统中的滤波相仿. 所不同的是,电通信系统中研究的是时间信号,涉及的是时间频率滤波,这里讨论的空间信号,涉及的是空间频率滤波.

如果在后焦面上插入一个狭缝,就只允许某一列频谱分量通过,这可以清楚地说明空间滤波器的功能. 图8-55(b)表示用一垂直狭缝时所透过的频谱,其对应的像,它只包含网格的水平结构,而完全没有竖直结构. 这说明对像的水平结构有贡献的正是竖直方向的频谱分量.

如果把狭缝旋转90°成为水平狭缝时[见图8-55(c)],通过水平狭缝的频谱也转过90°,所得的像只有竖直结构. 说明对像的竖直结构有贡献的正是沿水平方向的频谱分量.

如果在后焦面上放置一个可变的圆孔光阑,使圆孔直径由小变大,则可以看到网格的像是怎样由频谱分量一步一步综合出来的. 如只让零级频谱通过,遮掉其他所有级次的频谱,像面变成均匀一片,网格的像不出现. 如果用一个小圆屏遮掉零级频谱,而允许其他所有级次的频谱通过,则会看到一个和原网格像具有相同周期,但是发生对比度反转的网格像.

上述实验不仅使我们对于阿贝成像理论和傅里叶分析得到形象化的图景,而且使我们初步体会到空间滤波在光学信息处理中的作用.

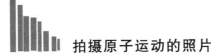

视窗与链接　拍摄原子运动的照片

《自然》杂志2012年3月发表文章称,一架新型超快照相机成功拍摄了在分子中振动的两个原子的实时照片.

用激光感应电子衍射(LIED)技术,研究两种气体氮气和氧气的单个分子中的原子的运动. 用50 fs激光脉冲敲击分子,从分子壳中逐出一个电子,在这个电子重新碰撞分子时,探测电子的散射信号. 这时的情景就像光通过狭缝形成衍射花样,只要测得衍射花样,就可以知道狭缝的大小和形状. 而现在,电子的衍射花样已被探测到,分子的大小和形状自然可以重建.

图8-56是用激光感应电子衍射(LIED)新方法,实现微米空间分辨率和飞秒计时的气相分子成像的照片. 最上面一张照片发生在低频激光场(如绿色光)的强场中的分子隧道离子化,使LIED技术成为可能;中间一张照片显示,已电离的电子被激光驱动回来,并在分子结构中产生衍射;最后一张照片说明对电子动量矩分布的测量,提供了在衍射中分子的结构信息.

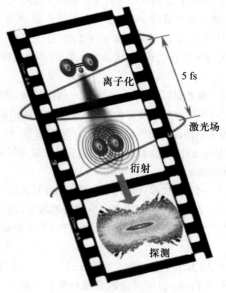

图 8-56　原子运动的照片

*8.8　光学信息技术及其应用

8.8.1　空间滤波的傅里叶分析

在第二章我们讨论过夫琅禾费衍射,在那里,观察点和光源距离障碍物都是无限远的.通过研究我们可以看到,理想的夫琅禾费衍射系统是一种傅里叶频谱分析器,如图 8-57 所示,当单色光正入射到欲待分析的图像上后,夫琅禾费衍射波在近场区交织在一起,到远场区才彼此分开.如果用透镜把不同方向的平面衍射波会聚到后焦面 g' 的不同位置上,形成一个个衍射斑,可以看到,频率越高的成分,它的衍射角就越大,它在后焦面 g' 上离中心的距离也越远.各个衍射斑的强度正比于傅里叶系数的平方.所以,<u>夫琅禾费衍射装置就是傅里叶频谱分析器</u>.任何图像经过夫琅禾费衍射,在夫琅禾费衍射系统的后焦面上,形成傅里叶频谱面.

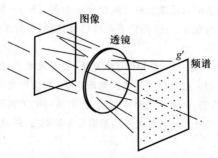

图 8-57　傅里叶频谱分析器

如果在傅里叶频谱分析器的后焦面上,放置不同的光阑,就可提取或摒弃特定频段的物信息. 这样, 后焦面上的光阑就有选频的作用, 于是可以称之为空间滤波器或光学滤波器. 空间滤波器的光学系统有多种形式, 最典型的一种是 $4f$ 系统, 又称三透镜系统. 图 8-58 是三透镜光学滤波系统示意图. 其中透镜 L_1、L_2、L_3 分别起准直, 变换和成像的作用. f 为透镜焦距. 被处理的图像置于输入平面 P_1, 由单色相干光照明, 滤波器置于频谱面 P_2, 输出平面为 P_3, 输入平面 P_1 和输出平面 P_3 分别位于透镜 L_2 的前焦面和透镜 L_3 的后焦面上. 频谱面 P_2, 位于这两个透镜的另外两个焦面的重合处.

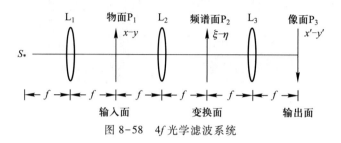

图 8-58 $4f$ 光学滤波系统

以上讨论的 $4f$ 系统, 用单色相干光照明, 故为相干处理法. 虽然比非相干处理法灵活, 数据处理的容量也较大, 但仍有一定的限制. 实际使用上常常需要处理振幅透射率和相位透射率, 这在 $4f$ 系统中只能在频谱面上, 分别放置振幅模片和相位模片, 独立地进行两次才行. 难以通过简单的图像, 来同时控制频谱面上的振幅和相位. 1963 年冯戴·罗托(A. B. Vander Lugt)提出新的滤波器, 能够有效地同时控制传递函数的振幅和相位. 下面只对传统的滤波器作介绍.

8.8.2 空间滤波器

在光学信息处理系统中, 空间滤波器是位于频谱分析器的后焦面上的一种模片, 它可以使输入信号的空间频谱发生改变, 从而实现对输入信息的特定变换. 空间滤波器的透过率函数一般是复函数:

$$H(\xi, \eta) = A(\xi, \eta)\exp[i\varphi(\xi, \eta)] \tag{8-43}$$

根据透过率函数的不同, 空间滤波器可分为以下几种.

(1) 振幅滤波器

这种滤波器仅改变傅里叶频谱中各频率成分的振幅分布, 不改变其相位分布. 通常是使感光胶片上的透过率变化正比于 $A(\xi, \eta)$, 以便使透过光场的振幅得到改变.

(2) 二元振幅滤波器

这种滤波器的振幅分布函数值在 $0\sim1$ 的范围内变化, 通常呈通光孔形状. 它可细分为

(i) 低通滤波器

它只允许位于频谱面中心及其附近的低频分量通过, 可用来滤掉高频噪声, 如图 8-59 (a)所示. 例如电视图像照片中如含有密度较高的网点, 由于周期短, 频率高, 它们的频率分布展宽. 用低通滤波器可阻挡高频成分, 这样就消除了网点对图像的干扰. 但由于损失了物的高频信息, 使像的边缘变得模糊. 图 8-59(b)是一张带有高频噪声的照片, 经低通滤波器图 8-59(a)后, 得到了消除高频干扰后的照片如图 8-59(c)所示.

(ii) 高通滤波器

它允许高频分量通过, 其结构如图 8-60(a)所示. 主要用以实现图像的边缘增强, 以提高对图像的识别能力. 但高通滤波器使能量损失较大, 使输出的图像一般较暗.

(iii) 带通滤波器

它用于选择某些特定区间的空间频谱分量通过, 阻挡另一些分量. 可用以实现去除随机

(a) 低通滤波器结构

(b) 带有高频干扰的输入图像

(c) 滤波后的输出图像

图 8-59　用低通滤波器消除图像中的高频干扰

(a) 高通滤波器

(b) 带通滤波器

图 8-60　高通和带通滤波器

噪音. 图 8-61(a) 所示为一块圆形正交光栅,上面黏附一个半径小于光栅半径的污点,经图 8-61(b) 所示的小孔阵列滤波器,可以消除该污点. 因为圆域函数的半径越小,它的频谱的宽度越宽,所以光栅圆形边缘的频谱的主瓣宽度比污点频谱的主瓣宽度窄. 图 8-61(c) 所示为两者的零级频谱函数的一维剖面图,只要选择滤波小孔直径,就可把代表污点的频谱 G 挡住,让代表光栅圆形边缘的 Φ 通过.

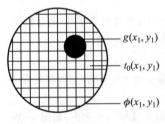

(a) 有污点的圆形正交光栅

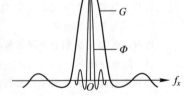

(b) 小孔阵列滤波器

(c) 零级频谱函数的一维剖面图

图 8-61　消除正交光栅上的污点

（iv）方向滤波器

它阻挡(或允许)特定方向上的频谱分量通过,可以突出某些方向性特征. 航空摄影得到的组合照片往往在垂直轴上留有接缝,如图 8-62(a) 所示. 经过图 8-62(b) 的方向滤波器后,可获得图 8-62(c) 的理想照片.

（3）相位滤波器

有一种物体,本身只存在折射率的分布不均,当被相干光照明时,物体各部分都是透明

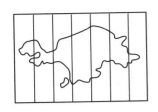
(a) 在垂直轴上有接缝的组合照片

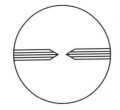
(b) 方向滤波器

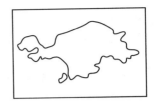
(c) 输出图像

图 8-62　去除组合照片垂直轴上的接缝

的. 因此无法用肉眼观察这种相位的物体. 只有将相位信息变换为振幅信息, 才可能被观察到. 相位滤波器可使物的零级谱的相位增加 $\pi/2$ 或 $3\pi/2$, 使输出像的强度分布与物的相位分布呈线性关系. 这样就使物面上相位越大 (或越小) 的区域, 像面上反映为强度越大 (或越小). 从而可使一个原本通体透明的相位物体, 被用强度差别显现出来.

1935 年泽尼克 (Zernike) 发明相衬显微镜, 实现了相位到振幅的变换, 获得了 1953 年的诺贝尔物理学奖. 用相衬显微镜可观察透明的生物切片. 用相位滤波系统可检查透明光学元件内部折射率的均匀性. 但相位滤波器由于通常用真空镀膜方法制造, 工艺较为复杂, 不容易获得复杂的相位变化.

（4）复数滤波器

这种滤波器对各种频率成分的振幅和相位都同时起调制作用, 滤波函数是复函数. 它的应用很广, 但难于制造. 1965 年有人用计算全息技术制成了复数滤波器.

8.8.3　光学全息

全息照相原理首先由伦敦大学的丹尼斯·伽博 (D. Gabor) 在 1948 年提出, 但直到 1960 年激光问世以后, 这种不用透镜的三维照相技术才成为现实. 这种照相技术现称为<u>全息术</u>.

光是电磁波, 决定波动特性的参数是振幅、频率 (波长) 和相位. 因此光的全部信息应由振幅、频率 (波长) 和相位来表示. 但以往我们在成像问题和照明工程中, 只涉及振幅没有用到频率、相位等波动概念, 而只是沿用了光线的概念, 并纯粹用几何光学方法来进行研究. 这种方便而实用的成像技术, 当然仅是一种近似的方法. 我们把既能记录光波振幅的信息, 又能记录光波相位信息的摄影称为<u>全息照相</u>.

在图 8-63 中, 人眼看到一个亮点, 是因为有一个发光点所发出的球面波的波面被人眼接收到的缘故. 如果上述发光点或物体 (可看做是由无数发光点组成的) 被障碍物所遮住, 但

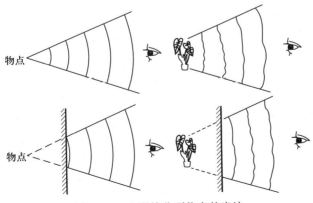

图 8-63　人眼接收到物点的光波

它们所发出的球面波或特定的波面却被记录下来或被人眼看到,我们也应同样感觉到该发光点或物体的存在.这就是全息照相最初的设想.事实上,这种设想应包括两部分:其一是要将景物的特定波面(包括振幅和相位)记录下来;其二是在观察时再将原来的特定波面显现出来.

远在一百多年前出现的摄影技术中就已经解决了如何记录光波的振幅的问题,现在的问题是如何记录相位.这就必须应用光的干涉原理.例如,可以把一束具有确定相位的光束(球面波或平面波)作为参考光束,让它和要求记录的波面发生干涉,然后再把这种干涉图样记录下来.

这种全息照相在原理上虽于20世纪40年代末已为人们理解,但由于没有理想的强相干光源,在普通光源下只能在很局限的条件下实现,直到1960年激光问世以后,才蓬勃发展起来.

在图8-64(a)中,将一束相干光(激光)垂直地照射在两条平行狭缝 S_1 和 S_2 上,通过 S_1 和 S_2 发出的两束光在屏幕 D 上叠加成干涉条纹.如果把狭缝 S_2 看做物体,S_1 作为参考光源,则屏幕 D 上的干涉条纹就是物体 S_2 的全息图.用照相底片将它记录下来,就得到一张狭缝 S_2 的全息照片(它是一个明暗条纹的强度按正弦规律变化的光栅).为了得到 S_2 的再现像,只需仍用参考光束 S_1 去照明上述的全息照片 D(即光栅).由于光栅的衍射,在光栅后面会出现一系列的衍射光波,其中有一列衍射波与物体在原来位置所发出的光波完全一样.这列光波就在狭缝 S_2 处形成一个虚像.另外在全息照片的后面还有一个和它共轭的实像 S_2'[见图8-64(b)].如果要把这个实像记录下来,不需要使用任何照相机,只要把感光片放在这个实像位置就可以了.

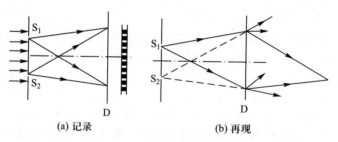

(a) 记录　　　　　　　　(b) 再现

图 8-64　全息像的记录和再现

用一束足够强的相干光照明物体,从物体上反射的光波(即物体光波)射向感光胶片.同时再使这束相干光的一部分直接(或通过反射镜反射)照射在感光胶片上,这部分相干光就是参考光束(见图8-65).物光与参考光束在胶片上形成许多明暗不同的条纹、小环和斑点等干涉图样,这样的感光胶片就成了全息照片.干涉图样的形状记录了物光与参考光间的相位关系.而其明暗对比程度反映了光束的强度(振幅)关系.这就把物体光波的全部信息记录下来了.

再现物像的过程如图8-66所示.当同一束相干光以与拍摄时的参考光束相同的角度照射到全息照片上时,被照片上的干涉图样衍射.这时,全息照片成了一个反差不同、间距不等、弯弯曲曲发生了畸变的"光栅".在它后面出现一系列零级、一级、二级等衍射波.零级波可以看成是衰减后的入射光束.图8-66中两个一级衍射波构成了物体两个再现的像.其中一列一级衍射和物体在原位置发出的光波完全一样,构成物体的虚像.另一列一级衍射波虽然也是物体波的精确复制,但它的曲率与原物体波的曲率相反,原来的发散光变成了会聚光,从而构成了物体的实像,可用感光胶片把它拍下来.

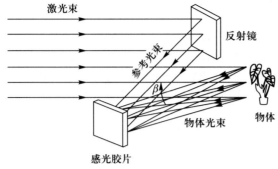

图 8-65　全息照相实验装置

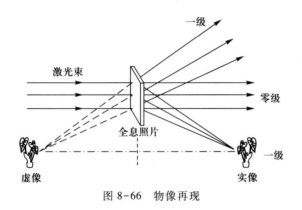

图 8-66　物像再现

全息照相的主要特点如下：

（1）由于全息照相记录了物体光波的全部信息，所以再现出来的物体形象就和原来的物体一模一样，是一个十分逼真的立体像．而且这种立体像还具有一些普通的立体照片所没有的优点：它和观察到的实物完全一样，具有相同的视觉效应．例如，从某一个角度观察时，如一物被另一物遮住，那么只需把头偏移一下，就可以避开障碍物，看到被遮住的物体．当观察者把视线从景物中的近物移到远物时，眼睛必须重新调焦，和直接观察景物完全一样．

（2）全息照片的每一部分，无论有多大，总能再现出原来物体的整个图像．也就是说，可以把全息照片分成若干小块，每一块都可以完整地再现原来的物像．只是当全息照片的面积缩小后，像的分辨率降低了．全息照相的这一特点是由于照片的每一点都受到被摄物体各部分反射光的作用的缘故．所以全息照片即使有缺损，仍能再现被摄取的全部景象．

（3）同一张底片上，经过多次曝光后，可以重叠许多像，而且每一个像又能不受其他像的干扰而单独地显示出来．如果对不同的景物采用不同入射角度的参考光束，由于所得的干涉图样随物光和参考光之间的夹角大小而变化，因此相应的各种景物的再现像出现在不同的衍射方向上，因而在各个不同的地方组成了各个景物的独立的再现像．

（4）全息照片易于复制．如用接触法复制新的全息照片，虽然会使原来透明部分变成不透明，原来不透明部分变成透明，但用这张复制照片再现出来的像仍然和原来全息照片的像完全一样．

近年来全息照相技术有了很大的发展，现在能用普通光再现的全息图，已经拍摄出来了．在普通日光或电灯光下就可以看到立体图像，用这种办法制成的彩色立体电视、彩色 3D 电影极为美妙．

全息照相的应用有:

(1) 全息干涉测量

全息干涉测量是全息照相的主要应用之一,特别适用于各种材料的无损检验. 全息干涉测量技术是把全息照相和干涉测量技术结合在一起形成的,也叫三维干涉测量技术. 在一般的干涉测量技术中,对于物体的形状和表面形态要求很高,而且测量时,对光学元件的质量要求也很高. 全息干涉测量可用于形状复杂和表面粗糙的物体,且不需要高质量的光学元件.

一个被测物体经过全息照相后,就等于记载了该物体的一个精确的形象. 如果物体在这以后,发生了某种形变,可以把这个物体的形状与被记录的物体的原始形状进行光学比较,从而精确地指出物体形状的微小变化,进而判断物体的某些性质和状态. 这就是全息干涉测量法的基本思想,其具体方法有一次曝光法和二次曝光法等.

假设记录一个物体的全息图,全息底片经显影、定影后,再精确地放回原来位置. 在参考光的照射下,通过全息底片,可看到物体的再现像. 如果物体没有任何变化,并继续被照明的话,人们便可以看到物体的再现像与物体本身精确地叠加在一起. 因为再现像是一个完整的三维图像,因此它与物体的轮廓完全一致.

如果物体的形状发生了微小的变化,例如受力变形或热膨胀,则物体光波和再现光波将发生干涉,即在物体和再现像的对应点之间发生干涉. 干涉条纹就是物体形变程度的量度. 这样,便可以从这些干涉条纹的变化知道物体的变动,其精确度可达光波波长的数量级,因而可以精确地测出其形变,算出待测点的应变量. 这种方法叫做一次曝光法或实时观测法.

另一种方法是把物体在两种不同状态下所显示的两幅全息图进行比较,先拍摄物体在第一种状态下的全息图,然后拍摄物体在第二种状态下的全息图. 如果第二次拍摄时(在同一张底片上)物体表面的形状发生变化,那么照射在物体上的光波的相位发生变化,全息图的条纹也随之变化,这样在一张底片上拍摄了两幅全息图. 底片经处理后,放在激光照射下再现,就会同时出现两个互相重叠的再现像. 由于两个再现光波的干涉效应,在物体的像上将出现干涉条纹. 条纹的图案便代表了物体在两次曝光之间的形变,这种方法称为二次曝光法.

全息干涉测量在物体表面形变的检验、应力分析和疲劳检查、夹板蜂窝结构的检验以及汽车轮胎的检查等方面的应用已比较成熟.

(2) 全息显微术

全息照相最初就是为了改进电子显微技术而提出来的,由于波前再现这一方法的特点,使得它与通常的成像技术相比更适宜用于显微技术. 全息显微技术的放大,是借助于记录与重现过程间光波波长改变及曲率半径改变而实现的. 全息显微镜最大优点是扩大了显微镜的景深. 一般显微镜放大倍数越大,景深越小,但采用全息显微镜在同样放大倍数下,景深可扩大 5 倍以上.

一般显微镜对于生物样品,在用高倍放大率观察时,只能聚焦在很小的视场深度上,且样品只能做得很薄,因而易发生形变,影响观察效果. 用全息显微技术则无需把样品制成薄片,甚至对活的标本亦可进行显微观察,另外重现的像具有立体性,能显示出样品的细节,从而可以加深对微观世界的认识.

(3) 全息技术在海洋学中的应用

用激光全息技术进行水下观察,比起直接用光学观察以及声呐那样的常规搜索和监视技术优越得多. 直接观察到的距离近,而常规的声呐不能提供一个可辨认的像来对目标进行精确的辨认和分析. 但是,激光全息却可以在较大的视野内获得水下物体的清晰的像. 激光全息技术对于探测海中沉没物体、海底地形测绘、港岸码头水下建筑测量、海洋资源考察、救

创新实验
法国餐厅全
息投影

生工作以及舰船导航和操纵潜艇在狭窄海峡内航行等都是十分有价值的.

（4）全息照相制作光学元件

用全息照相法制作光学元件,能大大地改进光学元件的性能.例如,用全息法制作光栅完全摆脱了机械刻画的陈旧方式,而采用记录干涉条纹的照相方法就可以方便地得到质量较好的衍射光栅.全息光栅的特点是杂散光很小,且一般来说分辨率高.

此外,全息图经常还可作为光学元件使用,如透镜、校正器、波带片等.

8.8.4　计算全息

1965 年,德国光学专家罗曼(A. W. Lohmann)由于工作时激光器坏了,又迫切要作全息图,就无奈地将计算机引入光学处理领域,作出一张计算全息图.这是世界上第一次记录振幅和相位信息的计算全息图.1967 年巴里斯(Paris)用快速傅里叶变换算法与罗曼一起做成了用光学方法很难实现的空间滤波.1969 年赖塞姆(Lesem)又提出了相息图.1974 年李威汉(Wai-Hon Lee)提出计算全息干涉图的制作技术.

计算全息的主要应用范围是:二维和三维物体像的显示;制作各种空间滤波器;为全息干涉计量制作特定波面;激光扫描器;数据存储等.计算全息的主要优点是可以记录不存在的物体的虚拟光波,并再现该物体的像.当然,这对计算机的存储容量、计算速度和成像技术都有很高的要求.

制作计算全息图的流程是,先把物体进行抽样和量化,获得数字化物体,计算这个数字化物体的衍射光场的复振幅,再在模拟平面上对复振幅进行编码形成模拟计算全息图,最后通过光学再现,得到光学再现像.

（1）抽样定理

抽样定理规定,为了能够从抽样信号恢复原来的信号,抽样间隔必须小于恢复信号最大频率带宽 2 倍的倒数. 设物体沿 x 方向和沿 y 方向的尺寸分别为 Δx 和 Δy,由系统的孔径角和视场角决定的最大空间频率范围分别为 $\Delta \xi$ 和 $\Delta \eta$,则 x 方向和 y 方向的抽样间隔 δx_s 和 δy_s 要分别满足

$$\delta x_s \leqslant 1/(2\Delta \xi), \quad \delta y_s \leqslant 1/(2\Delta \eta) \tag{8-44}$$

沿 x_1 方向和沿 y_1 方向的抽样点数量分别是

$$N = \Delta x/\delta x_s = 2\Delta \xi \Delta x, \quad M = \Delta y/\delta y_s = 2\Delta \eta \Delta y \tag{8-45}$$

N 与 M 的乘积称为空间带宽积 SW,也就是总抽样点数,为

$$SW = 4\Delta x \Delta y \Delta \xi \Delta \eta \tag{8-46}$$

（2）形成像面全息图

通过标量衍射公式可计算全息的衍射光场.

$$P(x',y') = \frac{-i}{kd}\exp\left[i\frac{k}{2d}(x'^2 + y'^2)\right] \mathscr{F}\left\{M(x,y)\exp\left[i\frac{k}{2d}(x^2 + y^2)\right]\right\} \tag{8-47}$$

其中 $M(x,y)$ 是物体所在面的物光复振幅分布,$P(x',y')$ 是计算全息图平面的物光复振幅分布,d 是物体所在平面至全息图平面的距离,$k = 2\pi/\lambda$,$\mathscr{F}$ 代表傅里叶变换,实际计算时采用快速傅里叶变换(FFT)算法。图 8-67 是(8-47)式的空间关系.

（3）编码

将离散复值函数转换成作为全息图透过率函数的实的非负值函数,是编码的目的,编码过程就是确定全息图每个抽样单元内矩形通光孔径的几何参量.用改变通光孔径的面积来编码复值函数的振幅,用改变通光孔径中心与单元中心的位置来编码复值函数的相位.

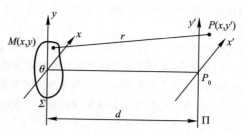

图 8-67　计算全息衍射光场的空间关系

（4）全息图绘制

全息图绘制是把经过编码后储存在计算机中的模拟全息图转变成实际全息图的过程，一般可以通过计算机图像输出设备制作一张尺寸放大的全息图，再经过精缩制版成实际尺寸的全息图. 现在则大量采用集成电路制造工艺中的掩模制作和刻蚀技术，空间光调制器也被用于计算全息图输出.

（5）计算全息图的再现

计算全息图的再现方法与光学全息图相同. 由于计算全息图记录的信息量远不如光学全息，提高再现像的质量需要比较复杂的相关技术.

视窗与链接　计算全息加速生物组织工程的制造进程

为了取代已损失的或已被毁坏的生物组织，临床上需要有一种支架，生物细胞可以依托在这种支架上生长发育. 大多数这种生物组织工程的应用，还只在实验室里研究，但也具有挑战性. 现在一种新的制造生物支架的方法称为双光子集聚（2PP）法.

在双光子集聚方法中，用一个持续时间在 10^{-8} s（一亿分之一秒）的激光脉冲，向未凝固树脂的某一点聚焦，输送进去的能量会引起光脉冲周围的分子熔化，形成两两相联的锥形管. 如果进一步持续地把激光聚焦到不同的各个点上，最终可建立一个复杂的 3D 结构.

图 8-68 所示为单层 1 mm² 大小的具有 100 nm 分辨率的锥形管块，用单点 2PP 法制造的这样一块生物支架所需时间为 2 h 47 min. 这对生物应用来说，过程显得太慢，制造时间太长.

研究者们用计算机控制的全息术，即所谓计算全息，把单点 2PP 法中的激光分成多束，建立多个不同的聚集点，可以同时运作. 于是就节省很多时间. 这种方法制造一个类似的锥形管块，所需时间就可以缩短很多. 如用计算全息增强的 16 个聚集点，制作同样的锥形管块，所需时间大约只要 10 min.

图 8-68　单点 2PP 法制造的生物支架

这种技术还可用于制造微型针阵列，用于提供无痛注射或采集血液样本；还能制成大规模复杂 3D 结构，可用于控制和调整细胞的依托和生长方向，这是很重要的临床需求，因为细胞的取向会影响神经、骨、肌肉和血管的功能.

8.8.5　光盘存储技术

用光学方式读写信息的光盘，以其非接触式光学读取信号、巨大的存储容量以及正反向随机快速检索等功能,为大家所熟悉.早在1961年激光器发明后不久,就实现了用激光在照相底片上存储信息.然而真正的激光光盘实验及商品化是在20世纪80年代初实现的.激光视盘、唱盘以及只写式光盘所应用的只读性技术,目前已达成熟阶段.可以写入、擦除、再写入的可逆光盘记录系统,现在也已投入应用.

只读式光盘用光刻胶作记录介质,只写式光盘用金属薄膜作记录介质,它们都属于不可擦除式光盘.光盘直径有300 mm和120 mm两种.光束照射方式有吸收型、透射型和反射型三种,使用最广泛的是反射型.数据存储时,大功率细激光束根据以模拟信号编码的视频信号或以脉冲编码调制的数字音频信号,在光盘介质表面烧蚀成二元数码式的凹坑-台面-凹坑的信道.通常用二进制的位数比特(bit)或字节数(Byte)表示存储容量.一张直径300 mm的光盘容量可达 10^{11} bit.单位面积或单位长度内存储的比特数,称为存储密度.径向上每毫米有500条信道,每条信道切向上的存储密度达1 000 bit/mm.

通过光头写入或读出的信息流量称为数据位速率或信道位速率,一般为3~10 Mbit/s.当用多路光束读出时,信道位速率还要更高.当光盘存储电视图像或音频信号时,信噪比必须达到60~90 dB以上.用作数据存储时,不得低于40 dB.

光盘的信息容量大,可随机存取.信息的记录和读取由一个把激光束聚焦成直径1 μm的光斑的光学探测头(简称光头)作非接触激光束扫描来完成.光头的功能是精确聚焦使光斑大小和形状符合要求;并具有聚焦、轨迹跟踪伺服机制,能及时检测和校正光斑位置;自动控制光输出功率;重量轻;能快速移动,以实现数据快速读取.用于只读式光盘的一种光头的光学系统如图8-69所示.图中半导体激光器发出波长为780 nm的激光,通过光栅后产生零级和正负一级衍射光.前者在光盘信道上读出信息,后者作伺服跟踪用.光束经过准直透镜、半透半反分束器和1/4波片后,由反射镜和聚焦透镜聚焦在光盘上.反射的光脉冲将信道凹坑信息带回,沿同一光路再经过1/4波片.这样,光的偏振方向与入射光的方向成90°,避免产生相互干涉.反射光由柱面透镜输入光电二极管.

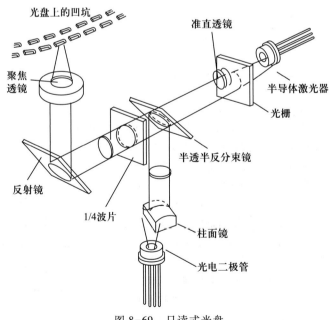

图 8-69 只读式光盘

光电二极管是一种光敏元件,具有光生伏打效应,即它的pn结受到光照射时能产生电动势,从而将光能直接转化成电能.

数据存储光盘分三类:只读光盘(ROD)、程序化只读光盘(PROD)和可擦除程序化只读光盘(EPROD).前两类光盘一般都采用写后即读方法写入数据(DRAW法).图 8-70 为 DRAW 方法记录与信号检测示意图.图中写入系统所需激光功率为 20 mW,可由氩离子或氦镉激光器提供.输入电信号经电光调制器后成为光脉冲,通过半波片后发生偏振方向旋转,成为偏振光分束镜的寻常光,因而在界面上发生全反射,然后被物镜聚焦在光盘表面,并在表面烧蚀出凹坑.大部分能量都消耗在烧蚀凹坑上.读出系统激光功率较小,为 1 mW,可由氦氖激光器提供.光束先通过光栅,所形成的零级衍射光用于数据读出,正负一级衍射光用于信道跟踪.如果光斑径向偏离信道,光探测器上就会给出误差信息,伺服机构将使反射镜摆动,使光斑回到正确位置.读束读取记录下的信息由反射光经过读光路中的分束镜送达光探测器并作为信号输出.从图中可以看到,写、读光束均为线偏振光,且偏振方向成 90°.如果读、写光束都采用同一激光器,这样的结构可保证读、写光束间的相干度为零.

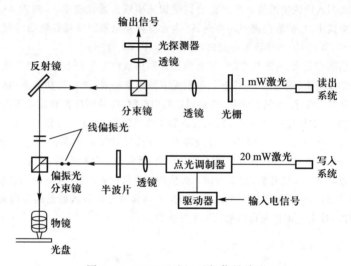

图 8-70　DRAW 法记录与信号检测

8.8.6　可擦除磁光盘的工作原理

用铁磁性介质制成薄膜,在外加磁场辅助下用激光写入和擦除信息,这样的光盘便成为可擦除磁光盘.铁磁性介质的磁化强度为其内部所有磁畴的微观磁化强度的矢量和.在一般情况下,磁畴的无规则排列使元磁矩矢量和为零.在外加强磁场作用下,磁畴沿相同方向排列.如果撤去外磁场,磁化强度也不为零,这便是剩磁.在图 8-71 所示的磁滞回线中,H_c 称为矫顽力,$\pm M_r$ 为剩磁化强度.当外加磁场克服矫顽力后,介质达到饱和磁化强度 M_s.这时所有磁畴都沿同一方向排列,磁光盘在记录前就是处于这种均匀磁化的初始状态.当撤除外加磁场时,磁化曲线回到 $\pm M_r$.M_r 是正脉冲电流通过磁感应线圈使介质饱和磁化后,在脉冲消失时介质保持的磁化状态(见图 8-72),它代表二进制代码"1".$-M_r$ 是负脉冲电流造成,代表"0".磁性材料加热到一定的居里温度时,磁畴排列紊乱变化,原有的 H_c 下降为零.这时如在线圈中加

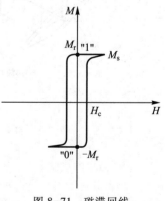

图 8-71　磁滞回线

入脉冲电流,产生与原磁场反向的磁场,就能使正负剩磁翻转,造成 0、1 间的翻转.不同材料的居里点不同,如钆-铽-铁(Gd-Tb-Fe)的居里点为 150 ℃,几十毫瓦的激光就可实现直径 1 μm 的光斑上的局部加热需要.

从图 8-72 中可看到,首先使紊乱的磁畴变为有序排列,再在线圈内通以电脉冲.同时,把激光束聚焦在介质上,当达到居里温度时,聚焦点发生磁化翻转.如果原来是"0"状态,现在变成"1"状态.而未写入信号的区域仍保持"0"状态.如要擦除已写入的信号"1",只需加反向电流,使线圈产生反向磁场,同样在居里温度下发生磁化翻转,便可恢复到原来的"0"状态.

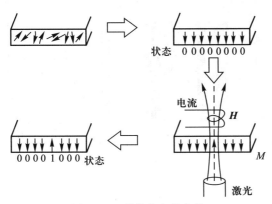

图 8-72 磁化状态的变化

8.8.7 空间光调制器

在光学信息处理系统中,信息的载体是光波.因此需要有一种手段或装置,将载有信息的光波导入光学系统,进行对信息的运算、处理、修正和操纵.传统的手段是照相胶片,其次是空间光调制器,还有二元光学元件,它通过衍射而不是折射来控制透射光.

把含有能感光的卤化银微粒的明胶,涂布在玻璃基板或透明有机薄片上,制成照相板或照相软片.受到光照后,卤化银微晶体吸收光子使卤化银还原成银原子.将感光后的底片进行显影处理,使已还原的银原子周围的卤化银也还原成银原子,形成金属银微粒.然后将照相乳胶定影,洗去未感光的卤化银,留下金属银微粒.于是照相底片上曝光部分呈黑色,称为"负片".将负片再复印一次,得到"正片".正片上的图像与原物相似.

能将电子形式的数据转换为空间调制的相干光信号的器件,称为空间光调制器(spatial light modulator,缩写为 SLM).它的输出光信号是随控制信号(光的或电的)变化的空间和时间的函数.

各种 SLM 可分为两类.电写入的 SLM:输进系统是电信号,用以控制吸收或其相移空间分布,直接驱动 SLM.光写入的 SLM:输入信息是光学图像,SLM 将非相干光图像转换为相干图像,提供图像增强功能和波长转换功能,接着用相干光学系统作下一步处理.

图 8-73 所示为光写入 SLM 输入输出工作方式.其中,写入光是指控制像素的光电信号.照明整个器件并接受写入光传递的信息的光称为读出光.经过空间光调制器后出射的光称为输出光.

空间光调制器技术有很多种,下面我们只提出硫化镉液晶光阀(LCLV)加以讨论.它是利用液晶混合场效应制成的一种光寻址空间光调制器,具有多层薄膜材料组成的夹层结构.图 8-74 是它的结构示意图.最外层的是两片玻璃基片组成的衬底,里面是两层铟-锡氧化物制成的透明电极以及液晶盒.

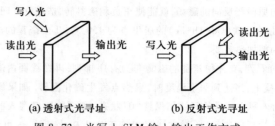

(a) 透射式光寻址   (b) 反射式光寻址

图 8-73   光写入 SLM 输入输出工作方式

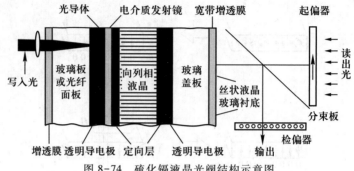

图 8-74   硫化镉液晶光阀结构示意图

工作时,写入光从左侧射入,成像在光电导体上. 读出光从右侧入射,经起偏器使偏振方向与液晶右侧分子指向光轴方向一致. 经透明电极和液晶盒后,在左侧的介质反射镜处返回,再次穿过液晶盒,经分束板后,通过一个光轴方向与起偏器偏振方向垂直的检偏器,成为输出光.

加在两透明电极上的外电压,主要降落在液晶层和光电导层上. 对写入光图像上的暗区,光电导层上光照很少,电阻很大,外电压主要分配到光电导层上,使得分配到液晶层上的电压较小,不足以产生有效的光电效应,使读出光在相应的暗区像素上基本没有受到调制作用,致使输出光束相应的保持较小光强输出. 而对写入光图像上的亮区,外电压大部分分配到液晶层,使输出光束光强达到最大. 这样,输出光束的光强空间分布就按照写入光图像的空间分布所调制,实现了非相干光图像到相干光图像的转换.

图 8-75 所示为光寻址液晶光阀实验系统,它由激光器 L_a、扩束系统 L_1、偏振分束棱镜 PBS、光寻址液晶光阀 LCLV、成像透镜 L_3 和 L_4、非相干光源等构成. 其中光寻址液晶光阀采用反射式工作原理. 实验时,激光器经滤波扩束准直后,通过偏振棱镜照射到光阀的一侧,光阀的另一侧用非相干光照明,把胶片图像成像在光阀上. 通过液晶光阀的作用,可以把非相干光图像调制到激光光束中. 从液晶光阀反射的激光束经偏振分束棱镜及透镜后,成像在屏 S 上.

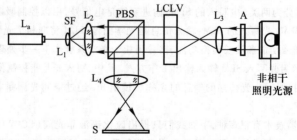

图 8-75   光寻址液晶光阀实验系统

L_a—He-Ne 激光器;L_1—扩束镜;SF—针孔;L_2—准直透镜;

PBS—偏振分光棱镜;LCLV—液晶光阀;L_3、L_4—成像透镜;A—图像透明片;S—接收屏实验系统的原理:激光器发出的激光束通过扩束、小孔滤波和准直镜准直后得到平行光.平行光经过液晶光阀调制,经傅里叶透镜变换后在其后焦面得到频谱.最终可将试验结果图像由 CCD 采集并输出到相应的显示器上,系统中采用的液晶光阀分辨率应与计算机的显示输出匹配.

8.8.8 二元光学元件

二元光学器件是基于光波衍射理论,利用计算机辅助设计,使用超大规模集成电路制作工艺,在基片上刻蚀产生多个台阶深度的浮雕结构,形成纯相位,同轴再现,具有极高衍射效率的光学器件.

首先,我们来看怎样使一个折射透镜演变成 2π 模的连续浮雕结构的二元光学元件.图 8-76 形象地说明了这个演变过程.图 8-76(a)中画出的是一个透镜的示意图,图中 Δ 是中心位置的厚度.把其中的各点减去 2π 整数倍后的相位分布,画在图 8-76(b)中.用相位差的多个台阶来逼近图 8-76(b)中的连续相位分布,得到图 8-76(c),它的功能与图 8-76(a)中的透镜是一样的.

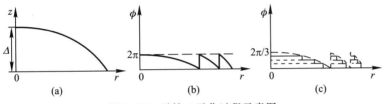

图 8-76　透镜二元化过程示意图

二元光学元件的应用范围很广,它可使光束匀滑,即输出面光斑的光强分布呈平顶,陡边,无旁瓣,有不同的光斑几何大小与形状;也可用于消像差,长焦深和光束准直等等.利用二元光学器件校正折射透镜的色差与球差,构成折衍混合系统,不仅有更好的像质,还可实现光学系统的小型化.系统的重量与尺寸减少了 1/3 左右.

附录 8.1　傅里叶变换

根据傅里叶分析,可以将满足一定条件的一维函数(例如时间函数或空间函数)$f(x)$展开成一系列基元函数 $e^{i2\pi\nu x}$ 的线性叠加,得

$$f(x) = \int_{-\infty}^{\infty} F(\nu) e^{i2\pi\nu x} d\nu \tag{8-48}$$

式中

$$F(\nu) = \int_{-\infty}^{\infty} f(x) e^{-i2\pi\nu x} dx \tag{8-49}$$

$F(\nu)$ 称为函数 $f(x)$ 的傅里叶变换,$f(x)$ 称为 $F(\nu)$ 的傅里叶逆变换.为了书写方便起见,通常分别以符号表示为

$$F(\nu) = \mathscr{F}[f(x)]$$
$$f(x) = \mathscr{F}^{-1}[F(\nu)]$$
$$f(x) \xrightarrow{\mathscr{F}} F(\nu)$$

$$F(\nu) \xrightarrow{\mathscr{F}^{-1}} f(x)$$

故 $F(\nu)$ 和 $f(x)$ 构成傅里叶变换对. (8-48)式中,函数 $F(\nu)$ 代表空间频率为 ν 的成分所占的相对比例(即权重)的大小. 故傅里叶变换 $F(\nu)$ 也称 $f(x)$ 的空间频谱函数,简称空间频谱或频谱.

在光学中,例如衍射孔或缝的光场是二维信息,同理可以将满足一定条件的二维函数 $f(x,y)$ 展开成一系列基元函数 $e^{i2\pi(ux+vy)}$ 的线性叠加.

$$f(x,y) = \int_{-\infty}^{\infty} \int_{-\infty}^{\infty} F(u,v) e^{i2\pi(ux+vy)} du dv \qquad (8-50)$$

式中

$$F(u,v) = \int_{-\infty}^{\infty} \int_{-\infty}^{\infty} f(x,y) e^{-i2\pi(ux+vy)} dx dy \qquad (8-51)$$

$F(u,v)$ 称为函数 $f(x,y)$ 的傅里叶变换,$f(x,y)$ 称为 $F(u,v)$ 的傅里叶逆变换. $F(u,v)$ 和 $f(x,y)$ 构成了傅里叶变换对. 如果用符号表示,$f(x,y)$ 的傅里叶变换记作

$$F(u,v) = \mathscr{F}[f(x,y)]$$

而 $F(u,v)$ 的傅里叶逆变换记作

$$f(x,y) = \mathscr{F}^{-1}[F(u,v)]$$

附录 8.2　单色光波复振幅的展开

将傅里叶变换用于单色光波复振幅 $\tilde{e}(x,y)$ 的展开. 根据(8-50)和(8-51)式,可得

$$\tilde{e}(x,y) = \int_{-\infty}^{\infty} \int_{-\infty}^{\infty} \tilde{E}(u,v) e^{i2\pi(ux+vy)} du dv \qquad (8-52)$$

其中

$$\tilde{E}(u,v) = \int_{-\infty}^{\infty} \int_{-\infty}^{\infty} \tilde{e}(x,y) e^{-i2\pi(ux+vy)} dx dy \qquad (8-53)$$

展开式中的基元函数 $e^{i2\pi(ux+vy)}$ 的物理意义是代表一个传播方向的方向余弦为 $\cos \alpha = u\lambda$、$\cos \beta = v\lambda$ 的平面波,这个空间频率成分 (u,v) 所占的比例大小由频谱函数 $\tilde{E}(u,v)$ 决定. 通过复振幅的傅里叶展开可以把通过一个平面的一般单色光分解成向空间不同方向传播的单色平面波,每一平面波成分与一组空间频率值 (u,v) 对应. 经过这样的处理,我们对光的传播、干涉、衍射和成像等现象的研究可归结为考察光波的平面成分的组成,即考察空间频谱 $\tilde{E}(u,v)$,研究它在光的传播、干涉、衍射和成像中的变化,从而寻找光的传播、衍射和成像的规律,这就为更深入地研究光学现象的内在联系开辟了道路.

习　题

8.1　(1)试计算氢原子最低的四个能级的能量大小,并把它们画成能级图;(2)试计算这四个能级之间跃迁的最小的频率是多少?

8.2　当玻尔描述的氢原子从 $n=2$ 的轨道跃迁到 $n=1$ 的轨道后,试问:(1)轨道半径变化了多少? (2)能量改变了多少?

8.3 一个电子受激跃迁到氢原子的第三玻尔轨道,试计算回到基态时有可能发射的光子的波长.

8.4 氦氖激光的单色性为 6×10^{-10},则其相干长度为多少?

8.5 试证明当每个模内的平均光子数大于 1 时,腔内振荡以受激辐射为主.（提示:以受激辐射为主时, $\dfrac{w_{21}}{A_{21}} = \dfrac{B_{21}\rho}{A_{21}} > 1.$ ）

8.6 一质地均匀的材料对光的吸收系数为 0.01 mm^{-1},光通过 10 cm 长的该材料后,光强损耗多少? 若对 10 cm 长的另一种材料,出射光强是入射光强的 2.718 倍,试问该材料的增益系数为多少?

8.7 如激光器分别在波长为 10 μm 和 500 nm 时输出 1 W 的连续功率,试求每秒从激光上能级向下能级跃迁时对应的粒子数.

8.8 设一对激光能级为 E_2 和 E_1,上下能级上的粒子密度分别为 n_2 和 n_1,两能级间的跃迁频率为 ν,波长为 λ,试求:(1) 当 $\nu = 3\,000$ MHz 和 $\lambda = 1 \text{ μm}$ 时,n_2/n_1 分别为多少? 假定此时 $T = 300$ K;(2) 当 $\lambda = 1 \text{ μm}$,$n_2/n_1 = 0.1$ 时,温度 T 为多少?

8.9 假若受激辐射爱因斯坦系数 $B = 10^{19} \text{ m}^3/(\text{W} \cdot \text{s}^3)$,试对下列波长计算自发辐射跃迁系数和自发辐射寿命.(1) $\lambda = 6 \text{ μm}$;(2) $\lambda = 600 \text{ nm}$;(3) $\lambda = 60 \text{ nm}$;(4) $\lambda = 0.6 \text{ nm}$. 如果光强为 10 W/mm^2,求受激跃迁速率.

8.10 有一个二能级系统,如果能级差为 1.602×10^{-21} J,试求:(1) 当 $T = 10^2 \text{ K}$、10^5 K 和 10^8 K 时,上下两能级粒子数 N_2 与 N_1 之比;(2) 如 $N_2 = N_1$,则相当于多高的温度 K;(3) 要有怎样的温度,粒子数才能发生反转;(4) 如果用"负温度"的概念来描述粒子数反转的状态,则 $T = -10^4 \text{ K}$ 和 $T = -10^8 \text{ K}$ 两个温度中哪一个高? $T = -10^8 \text{K}$ 和 $T = +10^8 \text{ K}$ 中哪一个高?

8.11 衍射和傅里叶变换的关系是什么? 如何应用傅里叶变换来计算菲涅耳衍射和夫琅禾费衍射? 试给出计算的方法和步骤.

8.12 从惠更斯-菲涅耳原理的数学表达式出发,

(1) 试求出菲涅耳衍射方程;

(2) 试证明菲涅耳衍射的作用相当于空间不变的线性系统;

(3) 并求出传递函数;

(4) 试求出夫琅禾费衍射方程.

8.13 试描述二元振幅滤波器的种类及其应用.

8.14 试说明泽尼克相衬法中采用的滤波系统,并计算像面上的强度分布情况.

8.15 题 8.15 图为电寻址液晶光阀试验系统,主要由激光光源、准直扩束系统、高分辨率电寻址透射式液晶光阀、傅里叶变换透镜、CCD 探测器等构成. 与光寻址液晶光阀不同的

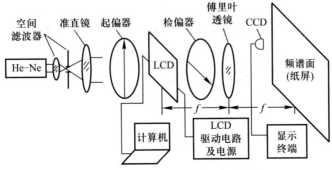

题 8.15 图　电寻址液晶光阀实验系统

是,该系统可以直接把计算机产生的信息显示在液晶光阀上,可以实时地进行图像处理,且方便实验操作.

请解释该系统的工作原理.

*8.16 研究性课题:通过书面材料或互联网,查找激光技术的进展,或激光的应用等方面的知识. 写出报告,在同学之间相互交流.

第8章拓展资源

MOOC 授课视频	授课视频 阿贝成像原理	授课视频 傅里叶变换	授课视频 空间滤波器	
PPT	视频 PPT ch8.4 激光器的种类	PPT ch8.4 激光器的种类		
彩图	彩色图片 8-1 法国强磁场实验室 的 40T 稳态混 合型磁体	彩色图片 8-2 激光武器 1	彩色图片 8-3 激光武器 2	彩色图片 8-4 双激光雷达风 切变预警系统
彩图	彩色图片 8-5 半导体激光器	彩色图片 8-6 多波长合束激光器	彩色图片 8-7 原子力显微镜	
课外视频	创新实验 激光切割 伦敦塔桥	创新实验 法国餐厅 全息投影		

续表

物理学史	物理学史 原子有核 模型的建立	物理学史 正电子的发现

常用物理常量表

物理量	符号	数值	单位	相对标准不确定度
真空中的光速	c	299 792 458	$m \cdot s^{-1}$	精确
真空磁导率	μ_0	$4\pi \times 10^{-7}$	$N \cdot A^{-2}$	精确
真空电容率	ε_0	$8.854\ 187\ 817\cdots \times 10^{-12}$	$F \cdot m^{-1}$	精确
引力常量	G	$6.674\ 08(31) \times 10^{-11}$	$m^3 \cdot kg^{-1} \cdot s^{-2}$	4.7×10^{-5}
普朗克常量	h	$6.626\ 070\ 040(81) \times 10^{-34}$	$J \cdot s$	1.2×10^{-8}
约化普朗克常量	$h/2\pi$	$1.054\ 571\ 800(13) \times 10^{-34}$	$J \cdot s$	1.2×10^{-8}
元电荷	e	$1.602\ 176\ 6208(98) \times 10^{-19}$	C	6.1×10^{-9}
电子质量	m_e	$9.109\ 383\ 56(11) \times 10^{-31}$	kg	1.2×10^{-8}
质子质量	m_p	$1.672\ 621\ 898(21) \times 10^{-27}$	kg	1.2×10^{-8}
中子质量	m_n	$1.674\ 927\ 471(21) \times 10^{-27}$	kg	1.2×10^{-8}
电子比荷	$-e/m_e$	$-1.758\ 820\ 024(11) \times 10^{11}$	$C \cdot kg^{-1}$	6.2×10^{-9}
精细结构常数	α	$7.297\ 352\ 5664(17) \times 10^{-3}$		2.3×10^{-10}
精细结构常数的倒数	α^{-1}	$137.035\ 999\ 139(31)$		2.3×10^{-10}
里德伯常量	R_∞	$1.097\ 373\ 156\ 8508(65) \times 10^7$	m^{-1}	5.9×10^{-12}
阿伏伽德罗常量	N_A	$6.022\ 140\ 857(74) \times 10^{23}$	mol^{-1}	1.2×10^{-8}
摩尔气体常量	R	$8.314\ 4598(48)$	$J \cdot mol^{-1} \cdot K^{-1}$	5.7×10^{-7}
玻耳兹曼常量	k	$1.380\ 648\ 52(79) \times 10^{-23}$	$J \cdot K^{-1}$	5.7×10^{-7}
斯特藩-玻耳兹曼常量	σ	$5.670\ 367(13) \times 10^{-8}$	$W \cdot m^{-2} \cdot K^{-4}$	2.3×10^{-6}
维恩位移定律常量	b	$2.897\ 7729(17) \times 10^{-3}$	$m \cdot K$	5.7×10^{-7}
原子质量常量	m_u	$1.660\ 539\ 040(20) \times 10^{-27}$	kg	1.2×10^{-8}
理想气体的摩尔体积（标准状态）	V_m	$22.413\ 962(13) \times 10^{-3}$	$m^3 \cdot mol^{-1}$	5.7×10^{-7}
玻尔磁子	μ_B	$9.274\ 009\ 994(57) \times 10^{-24}$	$J \cdot T^{-1}$	6.2×10^{-9}
核磁子	μ_N	$5.050\ 783\ 699(31) \times 10^{-27}$	$J \cdot T^{-1}$	6.2×10^{-9}
玻尔半径	a_0	$5.291\ 772\ 1067(12) \times 10^{-11}$	m	2.3×10^{-10}
经典电子半径	r_e	$2.817\ 940\ 3227(19) \times 10^{-15}$	m	6.8×10^{-10}

注：表中的数据为国际科学联合会理事会科学技术数据委员会（CODATA）2014 年的国际推荐值。

习题答案

主要参考书目

[1] 赵凯华. 新概念物理教程:光学[M]. 2 版. 北京:高等教育出版社,2019.

[2] 钟锡华. 现代光学基础[M]. 北京:北京大学出版社. 2004.

[3] Born M,Wolf E. Principles of Optics[M]. 7th ed. Cambridge University Press. 1999.

[4] Hecht E,Zajac A. Optics[M]. 5th ed. Massachusetts:Addison-Wesley,2016.

[5] Jenkins F A,White H E. Fundamentals of Optics[M]. 4th ed. New York:McGraw-Hill,1976.

[6] 宣桂鑫. 光学[M]. 上海:华东师范大学出版社,2006.

[7] 宣桂鑫. 光学[M]. 上海:上海科技文献出版社,1990.

[8] 宣桂鑫. 光学教程(第五版)教学资源. 上海:华东师范大学出版社,华东师范大学音像出版社,2018.3.

[9] 宣桂鑫. 光学教程(第六版)学习指导书[M]. 北京:高等教育出版社,2019.

[10] 宣桂鑫. 光学教程(第六版)电子教案. 北京:高等教育出版社,2019.

物理学基础理论课程经典教材

获奖 ☉　国家级规划教材或获奖教材
电子教案 ⌨　配有电子教案
习题教辅 ▤　配有习题解答等教辅
2d 等数字资源 🖥　配有 2d、abook 等数字资源

郑重声明

高等教育出版社依法对本书享有专有出版权。任何未经许可的复制、销售行为均违反《中华人民共和国著作权法》，其行为人将承担相应的民事责任和行政责任；构成犯罪的，将被依法追究刑事责任。为了维护市场秩序，保护读者的合法权益，避免读者误用盗版书造成不良后果，我社将配合行政执法部门和司法机关对违法犯罪的单位和个人进行严厉打击。社会各界人士如发现上述侵权行为，希望及时举报，我社将奖励举报有功人员。

反盗版举报电话　　(010)58581999　58582371

反盗版举报邮箱　dd@hep.com.cn

通信地址　北京市西城区德外大街4号　高等教育出版社法律事务部

邮政编码　100120

读者意见反馈

为收集对教材的意见建议，进一步完善教材编写并做好服务工作，读者可将对本教材的意见建议通过如下渠道反馈至我社。

咨询电话　400-810-0598

反馈邮箱　hepsci@pub.hep.cn

通信地址　北京市朝阳区惠新东街4号富盛大厦1座

　　　　　高等教育出版社理科事业部

邮政编码　100029

防伪查询说明

用户购书后刮开封底防伪涂层，使用手机微信等软件扫描二维码，会跳转至防伪查询网页，获得所购图书详细信息。

防伪客服电话　　(010)58582300